W0259128

ALLE · ZEIT · WACH
1842

Karlheinz G. Schmitt-Thomas

Metallkunde für das Maschinenwesen

Band II
Gleichgewichts- und Ungleichgewichtszustände

Mit 238 Abbildungen

Springer-Verlag Berlin Heidelberg New York
London Paris Tokyo Hong Kong 1989

Dr.-Ing. Karlheinz G. Schmitt-Thomas
o. Professor, Lehrstuhl für Metallurgie und Metallkunde
Technische Universität München

ISBN-13: 978-3-540-50662-1 e-ISBN-13: 978-3-642-93405-6
DOI: 10.1007/978-3-642-93405-6

CIP-Titelaufnahme der Deutschen Bibliothek
Schmitt-Thomas, Karlheinz G: Metallkunde für das Maschinenwesen / Karlheinz G. Schmitt-Thomas.
Berlin ; Heidelberg ; New York ; London ; Paris ; Tokyo : Springer
Bd. 2. Gleichgewichts- und Ungleichgewichtszustände. – 1989

Satz: Mit einem System der Springer Produktions-Gesellschaft
Datenkonvertierung: Daten- und Lichtsatz-Service, Würzburg

2362/3020-543210 – Gedruckt auf säurefreiem Papier

Vorwort

Der nun vorliegende Band II der „Metallkunde für das Maschinenwesen“ setzt die mit dem Band I eingeschlagene Richtung einer Darstellung dieses Wissensgebietes für den anwendenden Maschineningenieur in konsequenter Weise fort.

Mit dem Band I wurde versucht, den Werkstoff aus der Sicht des Maschineningenieurs als ein Element zu verstehen, das folgerichtig in eine zeitgerechte Konstruktion zu integrieren ist. Die sich daraus ergebende Systematik führte zunächst zur Behandlung der Struktur und des Gefüges und suchte das Werkstoffverhalten aus den in der Ordnung und Fehlordnung der Atome ablaufenden Mechanismen zu erklären. Dem „Aufbau und Eigenschaften der metallischen Werkstoffe“ (Band I) folgt nun unter dem Titel „Gleichgewichts- und Ungleichgewichtszustände“ Band II, mit dem in einer in sich geschlossenen Darstellung der Werkstoff als Gesamtsystem im thermodynamischen Sinn betrachtet wird. Nicht mehr die Mechanismen in atomaren Bereich werden nun mit dem Werkstoffverhalten in Bezug gebracht, sondern es stehen die Zustände des Gesamtverbands im Vordergrund.

Damit gewinnt der Werkstoff die Form eines mit den Mitteln des Ingenieurs zu gestaltenden Materials. Dem Verständnis der im atomaren Bereich ablaufenden Vorgänge folgt somit in vergleichbarer Darstellung das Verständnis für die unmittelbar anwendungsbezogene Werkstoffwahl und Werkstoffbehandlung. Aus diesem Verstehen des Werkstoffzustands in seiner Umgebung ergibt sich schließlich zwangsläufig die Behandlung der Korrosion in flüssigen und gasförmigen Medien, die auf diese Weise für den Maschinenbauer zugänglich gemacht wird. Ein Beispiel dafür, wie die Vorgänge im atomaren Bereich in makroskopische Mechanismen umzusetzen sind, wird durch die Shape-Memory-Metalle gegeben, die nicht zuletzt aus diesem Grund in die Betrachtungen des Bandes II einbezogen wurden.

Zum Zeitpunkt des Erscheinens dieses Bandes stehen die sog. „Neuen Werkstoffe“ in der öffentlichen Diskussion. Es erscheint daher angebracht, auch zu diesem Begriff den Versuch einer Definition zu liefern. Neu im Sinne einer Werkstoffentwicklung ist jeder Fortschritt, der in konsequenter Ausnützung der Kenntnisse über Aufbau und Ablauf von Mechanismen und die Einstellung definierter Werkstoffzustände gewonnen wird. So gesehen bilden gerade die Metalle noch ein unermeßliches Entwicklungspotential, wobei besonders die heute und auch in Zukunft noch immer bedeutsamen Eisenwerkstoffe künftigen Entwicklungen in besonders vielfältiger Weise gerecht werden. Neue Werkstoffe bedeuten, daß in konsequenter Umsetzung der Grundlagenerkenntnisse die Elemente des periodischen Systems zu neuen Strukturen, Gefügen und Werkstoffkombinationen zusammengefügt werden. Der Zukunft wird damit nicht so sehr durch die Einteilung der Werkstoffe nach Kunststoffen, Keramik und Metallen Rechnung getragen, sondern vielmehr durch eine Einteilung der Werkstoffe nach ihren Bauplänen wie z. B. nach kristallinen, amorphen, organischen und Kompositwerkstoffen mit allen ihren Variationen, wie sie u. a. in den Bindungsformen gegeben sind.

Zu einem solchen Verständnis des Werkstoffs, aus dem heraus sich ein Werkstoff „konstruieren" läßt, soll mit der zweibändigen „Metallkunde für das Maschinenwesen" ein Beitrag geliefert werden, wobei sich eine Ausdehnung der dargestellten Zusammenhänge und Kenntnisse auch auf andere Werkstoffgruppen anbietet.

Auch zu dem jetzt vorgelegten Band II haben die Mitarbeiter meines Lehrstuhls wie schon bei der Entstehung des Bandes I in engagierter und kritischer Mitwirkung einen äußerst wertvollen und anerkennenswerten Anteil geliefert. Ganz besonderer Dank gebührt für die kritische Durchsicht und für viele Anregungen meinen Mitarbeitern Frau Dr.-Ing. Sonja Wege und Herrn Dr. rer.nat. Wolfgang Loos. Kapitel 6 „Korrosion" hat Herr Dr.-Ing. Rainer Simon bearbeitet und in vielen anregenden Diskussionen zu seiner Vollendung beigetragen. Herr Dr.-Ing. Bodo Henzel hat mit Kap. 7 „Normung" zum Gelingen des Buches ebenfalls einen wichtigen Beitrag geliefert. Für die Überlassung von Bildmaterial danke ich der Degussa AG (Frau Falk) und dem Lette Verein Berlin (Frau Seidel). Auch diesmal danke ich wieder dem Springer-Verlag für die geduldige und verständnisvolle Betreuung.

München, im Mai 1989 Kh. G. Schmitt-Thomas

Inhaltsverzeichnis

1 Konstitution der Metalle

Allgemein wird unter Konstitution der Materie deren Zustand oder Erscheinungsform verstanden. Beeinflussende Größen für den Zustand sind die Zustandsvariablen, d.h. Druck p, Temperatur T und bei Stoffen, die aus mehreren Komponenten bestehen, auch deren Mengenverhältnisse zueinander, also die Zusammensetzung. Je nach diesen Zustandsvariablen liegt die Materie in gasförmigem, flüssigem oder festem Aggregatszustand vor (Bild 1.1). Vielfach wird der Aggregatszustand auch als Phase bezeichnet, z.B. flüssige Phase oder feste Phase. Die Zustände oder Phasen werden durch die von den Zustandsvariablen beeinflußten Zustandsgrößen oder Zustandsfunktionen gekennzeichnet. Dazu gehören z.B. Molvolumen und Dichte.

Die Beziehung zwischen Molvolumen $\bar{V}$, Druck p und Temperatur T wird Zustandsgleichung genannt, also

$$\bar{V} = \bar{V}(p, T) \tag{1.1}$$

(Beispiel: ideales Gasgesetz $p\bar{V} = RT$).

Die Darstellung der Zustandsgleichung einer Substanz im dreidimensionalen $p - \bar{V} - T$-Raum ergibt eine Fläche, die sog. Zustandsfläche dieser Substanz (Bild 1.1).

Im Bereich des festen Zustands kann Materie ebenfalls wieder in unterschiedlichen Formen vorliegen, die durch entsprechende Zustandsgrößen gekennzeichnet sind. So können Festkörper amorph oder kristallin aufgebaut sein. Kristalline Festkörper, wie Metall, wiederum können je nach den gewählten Zustandsvariablen in verschiedenen Kristallstrukturen vorliegen, wie kubisch raumzentriert, kubisch flächenzentriert oder hexagonal u.a. Die Kristallart, in der ein Metall vorliegt, wird ebenfalls Phase genannt. Eine Legierung, die in einem einzigen Aggregatzustand, nämlich im festen Zustand, vorliegt, kann daher durchaus aus mehreren festen Phasen bestehen, die bei bestimmten Temperaturen und Zusammensetzungen beständig sind (vgl. Bild 1.1.4). Mehrere feste Phasen in einer Legierung können sich durch Kristallart und/oder Zusammensetzung unterscheiden. Die Bereiche mit jeweils gleichen physikalischen und chemischen Eigenschaften gelten als eine Phase.

Die Konstitution, d.h. die Phasen, aus denen bei vorgegebener Temperatur und Zusammensetzung eine Metallegierung besteht, ist aus den Zustandsdiagrammen zu entnehmen. Zustandsdiagramme geben Art und Anteile sowie Zusammensetzung der Gefügebestandteile einer Legierung in Abhängigkeit von Temperatur und dem Verhältnis der Komponenten zueinander an. Es lassen sich

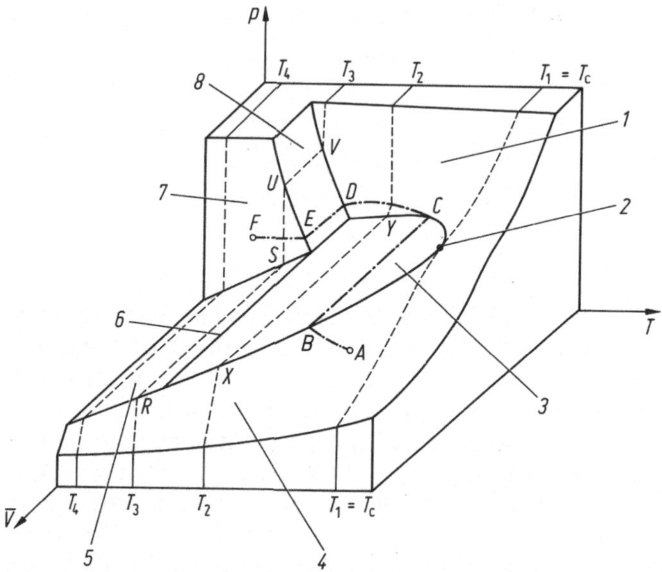

Bild 1.1. Zustandsfläche von Wasser (schematisch). Die Zustandsfläche von Wasser gliedert sich in Gebiete, in denen jeweils eine einzige Phase (Gas, Flüssigkeit oder Festkörper) vorliegt, und solche, in denen zwei verschiedene Phasen (Gas und Flüssigkeit, Gas und Festkörper, Flüssigkeit und Festkörper) nebeneinander auftreten.

Zur Erläuterung seien isotherme ($T =$ const) Kompressionen bei vier verschiedenen Temperaturen T_1, T_2, T_3 und T_4 betrachtet: Bei der Temperatur T_1 bewirkt eine Drucksteigerung eine stetige Verminderung des Molvolumens, wobei Wasserdampf kontinuierlich, d.h. ohne Auftreten einer Phasengrenzfläche Gas/Flüssigkeit, in den flüssigen Zustand übergeht. Die eingezeichnete Isotherme für die Temperatur T_1 berührt das Zweiphasengebiet gasförmig/flüssig im sog. kritischen Punkt; T_1 heißt deshalb auch kritische Temperatur T_c. Für Temperaturen oberhalb von T_C gibt es keinen Unterschied zwischen Gas und Flüssigkeit mehr.

Eine Drucksteigerung bei der Temperatur T_2 bewirkt zunächst eine Volumenverminderung des gasförmigen Wasserdampfs, bis beim Punkt X der zur Temperatur T_2 gehörende Sättigungsdampfdruck von flüssigem Wasser erreicht ist. Entlang der Strecke $\overline{XY}$ geht das Wasser bei konstantem Druck vom gasförmigen in den flüssigen Zustand über, wobei sich wegen der größeren Dichte der Flüssigkeit das Molvolumen solange vermindert, bis beim Punkt Y die gesamte Wassermenge im flüssigen Zustand vorliegt. Eine weitere Drucksteigerung führt nun zu einer Abnahme des Molvolumens der Flüssigkeit.

Bei der Temperatur T_3 führt eine Drucksteigerung wieder zu einer Verminderung des Molvolumens des gasförmigen Wasserdampfs, bis beim Punkt R der zur Temperatur T_3 gehörende Sättigungsdampfdruck vom Eis erreicht ist. Entlang der Strecke $\overline{RS}$ erfolgt nun bei konstantem Druck die Phasenumwandlung gasförmig (Wasserdampf) zu fest (Eis), wobei sich wegen der höheren Dichte des Eises das Molvolumen solange vermindert, bis am Punkt S die gesamte Wassermenge als Eis vorliegt. Eine weitere Drucksteigerung führt nun zu einer Verminderung des Molvolumens von Eis, bis beim Punkt U der zur Temperatur gehörende Schmelzdruck von Eis erreicht wird. Entlang der Strecke $\overline{UV}$ erfolgt bei konstantem Druck die Phasenumwandlung Eis zu flüssigem Wasser. Da die Dichte von Wasser größer ist als die Dichte von Eis, vermindert sich dabei das Molvolumen solange, bis beim Punkt V die gesamte Wassermenge als flüssiges Wasser vorliegt.

Bei der Temperatur T_4 schließlich erfolgt bei Drucksteigerung zunächst genau wie bei der Temperatur T_3 die Verminderung des Molvolumens von Wasserdampf, die Phasenumwandlung Wasserdampf zu Eis, sowie anschließend die Verminderung des Molvolumens von Eis. Eine weitere Drucksteigerung würde hier zu Phasenumwandlungen im festen Zustand (Hochdruckmodifikationen von Eis) führen, die nicht mehr eingezeichnet sind.

darüberhinaus auch Hinweise über die Anordnung und Form der Gefügebestandteile entnehmen. Dies nämlich geht aus den Zustandsdiagrammen insoweit hervor, als sich ablesen läßt welche Kristallite sich zuerst aus einer Schmelze bilden (Primärkristallisation) und wie im weiteren Verlauf der Abkühlung die Restschmelze erstarrt. Analog sind auch die Vorgänge bei Umwandlungen im festen Zustand, also bei Umkristallisationen, aus den Zustandsdiagrammen zu entnehmen. Nicht dagegen enthalten die Zustandsdiagramme Hinweise über die verschiedenen Arten von Fehlstellen im Gitteraufbau.

Für den Gleichgewichtsfall sind die Zustandsdiagramme somit wertvolle Hilfsmittel, um sich in Abhängigkeit von Temperatur und Zusammensetzung ein Bild zu verschaffen über das Gefüge eines Werkstoffs nach Art und Form. So gibt das Diagramm einer Legierung Eisen-Kohlenstoff an, welche Anteile Ferrit und Zementit bzw. Perlit in einem Stahl mit z. B. 0,15, 0,45, 0,8 und 1,7% C enthalten sind (vgl. Bild 1.4.1). Auch im Bereich des Gußeisens (> 2% C) sind Aussagen über das Gefüge aus dem Zustandsdiagramm abzulesen. Weiter enthält das Zustandsdiagramm Informationen über die Abhängigkeit des Gefüges von der Temperatur und über das Schmelz- und Erstarrungsverhalten der Legierungen.

Damit sind die Zustandsdiagramme eine bedeutsame Grundlage für Wärmebehandlungen, insbesondere in der Nähe von Gleichgewichtszuständen, ebenso wie sie Aufschluß geben über das Verhalten der Werkstoffe bei höheren Betriebstemperaturen. Gleichfalls geht aus den Zustandsdiagrammen hervor, wie sich die Werkstoffe beim Verarbeiten im schmelzflüssigen Zustand, also beim Gießen, Schweißen, Löten und bei der Warmformgebung im festen Zustand verhalten.

So zeigt das Zustandsschaubild einer Al – Si-Legierung, daß der Schmelzpunkt des Al von 660 °C durch 11,7% Si auf 577 °C herabgesenkt wird (eutektischer Punkt). Das Gefüge besteht dann aus zwei Arten von Mischkristallen, Al-reichen α-Mischkristallen und Si-reichen β-Mischkristallen (vgl. Bild 1.4.31).

Ein Pb – Sn-Lot mit etwa 60% Blei und 40% Zinn hat einen Schmelzpunkt von 183 °C gegenüber dem Schmelzpunkt von 327 °C für Pb und 232 °C für Sn (vgl. Bild 1.4.39). Wird einer solchen Lotlegierung als dritte Komponente noch Wismut mit einem Schmelzpunkt von 271 °C zulegiert, so zeigt das Zustandsdia-

---

Der Weg *ABCDEF* stellt eine isobare Abkühlung, d. h. eine Abkühlung bei konstantem Druck p_0 (z. B. 1 bar), von Wasser dar: Am Punkt *A* befindet sich die gesamte Wassermenge im gasförmigen Zustand (Wasserdampf). Bei Abkühlung erfolgt zunächst eine Verminderung des Molvolumens des Wasserdampfes, bis beim Punkt *B* die zum Druck p_0 gehörende Siedetemperatur des Wassers erreicht wird. Entlang der Strecke $\overline{BC}$ findet nun bei konstanter Temperatur die Phasenumwandlung gasförmig/flüssig statt. Wegen der größeren Dichte der Flüssigkeit nimmt dabei das Molvolumen solange ab, bis beim Punkt *C* die gesamte Wassermenge im flüssigen Zustand vorliegt. Die Kurve $\overline{CD}$ stellt die isobare Abkühlung von flüssigem Wasser dar, wobei die Volumenänderung durch den thermischen Ausdehnungskoeffizienten der Flüssigkeit bestimmt wird. Bei *D* wird die zum Druck p_0 gehörende Schmelztemperatur von Eis erreicht und entlang der Strecke $\overline{DE}$ erfolgt bei konstanter Temperatur die Phasenumwandlung flüssig/fest. Da die Dichte von Eis geringer ist als die Dichte von flüssigem Wasser, nimmt dabei das Molvolumen solange zu, bis beim Punkt *E* die gesamte Wassermenge als Eis vorliegt. Der Weg $\overline{EF}$ stellt die isobare Abkühlung von Eis dar. *1* Existenzgebiet der flüssigen Phase (flüssiges Wasser), *2* kritischer Punkt, *3* Zweiphasengebiet gasförmig/flüssig, *4* Existenzgebiet der gasförmigen Phase (Wasserdampf), *5* Zweiphasengebiet gasförmig/fest, *6* Tripellinie, *7* Existenzgebiet der festen Phase (Eis), *8* Zweiphasengebiet flüssig/fest gramm einer solchen Dreistofflegierung mit 15,5% Sn, 33% Pb und 51,5% Bi einen Schmelzpunkt von nur noch 95 °C (vgl. Bild 1.4.40). Solche niedrigschmelzende Legierungen können bedeutsam sein beim Löten von thermisch empfindlichen Bauelementen in der Elektronik. Allerdings weisen naturgemäß solche Legierungen auch eine entsprechend niedrigere thermische Beständigkeit auf. Mit Hilfe der Zustandsdiagramme lassen sich Zusammensetzungen von Lotlegierungen wählen, die geeignete Kompromisse zwischen niedrigen Verarbeitungstemperaturen und thermischer Beständigkeit darstellen.

Am Beispiel eines Chromstahls, also einer Fe—Cr-Legierung, läßt sich darstellen, wie das Zustandsschaubild Aufschluß geben kann über das Verhalten eines Werkstoffs bei höheren Behandlungs- bzw. Betriebstemperaturen (vgl. Bild 1.4.17). Unterhalb von Temperaturen von 830 °C und oberhalb von 440 °C kann sich in Chromstählen abhängig vom Cr-Gehalt eine spröde sog. σ-Phase bilden. Die dadurch bewirkte Versprödung des Werkstoffs ist auch als 475 °C-Versprödung bekannt. Mit dem Verständnis dieses Zustandsdiagramms wird die scheinbar paradoxe Tatsache deutlich, daß warmfeste Stähle beim Einsatz unter niedrigen Dauerbetriebstemperaturen durch Versprödung versagen können, während sie bei höheren Betriebstemperaturen ohne Schädigung einzusetzen sind. Selbstverständlich treten diese Versprödungen diagrammgemäß auch bei ungeeigneten Wärmebehandlungen auf.

1.1 Thermodynamische Gleichgewichtsbedingungen

Zur Veranschaulichung der Gleichgewichtsbedingungen sei von einem einfachen mechanischen Modell ausgegangen, das je nach der Veränderung der potentiellen Energie in Abhängigkeit von der Lage eines Körpers die drei Gleichgewichtszustände zeigt:

1. stabiles Gleichgewicht,
2. labiles Gleichgewicht,
3. metastabiles Gleichgewicht.

Am Streichholzschachtelmodell wird deutlich, daß der Schwerpunkt einer hochkant stehenden Schachtel (metastabiles Gleichgewicht) erst angehoben werden muß, damit über den labilen Zustand die Schachtel auf die Breitseite fällt, also in den mechanisch stabilen Gleichgewichtszustand, der den Zustand geringster potentieller Energie darstellt (Bild 1.1.1).

Das thermische Gleichgewicht ist gekennzeichnet durch die Abwesenheit von Temperaturgradienten im System. Ein chemisches Gleichgewicht liegt vor, wenn

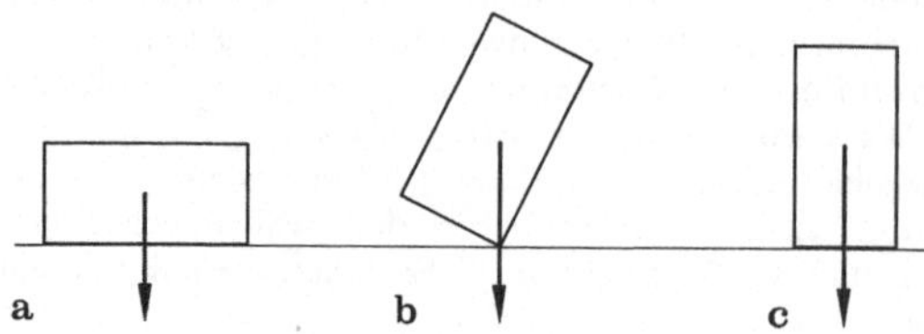

Bild 1.1.1. Mechanisches Modell zur Veranschaulichung der verschiedenen Arten des Gleichgewichts. **a** stabiles Gleichgewicht; **b** instabiles Gleichgewicht; **c** metastabiles Gleichgewicht

zwischen zwei Substanzen keine eine Veränderung bewirkende resultierende Reaktion stattfindet, d.h. alle Reaktionen laufen in Vorwärts- und Rückwärtsrichtung gleich schnell ab.
Thermodynamisch besteht Gleichgewicht, wenn ein System die mechanischen, thermischen und chemischen Gleichgewichtsbedingungen erfüllt. Dies ist der Fall wenn die freie Energie ein Minimum einnimmt. Unter konstantem Druck – wie allgemein in der Metallurgie angenommen wird – ist als freie Energie die Gibbssche freie Energie G anzusetzen. G wird auch als freie Enthalpie bezeichnet

$$G = H - TS. \tag{1.1.1}$$

Dabei ist H die Enthalpie bzw. der Wärmeinhalt oder die Summe aus innerer Energie E und Verdrängungsenergie pV mit dem Druck p und dem Volumen V entsprechend

$$H = E + pV. \tag{1.1.2}$$

Unter der Annahme eines konstanten Volumens V ist die Helmholtzsche freie Energie F zu verwenden

$$F = E - TS. \tag{1.1.3}$$

Aus diesen Beziehungen ergibt sich, daß der Gleichgewichtszustand durch Extremwerte gekennzeichnet ist. Das heißt, daß sich die Gibbssche freie Energie im Minimum befindet. Aus (1.1.1) geht hervor, daß die Gibbssche freie Energie durch zwei Terme bestimmt wird, nämlich durch die Enthalpie bzw. den Wärmeinhalt H und die Entropie S. Diese Tatsache ist bedeutsam zum Verständnis der Temperaturabhängigkeit der Existenz verschiedener Phasen.

Der Verlauf der Gibbsschen freien Energie über der Temperatur ist unterschiedlich für eine Substanz in gasförmiger, flüssiger oder fester Phase. Dieser Unterschied im Verlauf der Gibbsschen freien Energie bedingt, daß in Abhängigkeit von der Temperatur jeweils für eine bestimmte Phase – hier gleichbedeutend mit dem Aggregatszustand – die Gibbssche freie Energie ein Minimum besitzt. Es wird somit in Abhängigkeit von der Temperatur immer die Phase im stabilen Gleichgewicht sein, deren Gibbssche freie Energie bei der betrachteten Temperatur die jeweils niedrigste ist (Bild 1.1.2).

Die Tatsache, daß sich die Gibbssche freie Energie aus der Enthalpie und der Entropie zusammensetzt, wird am Beispiel der Temperaturabhängigkeit der Existenzbereiche unterschiedlicher Zinnmodifikationen deutlich. So ist tetragonales (weißes) β-Zinn bei Temperaturen $> 13\,°C$ stabil, kubisches im Diamantgitter vorliegendes (graues) α-Zinn existiert im stabilen Gleichgewicht unterhalb von $13\,°C$ (Allotropie)[1]. Wird unter Standardbedingungen von $25\,°C$ und 1 bar der Wärmeinhalt der stabilen β-Phase mit 0 angenommen, so ergibt sich für das graue α-Zinn ein Wärmeinhalt von -2 kJ/mol. Nach dem Wärmeinhalt müßte sich also

[1] Durch die Volumenänderung bei der Umwandlung des β-Zinns bei tieferen Temperaturen in α-Zinn zerfällt dieses in ein Pulver. Bei der Wiedererwärmung des α-Zinns bildet sich wieder β-Zinn, jedoch ohne daß sich die Pulverform ändert (Zinnpest).

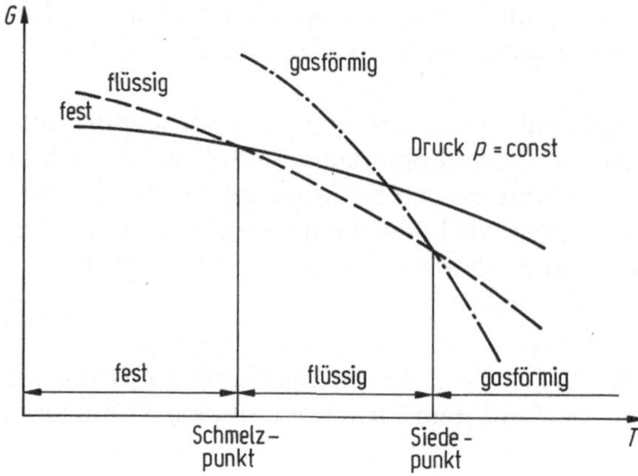

Bild 1.1.2. Verlauf der Gibbsschen freien Energie G in Abhängigkeit von der Temperatur für ein reines Metall

bei 25 °C das β-Zinn in das α-Zinn umwandeln unter Freisetzung von 2 kJ/mol, falls das System mit dem geringeren Wärmeinhalt stabil sein sollte. Tatsächlich findet eine solche Umwandlung nicht statt, da hier die Entropiezunahme den Ausschlag für die stabile Phase gibt. Durch die Entropiezunahme bei einer Umwandlung α- in β-Zinn unter Standardbedingungen wird die Zunahme der Enthalpie überkompensiert, so daß die Gibbssche freie Energie mit $G = H - TS$ für die weiße β-Zinn-Modifikation die Minimalbedingung tatsächlich erfüllt.

Ebenso wie die Energie verhält sich die Entropie eines Systems additiv, d. h. die Gesamtentropie des Systems ergibt sich aus der Summe der Einzelentropien. Die Entropie ist eine Zustandsgröße und damit geeignet, den Zustand des Systems zu kennzeichnen. Es gilt stets

$$\mathrm{d}S \geqq \frac{\mathrm{d}Q}{T}, \tag{1.1.4}$$

wobei Q die dem System zugeführte Wärme ist.

Für reversible Prozesse gilt das Gleichheitszeichen. Für ein adiabatisch isoliertes System ist $\mathrm{d}Q = 0$, also $\mathrm{d}S \geqq 0$.

Statistisch läßt sich die Entropie damit veranschaulichen, daß bei der Mischung von Partikeln, die keine regelmäßige Raumerfüllung zeigen – wie bei der Mischung von Gas – der Zustand der homogenen Verteilung, also die maximal ungeordnete Verteilung, die wahrscheinlichste ist. Damit wird die Entropie S als Maß der willkürlichen Verteilung in einem System ausgedrückt und als Logarithmus der Wahrscheinlichkeit angegeben

$$S = k \ln w \tag{1.1.5}$$

k ist dabei die Boltzmannsche-Konstante,

w die Wahrscheinlichkeit der Verteilung, also z. B. zweier Arten von Gasmolekülen (vgl. Band I, Abschn. 8.1).

1.1.1 Begriffsbestimmungen

Der folgende Abschnitt bringt genauere Definitionen einiger Begriffe, die teilweise bereits im Vorangegangenen informell benutzt worden sind.

Systeme

Unter einem (thermodynamischen) System versteht man alle physikalischen Körper, die im Rahmen einer thermodynamischen Untersuchung zu einer Gesamtheit zusammengefaßt werden. Ein System wird demnach durch eine Vorschrift definiert, durch die von jedem Gegenstand eindeutig entschieden werden kann, ob er Bestandteil dieses Systems ist oder nicht.

Alle Objekte, die nicht Bestandteil eines Systems sind, heißen Umgebung dieses Systems.

Systeme, die mit ihrer Umgebung keine Materie austauschen können, werden (materiell) geschlossene Systeme genannt. Im folgenden sollen stets materiell geschlossene Systeme betrachtet werden.

Gleichgewichtssysteme sind Systeme, die sich im thermodynamischen Gleichgewicht befinden. Dabei kann es sich um ein stabiles oder metastabiles Gleichgewicht handeln.

Komponenten

Alle Teile eines Systems, die aus derselben chemischen Verbindung bzw. demselben chemischen Element bestehen, bilden einen chemischen Bestandteil dieses Systems. So bestehen beispielsweise alle Eisenkristallite eines Stücks Reineisen aus demselben chemischen Element Fe, d.h. der einzige chemische Bestandteil dieses Systems ist Fe. Analog ist der einzige chemische Bestandteil einer Wasser-Eis-Mischung H_2O, da sowohl Wasser als auch Eis aus Molekülen derselben chemischen Verbindung H_2O bestehen. Bei einer Kupfer-Nickel-Legierung hingegen bestehen alle von Kupferatomen besetzten Gitterplätze aus dem chemischen Element Cu und bilden deshalb den chemischen Bestandteil Cu, während die von Nickelatomen besetzten Gitterplätze aus dem chemischen Element Ni bestehen und den chemischen Bestandteil Ni bilden. Die beiden chemischen Bestandteile dieses Systems sind also Cu und Ni. Ein Stück $\alpha - \beta$-Messing (vgl. Band I, Bild 8.3) ist ebenfalls ein Beispiel für ein System mit zwei chemischen Bestandteilen, nämlich Cu und Zn, da sowohl bei den α- als auch bei den β-Körnern alle von Kupferatomen besetzten Gitterplätze aus dem chemischen Element Cu bestehen und alle von Zinkatomen besetzten Gitterplätze aus dem chemischen Element Zn.

Als Beispiel für ein komplexeres System sei ein System betrachtet, das aus den drei chemischen Bestandteilen Eisen Fe, Kohlenstoff C und Zementit Fe_3C besteht. Wie aus Abschn. 1.4.1 hervorgehen wird, sind derartige Systeme für die Metallkunde von außerordentlichem Interesse.

Die Komplikation bei diesem System liegt darin, daß im System die chemische Reaktion

$$3\,Fe + C \rightleftharpoons Fe_3C \tag{1.1.6}$$

stattfindet. Dabei symbolisiert der Doppelpfeil, daß die Reaktion in beiden Richtungen ablaufen kann, nämlich sowohl in Vorwärtsrichtung unter Bildung von

Zementit gemäß

$$3\,\mathrm{Fe} + \mathrm{C} \rightarrow \mathrm{Fe_3C} \tag{1.1.6a}$$

als auch in Rückwärtsrichtung unter Zerfall von Zementit nach

$$\mathrm{Fe_3C} \rightarrow 3\,\mathrm{Fe} + \mathrm{C}\,. \tag{1.1.6b}$$

Es sei v_a die Geschwindigkeit der Reaktion (1.1.6a), d.h. die Zahl der durch die Reaktion (1.1.6a) pro Sekunde gebildeten Mole Fe_3C und v_b die Geschwindigkeit der Reaktion (1.1.6b), also die Zahl der pro Sekunde durch die Reaktion (1.1.6b) zerfallenden Mole Fe_3C. Dann ergibt sich die Gesamtgeschwindigkeit v der Reaktion (1.1.6), nämlich die Zahl der durch die Reaktion (1.1.6) pro Sekunde insgesamt gebildeten Mole Fe_3C, aus der Differenz der durch die Reaktion (1.1.6a) pro Sekunde gebildeten Mole Fe_3C und der durch die Reaktion (1.1.6b) pro Sekunde zerfallenden Mole Fe_3C. Es läßt sich somit schreiben

$$v = v_a - v_b\,.$$

Ist die Geschwindigkeit der Reaktion (1.1.6a) größer als die der Reaktion (1.1.6b), so ist $v_a > v_b$ und die Gesamtgeschwindigkeit v der Reaktion (1.1.6) ist größer als Null. In diesem Fall vergrößert sich die Menge des im System vorhandenen Fe_3C infolge der Reaktion (1.1.6), wobei zur Bildung von 1 Mol Fe_3C gerade 3 Grammatome Fe und 1 Grammatom C verbraucht werden. Deshalb nimmt die Menge von Fe und C im System ab.

Ist umgekehrt die Geschwindigkeit der Reaktion (1.1.6b) größer als die der Reaktion (1.1.6a), so ist $v_b > v_a$ und die Gesamtgeschwindigkeit v der Reaktion (1.1.6) ist negativ. In diesem Falle vermindert sich die Menge des im System befindlichen Fe_3C infolge der Reaktion (1.1.6), wobei beim Zerfall von 1 Mol Fe_3C gerade 3 Grammatome Fe und 1 Grammatom C gebildet werden, d.h. die Mengen von Fe und C im System nehmen zu. Im thermodynamischen Gleichgewicht läuft die Reaktion (1.1.6) in Vorwärts- und Rückwärtsrichtung gleich schnell ab, d.h. die Geschwindigkeiten v_a und v_b der Reaktionen (1.1.6a) und (1.1.6b) sind gleich groß und die Gesamtgeschwindigkeit v der Reaktion (1.1.6) ist Null. In diesem Falle bleiben die Mengen von Fe, C und Fe_3C im System im Laufe der Zeit konstant. Die Bedingung $v = 0$ heißt Gleichgewichtsbedingung für die Reaktion (1.1.6).

Die Geschwindigkeit einer chemischen Reaktion hängt außer von Druck und Temperatur i.a. auch vom Angebot an Reaktionspartnern, d.h. von den Mengen der an dieser Reaktion teilnehmenden chemischen Bestandteile eines Systems ab, im vorliegenden Falle also von den im System befindlichen Mengen an Fe, C und Fe_3C. Besteht ein System beim Druck p und der Temperatur T aus x Grammatomen Fe, y Grammatomen C und z Molen Fe_3C, so ist die Geschwindigkeit v der Reaktion (1.1.6) eine Funktion von x, y und z, und es kann geschrieben werden

$$v = v_{p,T}(x, y, z)\,. \tag{1.1.7}$$

Im allgemeinen Fall, d.h. für beliebig gewähltes x, y, z, wird die Reaktionsgeschwindigkeit v von Null verschieden sein, und die Reaktionen (1.1.6a) und (1.1.6b) laufen unterschiedlich schnell ab. Aus diesem Grunde ändern sich x, y und z im Laufe der Zeit solange, bis das thermodynamische Gleichgewicht erreicht ist und $v = 0$ wird. Wird hingegen speziell verlangt, daß es sich bei dem betrachteten System aus x Grammatomen Fe, y Grammatomen C und z Molen Fe_3C um ein Gleichgewichtssystem handelt, daß das System sich also im thermodynamischen Gleichgewicht befindet, so muß auch die Gleichgewichtsbedingung $v = 0$ für die Reaktion (1.1.6) erfüllt sein. Aufgrund von (1.1.7) läßt sich diese Gleichgewichtsbedingung schreiben als

$$v_{p,T}(x, y, z) = 0 . \tag{1.1.8a}$$

Eine wichtige Folgerung von (1.1.8a) ist, daß im thermodynamischen Gleichgewicht x, y und z nicht mehr unabhängig voneinander gewählt werden können. Werden beispielsweise x und y beliebig vorgegeben, so muß z so bestimmt werden, daß die Bedingung (1.1.8a) erfüllt ist. z ist also eine Funktion von x und y, d.h.

$$z = z_{p,T}(x, y) . \tag{1.1.8b}$$

Alternativ hätte sich auch schreiben lassen $x = x_{p,T}(y, z)$ oder $y = y_{p,T}(x, z)$. Das betrachtete Gleichgewichtssystem besteht also aus zwei unabhängigen chemischen Bestandteilen, deren Mengen im System beliebig gewählt werden können, und einem abhängigen chemischen Bestandteil, dessen Menge im System durch die Gleichgewichtsbedingung (1.1.8a) der Reaktion (1.1.6) in Abhängigkeit von den Mengen der beiden anderen chemischen Bestandteile festgelegt wird.

Die unabhängigen chemischen Bestandteile eines Gleichgewichtssystems heißen *Komponenten* dieses Systems.

Die Bedingung (1.1.8a) legt nur die Zahl der Komponenten fest, nämlich zwei, läßt aber offen, welche beiden chemischen Bestandteile als Komponenten gewählt werden. Im allgemeinen erweist es sich als zweckmäßig, als Komponenten eines Gleichgewichtssystems diejenigen chemischen Bestandteile dieses Systems auszuwählen, die nicht infolge chemischer Reaktionen, die im System ablaufen, in einfachere chemische Bestandteile zerfallen. Aus diesem Grunde werden als Komponenten eines Gleichgewichtssystems aus Fe, C und Fe_3C die chemischen Bestandteile Fe und C gewählt. Derartige Systeme heißen deshalb auch Eisen-Kohlenstoff-Systeme.

Allgemein wird unter den Komponenten eines Gleichgewichtssystems der kleinstmögliche Satz der chemischen Bestandteile dieses Systems verstanden, deren Mengen angegeben werden müssen, um aufgrund der Reaktionsgleichgewichte aller im System stattfindenden chemischen Reaktionen die Mengen der übrigen chemischen Bestandteile dieses Systems zu bestimmen.

Systeme, die K Komponenten enthalten, heißen K-Stoff-Systeme oder K-Komponenten-Systeme. Systeme mit mehr als einer Komponente werden polynäre Systeme genannt. Speziell sind 2-Komponentensysteme binäre Systeme, 3-Komponentensysteme ternäre Systeme und 4-Komponentensysteme quaternäre Systeme.

Die wichtige Rolle der Komponenten für die thermodynamische Beschreibung von Gleichgewichtssystemen ergibt sich aus folgendem Sachverhalt:

Jedes K-Komponenten-Gleichgewichtssystem läßt sich durch Zusammenmischen entsprechender Mengen der Komponenten und Einstellen des thermodynamischen Gleichgewichts herstellen. Entscheidend dabei ist, daß zur Herstellung eines Gleichgewichtssystems nur die Komponenten und keine anderen chemischen Bestandteile benötigt werden.

Zur Erläuterung sei wieder ein Gleichgewichtssystem aus x Grammatomen Fe, y Grammatomen C und z Molen Fe_3C betrachtet. Aus der Stöchiometrie der Reaktion (1.1.6) folgt, daß zur Bildung von 1 Mol Fe_3C gerade 3 Grammatome Fe und 1 Grammatom C benötigt werden. Deshalb werden zur Bildung von z Molen Fe_3C gerade $3z$ Grammatome Fe und z Grammatome C verbraucht. Werden nun beim Druck p und der Temperatur T n_1 Grammatome Fe und n_2 Grammatome C zusammengemischt mit

$$n_1 = x + 3z, \qquad n_2 = y + z$$

wobei z sich aus (1.1.8 b) berechnet, so befindet sich das System zunächst nicht im thermodynamischen Gleichgewicht und die Reaktion (1.1.6) läuft solange unter Bildung von Fe_3C ab, bis z Mole Fe_3C gebildet sind. Da dabei gerade $3z$ Grammatome Fe und z Grammatome C verbraucht werden, entsteht auf diese Weise schließlich das betrachtete Gleichgewichtssystem aus x Grammatomen Fe, y Grammatomen C und z Molen Fe_3C. Da bei diesem Beispiel x und y beliebig gewählt werden können, läßt sich jedes beliebige Gleichgewichtssystem aus den chemischen Bestandteilen Fe, C und Fe_3C durch Zusammenmischen entsprechender Mengen der Komponenten Fe und C und Einstellen des thermodynamischen Gleichgewichts herstellen.

In der Gleichgewichtsthermodynamik wird stets davon ausgegangen, daß ein K-Komponenten-Gleichgewichtssystem durch Zusammenmischen bestimmter Mengen der K-Komponenten, also etwa n_1 Molen (Grammatomen) der Komponente 1, n_2 Molen (Grammatomen) der Komponente 2, ..., n_K Molen (Grammatomen) der Komponente K, hergestellt wurde. Entsprechend wird die chemische Zusammensetzung dieses Gleichgewichtssystems durch Angabe der Zahlen $n_1, n_2, \ldots, n_K$ beschrieben. Deshalb wird auch die Abhängigkeit der Zustandsfunktionen von der chemischen Zusammensetzung eines Gleichgewichtssystems durch die Zahlen $n_1, n_2, \ldots, n_K$ gegeben. So ist beispielsweise die freie Enthalpie G eines K-Komponenten-Gleichgewichtssystems eine Funktion von p, T und $n_1, n_2, \ldots, n_K$ also

$$G = G(p, T, n_1, n_2, \ldots, n_K). \tag{1.1.9}$$

Häufig interessiert die Abhängigkeit der freien Enthalpie von der Menge einer Komponente, etwa der Komponente i. Diese Abhängigkeit wird beschrieben durch das sog. chemische Potential der Komponente i mit der Definition

$$\mu_i = \left(\frac{\partial G}{\partial n_i}\right)_{p,\,T,\,n_{j \neq i}}. \tag{1.1.10}$$

Bei der Bildung der partiellen Ableitung sind der Druck p, die Temperatur T und die Zahlen der Mole bzw. Grammatome n_j aller anderen Komponenten (d.h. $j \neq i$) konstant zu halten. Zwischen der freien Enthalpie G eines Gleichgewichtssystems und den chemischen Potentialen der Komponenten gilt folgende wichtige Beziehung

$$G(p, T, n_1, \ldots, n_K) = \mu_1 n_1 + \mu_2 n_2 + \ldots + \mu_K n_K = \sum_{j=1}^{K} \mu_j n_j \tag{1.1.11}$$

Konzentration und Konzentrationsmaße

Die chemische Zusammensetzung eines K-Komponenten-Gleichgewichtssystems wird durch die Zahl der Mole bzw. Grammatome $n_1, n_2, \ldots, n_K$ der einzelnen Komponenten, die zur Herstellung dieses Systems verwendet wurden, beschrieben. Die Gesamtmenge des Systems wird durch die Gesamtmolzahl

$$n = n_1 + n_2 \ldots + n_K = \sum_{j=1}^{K} n_j \tag{1.1.12}$$

gegeben. Da bei der Herstellung eines Systems die Komponenten üblicherweise eingewogen werden, also die Massen $m_1, m_2, \ldots, m_K$ der einzelnen Komponenten bestimmt werden, ist es in der Praxis vielfach zweckmäßig, die chemische Zusammensetzung eines K-Komponenten-Gleichgewichtssystems direkt durch die Massen $m_1, m_2, \ldots, m_K$, die zu dessen Herstellung verwendet wurden, auszudrücken. Die Gesamtmenge des Systems wird in diesem Falle durch die Gesamtmasse

$$m = m_1 + m_2 + \ldots + m_K = \sum_{j=1}^{K} m_j \tag{1.1.13}$$

gegeben. Zwischen den Molzahlen n_j und den Massen m_j ($j = 1, 2, \ldots, K$) besteht die Beziehung:

$$m_j = M_j n_j \qquad j = 1, 2, \ldots, K \tag{1.1.14}$$

wobei M_j das Molekulargewicht bzw. Atomgewicht der Komponente j ist.

Um Systeme verschiedener Gesamtmengen hinsichtlich ihrer chemischen Zusammensetzung miteinander vergleichen zu können, ist es vorteilhaft, statt der Mengen der Komponenten deren Mengen*anteile* als Kennwerte für die chemische Zusammensetzung eines Gleichgewichtssystems zu verwenden. Der Mengenanteil einer Komponente, der als Konzentration dieser Komponente bezeichnet wird, ergibt sich, indem die Menge dieser Komponente auf die Gesamtmenge des Systems bezogen wird. Dementsprechend werden als Konzentrationsmaße verwendet:

a) Der Molenbruch bzw. Atombruch x_j der Komponente j, indem die Zahl n_j der Mole bzw. Grammatome der Komponente j auf die Gesamtmolzahl n des Systems bezogen wird, d.h.

$$x_j = \frac{n_j}{n} \qquad j = 1, 2, \ldots, K. \tag{1.1.15}$$

Wird der Molen- bzw. Atombruch als Prozentzahl ausgedrückt, heißt die entstehende Konzentrationseinheit Mol-% bzw. Atom-%.

b) Der Massenanteil c_j der Komponente j, indem die Masse m_j der Komponente j auf die Gesamtmasse m des Systems bezogen wird, d.h.

$$c_j = \frac{m_j}{m} \qquad j = 1, 2, \ldots, K. \tag{1.1.16}$$

Wird der Massenanteil als Prozentzahl ausgedrückt, heißt die entstehende Konzentrationseinheit Masse-% (früher Gewichts-%).

Unter Benutzung von (1.1.14) können Masse-% leicht in Mol-% (bzw. Atom-%) umgerechnet werden und umgekehrt.
Wegen (1.1.12) und (1.1.13) gilt

$$\sum_{j=1}^{K} c_j = \sum_{j=1}^{K} x_j = 1 \qquad (\text{bzw. } 100\,\%). \tag{1.1.17}$$

Deswegen genügt zur Spezifikation der chemischen Zusammensetzung eines K-Komponenten-Gleichgewichtssystems die Angabe der Konzentrationswerte von $K-1$ Komponenten; die Konzentration der K-ten Komponente berechnet sich dann aus (1.1.17). So wird beispielsweise die chemische Zusammensetzung eines Zweikomponentensystems durch Angabe der Konzentration *einer* Komponente festgelegt.

Es ist häufig ebenfalls nützlich, die freie Enthalpie G eines Systems auf die Gesamtmolzahl n in diesem System zu beziehen. Die entstehende Größe

$$\bar{G} = \frac{G}{n} \tag{1.1.18}$$

heißt molare freie Enthalpie und ist unabhängig von der Gesamtmenge des Systems. Analoge Definitionen gelten für die molare Enthalpie $\bar{H}$ und die molare Entropie $\bar{S}$. Wegen (1.1.11) und (1.1.15) gilt

$$\bar{G} = \sum_{j=1}^{K} \mu_j x_j\,. \tag{1.1.19}$$

Phasen

Alle in sich homogenen Bereiche eines Systems mit demselben physikalischen Aufbau bilden eine Phase dieses Systems. So bilden beispielsweise in einem $\alpha-\beta$-Messing (Band I, Bild 8.3) alle α-Körner, da sie denselben in sich homogenen physikalischen Aufbau besitzen, eine Phase, die sog. α-Phase. Analog bilden alle β-Körner ebenfalls eine Phase, nämlich die β-Phase. Ein einphasiges System heißt auch homogenes System, während mehrphasige Systeme heterogene Systeme genannt werden.

Eine Legierung aus Elementen, die in jedem Verhältnis im festen Zustand gegenseitig löslich sind – also einen einheitlichen Mischkristall bilden – hat ein einphasiges oder homogenes Gefüge. Dies ist z. B. bei den Legierungen Ni–Cu oder Ag–Au der Fall (Bild 1.1.3). Ist die Kristallart der einen Komponente jedoch nur in der Lage, eine begrenzte Menge der anderen Komponente aufzunehmen, so muß bei Überschreiten der Löslichkeitsgrenze eine zweite Kristallart auftreten, um die im Überschuß zulegierte Komponente aufzunehmen. Bei einer solchen Überschreitung der Löslichkeitsgrenze liegt also eine Legierung mit zwei Kristallarten vor, d. h. es ist ein heterogenes oder zweiphasiges Gefüge gegeben. Dies ist z. B. der Fall bei einer Zinn-Blei-Legierung (Weichlote) (Bild 1.1.4). Die maximale Löslichkeit von Zinn im Bleimischkristall beträgt 19 %, die maximale Löslichkeit von Blei im Zinnmischkristall 2,5 %. Legierungsverhältnisse, die außerhalb der maximalen Löslichkeit liegen, führen zu zwei Mischkristallarten, nämlich einem bleireichen β-Mischkristall und einem zinnreichen α-Mischkristall.

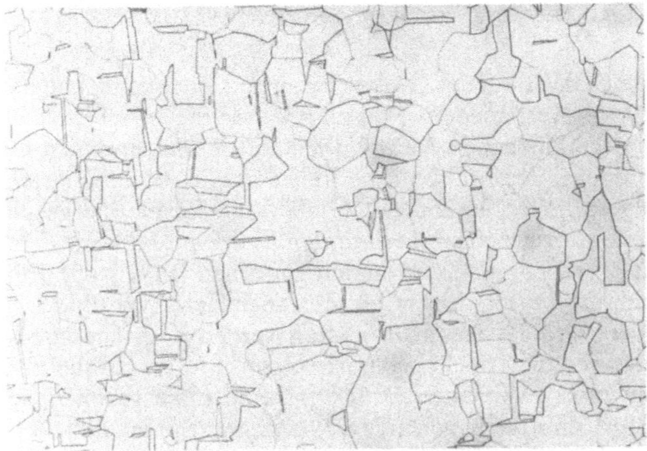

Bild 1.1.3. Homogenes Gefüge einer Ni–Cu-Legierung, V = 200 ×. (Aufnahme: Degussa)

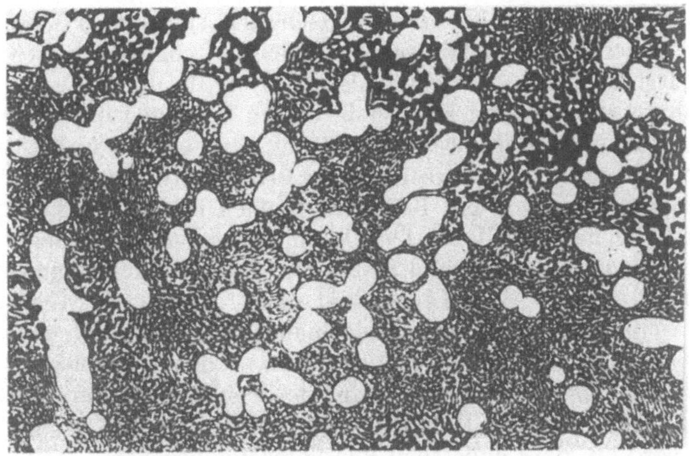

Bild 1.1.4. Heterogenes Gefüge einer Zinn-Blei-Legierung, V = 200 ×

Wird die Löslichkeit eines Mischkristalls überschritten, so kann die zweite Komponente, die nicht mehr im Mischkristall löslich ist, mit der ersten Komponente eine zweite Phase auch in Form einer eigenständig kristallisierenden Verbindung bilden. Dies ist z. B. bei Fe und C der Fall. Der nicht mehr im kubisch-raumzentrierten α-Fe-Gitter lösliche Kohlenstoff (bei der Temperatur maximaler Löslichkeit von 723 °C sind nur 0,02 % C in α-Fe löslich) bildet mit dem Eisen die Verbindung Fe_3C, die auch als Zementit bezeichnet wird. Es liegt somit in diesem Fall ein heterogenes Gefüge aus α-Mischkristallen (Ferrit) und Fe_3C (Zementit) vor.

Wenn mehrere Komponenten, z. B. bei einer Legierung, vorliegen, so wird in Abhängigkeit von den Zustandsvariablen Art und Anteil der Phasen im Gleichgewichtszustand ebenfalls wieder durch die dem Minimum zustrebende Gibbssche freie Energie bestimmt.

1.1.2 Die Gibbssche Phasenregel

Wie ausgeführt wurde, zeigt der Verlauf der Gibbsschen freien Energie in Abhängigkeit von der Temperatur für verschiedene Phasen oder für die verschiedenen Aggregatzustände einen unterschiedlichen Verlauf. Im stabilen Gleichgewicht ist dabei jeweils die Phase existent, deren Gibbssche freie Energie die niedrigsten Werte aufweist (vgl. Bild 1.1.2). Der Verlauf der Gibbsschen freien Energie in Abhängigkeit von der Temperatur bei einem bestimmten Druck p_1, läßt sich dem entsprechenden Phasendiagramm in pT-Koordinaten zuordnen (Bild 1.1.5). Ein derartiges Phasendiagramm ergibt sich, indem die Zustandsfläche (vgl. Bild 1.1) auf die $p - T$-Ebene projiziert wird. Bei dieser Projektion werden die Zweiphasengebiete als Linien abgebildet und die Tripellinie als Tripelpunkt. Wird parallel zur Temperaturachse in Höhe eines festgelegten Drucks p_1 eine Linie gezogen, so geben die Schnittpunkte mit den entsprechenden Phasengrenzlinien den Verdampfungspunkt bzw. den Schmelzpunkt im eindimensionalen T-Zustandsdiagramm (p = const) an. Auf einer Phasengrenze, also im Koexistenzbereich zweier Phasen, ist die Gibbssche freie Energie für diese beiden Phasen gleich.

Die im pT-Diagramm dargestellten Existenzbereiche der einzelnen Phasen und ihre Grenzen lassen sich durch die Gibbssche Phasenregel charakterisieren. Innerhalb der Gebiete fest, Schmelze (flüssig) und dampfförmig, die durch die drei Zweige des pT-Diagramms getrennt sind, können die beiden Zustandsvariablen p und T frei gewählt werden, ohne eine Zustandsänderung herbeizuführen. Diese Flächen im Diagramm kennzeichnen entsprechend eine Bivarianz (Bild 1.1.5). Auf den Phasengrenzlinien zwischen den drei Bereichen können jeweils die durch diese Linie getrennten Bereiche koexistieren. Dort kann nur noch *eine* Zustandsvariable frei gewählt werden, da der Zustand jeweils durch einen Punkt auf der Phasengrenzlinie beschrieben wird. Mit der Linie wird die hier bestehende Monovarianz symbolisiert. Wenn alle drei Phasen nebeneinander existieren sollen, so sind die Bedingungen im pT-Diagramm durch einen Punkt – den Tripelpunkt – festgelegt. Es existiert hier kein Freiheitsgrad mehr; der Punkt stellt somit das Nonvarianzsymbol dar. Die Zahl der Freiheitsgrade F, also die Zahl der frei wählbaren Variabeln, wird mit der Gibbsschen Phasenregel angegeben

$$F = K + 2 - P \tag{1.1.20}$$

K ist dabei die Zahl der Komponenten und P ist die Zahl der Phasen.

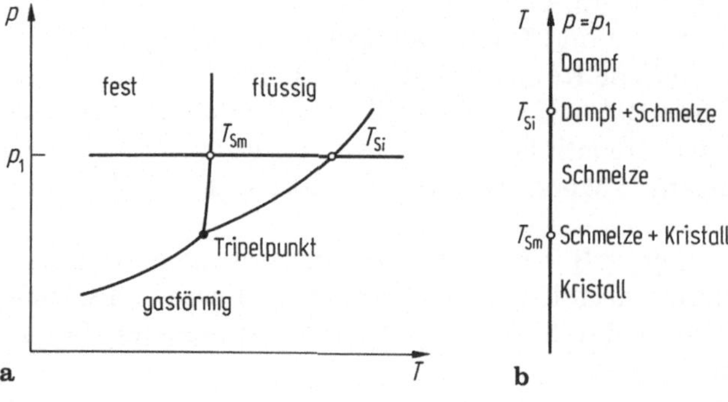

Bild 1.1.5. pT-Diagramm **(a)** mit zugeordnetem T-Diagramm **(b)** für Einstoffsysteme. Sm Schmelzpunkt; Si Siedepunkt

Da in metallurgischen Systemen der Druck i. allg. als konstant angenommen wird (p_1 in Bild 1.1.5), reduzieren sich die Freiheitsgrade um die Zahl 1. In ihrer metallkundlichen Anwendung lautet daher die Gibbssche Phasenregel

$$F = K + 1 - P\,. \tag{1.1.21}$$

1.2 Arten der Gleichgewichtssysteme

1.2.1 Einstoffsysteme

Entsprechend der Gibbsschen Phasenregel (1.1.21), wie sie in der Metallkunde gültig ist, werden Einstoffsysteme somit lediglich in einer Achse, der Temperaturachse, dargestellt. Innerhalb des Existenzbereiches einer Phase liegt dann *ein* Freiheitsgrad vor. Die Umwandlungspunkte haben den Freiheitsgrad 0 (Bild 1.1.5b).

Innerhalb der Existenzbereiche der Phasen erfahren die Zustandsgrößen stetige Änderungen, bei Überschreiten von Phasengrenzlinien oder von Punkten treten Unstetigkeiten auf. Wird z. B. einem System kontinuierlich Wärme zugeführt oder entzogen, so verändert sich entsprechend der spezifischen Wärme die Temperatur kontinuierlich. Bei allen Umwandlungen sowohl im festen Zustand wie auch beim Schmelzen und Verdampfen wird Wärme verbraucht oder freigesetzt. Die Wärmemengen, die bei Umwandlungen freigesetzt oder verbraucht werden, heißen latente Wärmen (Wärmetönungen). Im Einkomponentensystem erfolgen die Umwandlungen an Nonvarianzpunkten. Der Temperaturanstieg bzw. -abfall über der Zeit bei Wärmezu- und -abfuhr weist für die Umwandlungen kennzeichnende Haltepunkte entsprechend ihren Wärmetönungen auf (Bild 1.2.1).

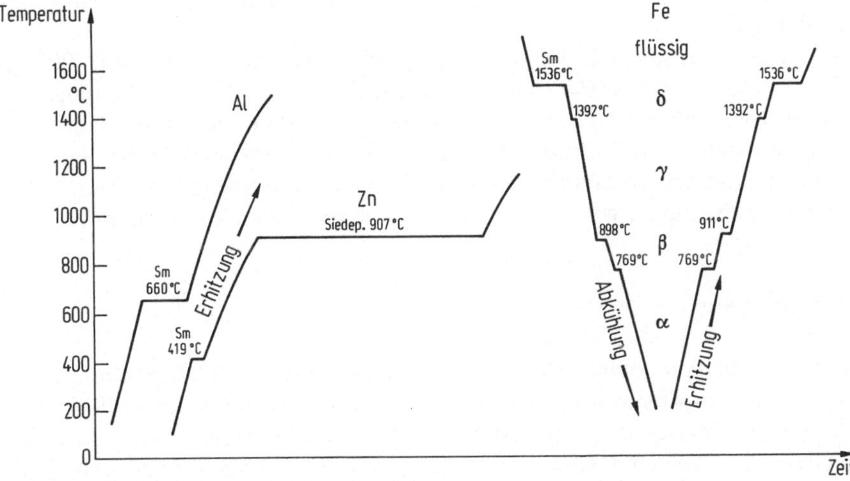

Bild 1.2.1. Zeit-Temperaturverlauf bei Erhitzung und Abkühlung verschiedener Metalle. Sm Schmelzpunkt

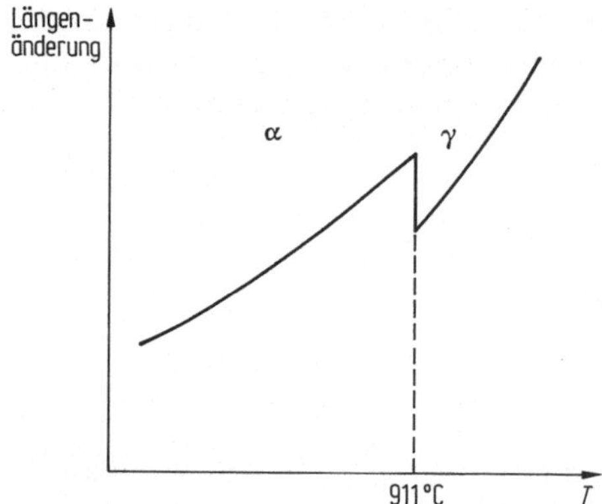

Bild 1.2.2. Längenänderung bei α — γ-Umwandlung von Reineisen

Unstetigkeiten in Abhängigkeit von Umwandlungen im festen Zustand zeigen sich auch im Längenausdehnungskoeffizienten von Festkörpern (Bild 1.2.2). Sowohl die Aufnahme von Temperatur-Zeitkurven, als auch die Aufnahme von Längenänderungen über der Zeit bei kontinuierlicher Wärmezufuhr oder -abfuhr sind geeignete Methoden, um Umwandlungen verfolgen zu können und um Zustandsschaubilder aufzunehmen.

Im Bild 1.2.1 sind Abkühlungs- und Erwärmungskurven von Al, Zn und Fe dargestellt. Al und Zn zeigen keine Umwandlungen im festen Zustand. Fe dagegen zeigt mehrere allotrope Umwandlungen, durch die der Verlauf von Erwärmung und Abkühlung bei gleichmäßiger Wärmezu- bzw. abfuhr bestimmt ist. Der Haltepunkt bei der Erwärmung von Fe, der sich bei 769 °C zeigt, entspricht dabei keiner Gitterumwandlung (Polymorphie), sondern ist durch den Curiepunkt, also durch das Verschwinden der ferromagnetischen Eigenschaften bedingt.

Der Volumensprung bei der Umwandlung von Reineisen mit kubisch raumzentrierter Struktur (α-Fe) in die kubisch flächenzentrierte Struktur (γ-Fe) entspricht dem Übergang von der weniger hohen Packungsdichte des α-Fe zur dichtesten Packung des γ-Fe.

Technisch bedeutsam ist der niedrige Siedepunkt des Zinks mit 907 °C (Bild 1.2.1). Dieser ist zu berücksichtigen, wenn etwa verzinkte Bleche, wie dies z. B. in der Automobilindustrie erfolgt, verschweißt werden. Durch den niedrigen Siedepunkt entstehen Metalldämpfe, die zu erheblichen Gesundheitsgefährdungen der an solchen Arbeitsplätzen Beschäftigten führen können, wenn keine geeigneten Vorkehrungen, wie spezielle Absaugungen, getroffen werden.

1.2.2 Zweistoffsysteme

Vollständige Löslichkeit zweier Komponenten ineinander ist stets gegeben, wenn diese im gasförmigen Zustand vorliegen. In flüssigem Zustand ist die vollständige Löslichkeit nicht immer gegeben, sondern es kommt durchaus vor, daß sich Flüssigkeiten voneinander trennen, also zwei- bzw. mehrphasig vorliegen. Vollständig ineinander löslich sind z. B. Wasser und Alkohol. Dagegen sind Fett und Wasser nicht ineinander löslich.

Als Festkörper können ebenfalls zwei oder mehrere Komponenten vollständig ineinander löslich sein, also in homogenem Zustand wie eine Einzelkomponente vorliegen oder teilweise oder vollständige Unlöslichkeit aufweisen. Im festen Zustand allerdings ist die vollständige Löslichkeit weitaus seltener als im flüssigen Zustand. Damit wird deutlich, daß für die vollständige Löslichkeit von Festkörpern einige Voraussetzungen erfüllt sein müssen. So ist es erforderlich, daß die notwendigen Bedingungen zur Bildung von Substitutionsmischkristallen vorliegen (Atomradiendifferenz $\leqq 15\%$, Kristallisation im gleichen Gittertyp, vgl. Band I, Abschn. 8.1.3). Diese erforderlichen Voraussetzungen stehen im Zusammenhang mit dem maßgeblichen Ordnungsbestreben zwischen zwei Atomarten A und B, die in der Lösung vorhanden sind. Bei sehr unterschiedlichen Bindungskräften zweier Atomarten A und B werden sich diese trennen. Bei ähnlichem Bindungsbestreben liegen die Voraussetzungen vor, daß diese in allen Verhältnissen miteinander eine homogene Lösung bilden, also die Bedingungen für die Bildung von Substitutionsmischkristallen in jedem Fall gegeben sind.

Die treibende Kraft, die für den Zustand einer Lösung maßgeblich ist, ist natürlich ebenso wie bei der Einzelkomponente die Gibbssche freie Energie G. Die Gibbssche freie Energie der Lösung setzt sich zusammen aus den chemischen Potentialen der Einzelkomponenten, vgl. (1.1.19).

Da die Änderung der chemischen Potentiale in Abhängigkeit von der Temperatur für die einzelnen Komponenten – je nach ihren Schmelzpunkten und Siedepunkten – mehr oder weniger unterschiedlich ist, und da die Gibbssche freie Energie jeweils bestimmend dafür ist, welche Phase im Gleichgewicht vorliegt, läßt sich verstehen, daß sich beim Übergang von einer in die andere Phase die Komponenten unterschiedlich verhalten. Dies wird deutlich bei der fraktionierten Destillation vollständig ineinander löslicher Flüssigkeiten. Bei unterschiedlichen Siedepunkten der Komponenten wird mit steigender Temperatur die leichter flüchtige Komponente zuerst und vermehrt in die Dampfphase übergehen als die schwerer verdampfbare. Diese Tatsache bedeutet, daß beim Übergang von einer in die andere Phase – hier flüssig/dampfförmig – weder der flüssige noch der dampfförmige Zustand in ihrer Ausgangszusammensetzung vorliegen, sondern es stellen sich unterschiedliche Mischungsverhältnisse ein. Die Komponenten werden also durch den Phasenübergang getrennt. Sind beide Komponenten in der neuen sich bildenden Phase wieder vollständig ineinander löslich, wie das in Gasen immer der Fall ist, so liegt natürlich das ursprüngliche Mischungsverhältnis dann wieder vor, wenn alle Komponenten vollständig in die dampfförmige Phase übergegangen sind.

Aus der Zuordnung des Verlaufs der Gibbsschen freien Energie über der Temperatur für die einzelnen Phasen ergeben sich die beim Phasenübergang im Gleichgewicht befindlichen Mischungsverhältnisse für die koexistierenden Phasen. Im betrachteten Beispiel der Verdampfung ergibt sich also der Anteil einer Komponente in der Flüssigkeit, der temperaturabhängig mit einem bestimmten anderen Anteil dieser Komponente im dampfförmigen Zustand im Gleichgewicht steht. Die jeweils bei einer bestimmten Temperatur im Gleichgewicht stehenden Anteile einer Komponente in der flüssigen und dampfförmigen Phase werden durch die Konode – eine Parallele zur Konzentrationsachse – verbunden (Bild 1.2.3).

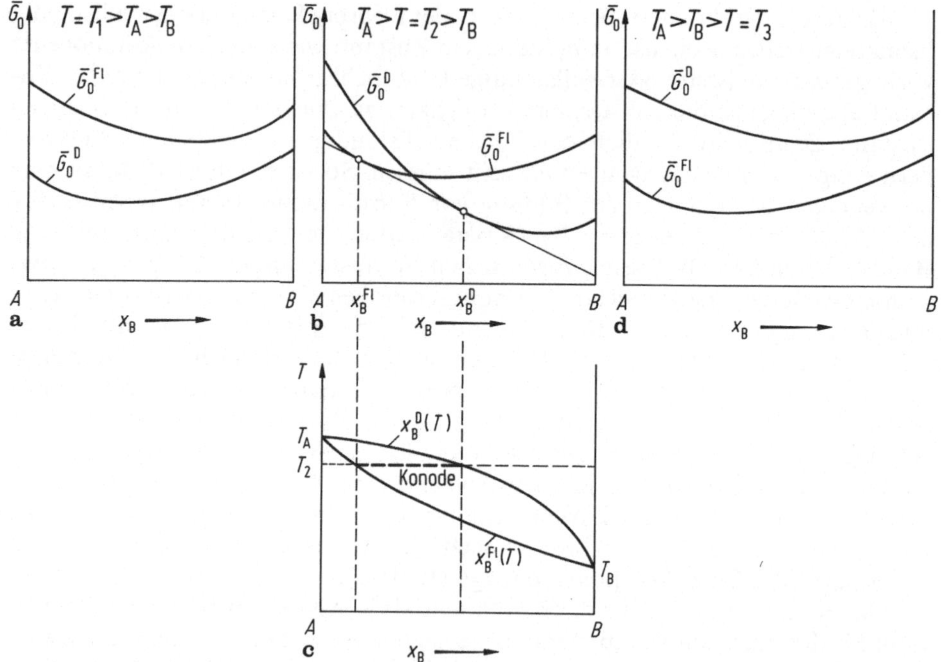

Bild 1.2.3 a–d. Erläuterung der Tangentenkonstruktion

Der Darstellung nach Bild 1.2.3 liegt die sog. *Tangentenkonstruktion* zugrunde. Hierzu wird die Phasenumwandlung Flüssigkeit $\rightleftharpoons$ Dampf eines Zweistoffsystems mit den Komponenten A und B, die sowohl im flüssigen als auch im dampfförmigen Zustand vollständig ineinander löslich sind, betrachtet. Die Siedetemperatur der reinen Komponente A sei T_A, diejenige der reinen Komponente B sei T_B, wobei $T_A > T_B$ gelten soll.

Wie im Abschn. 1.1.1 erläutert, wird die chemische Zusammensetzung eines Zweikomponentensystems durch Angabe der Konzentration *einer* Komponente eindeutig festgelegt. Zur Festlegung der chemischen Zusammensetzung des betrachteten Zweistoffsystems genügt deshalb die Angabe des Molenbruchs x_B der Komponente B, wobei $0 \leqq x_B \leqq 1$ gilt. Bei $x_B = 0$ besteht das System aus reinem A, bei $x_B = 1$ aus reinem B.

Die Abhängigkeit der molaren freien Enthalpie $\bar{G}$ des untersuchten binären Systems von dessen chemischer Zusammensetzung wird daher ebenfalls allein durch den Molenbruch x_B der Komponente B gegeben. $\bar{G}$ ist also eine Funktion von p, T und x_B d. h.

$$\bar{G} = \bar{G}(p, T, x_B).$$

Da im Rahmen der gegenwärtigen Diskussion ausschließlich das Verhalten des Systems bei normalem Atmosphärendruck p_0 ($p_0 = 101{,}325\,\mathrm{kPa}$) interessiert, wird auch nur die molare freie Enthalpie beim Druck p_0 benötigt. Diese wird mit $\bar{G}_0$ bezeichnet und hängt nur von x_B und T ab, also

$$\bar{G}_0(T, x_B) = \bar{G}(p_0, T, x_B).$$

Zum Verständnis des betrachteten Zweistoffsystems bei Phasenumwandlungen ist es zweckmäßig die molaren freien Enthalpien der beteiligten Phasen bei konstanter Temperatur als Funktion des Molenbruchs x_B der Komponente B graphisch darzustellen. Dabei werden auf der Ordinate die Werte von $\bar{G}_0$ in J/mol aufgetragen und auf der Abszisse die Werte von x_B. Um zu verdeutlichen, daß x_B nur zwischen 0 und 1 variieren kann, ist es vorteilhaft bei $x_B = 1$ eine Parallele zur Ordinate zu zeichnen. Der Wert $x_B = 0$ wird mit A gekennzeichnet, da für $x_B = 0$ das System aus reinem A besteht. Der Wert $x_B = 1$, für den das System aus reinem B besteht, wird entsprechend mit B gekennzeichnet.

Im Falle der Phasenumwandlung Flüssigkeit $\rightleftharpoons$ Dampf werden entsprechend die molaren freien Enthalpien $\bar{G}_0^{Fl}$ und $\bar{G}_0^{D}$ der Flüssigkeit und des Dampfes bei einer Temperatur T_1 als Funktion von x_B aufgezeichnet (Bild 1.2.3 a). Dabei soll $T_1 > T_A > T_B$ gelten, d. h. die Temperatur T_1 soll über den Siedetemperaturen der reinen Komponenten A und B liegen. Deshalb ist für die reinen Komponenten A und B, d. h. für $x_B = 0$ und für $x_B = 1$, die molare freie Enthalpie $\bar{G}_0^{D}$ des Dampfes kleiner als die molare freie Enthalpie $\bar{G}_0^{Fl}$ der Flüssigkeit, da in diesen Fällen jeweils der Dampf die thermodynamisch stabile Phase ist. Im dargestellten Beispiel liegt $\bar{G}_0^{D}$ für jeden Wert von x_B unterhalb von $\bar{G}_0^{Fl}$. Enthält ein derartiges System bei einer beliebigen B-Konzentration x_B insgesamt $n = n_A + n_B$ Mole, so ist die gesamte freie Enthalpie dieses Systems im dampfförmigen Zustand

$$G_0^{D}(T_1, x_B) = n\bar{G}_0^{D}(T_1, x_B)$$

und im flüssigen Zustand

$$G_0^{Fl}(T_1, x_B) = n\bar{G}_0^{Fl}(T_1, x_B).$$

Wegen $\bar{G}_0^{D}(T_1, x_B) < \bar{G}_0^{Fl}(T_1, x_B)$ ist die gesamte freie Enthalpie des Systems im dampfförmigen Zustand kleiner als im flüssigen Zustand. Da im thermodynamischen Gleichgewicht ein geschlossenes System den Zustand mit der geringsten freien Enthalpie einnimmt, liegt bei der Temperatur T_1 das betrachtete System für jeden Wert von x_B vollständig im dampfförmigen Zustand vor. Wird nun die Temperatur auf einen Wert T_2, der zwischen den Siedetemperaturen T_A und T_B der reinen Komponenten liegt, abgesenkt, ergibt sich eine Darstellung nach Bild 1.2.3 b. Wegen $T_2 < T_A$ ist für reines A die flüssige Phase die thermodynamisch stabile Phase, d. h. für $x_B = 0$ ist $\bar{G}_0^{Fl} < \bar{G}_0^{D}$. Andererseits ist $T_2 > T_B$ und deshalb für reines B die dampfförmige Phase thermodynamisch stabil, d. h. für $x_B = 1$ ist $\bar{G}_0^{Fl} > \bar{G}_0^{D}$.

Dies bedeutet, daß die Komponente A das Bestreben hat in die flüssige Phase überzugehen, während die Komponente B die Tendenz hat im dampfförmigen Zustand zu verbleiben. Als Folge dieses Sachverhalts stellt sich ein „Kompromiß" ein dadurch, daß ein Teil des Systems in den flüssigen Zustand übergeht, wobei die Komponente A in der Flüssigkeit angereichert ist. Der andere Teil des Systems verbleibt dann im dampfförmigen Zustand, wobei im Dampf die Komponente B angereichert ist. Bei $T = T_2$ steht somit Flüssigkeit der B-Konzentration x_B^{Fl} im Gleichgewicht mit Dampf der B-Konzentration x_B^{D}, wobei gilt $x_B^{Fl} < x_B^{D}$. Die Berechnung der Gleichgewichtskonzentration x_B^{Fl} und x_B^{D} von Flüssigkeit und Dampf bei der Temperatur T_2 erfolgt durch Minimalisierung der freien Enthalpie $G_0(x_B, T_2)$, wobei die analytische Lösung auf das folgende graphische Verfahren zur Bestimmung von x_B^{Fl} und x_B^D führt: Im Bild 1.2.3b wird die *gemeinsame Tangente* an die Kurven für $\bar{G}_0^{Fl}$ und $\bar{G}_0^D$ gelegt.

Der Wert von x_B, bei dem die gemeinsame Tangente die Kurve $\bar{G}_0^D$ berührt ist dann gerade die Gleichgewichtskonzentration x_B^D. Analog ist die Gleichgewichtskonzentration x_B^{Fl} der Wert von x_B, bei dem die gemeinsame Tangente die Kurve $\bar{G}_0^{Fl}$ berührt. Diese sog. Tangentenkonstruktion ist ebenfalls in Bild 1.2.3b eingezeichnet.

Wird die Tangentenkonstruktion für alle Temperaturen T zwischen den Siedetemperaturen T_A und T_B der reinen Komponenten ausgeführt, ergibt sich Bild 1.2.3c. Hier sind die Gleichgewichtskonzentrationen x_B^D und x_B^{Fl} als Funktion der Temperatur T eingezeichnet, wobei die Temperatur auf der Ordinate aufgetragen ist. Eine Linie, die bei konstanter Temperatur die Gleichgewichtskonzentrationen x_B^D und x_B^{Fl} verbindet, wird *Konode* genannt. Die Darstellung Bild 1.2.3c heißt Phasendiagramm oder Zustandsschaubild.

Bei einer Temperatur T_3, die unterhalb der Siedetemperatur T_A und T_B der reinen Komponenten A und B liegt, ist die molare freie Enthalpie $\bar{G}^{Fl}$ der flüssigen Phase für alle Werte von x_B kleiner als die molare freie Enthalpie $\bar{G}_0^D$ der dampfförmigen Phase (Bild 1.2.3d). In diesem Falle ist in Umkehrung der Argumentation, wie sie bei der Temperatur T_1 im Zusammenhang mit Bild 1.2.3a benutzt wurde, für beliebige Werte von x_B die flüssige Phase die thermodynamisch stabile Phase, d.h. das betrachtete System liegt bei der Temperatur T_3 für jede B-Konzentration x_B vollständig im flüssigen Zustand vor.

1.2.2.1 Vollständige Löslichkeit im flüssigen und im festen Zustand

Vollständiger Konzentrationsausgleich

Sind zwei Komponenten im flüssigen und im festen Zustand vollständig ineinander löslich, so sind beim Schmelzen und Erstarren die gleichen Verhältnisse gegeben wie beim Verdampfen und Kondensieren einer homogenen Flüssigkeitslösung. Beispiele vollständiger Löslichkeit im flüssigen und festen Zustand sind Wasser und Alkohol ebenso wie die Legierungen Ag – Au oder Cu – Ni.

Erstarrt eine solche Lösung, z.B. Wasser und Frostschutzmittel, so verläuft diese Erstarrung nicht wie bei einer Komponente – Wasser oder Frostschutzmittel – an einem Punkt, d.h. bei einer festen Temperatur, sondern erstreckt sich über einen Temperaturbereich. Zuerst werden sich Eiskristalle aus Wasser bilden, bis sich dann mit sinkender Temperatur vermehrt Kristalle ausscheiden, die dann zunehmend höhere Anteile von Frostschutzmittel enthalten. Entsprechend bildet sich beim Einfrieren von Wasser mit Frostschutzmittel erst ein Eisbrei, der mit sinkender Temperatur in zunehmendem Maße in Eis übergeht. Wenn die gesamte Lösung einphasig als Eis vorliegt, so besitzt diese natürlich wieder das ursprüngliche Konzentrationsverhältnis Wasser-Frostschutzmittel wie im einphasig flüssigen Zustand.

Im Unterschied zum Phasenübergang bei einer einzigen Komponente ist die Koexistenz zweier Phasen bei der Zweikomponentenlegierung mit vollständiger Löslichkeit im festen und im flüssigen Zustand nicht mehr auf einen Punkt in der Temperaturskala beschränkt, sondern umfaßt einen Bereich, der je nach der Tem-

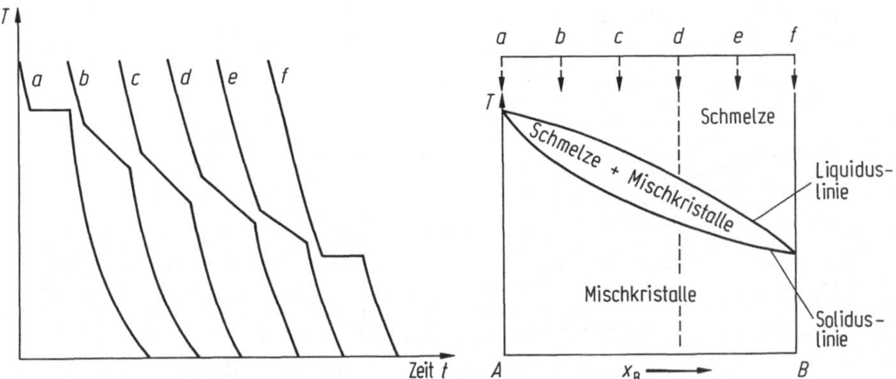

Bild 1.2.4. Zustandsdiagramm eines Systems mit vollständiger Löslichkeit im festen und flüssigen Zustand und Abkühlungsverläufe bei verschiedenen Gehalten der Komponente *B*

peratur mehr flüssige oder mehr feste Phase enthält. Der Koexistenzbereich flüssig/fest wird durch die Liquiduslinie zum Bereich „flüssig" und durch die Soliduslinie zum Bereich „fest" abgegrenzt. Wird bei der gleichmäßigen Wärmezu- oder -abfuhr bei einer solchen Zweistofflegierung die Liquidus- oder die Soliduslinie überschritten, so ergibt sich im Temperatur-Zeitverlauf nicht, wie beim Einstoffsystem ein Haltepunkt (vgl. Bild 1.2.1), sondern es wird ein Knickpunkt beobachtet, der im Zweiphasengebiet einen geringeren Temperaturabfall als im einphasig flüssigen oder festen Zustand zeigt (Bild 1.2.4).

Der Vorgang des Schmelzens und des Erstarrens einer Zweikomponentenlegierung mit vollständiger Löslichkeit im schmelzflüssigen (S) und festen (α) Zustand läßt sich in einem Schaubild darstellen, das vollauf dem Schaubild beim Übergang einer flüssigen Lösung in den dampfförmigen Zustand entspricht. Am Beispiel einer solchen Zweikomponentenlegierung sei das Erstarren mit der damit verbundenen Konzentrationsverschiebung zwischen den beiden Komponenten A und B beim Durchlaufen des Koexistenzbereichs der Phasen flüssig (S) und fest (α) betrachtet. Beim Abkühlen einer Legierung mit 75 % A und 25 % B (Ausgangskonzentration A_0) (Bild 1.2.5) scheiden sich aus der Schmelze beim Erreichen der Liquiduslinie erste Kristalle aus. Die Zusammensetzung dieser ersten Kristalle entspricht dabei dem Punkt auf der Soliduslinie in der Höhe derjenigen Temperatur, bei der die Liquiduslinie gerade unterschritten wird. Mit einer Schmelze S_1, bei der die Komponente A annähernd in der Ausgangskonzentration A_0 enthalten ist, steht somit ein Mischkristall α_1 im Gleichgewicht, bei dem diese Komponente in einer wesentlich höheren Konzentration $A_{1\mathrm{F}}$ vorliegt. Die Zusammensetzung der festen und der flüssigen Phase im Gleichgewicht bei einer bestimmten Temperatur ist durch eine parallel zur Konzentrationsachse jeweils auf der Höhe der betrachteten Temperatur verlaufende Linie verbunden, die wieder als Konode bezeichnet wird.

Bei fortschreitender Abkühlung verschiebt sich der Schnittpunkt der Konode mit der Liquidus- und Soliduslinie. Die Konzentration der Komponente A in den sich ausscheidenden Kristallen α_1 bis α_6 nimmt dabei ab von $A_{1\mathrm{F}}$ bis $A_{6\mathrm{F}}$, wobei die zuletzt erreichte Konzentration im festen Zustand $A_{6\mathrm{F}}$ naturgemäß wieder der

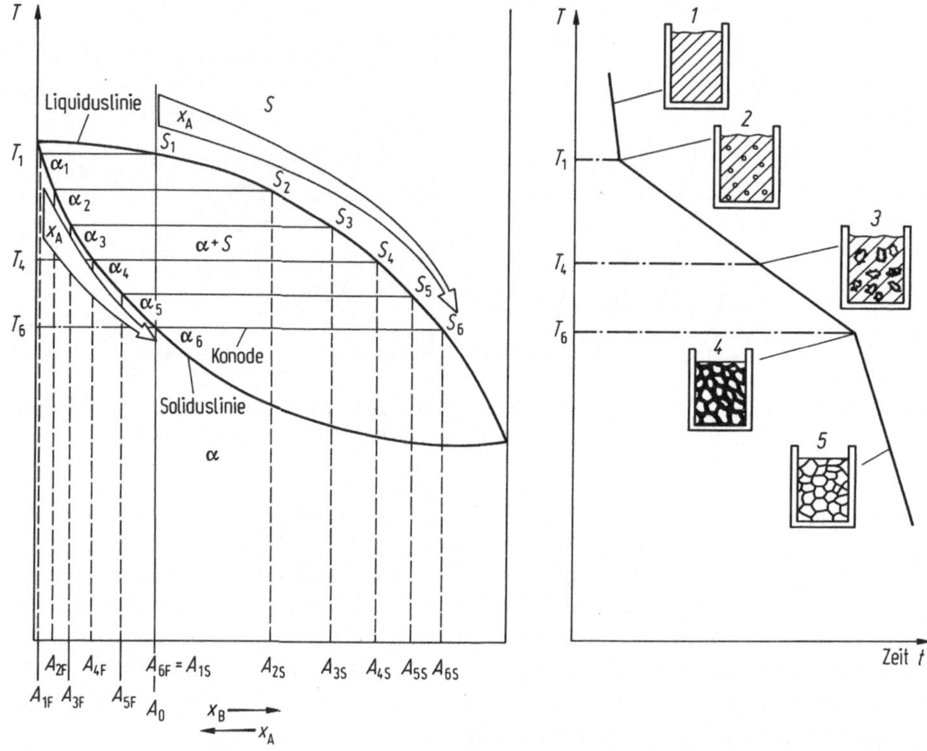

Bild 1.2.5. Abkühlung einer Schmelze der Zusammensetzung A_0 für ein Zweikomponentensystem mit vollständiger Löslichkeit im festen und flüssigen Zustand. *1* Schmelze der Zusammensetzung A_0, *2* Keime der Zusammensetzung A_{1F} in der Schmelze der Zusammensetzung A_0, *3* α_4-Dendriten der Zusammensetzung A_{4F} in der Schmelze der Zusammensetzung A_{4S}, *4* α_6-Körner der Zusammensetzung A_0, Restschmelze der Zusammensetzung A_{6S} bildet Korngrenzenfilm, *5* Festkörper der Zusammensetzung A_0

Ausgangskonzentration A_0 in der Ausgangsschmelze entspricht. Der Mischkristall α_6 steht dabei entsprechend der verbindenden Konode im Gleichgewicht mit der Restschmelze S_6. Entlang der Liquiduslinie hat von S_1 bis S_6 eine Anreicherung der Komponente B stattgefunden ebenso wie die Komponente A im Mischkristall entlang der Soliduslinie von A_{1F} bis A_{6F} verarmt ist. Im Zweiphasengebiet besitzt somit weder die feste Phase noch die flüssige Phase ein Mischungsverhältnis $A:B$, das der Zusammensetzung im einphasigen (flüssigen oder festen) Zustand entspricht. Der Abkühlvorgang verläuft daher unter einer ständigen Konzentrationsverschiebung der beiden Phasen.

Mengenbestimmung der Phasen

Da sich natürlich die Gesamtmenge der Komponenten A und B nicht verändert, kann aus der von der Ausgangszusammensetzung unterschiedlichen Zusammensetzung der Schmelze und/oder des Mischkristalls auf das Mengenverhältnis flüssig : fest geschlossen werden. Zur Berechnung dieses Mengenverhältnisses bei einer bestimmten Temperatur wird die Konzentration (in Masse-%) einer Komponente A im festen (A_F) und im flüssigen (A_S) Zustand bei dieser Temperatur in Vergleich gesetzt zur Konzentration A_0 im Ausgangs- bzw. im Endzustand (Bild 1.2.6). Die Gewichtsanteile der festen und der flüssigen Phase stehen über das sog. Hebelgesetz in Verbindung. Es wird dabei vom Gesamtgewicht der Legierung W_0 ausgegangen, das immer gleich sein muß der Summe aus dem Gewicht der flüssigen (W_S) und dem Gewicht der festen (W_F) Phase

$$W_0 = W_S + W_F. \tag{1.2.1}$$

Das Gewicht einer Komponente in der Legierung ergibt sich dabei aus dem Gewicht dieser Komponente in der flüssigen und dem Gewicht in der festen Phase. Damit lautet die Beziehung

$$W_0 \cdot \frac{A_0\,\%}{100} = W_S\,\frac{A_S\,\%}{100} + W_F\,\frac{A_F\,\%}{100}. \tag{1.2.2}$$

Bei Einsetzen von (1.2.1) ergibt sich:

$$W_0 \cdot \frac{A_0\,\%}{100} = (W_0 - W_F)\,\frac{A_S\,\%}{100} + W_F\,\frac{A_F\,\%}{100}. \tag{1.2.3}$$

Daraus folgt für das Gewicht der festen Phase W_F

$$W_F = W_0\left(\frac{A_0\,\% - A_S\,\%}{A_F\,\% - A_S\,\%}\right). \tag{1.2.4}$$

Mit (1.2.1) ergibt sich dann für das Gewicht der flüssigen Phase

$$W_S = W_0 - W_F. \tag{1.2.5}$$

Die Verhältnisse im Koexistenzbereich flüssig/fest lassen sich anschaulich darstellen, wenn auf der Konzentrationsachse die Ausgangskonzentration A_0 der Legierung als Drehpunkt einer durch einen Waagebalken dargestellten Konode gedacht wird, wobei sich die Konode in der Höhe der jeweils zu betrachtenden Temperatur befindet (Bild 1.2.6). Die Gewichtsmenge der Schmelze greift dann auf der Seite der Liquiduslinie am Hebelarm S an, das Gewicht der festen Phase ist auf der zur Soliduslinie liegenden Hebelarmseite zu denken. Die Menge von Schmelze zu Mischkristall verhält sich dadurch wie bei einer Waage umgekehrt proportional zu den Hebelarmen auf der Seite der entsprechenden Phasen flüssig oder fest (Bild 1.2.6). Dieser Sachverhalt wird als Hebelgesetz bezeichnet. Wenn für die Hebelarme die entsprechenden Strecken eingesetzt werden gilt

$$\frac{W_F}{W_S} = \frac{\overline{0S}}{\overline{0\alpha}}. \tag{1.2.6}$$

Der Unterschied in der Zusammensetzung zwischen flüssiger und fester Phase ist von der Breite und der Lage des Zweiphasengebiets abhängig. Mit zunehmender Breite des Erstarrungsintervalls ebenso wie mit seiner abnehmenden Neigung werden im Zweiphasengebiet flüssig/fest die Konzentrationsunterschiede zwischen Schmelze und Mischkristall größer (Bild 1.2.7). Der Unterschied in der Zusammensetzung zwischen fester und flüssiger Phase wird durch den Verteilungskoeffizienten ausgedrückt. Wird die Komponente B betrachtet, so ergibt sich

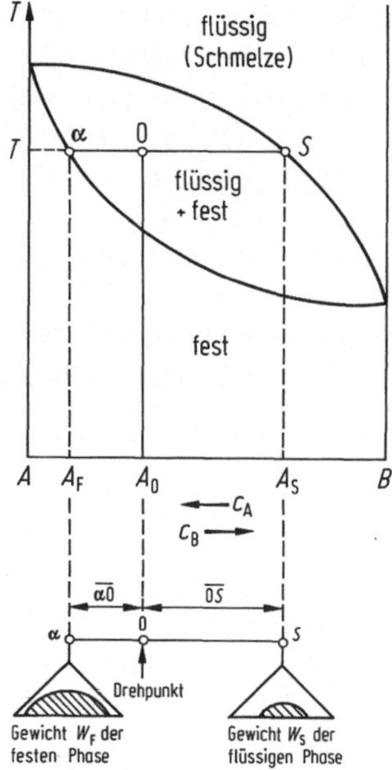

Bild 1.2.6. Veranschaulichung des Hebelgesetzes

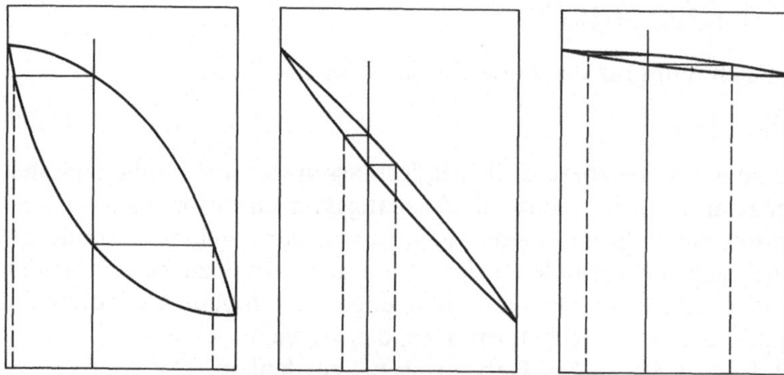

Bild 1.2.7. Verschiedene Formen des Erstarrungsintervalls

der Verteilungskoeffizient k aus der Konzentration im Mischkristall c_α im Verhältnis zur Konzentration in der Schmelze c_s mit $k = c_\alpha/c_s$. Ist der Verteilungskoeffizient $k > 1$, so sind die Primärkristalle B-reicher. Ist $k < 1$, so sind diese B-ärmer als die Schmelze (Bild 1.2.8).

Unvollständiger Konzentrationsausgleich

Bei den bisherigen Betrachtungen wurde davon ausgegangen, daß am Ende einer Erstarrung die Ursprungszusammensetzung der Ausgangsschmelze $A:B$ im festen Zustand wieder erreicht wird. Dies würde bedingen, daß während der Erstarrung innerhalb des Mischkristalls ein vollständiger Konzentrationsaus-

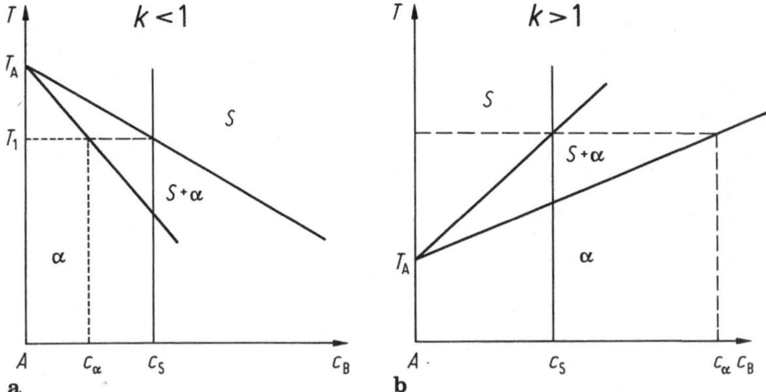

Bild 1.2.8. Schematische Zustandsschaubilder für **a** Verteilungskoeffizienten $k < 1$ und **b** $k > 1$

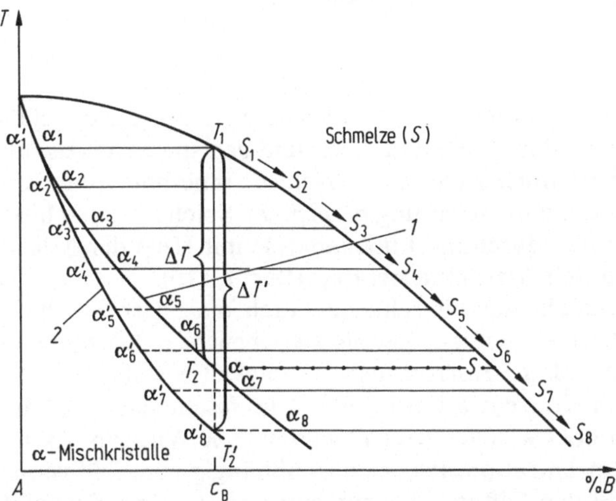

Bild 1.2.9. Erstarrung bei unvollständigem Konzentrationsausgleich im festen Zustand. *1* Gleichgewichtssoliduslinie, *2* Soliduslinie bei unvollständigem Konzentrationsausgleich

gleich durch Diffusion stattfindet. Unter realen Bedingungen ist dies jedoch nur unvollständig gegeben. Während die Schmelze ihre Zusammensetzung unter Konvektion bei der Abkühlung diagrammgemäß entlang der Liquiduslinie ändert, findet die Konzentrationsänderung im festen Zustand, also im Mischkristall, durch Diffusion nur unvollständig statt und folgt daher nicht mehr der Soliduslinie (Bild 1.2.9). Je nach dem mehr oder weniger ausgeprägten Konzentrationsausgleich durch Diffusion im festen Zustand ist daher die Komponente *A* gegenüber der Gleichgewichtssoliduslinie angereichert. Bei der Abkühlung folgen damit die Zusammensetzungen der α-Mischkristalle einer Soliduslinie α_1' bis α_8'. Das Erstarrungsintervall ist somit gegenüber der Erstarrung mit vollständigem Konzentrationsausgleich verbreitert.

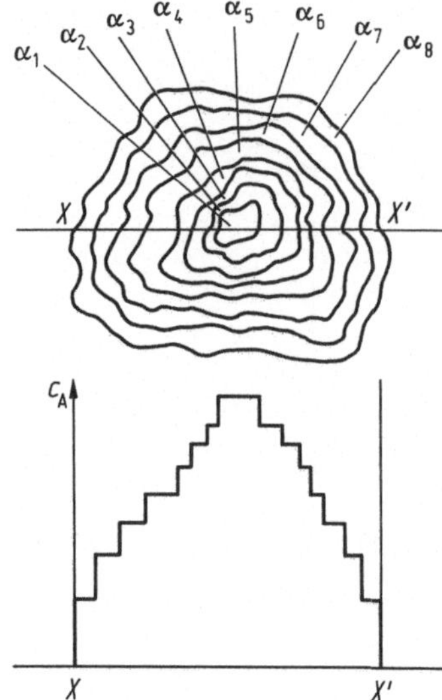

Bild 1.2.10. Aufbau eines Schichtkristalls mit unterschiedlicher Zusammensetzung α_1 bis α_8 und Konzentrationsverlauf der Komponente A entlang der Linie $X X'$

Im Mischkristall stellt sich unter diesen Umständen ein Konzentrationsgefälle ein zwischen den zuerst erstarrenden Kristallitkeimen und den später ankristallisierenden Bereichen. Diese Zusammensetzungsunterschiede innerhalb eines Kristalliten werden als Kristall- oder Kornseigerung bezeichnet. Solche Unterschiede in der Zusammensetzung werden durch die Linienanalyse mit Hilfe der Mikrosonde oder z.T. auch schon durch Ätzeffekte sichtbar (Bild 1.2.10).

Kornseigerungen sind vielfach unerwünscht, da durch die unterschiedliche Zusammensetzung innerhalb eines Gefüges jeweils zwischen dem Korninneren und den Korngrenzbereichen z.B. die Korrosionsbeständigkeit entscheidend beeinträchtigt werden kann. Ein Konzentrationsausgleich im festen Zustand kann durch Diffusionsglühen mehr oder weniger erreicht werden. Die Wirksamkeit des Diffusionsglühens für den Konzentrationsausgleich ist abhängig vom Diffusionskoeffizienten und naturgemäß den Diffusionswegen entsprechend der Kristallitgröße.

Das Diffusionsglühen ist umso wirksamer, je größer der Diffusionskoeffizient und je kleiner die Diffusionswege, d.h. die Kristallitgröße sind.

Zonenschmelzen

Eine praktische Anwendung findet der Seigerungseffekt, um die Komponenten einer Legierung ähnlich wie bei der fraktionierten Destillation zu trennen und um auf diese Weise Werkstoffe in hoher Reinheit zu erhalten. Die technische Ausführung dieses Vorgangs wird in Zonenschmelzeinrichtungen vorgenommen, die es erlauben, von einem Stab mit einer Gesamtlänge L jeweils nur eine schmale Zone der Länge l aufzuschmelzen, wobei diese durch die Oberflächenspannungen im Verband gehalten wird. Durch ein mehrmaliges Aufschmelzen einer Teillänge und durch das Hinwegführen dieses aufgeschmolzenen Bereichs über die Gesamtlänge des Stabs in jeweils gleicher Richtung wird der Reinigungseffekt erreicht (Bild

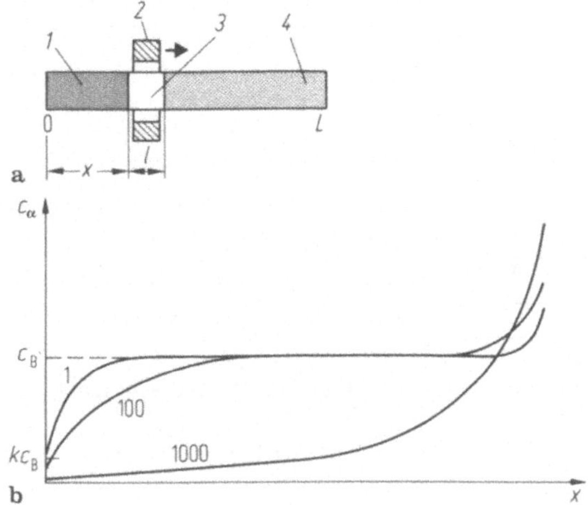

Bild 1.2.11. **a** Prinzip des Zonenschmelzens; *1* Festkörper, *2* Ofen, *3* geschmolzene Zone, *4* Ausgangszustand mit der Konzentration c_B. **b** Konzentrationsverlauf bei 1, 100 und 1 000 Durchgängen

1.2.11). Bei der Bewegung von links nach rechts verarmt am linken Ende des Stabs infolge des Seigerungseffekts der α-Mischkristall an der Komponente *B*, die sich entsprechend am rechten Ende anreichert. Da bei jedem erneuten Durchgang der Schmelzzone von einem zunehmend an der Komponente *B* verarmten Mischkristall ausgegangen wird, stellt sich an der linken Seite eine Zusammensetzung ein, die sich mehr und mehr der reinen Komponente *A* annähert, während die Komponente *B* zunehmend nach der rechten Seite geschoben wird. Die unterschiedliche Zusammensetzung über die Stablänge entspricht den Seigerungszonen in einem Kristalliten bei unvollständigem Konzentrationsausgleich durch Diffusion. Je nach der Anzahl der Durchgänge kann eine Komponente aus einer Legierung in großer Reinheit dargestellt werden, d.h. je größer die Anzahl der Durchgänge desto höher die Reinheit dieser Komponente.

Anwendung findet das Zonenschmelzen bei der Herstellung von Halbleiterkristallen aus Germanium und Silizium, wobei Reinheiten bis zu $> 99{,}99999\,\%$ erhalten werden können. Der Wirkungsgrad des Zonenschmelzens ist von der Breite und Lage des Zweiphasengebiets und entsprechend vom Verteilungskoeffizienten *k* abhängig. Je kleiner *k* ist, desto größer ist der Effekt, während bei $k = 1$ eine Reinigung durch Zonenschmelzen nicht mehr erfolgen kann.

1.2.2.2 Sonderfälle vollständiger Löslichkeit im flüssigen und festen Zustand (Schmelzpunktmaximum und Schmelzpunktminimum)

Die Gültigkeit eines Zweiphasendiagramms nach Bild 1.2.4 und Bild 1.2.5 geht von einem annähernd idealen Verhalten der flüssigen und der festen Phase aus. Für die feste Phase bedeutet das, daß eine durchgehende Mischbarkeit durch kontinuierliche Substitution einer Atomart durch die andere im Mischkristall gegeben ist. Dieser Fall setzt voraus, daß die Mischungsenthalpien der Schmelze und des Mischkristalls über den Konzentrationsbereich annähernd gleich sind, sich also mit veränderlicher Konzentration nicht verändern, d.h. $\Delta H_m^\alpha = \Delta H_m^s$. Bei einer positiven Mischungsenthalpie von $\Delta H_m^\alpha - \Delta H_m^s > 0$ können sich mit

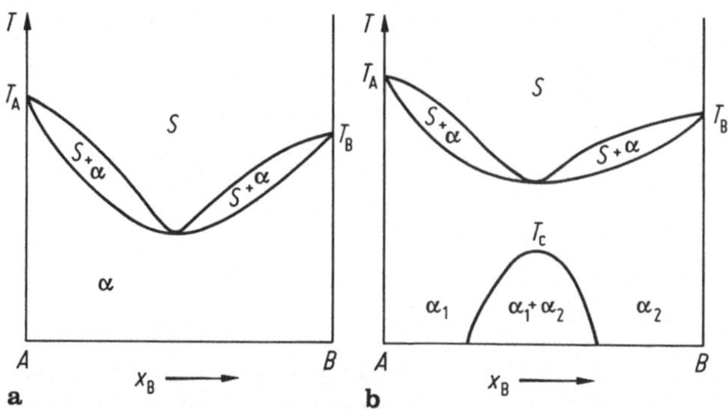

Bild 1.2.12. **a** Schmelzpunktminimum (azeotrope Lösung) und **b** Zerfall des α-Mischkristalls in zwei feste Phasen α_1 und α_2 (Mischungslücke)

zunehmender Mischung beider Komponenten Abweichungen von der idealen Mischbarkeit im flüssigen und im festen Zustand ergeben. Nach Hume-Rothery läßt sich dies z. B. bei einer zunehmenden Differenz der Atomradien der beiden sich mischenden Komponenten beobachten. Im festen Zustand führt dieses zur zunehmenden Einführung von Gitterverspannungen, die dadurch die Mischungsenthalpie im festen Zustand ΔH_m^α mit zunehmendem Fremdatomgehalt stärker ansteigen lassen als im flüssigen Zustand ΔH_m^s. Aus diesen energetischen Gründen wird in solchen Fällen die Existenz der flüssigen Phase stabilisiert, wodurch sich bei entsprechenden Mischungsverhältnissen ein Schmelzpunktminimum einstellt (Bild 1.2.12a). Im Extremfall des Schmelzpunktminimums ist die Konode zu einem Punkt entartet, d.h. die Zahl der Freiheitsgrade nach der Gibbsschen Phasenregel ist um 1 erniedrigt. Legierungen mit Zusammensetzungen, die im Bereich solcher Schmelzpunktminima liegen, schmelzen und erstarren somit wie eine Einzelkomponente, d. h. sie weisen einen Haltepunkt auf und erfahren beim Erstarren ebenso wie beim Aufschmelzen keine Konzentrationsänderung.

Die nach Hume-Rothery gegebene Begründung für die Bildung eines Schmelzpunktminimums gilt analog auch für die Beobachtung, daß solche Legierungen im festen Zustand bei weiter sinkenden Temperaturen dazu neigen, daß der homogene α-Mischkristall in zwei Phasen α_1 und α_2 zerfällt, die sich durch ihre Gitterparameter unterscheiden (Bild 1.2.13 b). Ein Beispiel für das beschriebene Verhalten stellt das System Au – Ni dar.

Auch der Fall der Bildung eines Schmelzpunktmaximums ist denkbar. Anknüpfend an die vorausgegangenen Betrachtungen wird sich ein solches Schmelzpunktmaximum einstellen, wenn die Bindungskräfte zwischen den Atomarten $A - B$ größer sind als die Bindungskräfte zwischen den Atomarten $A - A$ und $B - B$ (Bild 1.2.13 a). In diesem Fall ist es im Vergleich zum ungeordneten Zustand der Atome in der Schmelze energetisch günstiger, wenn die Legierung im Mischkristall eine geordnete Verteilung der Atomarten A und B zeigt, also eine Überstruktur bildet (vgl. Band I, Bild 8.1.23b). Das Bestreben dieser beiden Atomarten, in einen geordneten Zustand überzugehen, bedeutet, daß für das Schmelzpunktmaximum gilt: $\Delta H_m^\alpha - \Delta H_m^s < 0$. Die Neigung zur Bildung eines Schmelzpunktmaximums bei negativer Mischungsenthalpie ist zwangsläufig verknüpft

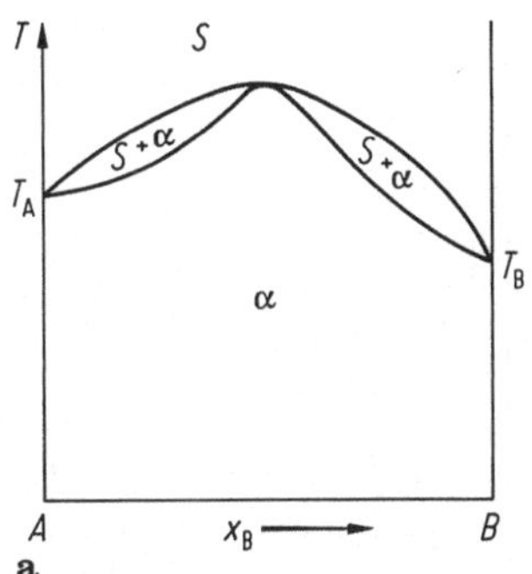

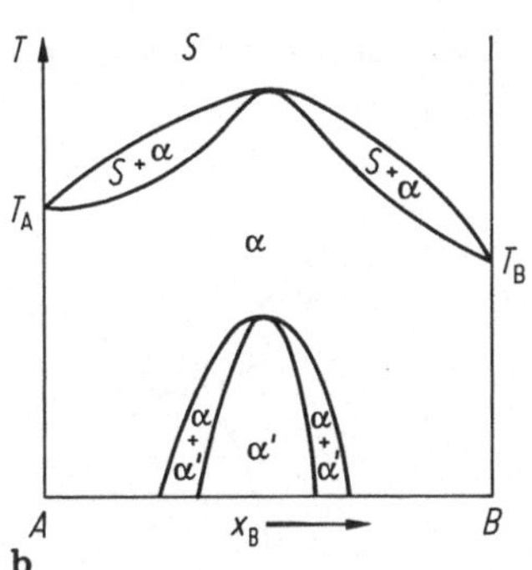

Bild 1.2.13. **a** Schmelzpunktmaximum (azeotrope Lösung) und **b** Bildung einer Ordnungsphase α'

mit der Tendenz zur Überstrukturbildung bei der Abkühlung der festen Phase (Bild 1.2.13 b).

Ausgedehnte Mischkristallbereiche mit Schmelzpunktmaximum werden selten beobachtet, da die starken Ordnungskräfte bei den zwischenatomaren Wechselwirkungen häufig zu intermetallischen Verbindungen mit eigenständigem Kristallgitter führen (vgl. Band I, Bild 8.1.24). Ein Beispiel eines Systems mit Schmelzpunktmaximum ist die Legierung Blei-Thallium.

Zweiphasengebiete mit den vorbesprochenen Formen (Bild 1.2.12a und Bild 1.2.13a) werden dann, wenn die Übergänge die Umwandlung flüssig ⇌ gasförmig betreffen, als Azeotrope bezeichnet.

1.2.2.3 Vollständige Löslichkeit im flüssigen und teilweise Löslichkeit im festen Zustand (Mischungslücke)

Eutektisches System

Das Zustandsdiagramm für eine eutektische Erstarrung ergibt sich bei einer Entmischung der beiden Komponenten, die im flüssigen Zustand vollständig miteinander mischbar sind, im festen Zustand sich aber mehr oder weniger entmischen. Die Tendenz zur Entmischung ergibt sich aus dem Schaubild einer Legierung mit Schmelzpunktminimum dann, wenn sich das Zweiphasengebiet der festen Phase ausweitet (Bild 1.2.14). Bei einem gegenüber Bild 1.2.12b zunehmenden Entmischungsbestreben in der festen Phase rückt der kritische Punkt T_c (Bild 1.2.12b) theoretisch bis in den Bereich der Schmelze (Bild 1.2.14c).

Damit entsteht aus dem Diagramm mit Schmelzpunktminimum und Zerfall des Mischkristalls (Bild 1.2.14) ein Diagramm, bei dem das Zweiphasengebiet flüssig/fest zwischen x_1 und x_2 durch eine waagerechte Linie – die Eutektikale – abgeschnitten ist, bevor bei Konzentrationen zwischen x_1 und x_2 (Bild 1.2.15), der sich aus der Schmelze ausscheidende Mischkristall die Ausgangskonzentration x_0 der Schmelze annehmen konnte. Der Mischkristall ist nämlich bei Erreichen des Punktes x_1 bzw. x_2 an der jeweils zweiten Komponente soweit gesättigt, daß er keine weiteren Atome dieser Komponente aufnehmen kann. Bei x_1 ist α mit B gesättigt, bei x_2 ist β mit A gesättigt. Bei einer Erstarrung einer Legierung mit

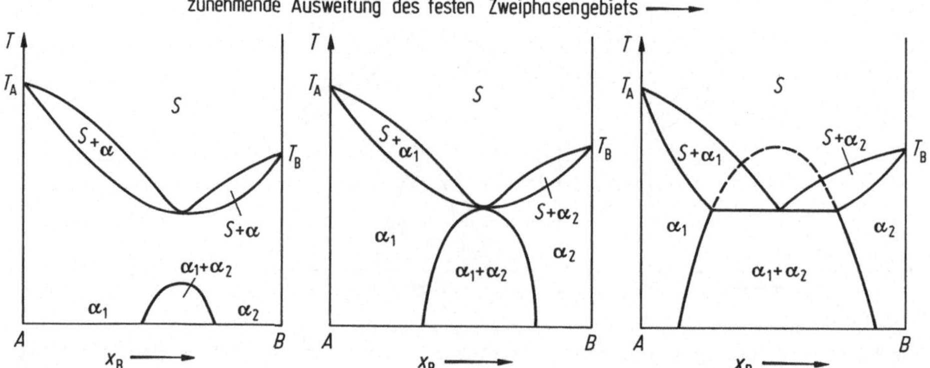

Bild 1.2.14. Entstehung eines eutektischen Zustandsdiagramms durch zunehmende Ausweitung eines festen Zweiphasengebiets

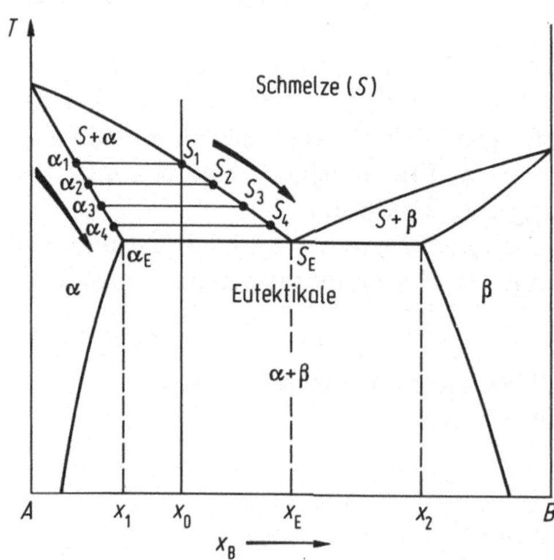

Bild 1.2.15. Veränderung der Zusammensetzung von Schmelze und Mischkristall bei Erstarrung einer untereutektischen Legierung

Zusammensetzungen zwischen x_1 und S_E (untereutektisch) bzw. zwischen S_E und x_2 (übereutektisch) verändert sich die Ausgangskonzentration entlang der Liquiduslinie, bis die Konzentration von S_E erreicht wird. Unter der Maßgabe gleicher Keimbildungswahrscheinlichkeit für den α- und den β-Mischkristall erstarrt die sich aus dem Hebelgesetz ergebende Restschmelze mit der eutektischen Zusammensetzung in einem feinen eutektischen Gefüge.

Bei der Erstarrung dieser Restschmelze ergibt sich im Temperaturzeitverlauf ein Haltepunkt, dessen Dauer proportional der Menge der Restschmelze ist. Beim Erstarren einer Legierung mit einer Zusammensetzung, die gerade dem Punkt S_E entspricht, entsteht ebenso wie bei der Erstarrung einer Einzelkomponente nur ein Haltepunkt ohne Knickpunkt, wie er beim Durchlaufen eines Zweiphasengebiets beobachtet wird (Bild 1.2.16). Eine Legierung mit einer solchen Zusammensetzung erstarrt vollständig in einem feinen eutektischen Gefüge (Bild 1.2.17). Der Haltepunkt bei der Erstarrung einer Schmelze mit der Zusammensetzung S_E ent-

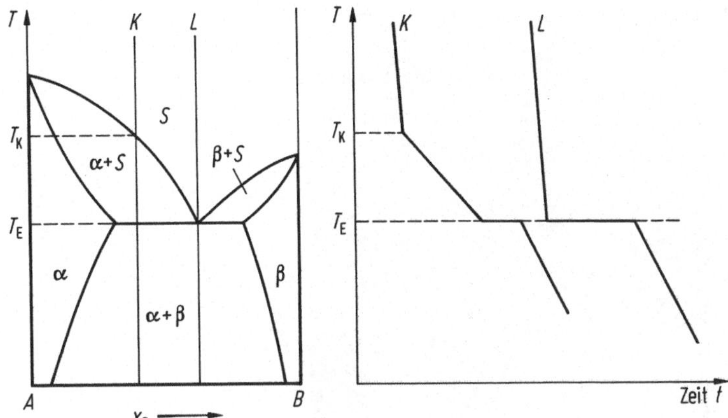

Bild 1.2.16. Abkühlverläufe von zwei Legierungen verschiedener Zusammensetzung in einem eutektischen System

spricht dem dort gegebenen Nonvarianzpunkt, bei dem drei Phasen im Gleichgewicht sind nach $S \rightleftharpoons \alpha + \beta$. Am eutektischen Punkt ergibt sich aus dem Dreiphasengleichgewicht $S \rightleftharpoons \alpha + \beta$ entsprechend einem Nonvarianzpunkt der Freiheitsgrad 0 nach der Gibbsschen Phasenregel für zwei Komponenten K und drei Phasen P mit $K + 1 - P = 0$.

Der Ablauf der Erstarrung von Legierungen mit Zusammensetzungen zwischen x_1 und S_E (untereutektische Zusammensetzung) erfolgt durch die Ausscheidung primärer α-Mischkristalle aus der Schmelze. Die primär ausgeschiedenen α-Mischkristalle weisen eine Sättigung an der zweiten Komponente bis maximal zur Zusammensetzung x_1 auf. Die sich bei Erreichen der eutektischen Temperatur, d.h. bei Erreichen der Eutektikalen entsprechend dem Hebelgesetz ergebende Menge an Restschmelze erstarrt dann in den interkristallinen Zwischenräumen der primär ausgeschiedenen Kristalle (Bild 1.2.19). Liegen Legierungen mit Zusammensetzungen zwischen S_E und x_2 (übereutektische Zusammensetzung) vor, so kristallisiert analog dem beschriebenen Vorgang primär der B-reiche β-Mischkristall aus und die bis zur eutektischen Zusammensetzung an B-verarmte Restschmelze erstarrt wieder am eutektischen Punkt zwischen den Primärkristallen (Bild 1.2.18).

Liegt im betrachteten eutektischen System eine Legierung vor, deren Zusammensetzung dem Bereich zwischen reinem A und x_1 entspricht, so bildet sich nach dem Durchlaufen des Zweiphasengebiets fest/flüssig ein α-Mischkristall, der die Ausgangszusammensetzung der Schmelze aufweist entsprechend dem Zustandsschaubild für völlige Löslichkeit im flüssigen und festen Zustand (vgl. Bild 1.2.5). Der Erstarrungsvorgang läuft dann naturgemäß in gleicher Weise wie in diesem Diagramm ab. In den sich ausscheidenden Mischkristallen ist die zweite Komponente, wie aus dem eutektischen Schaubild hervorgeht, maximal bis zu einer Konzentration x_1 bzw. x_2 löslich. Die Eutektikale zwischen den Punkten x_1 und x_2 begrenzt dieses Gebiet der sog. Mischungslücke. In technischen Systemen nimmt die Löslichkeit des Mischkristalls für eine zweite Komponente mit fallender Temperatur vielfach ab. Bei Abkühlung eines bei höheren Temperaturen ge-

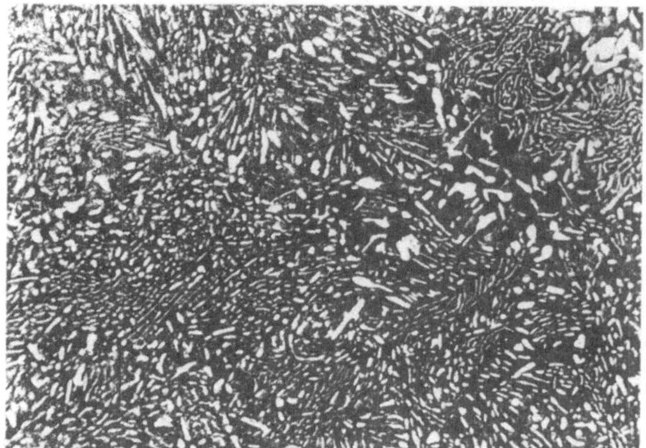

Bild 1.2.17. Eutektisches Gefüge einer Blei-Antimon-Legierung, V = 200 ×

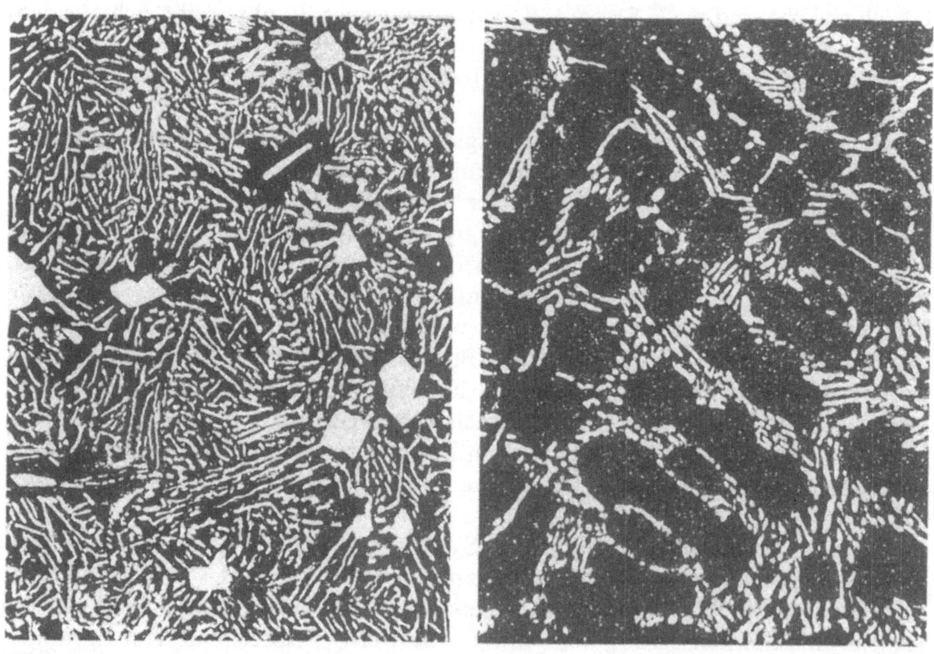

Bild 1.2.18 **Bild 1.2.19**

Bild 1.2.18. Übereutektisches Gefüge einer Blei-Antimon-Legierung, V = 200 ×

Bild 1.2.19. Untereutektisches Gefüge einer Blei-Antimon-Legierung, V = 200 ×

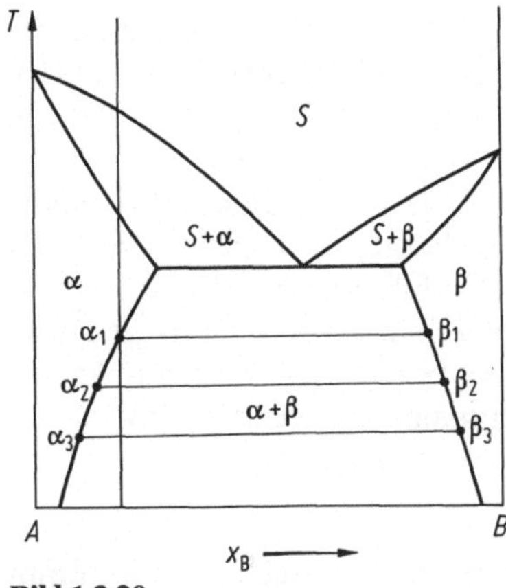

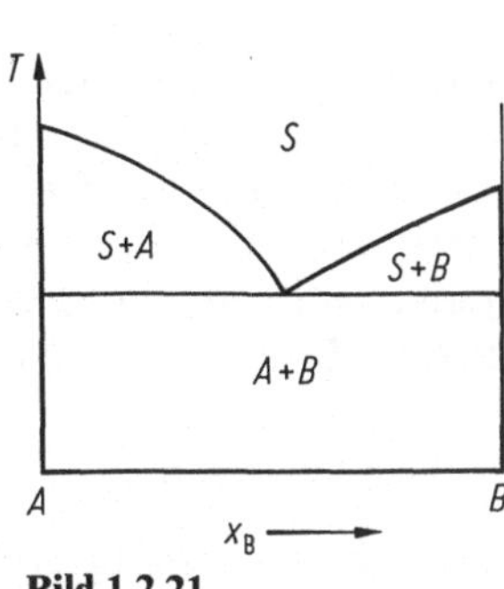

Bild 1.2.20

Bild 1.2.21

Bild 1.2.20. Veränderung der Zusammensetzung von α- und β-Mischkristall bei Erstarrung einer untereutektischen Legierung

Bild 1.2.21. Zustandsdiagramm einer binären Legierung mit vollständiger Unlöslichkeit im festen Zustand

sättigten Mischkristalls, z. B. eines α-Mischkristalls mit Sättigung an der Komponente *B*, scheidet sich entsprechend aus dem α-Mischkristall eine β-Phase aus. Entsprechend der abnehmenden Löslichkeit erfolgt die Ausscheidung vielfach über Zwischenstadien (α_1 bis α_3 bzw. β_1 bis β_3; Bild 1.2.20 s. a. Abschn. 5.3). Die Ausscheidung erfolgt vielfach an Korngrenzen auf bestimmten kristallographischen Ebenen oder wird durch Versetzungsstrukturen festgelegt. Die Menge der ausgeschiedenen β-Phase zugeordnet zu den verschiedenen Temperaturen läßt sich auch hier nach dem Hebelgesetz bestimmen.

Ebenso wie sich das Schaubild für die eutektische Erstarrung aus dem Schaubild mit Schmelzpunktminimum und erweiterter Mischungslücke ergibt, läßt sich auch die Entstehung des eutektischen Systems in Analogie zur Erklärung des Schmelzpunktminimums verstehen. Im eutektischen System wird der flüssige Zustand der Legierung bis weit unter den Schmelzpunkt der Einzelkomponenten aufrechterhalten. Dies ist dadurch möglich, daß sich im festen Zustand durch die begrenzte Aufnahmefähigkeit des Mischkristalls für eine zweite Komponente mit zunehmendem Gehalt an der zweiten Komponente ein zunehmender Zwangszustand des Mischkristalls ergibt. Schließlich erreicht dieser Zwangszustand eine Grenze, die dann zur Bildung einer zweiten festen Phase führt.

Ein Extremfall des eutektischen Zerfalls läßt sich denken für die völlige Löslichkeit im flüssigen und die völlige Unlöslichkeit im festen Zustand (Bild 1.2.21). In diesem Fall würde sich im festen Zustand ein Gemenge zwischen einer Komponente *A* und einer Komponente *B* entsprechend ihrem Anteil in der Schmelze ergeben. Die völlige Unlöslichkeit kommt im Gleichgewicht nur angenähert vor. Allerdings gibt es eine so niedrige Löslichkeit zweier Metalle ineinander, daß diese kaum meßbar ist, wie z. B. bei Kupfer in Germanium, dessen Löslichkeit weniger als 10^{-7} Atom-% beträgt.

Das Verhalten bei der Erstarrung, also bei der Reaktion zwischen einer Schmelze und zwei festen Phasen nach dem eutektischen Zustandsdiagramm läßt sich in gleicher Weise auf Umwandlungen im festen Zustand, also auf die Reaktion einer festen Phase mit zwei anderen festen Phasen übertragen (s. Abschn. 1.2.2.5). In diesem Fall steht statt der Schmelze S eine Kristallart γ, die in die Kristallart α und β entsprechend dem besprochenen Zustandsdiagramm zerfällt. Diese Art der polymorphen Umwandlung wird eutektoider Zerfall genannt. Entsprechend wird ein solches Zustandsdiagramm eutektoides Zustandsdiagramm genannt. Der Nonvarianzpunkt wird als eutektoider Punkt bezeichnet. Eine eutektoide Umwandlung spielt bei Eisen-Kohlenstoff-Legierungen eine wichtige Rolle.

Peritektisches Zustandsdiagramm

Auch das peritektische Zustandsdiagramm läßt sich aus dem Zustandsdiagramm für völlige Löslichkeit im flüssigen und festen Zustand dann ableiten, wenn mit steigendem Anteil einer zweiten Komponente B im α-Mischkristall dieser bei Abkühlung unter einen kritischen Punkt in zwei Mischkristallarten zerfällt. Aus einem sich erweiternden Zweiphasengebiet, das den Bereich des homogenen Mischkristalls unterbricht, läßt sich ein peritektisches Zustandsdiagramm ähnlich wie das eutektische Zustandsdiagramm nach Bild 1.2.22 ableiten.

Zum Unterschied vom Eutektikum liegt beim Peritektikum kein Schmelzpunktminimum vor. Daraus ergibt sich, daß der Schmelzpunkt einer Komponente unterhalb des Invarianzpunktes, also des Dreiphasengleichgewichts liegt. Das Peritektikum ist dadurch gekennzeichnet, daß sich am Invarianzpunkt aus der Reaktion der Schmelze mit einer festen Phase eine andere feste Phase bildet, nach dem Reaktionsablauf $S + \beta \rightleftharpoons \alpha$. Die genannte Reaktion und die damit verbundene Umwandlung findet an der Grenzfläche zwischen Schmelze und Primärkristallen statt. Entsprechend bildet sich durch die Reaktion an der Grenzfläche zwischen Schmelze und Primärkristallen zunehmend die peritektische Phase. Die ursprüngliche Phase, die sich in Reaktion mit der Schmelze umwandelt, wird also durch die peritektisch neu gebildete Phase umhüllt. Für den weiteren Ablauf der Reaktion ist somit eine Diffusion erforderlich zwischen der Schmelze durch

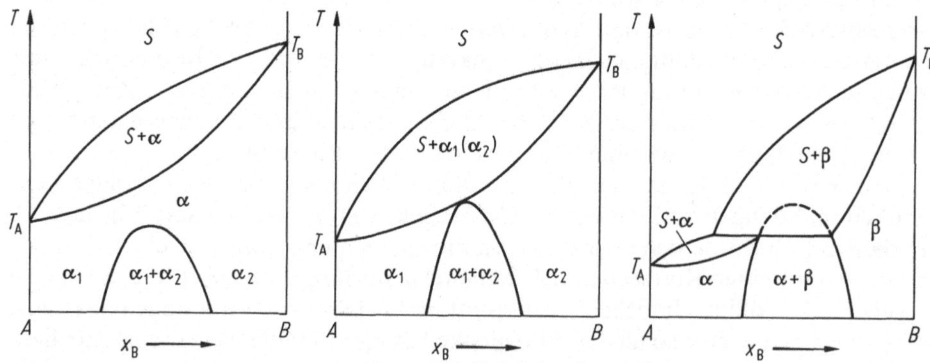

Bild 1.2.22. Entstehung eines peritektischen Zustandsdiagramms durch zunehmende Ausweitung eines festen Zweiphasengebiets

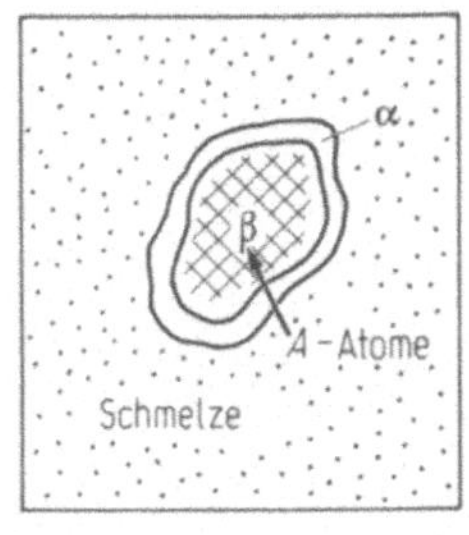

a

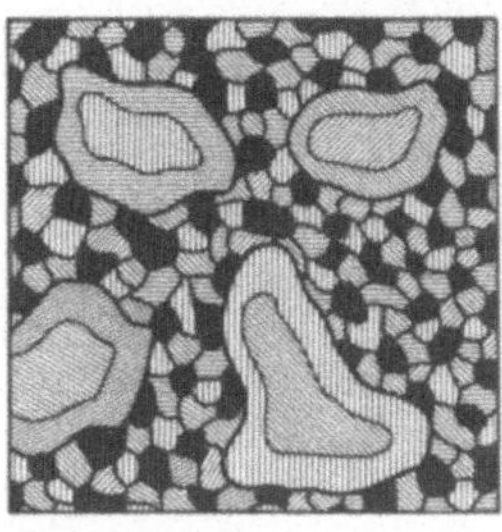
b

Bild 1.2.23. **a** Schematische Darstellung der Entstehung eines Peritektikums; **b** peritektisches Gefüge nach Kanczor

die umhüllende peritektisch gebildete Phase hindurch zu den primär ausgeschiedenen Kristallen, die sich bei dieser Reaktion umwandeln. Bei der peritektischen Umsetzung wird folgerichtig der zunehmende Diffusionsweg durch die feste Phase, die die ursprüngliche Phase umgibt, geschwindigkeitsbestimmend für die Umwandlung. Vielfach laufen daher peritektische Umsetzungen nicht ungestört zu Ende (Bild 1.2.23).

Zur Veranschaulichung der peritektischen Reaktion sei das Zustandsschaubild Silber/Platin gewählt (Bild 1.2.24). Liegt die Zusammensetzung dieser peritektisch erstarrenden Legierung zwischen reinem Ag und x_1 ($\triangleq$ 30% Pt) so bildet sich aus der Schmelze ein homogener α-Mischkristall. Zwischen x_1 und dem peritektischen Punkt S_P kristallisiert nach dem Hebelgesetz primär ein β-Mischkristall aus der Schmelze. Wenn die Temperatur die waagerechte Linie $x_1 - x_2$ links von dem Punkt S_P erreicht, liegt neben der Restschmelze im Zweiphasengebiet dieser primär ausgeschiedene β-Mischkristall vor. Die waagerechte Verbindung zwischen $x_1 - x_2$ wird als Peritektikale bezeichnet. Bei einer Temperatur, die auf der Höhe der Peritektikalen gehalten wird, löst sich der β-Mischkristall wieder auf und setzt sich mit der Restschmelze zu einem α-Mischkristall um. Bei einer weiteren Abkühlung einer Legierung mit der betrachteten Zusammensetzung M, scheidet dann die Schmelze entlang der α-Liquiduslinie unmittelbar einen α-Mischkristall aus.

Bei Erreichen der Soliduslinie erstarrt die Restschmelze zu einem α-Mischkristall der Zusammensetzung M. Bei einer Legierung, deren Zusammensetzung N gerade einer Zusammensetzung am peritektischen Punkt S_P entspricht, verhalten sich die Mengen von Schmelze und β-Mischkristall gerade so, daß sie durch eine peritektische Umwandlung vollständig zu α-Mischkristallen umgesetzt werden unter der Maßgabe, daß die dazu erforderlichen Festkörperdiffusionsprozesse bis zum Gleichgewichtszustand ablaufen können. Im peritektischen Punkt S_P liegt wieder ein Dreiphasengleichgewicht zwischen Schmelze und zwei festen Phasen vor, woraus sich im Zweikomponentensystem der Freiheitsgrad $F = 0$, also der Nonvarianzpunkt ergibt.

Bei Legierungszusammensetzungen rechts von S_P bis zum Endpunkt der Peritektikalen x_2 (Legierungszusammensetzung O) ist die Schmelze bereits verbraucht, bevor sie sich im Gleichgewicht vollständig unter Reaktion mit dem β-Mischkristall zu α-Mischkristall hätte umsetzen können. Es liegt im Gleichgewichtszustand ein Zweiphasengefüge $\alpha + \beta$ vor. Bei Konzentrationen schließlich, die rechts vom Ende der Peritektikalen bei x_2 liegen, erstarrt aus der

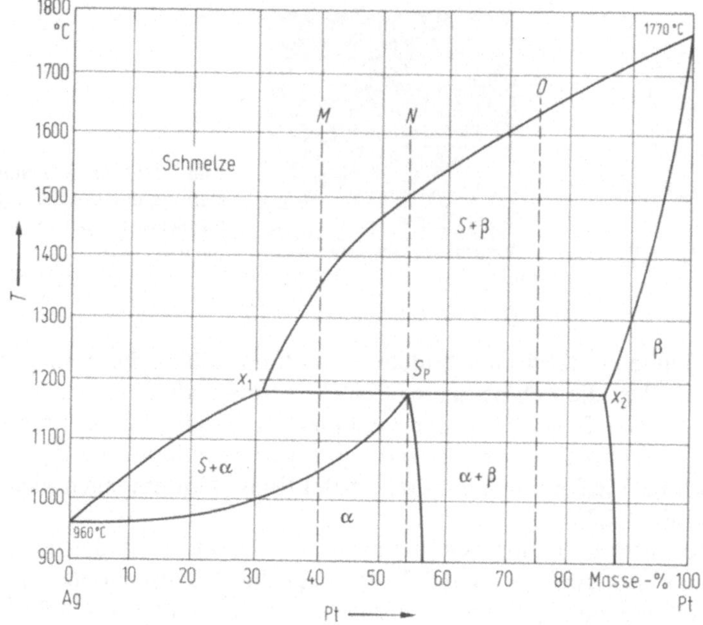

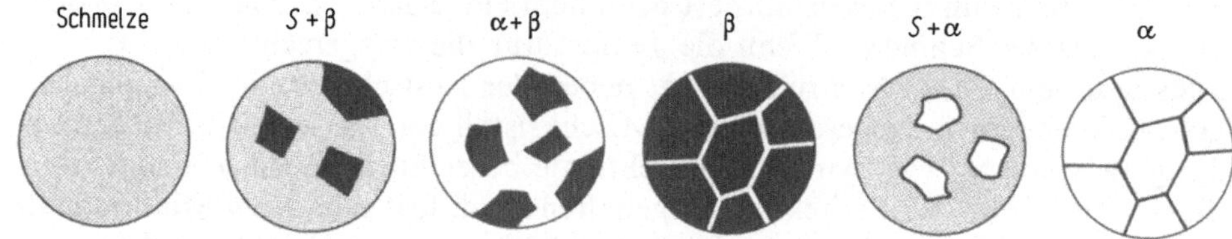

Bild 1.2.24. Peritektisches Zustandsdiagramm von Ag—Pt

Schmelze in gleicher Weise wie bei vollständiger Löslichkeit im flüssigen und festen Zustand ein homogenes β-Mischkristallgefüge. Bei Konzentrationen nahe x_2 scheidet sich aus diesem Gefüge für den Fall des Systems Ag—Pt bei gegebener abnehmender Löslichkeit mit weiter sinkender Temperatur und der damit verbundenen Unterschreitung der Löslichkeitslinie in geringem Maße ein α-Bestandteil aus (Bild 1.2.24).

1.2.2.4 Varianten der eutektischen und peritektischen Dreiphasengleichgewichte

Wie im Vorausgegangenen aufgezeigt, existieren bei Dreiphasengleichgewichten (Nonvarianz, $F = 0$) in $T-x$-Darstellungen die beiden Möglichkeiten:
- eine Phase setzt sich zu zwei neuen Phasen um (Eutektikum),
- zwei Phasen reagieren miteinander zu einer neuen Phase (Peritektikum).

Über diese beiden Möglichkeiten hinaus sind von insgesamt 13 Varianten für Realsysteme bedeutsam:

Monotektikum

Bei der monotektischen Reaktion zersetzt sich eine homogene Schmelze S bei Unterschreiten eines kritischen Punkts in zwei Schmelzen S_1 und S_2, die sich durch ihr spezifisches Gewicht trennen. Am monotektischen Punkt S_{Mo} besteht das Dreiphasengleichgewicht $S_1 \rightleftharpoons S_2 + \alpha$ (Bild 1.2.25). Die Trennung einer homogenen flüssigen Phase in zwei durch unterschiedliches spezifisches Gewicht i. allg. übereinander gelagerte flüssige Phasen ist vergleichbar dem Zerfall einer homogenen festen Phase in zwei feste Phasen bei Unterschreiten eines kritischen Punkts (vgl. Bild 1.2.12 b). Wenn bei der Trennung der flüssigen Phasen im Monotektikum diese nach dem spezifischen Gewicht erfolgt, so findet die Trennung der festen

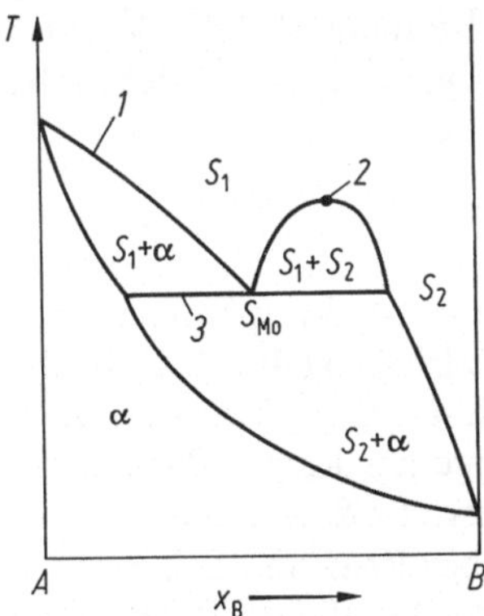

Bild 1.2.25. Monotektisches Zustandsdiagramm. *1* Liquiduslinie, *2* kritischer Punkt, *3* Monotektikale

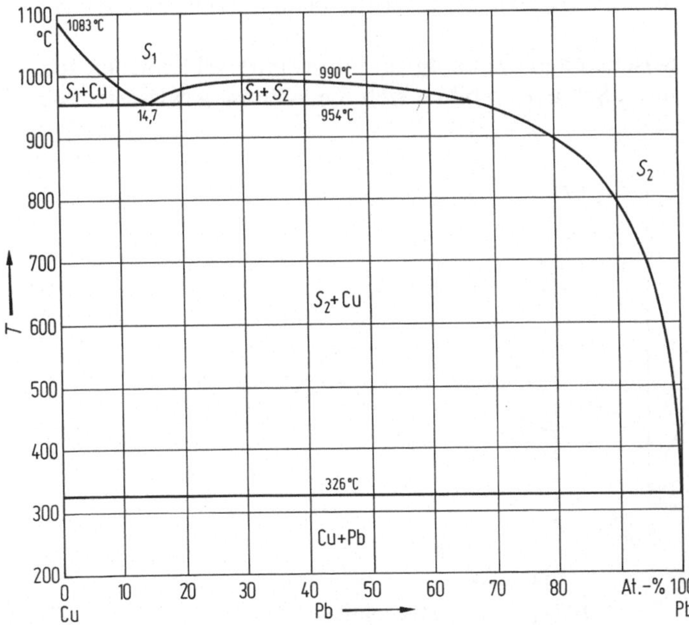

Bild 1.2.26. Zustandsschaubild Cu – Pb

Phasen – wie gezeigt wurde – nach unterschiedlichen Gitterparametern statt. (Ein Beispiel für ein monotektisches System ist die Legierung Cu – Pb, Bild 1.2.26).

Metatektikum

Bei der metatektischen Erstarrung scheidet sich zunächst aus einer Schmelze β-Mischkristall aus (Bild 1.2.27). Im Falle der metatektischen Zusammensetzung entsprechend dem Punkt S_{Me} besteht bei Erreichen der Metatektikalen die Legierung aus 100% β-Mischkristall. Bei weiterer Abkühlung tritt im Metatektikum das Paradoxon auf, daß in einer solchen bereits erstarrten Legierung bei sinkender Temperatur diese teilweise wieder aufschmilzt und daß sich aus dieser neugebildeten Schmelze nun ein α-Mischkristall ausscheidet. Bei der endgültigen Erstarrung besteht dann die Legierung aus 100% α-Mischkristall. Im metatektischen Punkt S_{Me} besteht das Dreiphasengleichgewicht $\beta \rightleftharpoons S + \alpha$. Eine solche metatektische Reaktion tritt z. B. auf im System Fe – Fe_2Zr bei 1 335 °C.

Syntektikum

Ähnlich dem Monotektikum entstehen beim Syntektikum bei Temperaturen unterhalb eines kritischen Punkts T_c zwei getrennte flüssige Phasen (Bild 1.2.28). Die beiden flüssigen Phasen reagieren jedoch hier, vergleichbar einer Reaktion beim Peritektikum, miteinander unter Bildung einer homogenen festen Phase. Am syntektischen Punkt S_S besteht das Dreiphasengleichgewicht $S_1 + S_2 \rightleftharpoons \alpha$.

Es sind insgesamt nur einige Systeme mit syntektischer Reaktion bekannt. Es sind dies K – Zn, Na – Zn, K – Pb, Pb – U und Ca – Cd. Bei diesen Reaktionen entsteht eine α-Phase, bei der es sich um eine intermetallische Phase handelt, die nur einen beschränkten Löslichkeitsbereich für die beiden Komponenten *A* und *B* aufweist.

Bei der Reaktion zwischen den zwei aufgrund ihres unterschiedlichen spezifischen Gewichts getrennten Schmelzen bildet sich die α-Phase gewissermaßen als

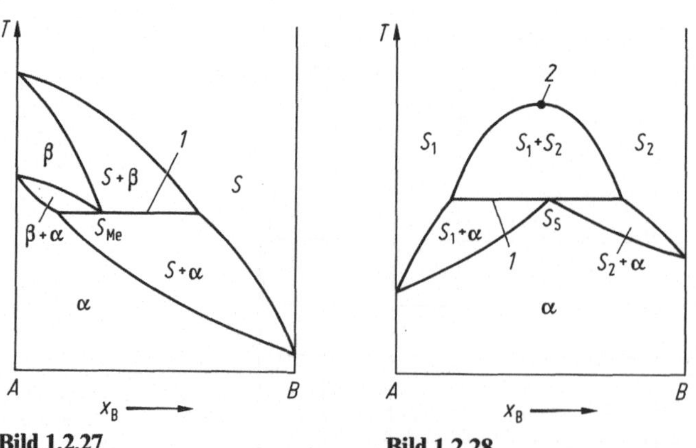

Bild 1.2.27 **Bild 1.2.28**

Bild 1.2.27. Metatektisches Zustandsdiagramm. *1* Metatektikale

Bild 1.2.28. Syntektisches Zustandsdiagramm. *1* Syntektikale, *2* kritischer Punkt

Festbarriere, so daß sich das Gleichgewicht – ähnlich wie beim Peritektikum – beim Syntektikum nur schwer einstellen kann.

1.2.2.5 Zusammengesetzte Systeme

Polymorphie

Die verschiedenen Systeme wurden bisher im wesentlichen am Übergang flüssig/fest mit den dabei ablaufenden verschiedenartigen Reaktionen dargestellt. Es bestehen jedoch, wie ebenfalls bereits ausgeführt, bei vielen Metallen und deren Legierungen in Abhängigkeit von der Temperatur verschiedene Modifikationen – also verschiedene Phasen – im festen Zustand (Polymorphie). Dies bedeutet, daß eine aus der Schmelze ausgeschiedene feste Phase bei weiter sinkender Temperatur sich in eine andere feste Phase umwandelt oder in mehrere andere feste Phasen zerfällt. Die Umsetzungen zwischen den festen Phasen verlaufen dabei analog zu den bereits beschriebenen Reaktionen bei den Übergängen flüssig/fest. Die Reaktionen lassen sich folgerichtig den an den Übergängen flüssig/fest beschriebenen Systemen zuordnen. Bei Dreiphasengleichgewichten flüssig/fest werden die Systeme mit der Endung ...tikum bezeichnet, also Eutektikum, Peritektikum usw. Bei den Dreiphasengleichgewichten fest/fest wird die Endung ...tikum durch die Endung ...toid ersetzt, also Eutektoid, Peritektoid usw.

Zusammengesetzte Zustandsschaubilder entstehen im Falle der Polymorphie dadurch, daß in der Abfolge der Temperaturen verschiedene Übergänge stattfinden können, im einfachsten Fall also der Übergang von vollständiger Löslichkeit zweier Komponenten im flüssigen Zustand zu einem lückenlosen Mischkristall β. Dieser β-Mischkristall kann sich dann wieder bei weiter sinkenden Temperaturen vollständig nach dem gleichen Schema, aber nun bei Ablauf einer Reaktion fest/fest, zu einem lückenlosen α-Mischkristall umsetzen (Bild 1.2.29a). Ein solcher Fall liegt im System Ti–Zr vor, das dabei allerdings bei beiden Umsetzungen jeweils ein Schmelzpunktminimum aufweist (vgl. Bild 1.2.12a).

Vielfach findet bei sinkenden Temperaturen der Zerfall des aus der Schmelze zunächst homogen ausgeschiedenen Mischkristalls statt. Einen solchen eutektoi-

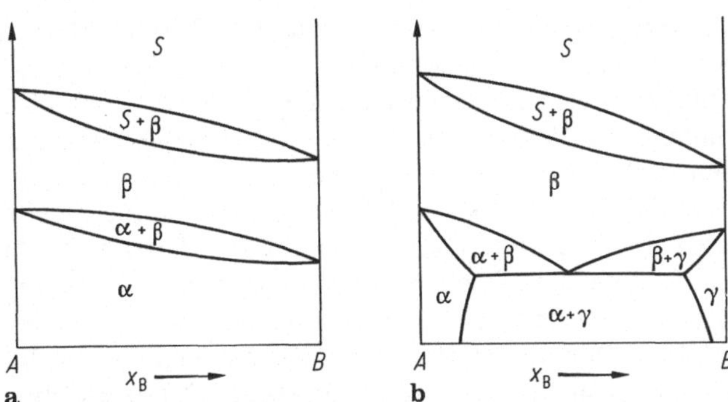

Bild 1.2.29. a Zustandsschaubild für vollständige Löslichkeit im flüssigen Zustand und in zwei festen Phasen; **b** Zustandsschaubild mit vollständiger Löslichkeit im flüssigen Zustand und eutektoidem Zerfall der festen Phase

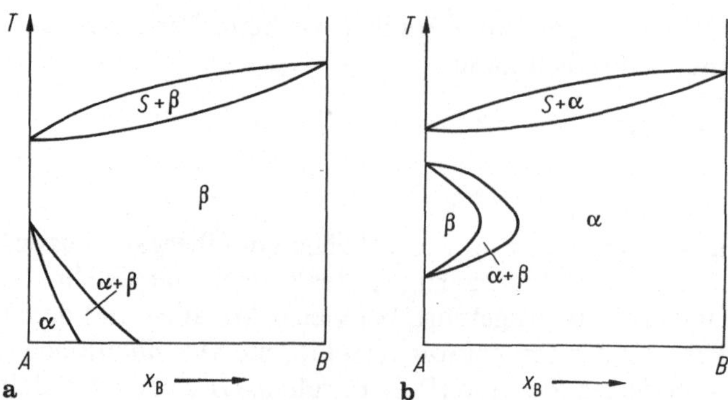

Bild 1.2.30. **a** Erweiterung und **b** Abschnürung des Existenzbereichs einer β-Phase bei einem Schaubild mit polymorpher Umwandlung

den Zerfall eines homogenen β-Mischkristalls in eine α- und γ-Modifikation zeigt Bild 1.2.29b. Ein eutektoider Zerfall wie der beschriebene findet im System Fe – C statt (vgl. Abschn. 1.4.1).

Besondere Formen der Umwandlung im festen Zustand sind in Bild 1.2.30a und b dargestellt. Mit Bild 1.2.30b wird die Abschnürung einer sich aus einem α-Mischkristall bildenden β-Phase innerhalb eines beschränkten Temperatur-Konzentrationsbereichs angegeben. Der Fall, der mit Bild 1.2.30a dargestellt ist, läßt sich dadurch entstanden denken, daß eine starke Ausweitung des Existenzbereichs der primär ausgeschiedenen β-Phase bis zu sehr tiefen Temperaturen stattfindet, so daß innerhalb des mit dem Diagramm erfaßten Bereichs der eutektoide Punkt nicht mehr erreicht wird. Im Temperatur-Konzentrationsbereich des Diagramms ist nur noch ein kleiner Abschnitt des Zweiphasengebiets $\alpha + \beta$ zu erkennen, der sich bis zu einer begrenzten Konzentration erstreckt.

Die Vorgänge nach Bild 1.2.30a und b sind im Falle der Stähle von großer Bedeutung (s. Abschn. 1.4.1).

Intermetallische Phasen (*Verbindungsbildung*)

Bei stöchiometrischer Zusammensetzung der Komponenten $A:B$ oder aber in einem weiteren Existenzbereich innerhalb bestimmter Konzentrationsverhältnisse $A:B$ können intermetallische Verbindungen entstehen (s. Band I, Abschn. 8.1.3.4). Falls solche intermetallische Verbindungen ohne vorherige Zersetzung, d. h. kongruent, aufschmelzen, verhält sich die Verbindung im Zweistoffsystem wie eine einzelne Komponente. Es können also Zweistoffsysteme aneinandergereiht werden mit den Komponenten $A - V$ und den Komponenten $V - B$ (Bild 1.2.31).

Falls beim Aufschmelzen der intermetallischen Verbindung deren Zersetzung stattfindet, so läuft diese Zersetzung grundsätzlich analog zu den bereits beschriebenen Zustandsschaubildern für die Bildung von Mischkristallen aus der Schmelze oder für die Zersetzung von Mischkristallen ab (Bild 1.2.32a und b).

Im Falle der unter Zersetzung – d. h. inkongruent – schmelzenden Verbindungen ergeben sich Überlagerungen durch ein Ineinandergreifen der Zustandsschaubilder. Auch im Falle der inkongruent aufschmelzenden Verbindungen ist es denk-

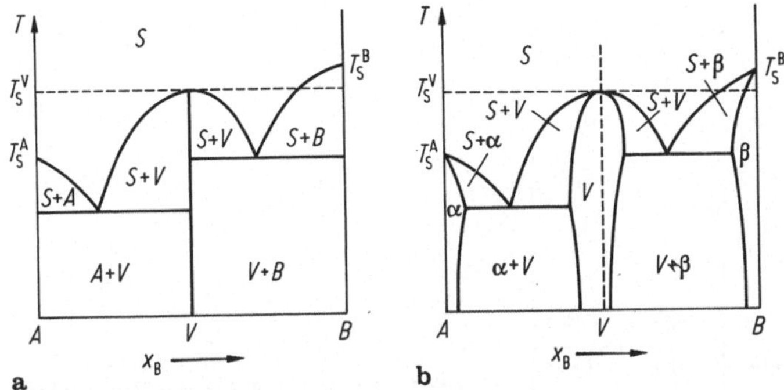

Bild 1.2.31. Zustandsschaubild mit kongruent schmelzender Verbindung. **a** keine gegenseitige Löslichkeit; **b** teilweise Löslichkeit

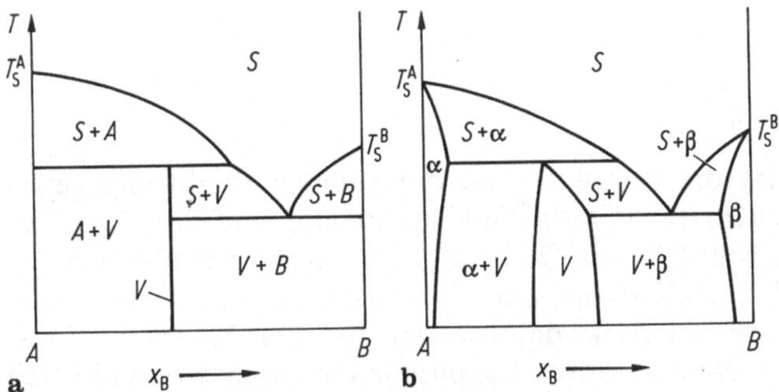

Bild 1.2.32. Zustandsschaubild mit inkongruent schmelzender Verbindung. **a** keine gegenseitige Löslichkeit; **b** teilweise Löslichkeit

bar, daß die Verbindung nur bei stöchiometrischer Zusammensetzung $A:B$ existent ist, oder aber daß die Verbindung innerhalb eines begrenzten Konzentrationsbereichs $A:B$ auftritt.

Zusammensetzung von Zustandsdiagrammen aus mehreren Systemen

Die in der Praxis vorkommenden Zustandsschaubilder vereinigen oft mehrere, mitunter auch zahlreiche, der betrachteten Systeme und ihrer Varianten. Wie sich solche Systeme in einem Zustandsschaubild vereinigen können, soll abschließend anhand eines konstruierten, aber durchaus möglichen Schaubilds gezeigt werden (Bild 1.2.33). Es wird zur Veranschaulichung ein Schaubild gewählt, das im einzelnen beinhaltet:

- sechs nonvariante Gleichgewichte
  1 Metatektikum: $\beta \rightleftharpoons S + \alpha$, 2 Eutektikum: $S \rightleftharpoons \alpha + V_1$,
  3 Eutektoid: $V_1 \rightleftharpoons \alpha + V_2$, 4 Peritektikum: $S + V_1 \rightleftharpoons V_2$,
  5 Peritektikum: $S + V_2 \rightleftharpoons V_3$, 6 Eutektikum: $S \rightleftharpoons V_3 + B$,
- drei intermetallische Phasen (V_1, V_2, V_3),
- eine polymorphe Umwandlung ($\alpha \rightleftharpoons \beta$).

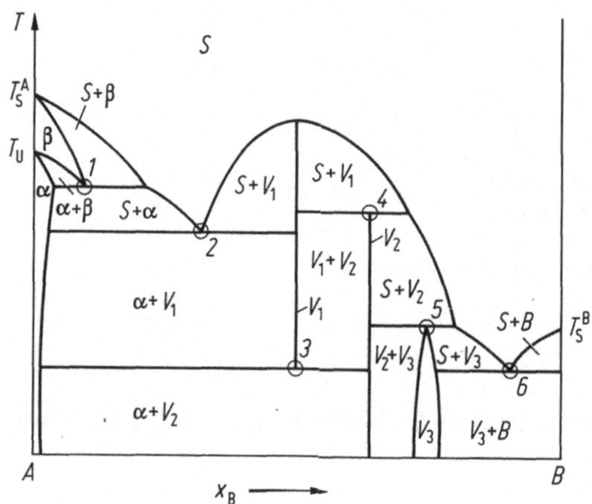

Bild 1.2.33. Beispiel für die Zusammensetzung eines Zustandsschaubilds aus mehreren Systemen

1.2.3 Dreistoffsysteme

1.2.3.1 Konzentrationsdreieck

Für ein Einstoffsystem wird die Konzentration durch einen Punkt angegeben (unär). Für das Zweistoffsystem (binär) wird die Konzentration auf einer Linie der Konzentrationsachse festgelegt. Für das Dreistoffsystem (ternär) erhöht sich die Dimension um eine weitere Einheit, so daß nun die Konzentrationsverhältnisse in der Fläche eines Konzentrationsdreiecks darzustellen sind. Das Konzentrationsdreieck ist ein gleichseitiges Dreieck, dessen Eckpunkte die reinen Komponenten A, B und C darstellen. Die Seiten des Dreiecks entsprechen den Konzentrationsachsen der drei Zweistoffsysteme $A - B$, $B - C$ und $C - A$, die das Dreieck beranden.

Die Zusammensetzungen von Dreistofflegierungen werden durch einen Punkt in der Dreiecksfläche angegeben. Für die Bestimmung dieses Punkts wird von den Konzentrationsachsen der Randsysteme ausgegangen. die im Gegenuhrzeigersinn aufgetragen sind. In die Dreiecksflächen läßt sich ein Netz legen durch Parallelen zu den Dreiecksseiten, die durch die verschiedenen Konzentrationspunkte auf den Dreieckseiten verlaufen (Bild 1.2.34).

Legierungen, deren Zusammensetzung entlang einer zu einer Dreiecksseite parallelen Linie liegen, haben jeweils stets den gleichen Gehalt an der Komponente, die dieser Dreiecksseite gegenüberliegt. Geraden, die durch einen Eckpunkt des Dreiecks gehen und dort den Winkel in einem bestimmten Verhältnis teilen, beinhalten bei veränderlichem Gehalt der einen Komponente alle Punkte mit einem entsprechend konstanten Verhältnis der beiden anderen Komponenten. Eine Gerade z. B. durch den Eckpunkt B entspricht einem konstanten Verhältnis $C:A$ bei veränderlichem B-Gehalt (Bild 1.2.34).

Mit Hilfe eines Konzentrationsdreiecks mit der beschriebenen Einteilung lassen sich in der Fläche die Punkte für die Zusammensetzungen von Dreistofflegierungen und auf den Dreiecksseiten die Zusammensetzungen der berandenden Zweistofflegierungen angeben. Im Bild 1.2.34 sind zwei Dreistofflegierungen L_1 und L_2 sowie eine Zweistofflegierung L_3 angegeben.

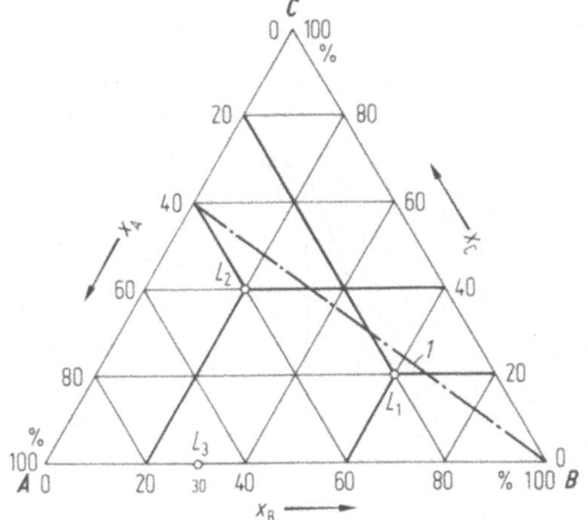

Bild 1.2.34. Konzentrationsdreieck. L_1: 20% *A*, 60% *B*, 20% *C*; L_2: 40% *A*, 20% *B*, 40% *C*; L_3: 70% *A*, 30% *B*; *1* Gerade für $x_A : x_C = \text{const}$, verläuft durch Eckpunkt *B*, für die eingezeichnete Gerade ist $x_A : x_C = 40 : 60$

1.2.3.2 Phasenräume

Durch die Temperaturachse, die senkrecht auf dem Konzentrationsdreieck steht, wird ein prismatischer Raum erhalten, in dem die Existenzräume der Phasen durch Flächen begrenzt werden. Diese Flächen entsprechen den Linien in den Zweistoffsystemen, die Phasenräume entsprechen den Flächen in den Zweistoffsystemen. Der Beginn der Erstarrung erfolgt bei Abkühlung nach Unterschreiten der Liquidusfläche. Nach Unterschreiten der Solidusfläche liegt eine Legierung im festen Zustand vor. Eine auf diese Weise erhaltene Raumfigur für den Fall der vollständigen Löslichkeit im flüssigen und im festen Zustand ist mit Bild 1.2.35 wiedergegeben. In diesem Fall stellt sich die Liquidusfläche als Kuppel mit drei Eckpunkten dar, während die Solidusfläche nach unten gekrümmt die Form einer nach oben konkav verlaufenden Schale hat.

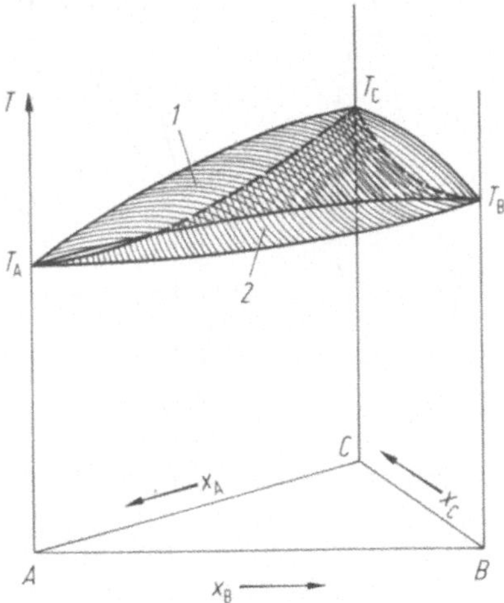

Bild 1.2.35. Räumliche Darstellung eines ternären Systems mit vollständiger Löslichkeit im flüssigen und im festen Zustand. *1* Liquidusfläche, *2* Solidusfläche

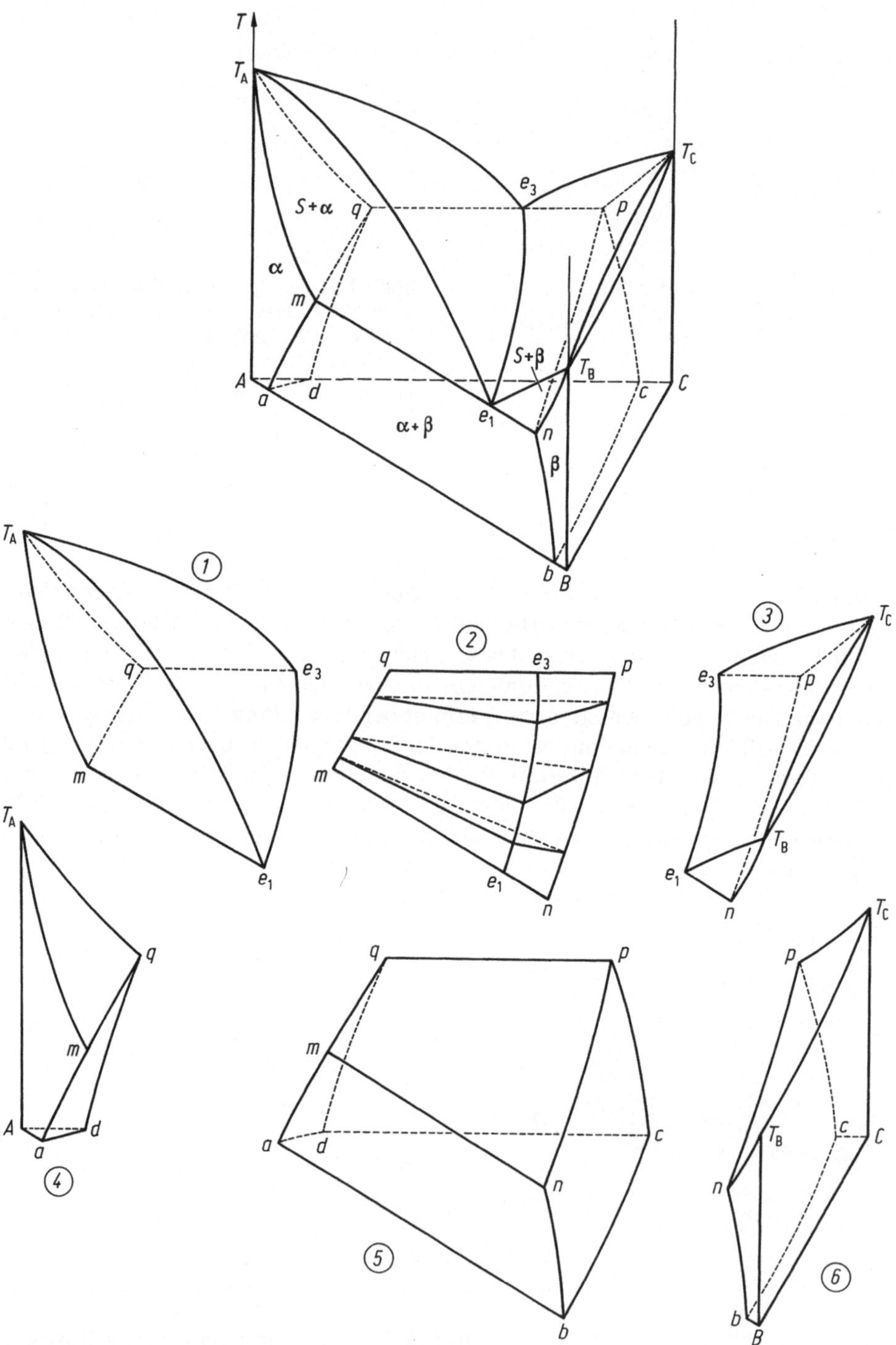
T
T_A
T_C
e_3
S+α
q
p
α
m
S+β
T_B
A
a
d
e_1
c
C
α+β
n
β
b
B
1
2
3
4
5
6

Während bei dem beschriebenen räumlichen Gebilde naturgemäß auch drei gleichartige Randsysteme mit vollständiger Löslichkeit im flüssigen und im festen Zustand vorliegen müssen, so finden sich in Dreistoffsystemen auch vielfältige Kombinationen der unterschiedlichen Randsysteme wie eutektische, peritektische und andere. Die Phasenräume, wie sie sich bei der Kombination zweier eutektischer Systeme mit einem System vollständiger Löslichkeit flüssig/fest ergeben, sind aus Bild 1.2.36 zu entnehmen. Es ist deutlich erkennbar, wie sich zwischen den eutektischen Punkten e_1 und e_3 der Randeutektika eine eutektische Rinne bildet.

Ein Nonvarianzpunkt würde sich dann ergeben, wenn drei Randeutektika vorlägen. In einem solchen Nonvarianzpunkt ist für den Fall des Dreistoffsystems ein Gleichgewicht zwischen vier Phasen entsprechend einem Freiheitsgrad $F = 0$ gegeben. Das Vierphasengleichgewicht lautet:

$$S \rightleftharpoons \alpha + \beta + \gamma .$$

Der Eutektikalen entspricht in diesem Falle eine eutektische Fläche, die parallel zum Konzentrationsdreieck verläuft.

1.2.3.3 Ebene Darstellung

Die räumliche Darstellung der Dreistoffsysteme erweist sich für die praktische Anwendung als nicht sehr sinnvoll. Es ist zur präzisen Angabe der Temperatur-Konzentrationsverhältnisse für die unterschiedlichen Phasen zweckmäßiger, Schnitte oder Flächenprojektionen der räumlichen Gebilde zu verwenden. Für solche zweidimensionalen Darstellungen der Dreistoffsysteme werden herangezogen:

1. Die Randsysteme
2. Die Schmelzflächenprojektion in die Konzentrationsebene (entsprechend Höhenlinien bei der kartographischen Darstellung).
3. Isotherme Schnitte durch das Prisma, d.h. Schnitte parallel zur Konzentrationsebene auf den verschiedenen Temperaturebenen.
4. Schnitte senkrecht durch das Prisma als sog. Temperatur-Konzentrationsschnitte ($T-K$-Schnitte). Dabei werden die Schnitte so durch eine Ecke gelegt, daß sich ein konstantes Verhältnis zweier Komponenten, z.B. $C:A$ ergibt bei veränderlichem Gehalt der dritten Komponente B. Es sind ebenfalls Temperaturkonzentrationsschnitte entlang der Parallelen zu den Dreiecksseiten möglich.

◄

Bild 1.2.36. Räumliche Darstellung eines Dreistoffsystems mit zwei Randeutektika und einem Randsystem mit vollständiger Löslichkeit im flüssigen und festen Zustand. *1* Phasenraum für das Gleichgewicht zwischen Schmelze und α-Mischkristall ($S + \alpha$); *2* Phasenraum für das Gleichgewicht zwischen Schmelze, α-Mischkristall und β-Mischkristall ($S + \alpha + \beta$); *3* Phasenraum für das Gleichgewicht zwischen Schmelze und β-Mischkristall ($S + \beta$); *4* Phasenraum für die Existenz von α-Mischkristall (α); *5* Phasenraum für das Gleichgewicht zwischen α-Mischkristall und β-Mischkristall ($\alpha + \beta$); *6* Phasenraum für die Existenz von β-Mischkristall (β)

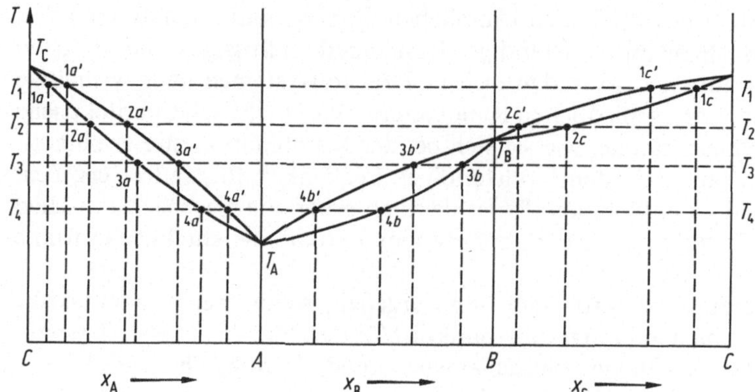

Bild 1.2.37. Randsysteme eines ternären Systems mit vollständiger Löslichkeit im flüssigen und festen Zustand

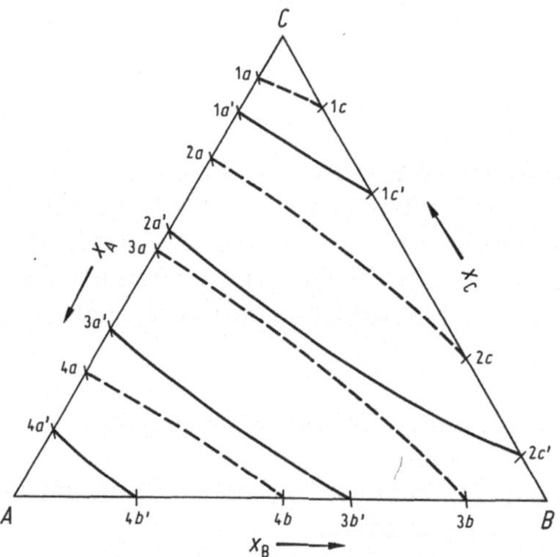

Bild 1.2.38. Schmelzflächenprojektion eines ternären Systems mit vollständiger Löslichkeit im flüssigen und festen Zustand

Zur Veranschaulichung dieser Darstellungen und der Zusammenhänge zwischen den verschiedenen Darstellungen sei von dem einfachen Fall vollständiger Löslichkeit im flüssigen und im festen Zustand für alle drei Randsysteme ausgegangen (Bild 1.2.37), wie sie der räumlichen Darstellung (Bild 1.2.35) zugrundeliegen. Werden durch die Randsysteme Isothermen gelegt, so ergeben sich Schnittpunkte mit den Liquidus- und den Soliduslinien, die jeweils bestimmten Konzentrationen zugeordnet sind. Die Übertragung dieser Punkte auf die Seiten des Konzentrationsdreiecks legt die Endpunkte der Isothermen in den Randsystemen fest (Bild 1.2.38). Zum Vergleich mit der Schmelzflächenprojektion des Systems mit vollständiger Löslichkeit im flüssigen und festen Zustand sei eine Schmelzflächenprojektion eines Dreistoffsystems betrachtet, das sich aus zwei eutektischen Randsystemen und einem System mit vollständiger Löslichkeit flüssig/fest zusammensetzt (vgl. Bild 1.2.36).

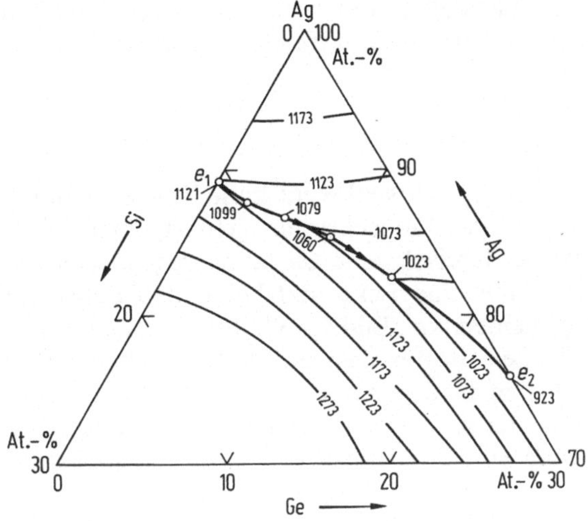

Bild 1.2.39. Schmelzflächenprojektion des Systems Ag–Si–Ge (silberreiche Ecke). (Nach Predel)

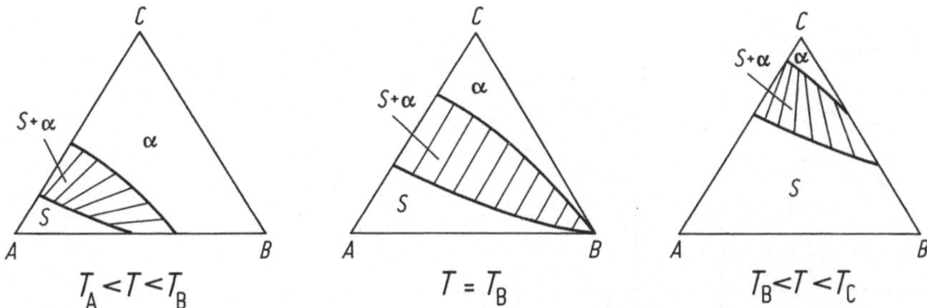

Bild 1.2.40. Isotherme Schnitte durch ein System mit vollständiger Löslichkeit im festen und im flüssigen Zustand

Aus dem Verlauf der Isothermen läßt sich die Lage der eutektischen Rinne (von e_1 nach e_2) entnehmen (Bild 1.2.39).

Isotherme Schnitte

Zwischen den Temperaturschnitten mit der Liquidus- und der Solidusfläche bei einer bestimmten Temperatur liegt das Zweiphasengebiet flüssig/fest. Mit Hilfe der beschriebenen Übertragung der Schnitte mit Liquidus- und Soliduslinie bei einer Temperatur werden die Existenzbereiche der festen und flüssigen Phase sowie das Zweiphasengebiet flüssig/fest in der Ebene des Konzentrationsdreiecks angegeben (Bild 1.2.40). Innerhalb des Zweiphasenbereichs sind Konoden eingezeichnet. Es ergibt sich auf diese Weise eine Konodenfläche zwischen der im Gleichgewicht stehenden festen und flüssigen Phase analog der Konodenlinie in Zweistoffsystemen. Sinngemäß läßt sich die Gleichgewichtsbedingung des Hebelgesetzes bei Zweistoffsystemen auf die Konoden des Dreistoffsystems übertragen, da sich die Menge der Phasen wie die jeweils abgewandten Hebelarme (Hebelgesetz) verhalten. Der Mischkristall enthält dabei immer einen größeren Anteil an der höherschmelzenden Komponente als die mit ihm im Gleichgewicht stehende Schmelze.

Temperatur-Konzentrationsschnitte ($T-K$-Schnitte)

Die Temperatur-Konzentrationsschnitte liegen senkrecht zum Konzentrationsdreieck. Sie werden entweder parallel zu den Dreiecksseiten geführt, entsprechen also einem konstanten Gehalt einer der Dreiecksseite gegenüberliegenden Komponente, oder die Schnitte laufen durch eine Ecke und beinhalten daher ein konstantes Verhältnis zweier Komponenten (vgl. Bild 1.2.34). Für den als Beispiel gewählten Fall vollständiger Löslichkeit im flüssigen und festen Zustand (Bild 1.2.37 und 1.2.38) ergeben sich mit den beiden Arten der $T-K$-Schnitte Zustandsschaubilder nach Bild 1.2.41 a und b. Vielfach werden die $T-K$-Schnitte für die zweidimensionale Darstellung von Dreistoffsystemen vorteilhaft herangezogen.

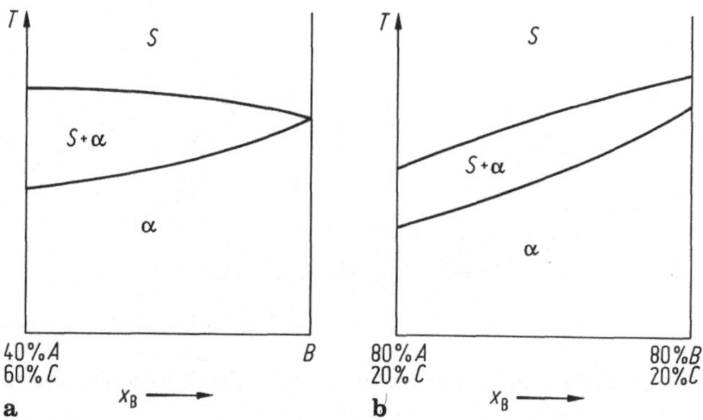

Bild 1.2.41. Temperatur-Konzentrationsschnitte durch ein System mit vollständiger Löslichkeit im festen und im flüssigen Zustand. **a** für $x_A : x_C = 40:60$; **b** für $x_C = \text{const} = 20\,\%$

Die Temperatur-Konzentrationsschnitte haben Ähnlichkeit mit den binären Zustandsdiagrammen. Es können jedoch nicht die Zusammensetzungen und Mengenanteile der untereinander im Gleichgewicht befindlichen Phasen angegeben werden. Das Hebelgesetz läßt sich also nicht anwenden.

1.3 Eigenschaften von Legierungen im Gleichgewichtszustand

Im Idealfall stellt der kristalline Aufbau der reinen Komponente einen im wesentlichen ungestörten Zustand dar. Eine zweite Komponente kann entweder die Atome der ersten Komponente substituieren (Substitutionsmischkristall) oder sie kann auf Zwischengitterplätzen eingelagert sein (interstitieller Mischkristall, vgl. Band I, Abschn. 8.1.3).

Bei einer beschränkten Mischbarkeit der beiden Komponenten, also bei Vorliegen einer Mischungslücke und der damit gegebenen Bildung von zwei Phasen, bilden sich im Gefüge neben den Korngrenzen zusätzlich Phasengrenzen aus. Im Falle eines Eutektikums liegt in der Regel ein sehr feines eutektisches Gefüge mit einem Maximum an Phasengrenzflächen vor. Sowohl die Einlagerung einer zweiten Komponente in einen Mischkristall als auch die zusätzliche Bildung von Phasengrenzen stellen Störungen in der Struktur und im Gefüge dar, die sich in einer Erschwerung von Gleitvorgängen im Gitter, also in einer Behinderung der plastischen Formänderungsvorgänge äußern. Entsprechend lassen sich den besprochenen Zustandsdiagrammen und ihren unterschiedlichen Bereichen kennzeichnende Verläufe der Eigenschaften von Legierungen im Gleichgewichtszustand zuordnen.

Bei homogenen Gefügen, d. h. bei vollständiger Mischbarkeit der Komponenten im festen Zustand, ist die stärkste Störung in den interatomaren Bindungsverhältnissen gegeben, wenn etwa die Hälfte der Atome des Basisgitters durch die Atome der zweiten Komponente substituiert sind. Diese Tatsache spiegelt sich im Härteverlauf des Mischkristalls in einem solchen System, der ein flaches Maximum (Mischkristallhärtung) bei mittleren Konzentrationen aufweist, wider (Bild 1.3.1).

Ähnlich wie die Härte verhält sich der elektrische Widerstand der Mischkristalle. Mit der Zugabe einer zweiten Komponente treten Störungen in den Leitfähigkeitsbändern auf, die i. allg. zu einer Verschlechterung der Leitfähigkeit führen, so daß die Leitfähigkeit der reinen Metalle meist besser als die der Legierungen ist. Entmischungen von homogenen Mischkristallen durch Ausscheidungen lassen sich somit durch die Verfolgung der Leitfähigkeit feststellen. Bei der Entmischung des Mischkristalls steigt entsprechend die Leitfähigkeit an (s. Abschn. 5.3).

In bezug auf die im wesentlichen gefügeunabhängigen Eigenschaften ist in heterogenen Gefügen die Legierungseigenschaft durch die Eigenschaften der einzelnen Phasen und durch ihren Volumenanteil im Gefüge in angenäherter Proportionalität gegeben. So weisen thermische Ausdehnung, Wärmeleitfähig-

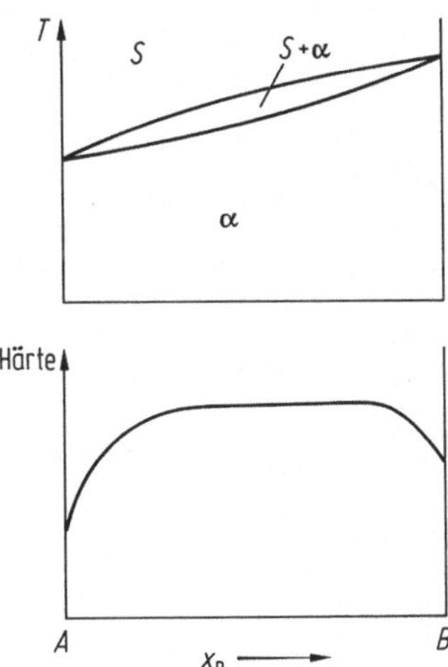

Bild 1.3.1. Härteverlauf für ein binäres System mit vollständiger Löslichkeit im flüssigen und festen Zustand

keit, elektrische Leitfähigkeit aber auch der Elastizitätsmodul i. allg. eine Änderung proportional zum Volumenanteil der Phasen auf. Anders verhält es sich hier bei den mehr gefügeabhängigen Eigenschaften wie Streckgrenze, Dehnung, Bruchfestigkeit und anderen Festigkeitskennwerten. Durch den Korngrößeneinfluß, wie er z. B. mit der Hall-Petch-Beziehung (s. Band I, (8.2.11)) zum Ausdruck kommt, nimmt bei den sehr feinkörnigen eutektischen Gefügen die Härte z. B. ein deutliches Maximum ein (Bild 1.3.2).

Wenn intermetallische Verbindungen auftreten, so stellen die Existenzbereiche dieser Verbindungen gleichzeitig Härtemaxima verbunden mit minimalen Duktilitätskennwerten, also mit entsprechend hoher Sprödigkeit dar (Bild 1.3.3 vgl. Bild 1.2.31).

Bedeutsam für die chemische Auflösung von Metallen, d. h. für Korrosionsvorgänge ohne Berücksichtigung der Deckschichtbildung, sind die Potentialwerte, aus denen sich die Stellung in der elektrochemischen Spannungsreihe ergibt. Wenn innerhalb eines Mischkristalls eine ausreichend rasche Diffusion stattfindet, ergibt sich eine kontinuierliche Änderung der Potentialwerte vom Wert der unedleren Komponente (niedriger Potentialwert) bis zum Wert der edleren Komponente (höherer Potentialwert) (Bild 1.3.4). Die Voraussetzung für die kontinuierliche Änderung der Potentialwerte, daß die Atome der leichter auflösbaren Komponente ausreichend schnell nachdiffundieren, ist bei Raumtemperatur zumeist nicht gegeben. Bei vernachlässigbar geringer Diffusionsgeschwindigkeit bestimmt je nach Konzentration eine einzige Komponente den Potentialwert des Mischkristalls. Ab einer bestimmten kritischen Konzentration erfolgt dann ein Sprung des Potentialverlaufs über der Konzentration auf den Potentialwert der

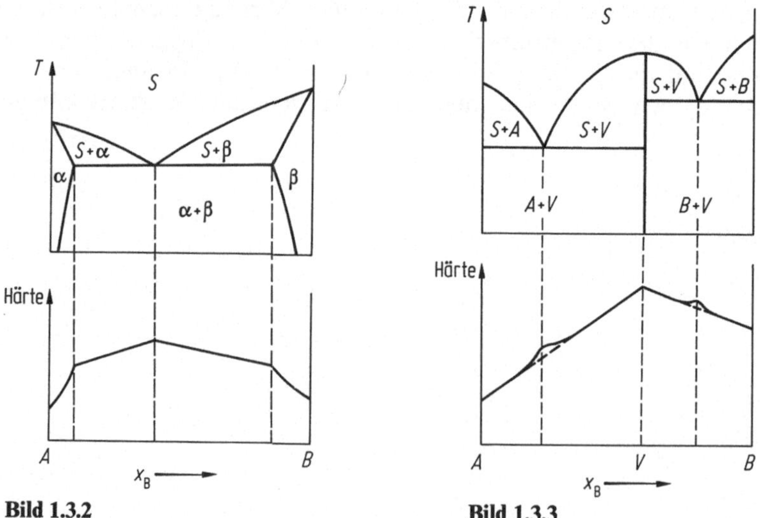

Bild 1.3.2 **Bild 1.3.3**

Bild 1.3.2. Härteverlauf für ein binäres System mit Eutektikum und teilweiser Löslichkeit im festen Zustand

Bild 1.3.3. Härteverlauf für ein binäres System mit kongruent schmelzender Verbindung und zwei Eutektika

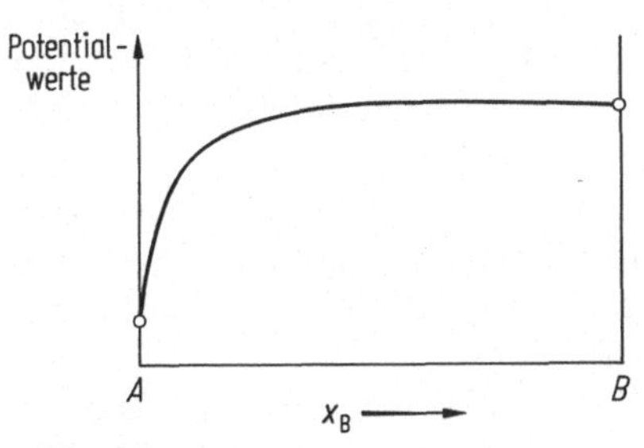

Bild 1.3.4

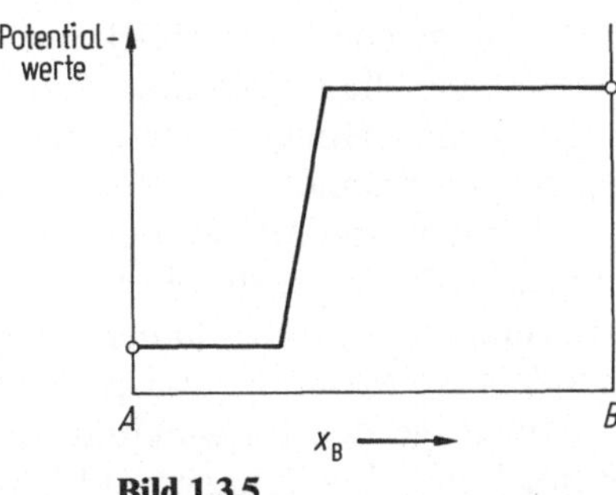

Bild 1.3.5

Bild 1.3.4. Kontinuierliche Änderung der Potentialwerte in Abhängigkeit von der Konzentration

Bild 1.3.5. Sprunghafte Änderung der Potentialwerte in Abhängigkeit von der Konzentration

anderen Komponente (Bild 1.3.5). Der Anteil an der edleren (beständigeren) Komponente bis zu dem der Mischkristall auf deren Potentialwert eingestellt bleibt, wird als Tammannsche Resistenzgrenze bezeichnet. Vielfach wird dieser Anteil in einer $n/8$ Mol-Prozentzahl angegeben. In der lückenlosen Mischkristallreihe Ag—Au wird z. B. eine Legierung bis zu 4/8 Mol-% Ag in Au ebenso wie reines Au nicht durch Salpeter- und Schwefelsäure angegriffen, die reines Ag und Legierungen mit höheren Ag-Gehalten lösen.

In heterogenen Gefügen stellt sich sofort der Potentialwert der unedleren Phase ein, wenn auch hier Deckschichtbildungsmechanismen außer Betracht gelassen werden. Ausscheidungen einer unedleren Phase, Verbindungsbildung oder unlösliche Verunreinigungen stellen unter diesen Bedingungen einen Werkstoff immer auf das Potential des unedleren Bestandteils ein. Damit sind im Hinblick auf ihre Beständigkeit homogene Werkstoffe denjenigen mit heterogenem Gefügeaufbau überlegen. So sind z. B. reines Aluminium und homogene Aluminiumlegierungen korrosionsbeständiger, als Aluminium, das durch Ausscheidung eine Härte- und Festigkeitssteigerung erfahren hat. Ebenso beruht der hohe Korrosionswiderstand von austenitischen Stählen z. T. auf deren homogenem Gefügeaufbau. Werden solche Stähle z. B. geschweißt, so besteht die Gefahr, daß dort heterogene Gefüge entstehen, die eine entsprechende nachhaltige Verminderung der Korrosionsbeständigkeit bewirken.

1.4 Zustandsdiagramme ausgewählter Konstruktionswerkstoffe[2]

Die mit Abstand mengenmäßig bedeutsamsten Konstruktionswerkstoffe sind die Eisenbasiswerkstoffe und hier wiederum die unlegierten und niedriglegierten Stähle, d. h. Stähle bis zu Legierungsanteilen von insgesamt $\leqq 5\%$. Daneben

[2] In diesem Abschnitt werden einige Begriffe verwendet, die erst in Kap. 4 und 5 ausführlich erläutert werden. Durch diesen Vorgriff wird bereits die außerordentlich hohe Bedeutung der dort behandelten Wärmebehandlungsverfahren deutlich gemacht. Im folgenden werden Konzentrationen, sofern nichts anderes gesagt ist, stets in Masse-% angegeben.

nehmen, gerade im Hinblick auf die Steigerung des Wirkungsgrads thermischer Maschinen, die Hochtemperaturwerkstoffe eine wichtige Stellung ein. Unter den metallischen Hochtemperaturwerkstoffen sind ihrem Anwendungsumfang entsprechend besonders die Nickelbasiswerkstoffe zu erwähnen.

Mit dem Begriff des Leichtbaus verbunden sind die Aluminiumlegierungen, die dank der heute durch Aushärtung erzielbaren hohen Festigkeitswerte breite Anwendung gefunden haben. Schließlich sind auch noch die Cu-Werkstoffe, besonders die Messinge und Bronzen zu erwähnen.

Im Zuge der Entwicklung der Elektronik endlich gewinnen auch niedrigschmelzende Legierungen auf Pb – Sn-Basis eine nicht unerhebliche Bedeutung für hochentwickelte automatisierte Weichlötverfahren.

1.4.1 Eisen-Kohlenstoff-Diagramm

Seiner erheblichen Bedeutung entsprechend sei das Eisen-Kohlenstoff-Diagramm einer näheren Betrachtung unterzogen. Das in der technischen Anwendung befindliche Eisen-Kohlenstoff-Diagramm umfaßt Kohlenstoffgehalte von 0 bis 6,67%. Der Kohlenstoffgehalt von 6,67% entspricht einem Anteil von 100% der Verbindung Fe_3C, die als Zementit bezeichnet wird. Damit stellt das Eisen-Kohlenstoff-Diagramm den Diagrammteil zwischen einer reinen Komponente A(Fe) und einer Verbindung $V(Fe_3C)$ dar.

Vielfach werden im Eisen-Kohlenstoff-Diagramm neben den ausgezogenen Linien auch noch gestrichelt eingetragene Linien angegeben (Bild 1.4.1). Während die ausgezogenen Linien dem metastabilen System $Fe - Fe_3C$ entsprechen, stellen die gestrichelten Linien das stabile System Fe – C dar. Im Bereich bis 4,3% C sind die Unterschiede in der Lage der Phasengrenzlinien zwischen metastabilem und stabilem System vergleichsweise gering. Dennoch neigt bei längerer Temperatureinwirkung und bei höheren Kohlenstoffgehalten, insbesondere $> 2\%$ der Zementit zum Zerfall in Eisen und Graphit. Graphit und Zementit können, wie vielfach bei Gußeisen, auch nebeneinander auftreten.

Das $Fe - Fe_3C$-Diagramm ist ein kennzeichnendes Beispiel für ein zusammengesetztes System. Die vom Diagramm umfaßten Phasenräume beinhalten drei Umwandlungen mit Invarianzpunkten (Bild 1.4.1):

1. Eine peritektische Umwandlung mit peritektischem Punkt bei 0,10% C und 1493 °C (Punkt I). Es bildet sich bei dieser Umwandlung aus der Schmelze und einem primär ausgeschiedenen δ-Mischkristall (kubisch raumzentriert) der γ-Mischkristall (kubisch flächenzentriert) nach der Beziehung $S + \delta \rightleftharpoons \gamma$.
2. Eine eutektische Reaktion zwischen Schmelze, γ-Mischkristall und Fe_3C bei 4,3% C und 1147 °C nach der Reaktion $S \rightleftharpoons \gamma + Fe_3C$ (Punkt C). Die dieser Reaktion zugeordnete Eutektikale erstreckt sich von 2,06 bis 6,7% C entsprechend von 31 bis 100% Fe_3C. Diagrammgemäß bedeutet dies, daß bei C-Gehalten $< 2\%$ aus der Schmelze ein homogener γ-Mischkristall ausscheidet, dessen maximale Löslichkeit für C von 2% bei 1147 °C abnimmt bis C = 0,8% bei 723 °C. Mit der maximalen Löslichkeit des Kohlenstoffs im γ-Mischkristall bei 2% wird gleichzeitig die Grenze des Stahls ($< 2\%$) zum Gußeisen ($> 2\%$) angegeben.

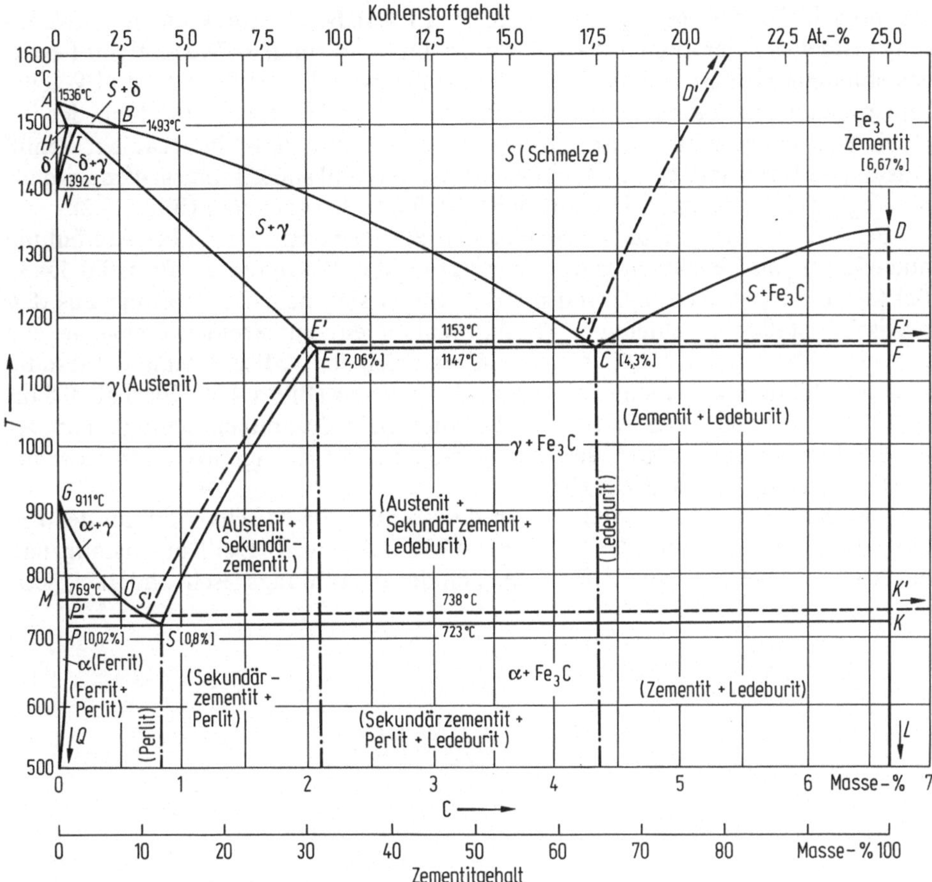

Bild 1.4.1. Zustandsschaubild Eisen-Kohlenstoff

3. Eine eutektoide Umwandlung des γ-Mischkristalls (Austenit) in $\alpha + Fe_3C$ bei 0,8 % C und 723 °C nach der Reaktion $\gamma \rightleftharpoons \alpha + Fe_3C$ (Punkt *S*).

Bei C-Gehalten > 2 % setzt sich die neben primär ausgeschiedenem γ-Mischkristallen verbleibende Restschmelze um zu dem Eutektikum $\gamma + Fe_3C$, das sich bei 4,3 % als reines Eutektikum bildet und das auch als Ledeburit bezeichnet wird.

Die maximale Löslichkeit des α-Mischkristalls für C ist mit 0,02 % bei 723 °C sehr gering und nimmt bis zur Raumtemperatur weiter ab bis auf Gehalte < 0,001 %. Auf der Tatsache des großen Löslichkeitssprungs bei der polymorphen Umwandlung des γ-Mischkristalls in den α-Mischkristall beruht die Umwandlungshärtung durch den dann im raumzentrierten Gitter zwangsgelösten Kohlenstoff (vgl. Abschn. 5.1).

In Abhängigkeit vom Kohlenstoffgehalt stellt sich das Gefüge der Eisen-Kohlenstoff-Legierung durch kennzeichnende Form und Verteilung der Bestandteile Ferrit (α-Mischkristall) und Zementit (Fe_3C) – bzw. im stabilen System Graphit (C) – dar. Der Ferrit mit seiner maximalen Kohlenstofflöslichkeit von 0,02 % zeigt sich im Schliffbild als helles Korngefüge (Bild 1.4.4). Bei der eutektoiden Umwandlung ordnet sich der Zementit schichtweise (plattenförmig) im Wechsel mit Ferritschichten an. Dies ist bedingt durch die wechselnden Keimbildungs- und Wachstumspräferenzen. Es entsteht dadurch der streifige Gefügebestandteil, der als Perlit bezeichnet wird. Diese Erscheinungsform des Perlit im geätzten Schliff entsteht dadurch, daß beim Ätzen der α-Mischkristall stärker angegriffen wird als die Fe_3C-Schichten und diese aus der Oberfläche hervortreten (Bild 1.4.2).

Bei C-Gehalten < 0,02 % scheidet sich der Zementit (Fe_3C) bei Abkühlung unter 723 °C als Tertiärzementit bevorzugt an den Korngrenzen aus (Bild 1.4.3). Bei Gehalten zwischen 0,02 und 0,8 % C bildet sich neben den primär aus den γ-Mischkristallen gebildeten α-Mischkristallen ein eutektoides Gemenge aus $\alpha + Fe_3C$ (Perlit) (Bild 1.4.4). Bei 0,8 % C setzt sich der γ-Mischkristall vollständig zu dem eutektoiden Gemenge $\alpha + Fe_3C$ als Perlit um (Bild 1.4.5). Oberhalb 0,8 bis zu 2 % C tritt neben dem Perlit über die eutektoide Zusammensetzung hinausgehend Sekundärzementit auf, der sich vielfach an den Korngrenzen des Austenits (γ-Mischkristalls) ausscheidet (Bild 1.4.6).

Oberhalb von 2 % C beteiligt sich der gesättigte γ-Mischkristall an der Bildung des Eutektikums mit 4,3 % C bei 1 147 °C (Ledeburit). Der Kohlenstoffgehalt des Austenits beträgt dann 2,06 %. Je nach der Abkühlungsgeschwindigkeit setzt

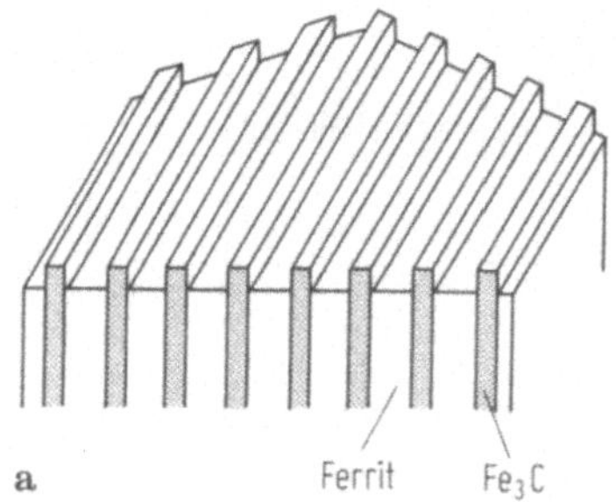

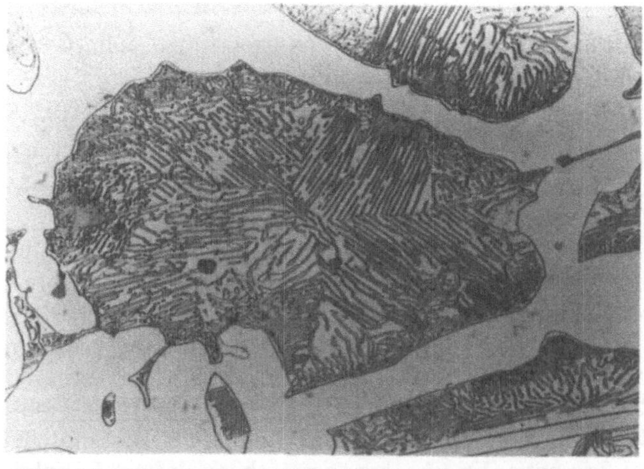

Bild 1.4.2. **a** Schematischer Schnitt durch ein Perlitkorn; **b** Gefügebild eines Perlitkorns. Ätzmittel: HNO_3, V = 1 000 ×. (Aufnahme: Lette-Verein Berlin)

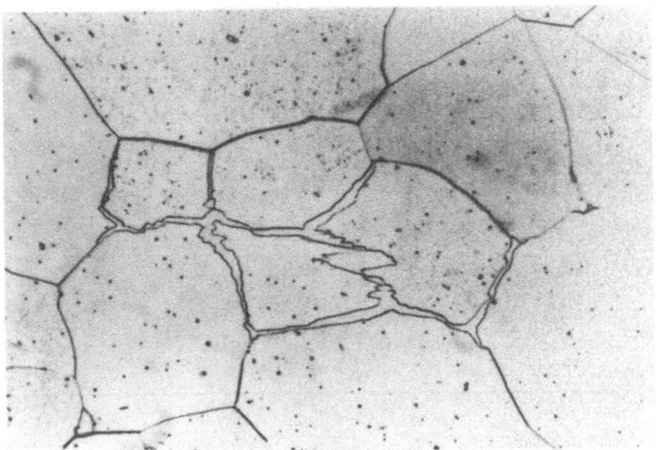

Bild 1.4.3. Gefügebild von Reineisen mit Tertiärzementit. Ätzmittel: HNO_3, V = 1 600:1. (Aufnahme: Lette-Verein Berlin)

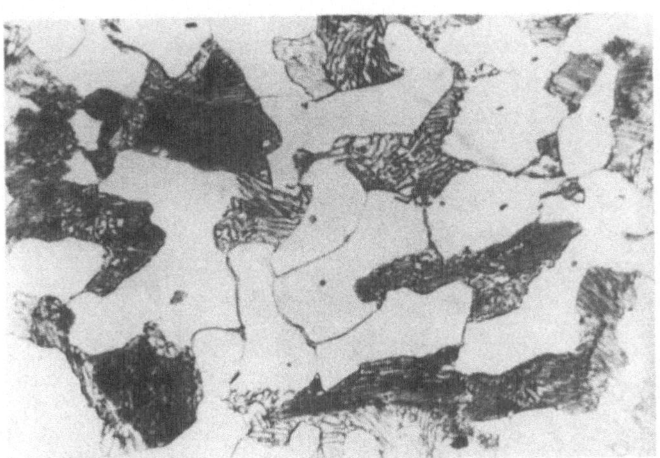

Bild 1.4.4. Gefüge eines untereutektoiden Stahls (ferritisch-perlitisch). Ätzmittel: HNO_3, V = 1 600 ×. (Aufnahme: Lette-Verein Berlin)

sich an diesem eutektischen Punkt die Restschmelze um in $\gamma + Fe_3C$ (System Eisen-Eisenkarbid) (Bild 1.4.7) oder in γ + C (System Eisen-Graphit) (Bild 1.4.8). Bei Kohlenstoffgehalten > 4,3% scheiden sich aus der Schmelze primär Zementitkristalle aus bzw. es erfolgt diese Primärausscheidung (im stabilen System) als Graphit.

Die Form der Ausscheidung aus dem γ-Mischkristall – Zementit oder Graphit – ist abhängig von der Abkühlungsgeschwindigkeit und von der Anwesenheit bestimmter Zusatzelemente. Langsame Abkühlung und die Anwesenheit von Silizium begünstigt die Erstarrung im stabilen System, also Eisen-Graphit. Durch Begleitelemente wird jedoch nicht nur die Menge des als Graphit ausgeschiedenen

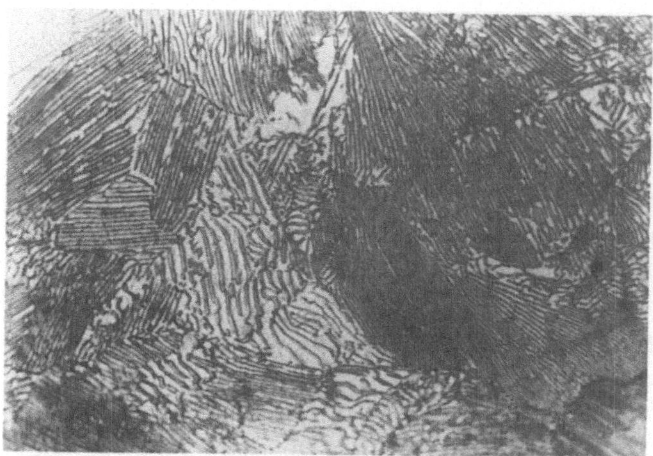

Bild 1.4.5. Gefüge eines eutektoiden Stahls (perlitisch). Ätzmittel: HNO_3, V = 1 000 ×. (Aufnahme: Lette-Verein Berlin)

Bild 1.4.6. Gefüge eines übereutektoiden Stahls (Perlit + Korngrenzen-Zementit). Ätzmittel: HNO_3, V = 500 ×. (Aufnahme: Lette-Verein Berlin)

Kohlenstoffs bestimmt, sondern auch dessen Form z. B. als Lamellen, Graupeln, Flocken, Kugeln (s. Abschn. 1.4.1.1).

Wie Bild 1.4.1 für $Fe-Fe_3C$ zeigt, werden in Abhängigkeit vom Kohlenstoffgehalt und den Temperaturen die Existenzbereiche der verschiedenen Phasen, die Phasengrenzlinien und die Umwandlungspunkte festgelegt. Für die Umwandlungspunkte und die Phasengrenzlinien wurden einheitliche Bezeichnungen eingeführt. Für reines Eisen gilt (Bild 1.4.1):

1 536 °C Erstarrungstemperatur (Schmelzpunkt), δ-Eisen
1 392 °C A_4-Punkt, Umwandlungspunkt $\delta - \gamma$-Eisen (Austenit)

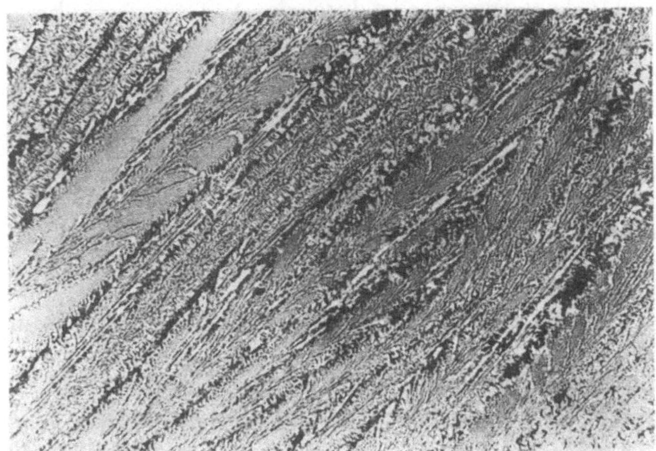

Bild 1.4.7. Ledeburiteutektikum ($Fe + Fe_3C$). Ätzmittel: HNO_3, V = 100 ×. (Aufnahme: Lette-Verein Berlin)

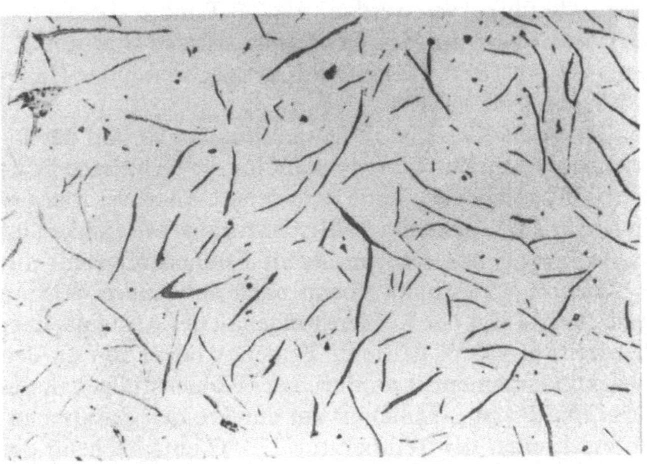

Bild 1.4.8. Grauguß mit lamellarem Graphit. Ätzmittel: HNO_3, V = 100 ×. (Aufnahme: Lette-Verein Berlin)

911 °C A_3-Punkt, Umwandlung γ-Eisen (Austenit) — α-Eisen (unmagnetisches α-Eisen)

769 °C A_2-Punkt, Umwandlung des unmagnetischen α-Eisens in ferromagnetisches α-Eisen.

Weiterhin kommt bei kohlenstoffhaltigem Eisen hinzu:

723 °C A_1-Punkt, eutektoide Umwandlung (Perlit).

Das δ-Eisen besitzt ein kubisch-raumzentriertes Gitter ebenso wie das α-Eisen. δ- und α-Eisen sind somit eine einheitliche Phase, deren Beständigkeit bei reinem

Eisen zwischen 911 und 1 392 °C unterbrochen ist durch das Auftreten des kubisch flächenzentrierten γ-Gitters. Das raumzentrierte Gitter des δ- und des α-Eisens ist weniger dicht gepackt als das kubisch flächenzentrierte γ-Gitter. Dementsprechend verkleinert sich das Volumen des Eisens bei der Umwandlung α zu γ (vgl. Bild 1.2.2). Es vergrößert sich wieder bei der Umwandlung γ zu δ. Die Umwandlung vom ferromagnetischen α-Eisen in das unmagnetische α-Eisen bei Überschreiten der Temperatur von 769 °C (Curiepunkt) bringt keine Veränderung des Gitters mit sich. Es wurde daher die früher eingeführte Bezeichnung des β-Eisens für das unmagnetische α-Eisen fallengelassen, so daß im Eisen-Kohlenstoff-Diagramm eine β-Phase nicht auftritt.

Die für die genannten Umwandlungen angegebenen Haltepunkte gelten nur bei langsamer Temperaturänderung, bei der sich die Haltepunkte den Gleichgewichtstemperaturen nähern. Die Haltepunkte bei Erwärmen und bei Abkühlen haben tatsächlich unterschiedliche Temperaturen, deren Unterschiede mit zunehmender Aufheiz- bzw. Abkühlgeschwindigkeit zunehmen. Die Haltepunkte bei der Erwärmung liegen höher als die Gleichgewichtstemperatur, die Haltepunkte bei der Abkühlung tiefer als die Gleichgewichtstemperatur. Diese Hysteresis ist durch die erforderliche kritische Keimgröße zum Keimwachstum zu erklären. Die Haltepunkte auf der Abkühlkurve werden als A_r-Punkte bezeichnet (r = refroidissement). Die Haltepunkte auf der Erwärmungskurve sind mit A_c-Punkte (c = chauffage) benannt (vgl. Bild 1.2.1). Die Kennzeichnung der Haltepunkte mit A leitet sich ab von „arret“ (Halt).

Ebenfalls einheitlich ist im Eisen-Kohlenstoff-Diagramm der Verlauf der Linien mit Buchstaben bezeichnet. Wichtiger Linienverlauf für die technische Wärmebehandlung ist die Linie *GOS* (auch als A_3-Linie bezeichnet). An dieser Phasengrenzlinie scheiden sich aus dem Austenit (γ-Mischkristall) mit sinkender Temperatur α-Mischkristalle (Ferrit) mit sehr geringem Kohlenstoffgehalt aus (Linie *GP*). Der restliche Austenit wird entsprechend nach der Kurve *GOS* an Kohlenstoff bis 0,8 % angereichert. Liegt der Kohlenstoffgehalt des Austenits über 0,8% C, so scheidet sich bereits aus dem Austenit Zementit bevorzugt an den Austenitkorngrenzen aus (Sekundärzementit), wodurch der Kohlenstoffgehalt des Austenits entsprechend der Linie *ES* (A_{cm}-Linie) bis zur eutektoiden Zusammensetzung abnimmt. Bei Unterschreiten der Temperatur 723 °C entsprechend der Linie *PSK* (A_1-Linie) zerfällt die an dieser Linie bestehende restliche feste Lösung aus γ-Mischkristallen zu einem Eutektoid aus α-Mischkristallen (Ferrit) und Eisenkarbid (Zementit). Der Zerfall tritt natürlich diagrammgemäß in gleicher Weise auf, wenn oberhalb von 2,06% C bei Unterschreiten der Linie *EC* neben den γ-Mischkristallen ledeburitisch ausgeschiedener Zementit gebildet wird.

1.4.1.1 Einteilung der Eisenwerkstoffe

Die Einteilung der Eisenwerkstoffe erfolgt in unlegierte und legierte Sorten. Der Begriff Eisenwerkstoffe ist inzwischen durch die Euronorm 20-74 und durch ISO 4 948 Teil 1 bestimmt. Danach gelten als Eisenwerkstoffe die für Bauteile und Werkstoffe brauchbaren Metallegierungen, bei denen der mittlere Gewichtsanteil an Eisen höher als der jedes anderen Elements ist. Als Stahl – im Gegensatz zum Gußeisen – gelten die Eisenwerkstoffe, die ohne Nachbehandlung schmiedbar sind. Stähle enthalten i.allg. – mit Ausnahme einiger chromreicher Sorten – weniger als 2% Kohlenstoff. Bei etwa 2% liegt im System Eisen-Kohlenstoff der Beginn der Eutektikalen, d.h. von diesem Kohlenstoffgehalt ab tritt bis zu 4,3% C neben dem γ-Mischkristall ein Eutektikum (Ledeburit) auf (vgl. Bild 1.4.1). Der C-Gehalt von 4,3%, bei dessen Überschreitung sich aus der Schmelze primär Zementit ausscheidet, stellt für technisches Gußeisen den Höchstwert dar.

Zur Bestimmung des Bereichs der unlegierten Stähle werden ebenfalls durch bestehende Normen (Euronorm 20-74, ISO 4948 Teil 1) Grenzwerte an Legierungselementen für diese Werkstoffgruppe angegeben. Für einige wichtige Elemente werden als Grenzgehalte festgelegt: 0,5% Si, 0,8% Mn, 0,1% Al oder Ti, 0,25% Cu. In der Gruppe der legierten Stähle wird eine weitere Unterscheidung vorgenommen in niedriglegierte Sorten mit $< 5\%$ Gesamtlegierungsgehalten und Gehalten $> 5\%$ für hochlegierte Qualitäten.

Mit dem Begriff „Edelstahl" wird gekennzeichnet, daß eine Stahlqualität (legiert oder unlegiert) einen begrenzten Gehalt an nichtmetallischen Einschlüssen und unerwünschten Begleitelementen besitzt. So gilt z.B. für diese Werkstoffgruppe $P < 0{,}035\%$, $S < 0{,}035\%$. Neben den Edelstählen gibt es mit höheren Grenzwerten für Verunreinigungen noch die Qualitäts- und die Grundstähle. Zu den Grundstählen zählen nach Euronorm nur unlegierte Sorten, die bestimmte dort angegebene Bedingungen zu erfüllen haben.

Eine für den Anwender bedeutsame Ordnung der Stähle, die in Normen und Richtlinien ihren Niederschlag findet, ist die Einteilung nach Eigenschaften dieser Werkstoffe. Bei solchen Einteilungen finden sowohl die Verarbeitungseigenschaften als auch das Betriebsverhalten bzw. die Einsatzbereiche Eingang. In eine derartige Kennzeichnung der Stähle fallen Stähle für bestimmte Wärmebehandlungen, wie Einsatzstähle und Vergütungsstähle, und Stähle mit bestimmten Eignungen für die Umformung, z.B. durch Abkanten oder Tiefziehen, sowie auch die Werkstoffe mit besonderen Zerspanungseigenschaften. Die durch das betriebliche Anforderungsprofil vorgezeichneten Einsatzbereiche der Eisenwerkstoffe sind im wesentlichen gekennzeichnet durch Werkstoffe mit bestimmten Festigkeiten, Warmfestigkeit, Hitzebeständigkeit, Rost- und Säurebeständigkeit sowie Federstähle und Werkzeugstähle.

Unlegierte Stähle

Zur Einteilung der unlegierten Stähle nach dem Kohlenstoffgehalt ist die Lage des Eutektoids bei 0,8% C ein bedeutsames Kriterium. Danach sind untereutektoide und übereutektoide Stähle zu unterscheiden.

Im Bereich der untereutektoiden Stähle, insbesondere aber im Bereich bis zu 0,5% C herrschen die Baustähle vor, darüber liegen im wesentlichen Werkzeugstähle. Höhere Kohlenstoffgehalte weisen aber auch Stähle für hohe Verschleißbeanspruchung, Federstähle und Stähle für Drahtseile auf.

Vergütungsstähle sind härtbare Baustähle mit Kohlenstoffgehalten im wesentlichen zwischen 0,2 bis 0,6%. Die Grenze der Härtbarkeit wird vielfach mit 0,2% C angegeben. Gleichzeitig ist dieser Kohlenstoffgehalt ein Richtwert für die Schweißbarkeit der Stähle, ohne daß besondere zusätzliche Maßnahmen wie Vorwärmen oder Nachglühen erforderlich sind.

Im Bereich der Kohlenstoffgehalte < 0,2% liegen die Einsatzstähle. Diese Stähle finden Verwendung, wenn neben einem zähen Kern eine harte verschleißfeste Oberfläche gefordert wird. Um dies zu erreichen, wird durch Diffusionsglühen in einem kohlenstoffabgebenden Mittel der Kohlenstoffgehalt in der Randzone bis auf maximal 0,8% gebracht, so daß diese durch Abschrecken härtbar ist. Das Aufkohlen erfolgt in festen, flüssigen oder gasförmigen Kohlungsmitteln. Der Einsatzhärtung ähnlich ist das Karbonitrieren.

Unlegierte Stähle mit Kohlenstoffgehalten unter 0,08% haben nur noch sehr geringe Perlitanteile. Unter 0,02% tritt kein Perlit mehr auf. Solche Werkstoffe besitzen eine sehr gute Kaltumformbarkeit und finden entsprechend für Qualitäten zur Verarbeitung durch Stanzen, Abkanten, Drücken und Tiefziehen Verwendung. Solche Stähle werden als Karosseriebleche aber auch als Verpackungsbleche, z.B. mit Zinnüberzug als Weißblech, eingesetzt.

Allgemein macht die Einteilung der Stähle deutlich, wie Festigkeit bzw. Härte und Zähigkeit bzw. Umformbarkeit durch den Kohlenstoff gegensinnig beeinflußt werden. So haben hochfeste Stähle nur geringe Zähigkeitsreserven, so daß z.B. Anrisse nicht mehr vom Werkstoff aufgefangen werden können und zum vollständigen Bruch eines Bauteils führen.

Überwiegend werden die unlegierten und legierten Stähle nach einem Abgießen in Blöcken oder nach dem Strangguß durch Walzen oder Schmieden in ihre Lieferform gebracht. Die Stahlsorten können auch als Stahlguß Verwendung finden, wobei sie durch den Guß bereits die endgültige Form erhalten. Für die Herstellung von Stahlgußteilen findet neben dem Vergießen in Sand oder metallischen Formen auch Schleuderguß, Maskenguß und Feinguß Anwendung.

Die ungünstige Gefügeanordnung des in Blöcken vergossenen Stahls wird durch eine anschließende Warmverformung aufgehoben, wobei auch Ungänzen, wie Poren und Lunker, beseitigt werden. Da der Stahlguß keine solche Weiterverarbeitung erfährt, muß dort das grobe Gußgefüge in „Widmannstättenscher“

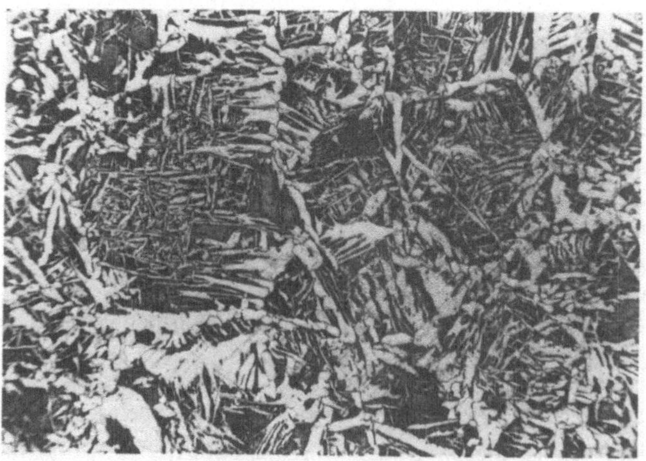

Bild 1.4.9. Widmannstättensches Gefüge bei Stahlguß. Ätzmittel: HNO_3, $V = 100\times$. (Aufnahme: Lette-Verein Berlin)

Struktur mit seinen kennzeichnenden Ferritbändern und den dadurch bedingten niedrigen Dehnungs- und Zähigkeitswerten durch Wärmenachbehandlung beseitigt werden (s. Kap. 4) (Bild 1.4.9).

Bei den unlegierten Stählen niedrigen Kohlenstoffgehalts sind unberuhigte, halbberuhigte, beruhigte und besonders beruhigte Qualitäten zu unterscheiden. Bei unberuhigten Stählen kommt es durch die Sauerstoffreaktionen in der Schmelze zu Umlaufströmungen in der Kokille, wobei sich in der Mitte des Blockquerschnitts eine Seigerungszone bildet. Die beruhigten Qualitäten enthalten die Seigerungszonen im Kopf des Blocks, der auch den Kopflunker enthält. Mit dem Abtrennen des Kopfes wird der Lunkerbereich und die Verunreinigungszone entfernt. Entsprechend fallen bei der Verarbeitung beruhigter Stähle gewisse Mengen an Kopfschrott an.

Für höherwertige Stahlqualitäten, insbesondere aber für legierte Stähle, kommt nur beruhigt vergossener Stahl zur Verwendung. Für hohe Qualitätsanforderungen wird vielfach zusätzlich eine Entgasung des Gusses vorgenommen (Vakuumguß) (s. Abschn. 3.5).

Wirkung von Legierungselementen

Zum systematischen Verständnis der Wirkung von Legierungselementen auf die Zustandsräume und Phasengrenzlinien im Eisen-Kohlenstoff-System und auf die Eigenschaften von Stählen ist eine grundsätzliche Einteilung der Legierungselemente vorteilhaft.

Die Aufnahme von Legierungselementen durch das Eisen kann erfolgen durch:

- Mischkristallbildung (interstitielle Lösung, Substitutionsmischkristall),
- Bildung einer Zweitphase (heterogenes Gefüge),
- Verbindungsbildung, d.h. Bildung intermetallischer Phasen.

Wie sich aus den Gesetzmäßigkeiten bei der Mischkristallbildung ergibt, erfordert die interstitielle Lösung eine verhältnismäßig große Atomradiendifferenz zwischen Basisgitter und aufzunehmendem Element. Das heißt, die Atome des Legierungselements müssen klein im Verhältnis zum Eisenatom sein. Die zunehmende Verzerrung des Gitters mit der Aufnahme interstitieller Atome bedingt eine nur beschränkte Aufnahmefähigkeit solcher Elemente im Basismetall. Dabei ist die Löslichkeit im krz-Gitter des α-Eisens geringer als im kfz-Gitter des γ-Eisens, da das krz-Gitter zwar mehr aber kleinere Lücken als das kfz-Gitter besitzt. Mit zunehmendem Legierungsgehalt und bei niedrigen Temperaturen führen solche interstitiell löslichen Legierungszusätze zur Ausbildung heterogener (mehrphasiger) Gefüge. Neben Kohlenstoff gehören zu solchen Elementen N und B.

Sind bei Elementen, die von Fe unter Bildung eines Substitutionsmischkristalls aufgenommen werden, die Bedingungen für eine lückenlose Mischkristallreihe nicht erfüllt, so ist deren Löslichkeit in Eisen ebenfalls begrenzt, wodurch mit zunehmendem Legierungsgehalt heterogene Gefüge gebildet werden. Beispiele für derartige Legierungselemente sind Cu und Zn.

Durch die Elemente N, Cu, Zn entstehen nicht nur heterogene Gefüge, sondern es ergibt sich auch eine Erweiterung des γ-Gebiets (Erhöhung von A_4 und

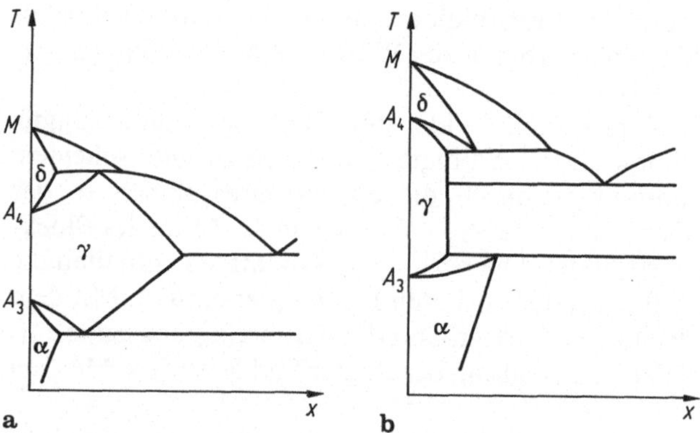

Bild 1.4.10. a Erweitertes γ-Gebiet mit umgebenden Heterogenitätsbereichen; **b** Verengtes γ-Gebiet mit umgebenden Heterogenitätsbereichen

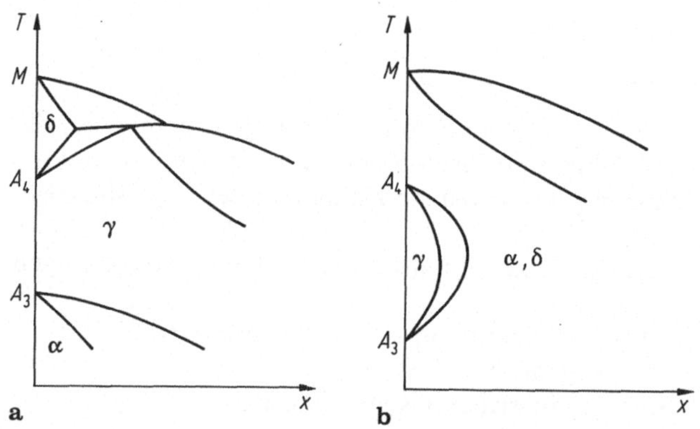

Bild 1.4.11. a Erweiterung des γ-Gebiets bei lückenloser Mischkristallbildung; **b** Abschnürung des γ-Gebiets bei lückenloser Mischkristallbildung

Erniedrigung von A_3). Ein so erweitertes γ-Gebiet wird von Heterogenitätsbereichen umgrenzt (Bild 1.4.10a).

Die Elemente B, Zr, Nb, Ta, Ce und S verengen das γ-Gebiet, wobei dieses entsprechend der ebenfalls wieder beschränkten Löslichkeit dieser Elemente von heterogenen Bereichen umgeben ist (Bild 1.4.10b).

Eine Erweiterung des γ-Gebiets unter Bildung einer lückenlosen Mischkristallreihe, also eines homogen auslaufenden γ-Gebiets wird durch die Austenitbildner Ni, Co, Mn erreicht (Bild 1.4.11 a).

Eine andere Gruppe von Elementen schließlich ist im α-Eisen sehr gut, in γ-Eisen jedoch nur begrenzt löslich. Damit wird durch die Zugabe solcher Elemente der γ-Bereich abgeschnürt und der α-Bereich homogen auslaufend erweitert. Die in dieser Weise Ferrit bildenden Elemente sind Be, Al, Si, P, Ti, V, Cr, As, Mo, Sn, Sb und W (Bild 1.4.11 b).

Die umwandlungsfreien austenitischen und ferritischen Stähle sind naturgemäß nicht mehr martensithärtbar (umwandlungshärtbar) (s. Kap. 5).

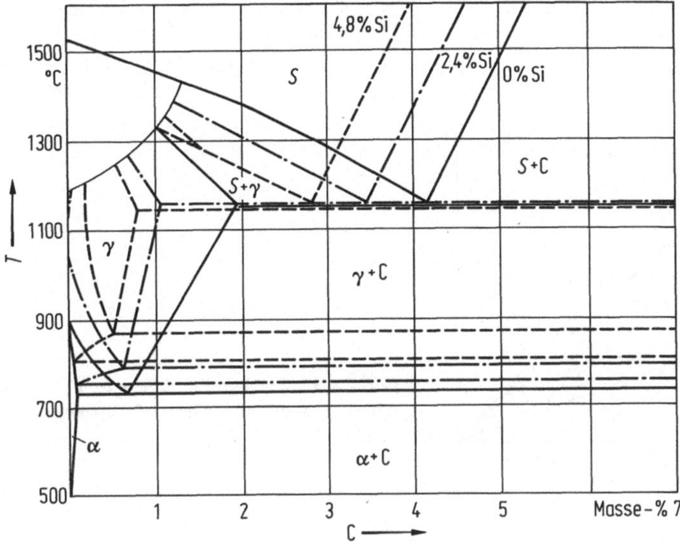

Bild 1.4.12. Verschiebung der Phasengrenzlinien im Zustandsdiagramm Eisen-Kohlenstoff bei Zulegierung von Silizium. (Nach Schatt)

Als Beispiel der Verschiebung der Phasengrenzlinien im Schaubild Fe−C durch die Zulegierung einer dritten Komponente sei die Wirkung von Si betrachtet (Bild 1.4.12). Die Phasengrenzlinien werden im System Fe−C durch dieses Element deutlich verschoben, so daß sich im Vergleich zum unlegierten Stahl eine signifikante Einengung des Austenitgebiets ergibt.

Kennzeichnende Vertreter ferritischer Stähle sind Silizium- und Chromstähle. Bekannte austenitische Stähle sind Mangan-, Nickel- und Chrom-Nickelstähle.

Die Zugabe von Legierungselementen zum Stahl wirkt sich allgemein auf die Phasenumwandlungsgeschwindigkeit beim Aufheizen oder beim Abkühlen aus. Dies ist zurückzuführen auf die Veränderung des Diffusionskoeffizienten und der Keimbildungsarbeit durch die Legierungselemente (s. Kap. 2). Die üblichen Legierungselemente des Stahls mit Ausnahme von Co senken die Diffusionsgeschwindigkeit des Kohlenstoffs im Eisen und haben somit eine Verzögerung der diffusionsgesteuerten Phasenumwandlung Austenit zu Ferrit/Perlit zur Folge. Die zum Härten des Stahls erforderliche kritische Abkühlgeschwindigkeit wird dadurch gesenkt und die Durchhärtung größerer Querschnitte verbessert (s. Abschn. 5.1). Die Durchhärtbarkeit verbessernde Elemente sind insbesondere Nickel, Chrom und Molybdän. Aber auch Kohlenstoff wirkt sich in gleicher Weise aus.

Zum Verständnis der Legierungsmaßnahmen, ihres Einflusses auf das Gefüge und die Eigenschaften von Stählen ist es sinnvoll, die Wirkung einiger wichtiger Legierungselemente im einzelnen zu betrachten. In geeigneten Darstellungen läßt sich die Ausbildung der verschiedenen Gefüge in Abhängigkeit vom Zusammenwirken verschiedener Legierungselemente aufzeigen.

Mangan (Mn). Bei 2,0% Mn ist der eutektoide Punkt (Perlit-Punkt) im Eisen-Kohlenstoff-Diagramm auf 0,7% C und 620 °C verschoben. Bei Luftabkühlung

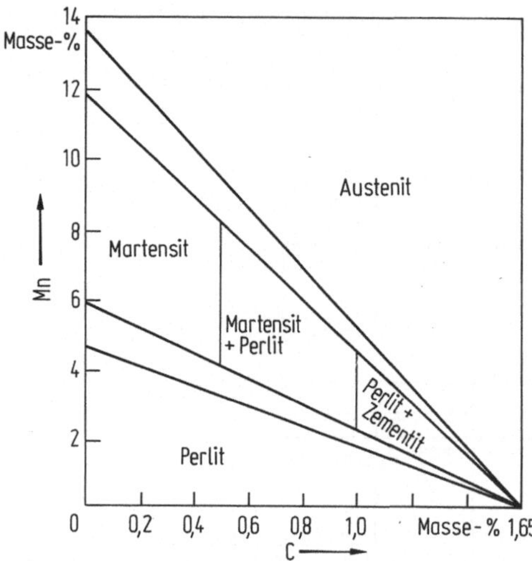

Bild 1.4.13. Gefüge der Manganstähle in Abhängigkeit von ihrer Zusammensetzung

ergibt sich annähernd ein Schaubild, nach dem sich die Manganstähle je nach Zusammensetzung in perlitische, martensitische und austenitische Stähle einteilen lassen (Bild 1.4.13).

Manganbaustähle – meist in vergütetem Zustand mit Gehalten zwischen 1 und 3% Mn und C-Gehalten von 0,1 bis 1,0% – finden sich vorzugsweise bei hoch verschleißbeanspruchten Bauteilen, wie Gleitbahnen, Führungsschienen, Förderschnecken, Erdbearbeitungsmaschinen. Die Werkstoffe werden aber auch bei Blattfedern, Achsen sowie kalt- und warmgestauchten Schrauben eingesetzt. Manganlegierte Baustähle haben gute Schweißeigenschaften; Schweißdrähte werden aus Stählen mit 0,1 bis 0,2% C und 1,0 bis 3,0% Mn hergestellt.

Meist werden Manganvergütungsstähle mit zusätzlichen karbidbildenden Elementen legiert, wie Cr, V, Mo u. a. Durch die Zugabe solcher Elemente wird die Überhitzungsempfindlichkeit der Manganstähle bei der Härtung behoben.

Die manganhaltigen Werkzeugstähle sind ebenfalls mehrfach legiert. Besonderer Erwähnung bedürfen die austenitischen Manganstähle, die sog. Manganhartstähle mit Mn-Gehalten von 13 bis 15%. Die hohe Härte entsteht bei diesen Werkstoffen erst durch die Druckverformung an der Oberfläche, wie sie z. B. bei der Verwendung als Schlagwerkzeug oder bei Baggerzähnen entsteht. Bei abrasivem Verschleiß, wie durch Sand oder weiches Mahlgut, werden diese Stähle jedoch stark angegriffen.

Nickel (Ni). Ebenso wie Mn wirkt Ni austenitstabilisierend (Bild 1.4.14). Durch die Verminderung der kritischen Abkühlgeschwindigkeit beim Härten wird die Einhärtetiefe bzw. der härtbare Querschnitt erhöht.

In ähnlicher Weise wie die Manganstähle lassen sich die Nickelstähle nach ihren Gefügen einteilen, die sich nach einer Luftabkühlung einstellen. Die nach Bild 1.4.14 als martensitisch gekennzeichneten Nickelstähle finden wenig Verwendung wegen ihrer schlechten Bearbeitbarkeit. Bedeutsam sind die nach einer Luftabkühlung mit perlitischem Gefüge vorliegenden Vergütungsstähle und die austenitischen Nickelstähle.

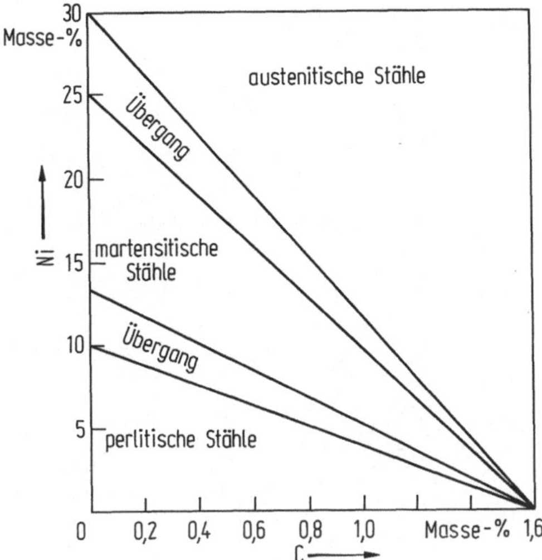

Bild 1.4.14. Gefüge der Nickelstähle in Abhängigkeit von ihrer Zusammensetzung

Im Gegensatz zum Mangan vermindert Nickel die Überhitzungsemfindlichkeit beim Härten. Es wirkt kornfeinend und erhöht die Zähigkeit. Vor allem in Einsatzstählen wird die kornfeinende Wirkung des Nickels vorteilhaft ausgenützt. Die Neigung zu einer Fasertextur des Gefüges (ausgeprägt zeilige Gefügeanordnung mit stark richtungsabhängigen Eigenschaften), die bei Manganstählen gegeben ist, liegt bei Nickelstählen nicht vor, so daß vor allem die mechanischen Eigenschaften in der Querrichtung günstig beeinflußt werden.

Nur wenige Einsatz- und Vergütungsstähle sind allein mit Nickel legiert. Dies sind vorzugsweise nur kältebeanspruchte Stähle mit Nickelgehalten von 3 bis 5%. Zumeist sind die Nickelbaustähle, wie auch die nickelhaltigen Werkzeugstähle (1 bis 3% Nickel), mehrfach legiert, vorzugsweise mit Cr, V, Mo, W.

Die Erhöhung des elektrischen Widerstands durch Nickel läßt Nickellegierungen mit 20 bis 70% Ni als Heizleiter zum Einsatz kommen. Der austenitische 36%ige Ni-Stahl hat einen minimalen Wärmeausdehnungskoeffizienten von $1{,}5 \cdot 10^{-6}$ mm/K (Bild 1.4.15). Dieser Werkstoff ist als Invarstahl bekannt und findet in Genauigkeitsmaßen sowie in Thermobimetallen für die Seiten mit der kleineren Ausdehnung Anwendung.

Chrom (*Cr*). Auch Cr verringert wie die Elemente Mn und Ni die kritische Abkühlgeschwindigkeit und erlaubt es somit, vergleichsweise große Querschnitte zu härten und zu vergüten. Im Gegensatz zu Ni und Mn wirkt Cr jedoch Ferrit-stabilisierend, so daß sich bei 17% Cr umwandlungsfreie ferritische Stähle ergeben, die natürlich nicht umwandlungshärtbar sind (Bild 1.4.16).

Chrom verringert die Kohlenstofflöslichkeit im Austenit und bewirkt somit vermehrte Karbidausscheidungen. Ein Werkzeugstahl mit 0,8% C und 5% Cr ist bereits übereutektoidisch, ein Stahl mit 1% C und 15% Cr enthält schon Ledeburit. Solche ledeburitischen Cr-Stähle sind noch schmiedbar im Gegensatz zum Auftreten von Ledeburit im System Eisen-Kohlenstoff, wo die Schmiedbarkeit verloren geht.

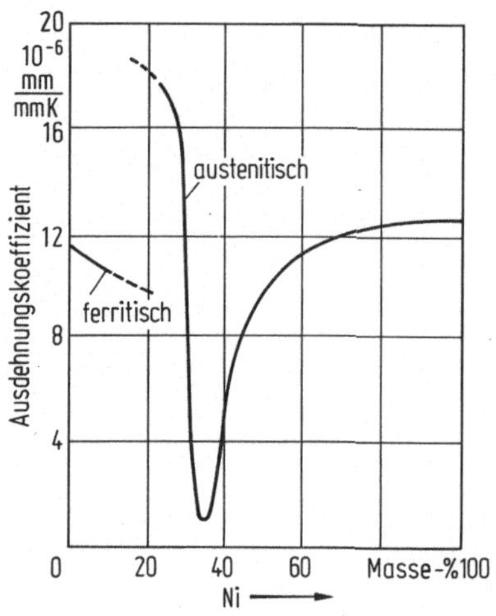

Bild 1.4.15

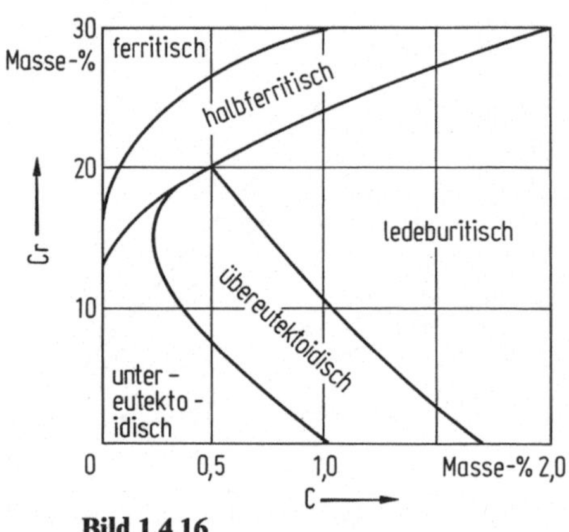

Bild 1.4.16

Bild 1.4.15. Thermischer Längenausdehnungskoeffizient von Fe—Ni-Legierungen in Abhängigkeit vom Nickelgehalt. (Nach Scheer, Berns)

Bild 1.4.16. Gefüge der Chromstähle in Abhängigkeit von ihrer Zusammensetzung

Bei Temperaturen oberhalb 440 °C tritt im System Fe—Cr eine Versprödung durch die Bildung von σ-Phase auf. Das Gebiet der Existenz der σ-Phase ist abhängig vom Cr-Gehalt und erreicht bei 49 % Cr ein Maximum mit einer Temperatur von 830 °C (Bild 1.4.17). Die Mischungslücke im System Fe—Cr ist bis 575 °C metastabil (gestrichelte Linie in Bild 1.4.17). Die σ-Phasenbildung ist ursächlich für die sog. 475 °C-Versprödung von Chromstählen. Hochwarmfeste Stähle mit Cr-Gehalten über 10% sind bei zu niedrigen Betriebstemperaturen entsprechend dem Zustandsschaubild Fe—Cr durch Versprödung gefährdet.

Die Chrombaustähle sind überwiegend in mehrfach legierter Zusammensetzung außerordentlich weit verbreitete Vergütungsstähle im allgemeinen Maschinenbau, insbesondere im Motoren- und Turbinenbau bis zum Getriebebau und bis zur Verwendung als Federstahl. Die Cr-Gehalte dieser Werkstoffgruppe liegen meist zwischen 0,4 und 1,7%.

Chromstähle mit Kohlenstoffgehalten um 1 % sind von großer Bedeutung bei der Wälzlagerherstellung. Chromwerkzeugstähle und Legierungen für Auftragsschweißungen reichen vom Bereich der Baustähle bis zu Cr-Gehalten um 30%. Chromstähle über 12% Cr besitzen unter einer Reihe für den Maschinenbau bedeutsamer Betriebsbedingungen hohe Korrosionsresistenz. Solche Stähle gehören zu den Standardstählen für Dampfturbinen- und Verdichterschaufeln.

Für hohe Warmfestigkeiten werden Stähle mit Cr als Legierungselement zusammen mit anderen Karbidbildnern eingesetzt, wie z.B. Mo, W und V. Zur Steigerung der Zunderbeständigkeit enthalten Cr-Stähle noch weitere deckschichtbildende Elemente wie Si und Al.

Cr—Ni-Stähle. In der Darstellung der Gefüge in Abhängigkeit vom Cr- und Ni-Gehalt wird die gegensätzliche Wirkung dieser Elemente auf die Stabilität des

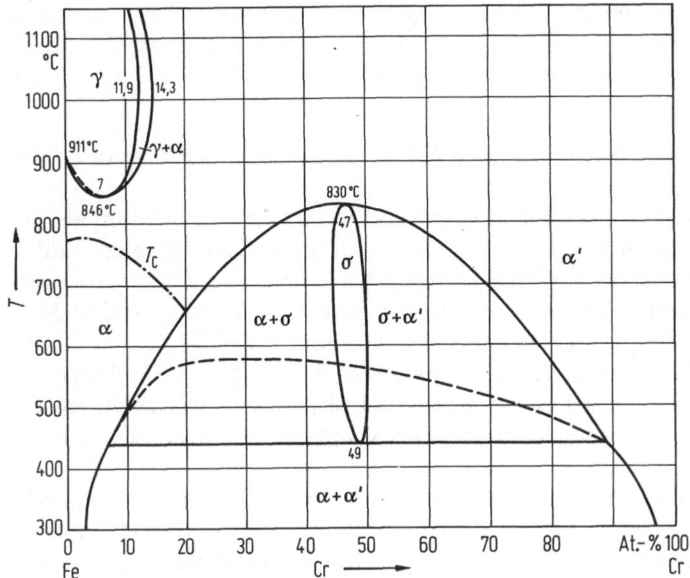

Bild 1.4.17. Zustandsschaubild Eisen-Chrom

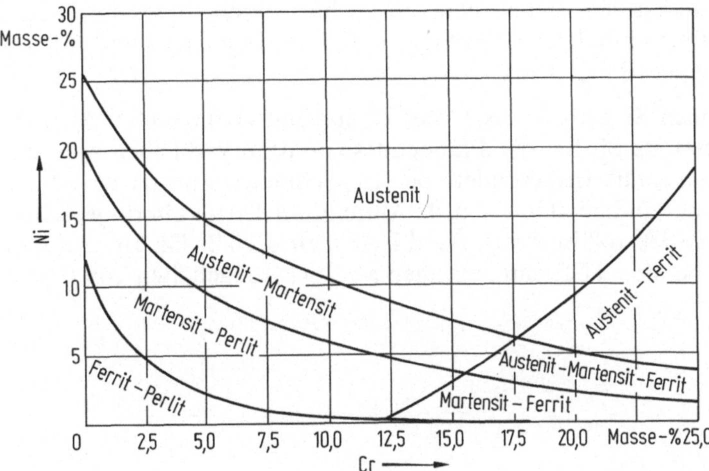

Bild 1.4.18. Gefüge von Nickel-Chrom-Legierungen in Abhängigkeit von ihrer Zusammensetzung

Ferrits und des Austenits deutlich (Bild 1.4.18). Die Vergütungs- und Werkzeugstähle liegen nach einer Luftabkühlung im Bereich der Existenz von Perlit, Zwischenstufe und Martensit.

Von besonderer Bedeutung sind jedoch die korrosionsbeständigen austenitischen Stähle mit Zusammensetzungen von etwa 8% Ni und 18% Cr (18-8 Cr – Ni-Stähle, Handelsnahme u. a. „V2A-Stahl"). Diese und ähnliche Werkstoffe finden vielfältige Anwendung im Chemieanlagenbau und in der Lebensmitteltechnologie. Die Austenite mit ihrem kfz-Gitter zeichnen sich grundsätzlich durch höhere Warmfestigkeit aus als die krz-Modifikation der Stähle (vgl. Band I, Abschn. 8.2.5).

Silizium (*Si*). Bei der Stahlerzeugung wird Silizium als Desoxidationsmittel eingesetzt.

Wegen seiner deckschichtbildenden Eigenschaften findet sich Silizium als Legierungselement vielfach in korrosions- und zunderbeständigen Stählen. Stähle mit Si-Gehalten um 2,0% bei C-Gehalten um 0,5% werden als Federstähle verwendet. Mehrfach legierte Federstähle enthalten statt Cr—V oft auch Cr—Si.

Wegen der Begünstigung der Graphitbildung (Zerfall des Fe_3C) hat Si vor allem bei Grauguß Bedeutung. Höhere Si-Gehalte (> 4%) verschlechtern die mechanischen Werte, insbesondere die Kalt- und Warmumformbarkeit, so daß solche Siliziumgehalte nur in säurebeständigem Gußeisen zur Anwendung kommen.

Ein wichtiges Sondergebiet für den Einsatz von Si sind Elektrobleche. Mit C-Gehalten um 0,1% und Si-Gehalten von 4,0% werden die Ummagnetisierungsverluste gering, der Werkstoff ist magnetisch weich und besitzt entsprechend eine schmale Hysteresiskurve (Bild 1.4.19). Zusätzlich wird für solche Werkstoffe ein möglichst grobes Korn angestrebt. Oft kommen auch kornorientierte Bleche mit magnetischer Vorzugsrichtung zum Einsatz. Im Gegensatz zu solchen magnetisch weichen Werkstoffen stehen magnetisch harte Werkstoffe, die Nickel, Kobalt und Aluminium enthalten. Sie besitzen eine hohe Remanenz und sind für Dauermagnete geeignet (Bild 1.4.19).

Aluminium (*Al*). Neben Si wird Al als Desoxidationsmittel eingesetzt. Al wirkt stärker desoxidierend als Si. Bei der Pfannendesoxidation verbleiben zwischen 0,025 bis 0,2% Al im Stahl. Insbesondere bei Tiefziehblechen bringt die Al-Zugabe eine Alterungsbeständigkeit mit sich, da Aluminium den als alterungsaktives Element wirksamen Stickstoff bindet (s. Band I, Abschn. 8.2.4.2). Die Erscheinung der Alterung kann bei den Tiefziehmaterialien ab Stickstoffgehalten von 0,01% beobachtet werden.

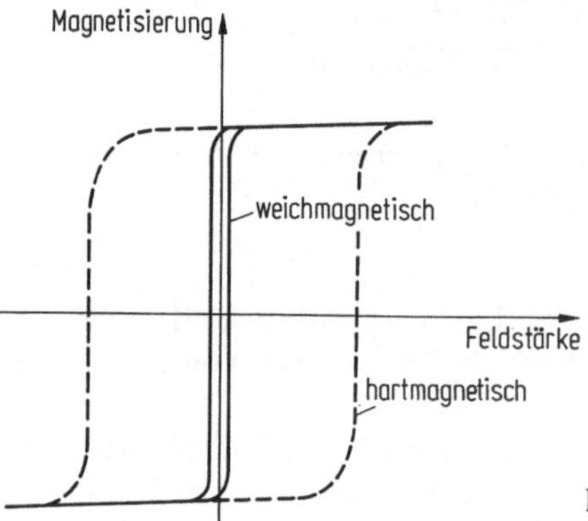

Bild 1.4.19. Hysteresekurve von magnetisch harten und magnetisch weichen Werkstoffen

Wegen seiner Fähigkeit, den Stickstoff zu binden, wird Al vorteilhaft den Nitrierstählen zugegeben. Neben den bei Vergütungsstählen bekannten Legierungselementen wie Cr, Mo, V enthalten Nitrierstähle Al in Gehalten um etwa 1%. Al-Gehalte bis zu 1,5% finden sich zur Erhöhung der Zunderbeständigkeit z.B. in hochlegierten Chromstählen (bis 24% Cr).

Neben Co, Ni und Cu sind bis zu 13% Al in Dauermagnetlegierungen enthalten.

Blei (Pb), Schwefel (S). Diese Elemene stellen in der Regel unerwünschte Beimengungen zum Stahl dar. Bleizusätze von 0,1 bis 0,25% finden sich bei Automatenstählen. Es wird dadurch ein günstigerer kürzerer Span erhalten und gegenüber nicht mit diesen Elementen versetzten Stählen lassen sich Schnittgeschwindigkeiten erzielen, die bis zu 50% höher sind. Blei ist in Stahl praktisch unlöslich und in tröpfchenförmiger Koagulation enthalten. Schwefel wirkt in ähnlichem Sinn wie Blei. Die Gehalte liegen zwischen 0,1 und 0,4%. Bei hohen Anforderungen sind solche Automatenstähle nur mit Einschränkungen einsetzbar, da die beiden Elemente Pb und S nachteilige Auswirkungen auf das Betriebsfestigkeitsverhalten, insbesondere unter korrosiven und oxidativen Zusatzbelastungen haben können.

Mikrolegierungselemente. Zum Anheben der Festigkeit bei niedrigem C-Gehalt (perlitfreie Feinkornbaustähle) hat sich das Mikrolegieren zusammen mit einer thermomechanischen Behandlung eingeführt. Die thermomechanische Behandlung besteht im wesentlichen in einer kontrollierten Temperaturführung beim Warmwalzen. Als Mikrolegierungselemente kommen Karbidbildner in Frage, die sich in feinst verteilter Form im Gefüge anordnen. Vorzugsweise werden als Mikrolegierungselemente Nb, V und z.T. auch Ti eingesetzt. Die Festigkeitssteigerung durch diese Elemente kommt durch den Effekt einer Ausscheidungshärtung (s. Abschn. 5.3) und durch Rekristallisationsbehinderung zustande. Die aufgrund der Perlitfreiheit gut schweißbaren Stähle finden im Rohrleitungsbau und bei tragenden Strukturteilen im Automobilbau Verwendung.

Deckschichtbildende Elemente. In fester Lösung befindliche Metalle mit der Eigenschaft, zusammenhängende und fest haftende Oxidschichten zu bilden, sind zur Erzielung von Korrosions- und Oxidationsbeständigkeit der Stähle geeignet. Die dazu erforderliche Schutzschichtbildung erfolgt durch die Diffusion dieser Elemente in die Oberfläche. Insbesondere wird die beschriebene Wirkung durch Cr, Si und Al erreicht, auch Mo ist passivitätsfördernd. Baustählen wird zur Erhöhung der Witterungsbeständigkeit 0,07 bis 0,15% Cu zugesetzt, das besonders in Gegenwart von P die beabsichtigte Wirkung bringt.

Karbidbildende Elemente. Im System Fe–C ist die Wirkung der Legierungselemente erheblich durch ihre Affinität zum Kohlenstoff, also durch ihre Neigung zur Karbidbildung mitbestimmt. Diese Neigung verschiedener Legierungselemente, in feste Lösung zu gehen oder Karbide zu bilden, wird mit Tabelle/Bild 1.4.20 aufgezeigt. Bei karbidbildenden Legierungselementen hängt deren Gehalt im Matrixgitter u.a. vom Angebot an Kohlenstoff ab, da dieser durch die Abbindung zum Karbid solche Elemente dem Grundgitter entzieht. So wird z.B. die korro-

Legierungslelement	Tendenzen zur Bildung von Mischkristallen oder Karbiden			
	feste Lösung			Karbid
Phosphor	X			
Silizium	X			
Aluminium	X			
Nickel	X			
Kobalt		X		
Mangan		X		
Chrom		X		
Molybdän			X	
Wolfram			X	
Vanadium				X
Niob				X
Titan				X
	a			b

Bild 1.4.20. Karbidbildungsneigung wichtiger Legierungselemente

sionshemmende Wirkung von Cr, das deckschichtbildend wirkt, stark eingeschränkt, wenn es an Kohlenstoff gebunden vorliegt und nicht mehr an der Bildung von oxidischen Schutzschichten mitwirken kann. Auf diese Weise kann in wärmebeeinflußten Zonen, wie im Bereich von Schweißungen korrosionsbeständiger Stähle eine drastische Verminderung der Korrosionsbeständigkeit eintreten.

Karbidbildende Elemente haben in bezug auf ihre Beeinflussung der Eigenschaften der Stähle gewisse Gemeinsamkeiten. Als Verbindung besitzen Karbide hohe Härte aber auch Sprödigkeit. Je nach Menge und Verteilung der Karbide wirken diese festigkeitssteigernd, verschleißmindernd und erhöhen die Anlaßbeständigkeit sowie die Warmfestigkeit. Bei ungünstiger Anordnung, z. B. an Korngrenzen in perlschnurartiger Form können Stähle durch Karbide erheblich verspröden.

Die Karbide liegen in verschiedenen Typen vor, die sich in Form und Zusammensetzung unterscheiden und unterschiedliche Eigenschaften beinhalten (vgl. Band I, Bild 8.1.25). Entsprechend der Wirkung der Karbide befinden sich karbidbildende Elemente, wie W, V, Mo, Cr in warmfesten Stählen, verschleißfesten Stählen einschließlich Wälzlager- und Werkzeugstählen. Schließlich werden die Karbideigenschaften in gesinterten Karbid-Hartmetallen ausgenützt. Diese bestehen vielfach aus Karbiden des Wolframs, Titans, Bors und Siliziums und werden durch eine Grundmasse aus Co oder Ni gebunden.

Neben den Karbiden gibt es auch andere Hartphasen durch Verbindungsbildung im Eisengitter, z. B. Nitride, Karbonitride aber auch intermetallische Phasen mit anderen Metallen wie Fe_3Al, die eine den Karbiden vielfach vergleichbare Wirkung besitzen. Durch solche Verbindungsbildung können jedoch auch starke Werkstoffversprödungen auftreten wie im System Fe – Cr durch die σ-Phase (vgl. Bild 1.4.17).

Gußeisen

Alle Fe – C-Legierungen mit C-Gehalten $> 2\%$, also alle Legierungen im Bereich der Eutektikalen *ECF* (Bild 1.4.1), werden als Gußeisen bezeichnet. In der Regel

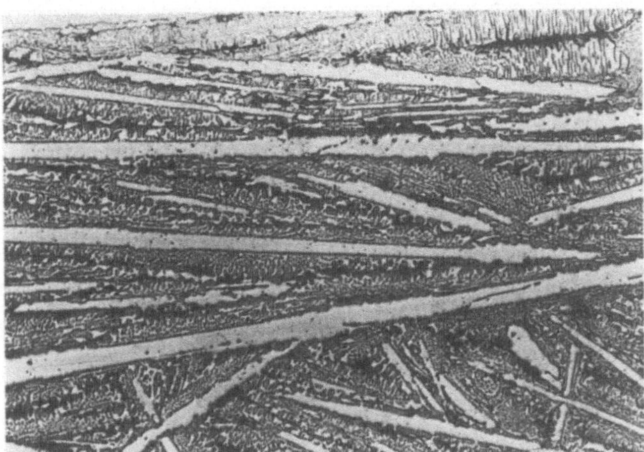

Bild 1.4.21. Gefüge eines weiß erstarrten Gußeisens (übereutektisch). Ätzmittel: HNO_3, V = 200 ×. (Aufnahme: Lette-Verein Berlin)

liegt der C-Gehalt der Gußeisensorten zwischen 2 und 4,3 %. Der Werkstoff ist also untereutektisch. Der Gesamtkohlenstoffgehalt im Gußeisen ist i. allg. verteilt auf die Graphitphase und den Zementit. Die Grundmasse, in die der Graphit in verschiedener Form eingebettet ist, besitzt je nach ihrem Kohlenstoffgehalt in allen Übergangsstufen ferritisches oder perlitisches Gefüge. Dieses Grundgefüge kann damit auch einer Umwandlungshärtung in ähnlicher Weise wie Stahl unterzogen werden, wenn mindestestens etwa 0,4 % C im Grundgefüge gelöst enthalten sind (s. Abschn. 5.1).

Die Verteilung des Kohlenstoffs auf Grundgefüge und Graphitanteil ist steuerbar durch die Abkühlbedingungen und durch Zusatzelemente. Auch die Größe der Graphitausscheidungen ist durch die Abkühlgeschwindigkeit beeinflußt und besitzt damit eine gewisse Abhängigkeit von der Wanddicke eines Gußstücks.

Bei hohen Abkühlgeschwindigkeiten neigt das Gußeisen zur sog. „weißen Erstarrung“, d. h. der Kohlenstoff liegt weitgehend als Zementit in ledeburitischer Anordnung vor (Bild 1.4.21). Das weiß erstarrte Gußeisen ist sehr hart und verschleißfest aber auch spröde und schlecht bearbeitbar.

Die Abhängigkeit der Erstarrungsart von der Abkühlgeschwindigkeit wird bei der Herstellung von Schalenhartguß ausgenützt. Die Oberfläche z. B. von Walzen unterliegt dabei der weißen Erstarrung, während zum Inneren des Gußstückes hin mit abnehmender Abkühlgeschwindigkeit ein Übergang zum melierten bis zum grau erstarrten Guß stattfindet. Bei Bauteilen, wie z. B. Nockenwellen, bei denen nur bestimmte Bereiche der Oberfläche einer weißen Erstarrung unterzogen werden sollen, wird mit sog. Schreckplatten gearbeitet. Zur Erzielung einer weiß erstarrten Oberfläche kann auch am fertigen Gußteil in bestimmten Bereichen die Oberfläche, z. B. durch einen Lichtbogen oder Plasma, kurzzeitig aufgeschmolzen werden, wobei diese durch die schnelle Wärmeableitung über den Bauteilquerschnitt ebenfalls weiß erstarrt.

Im grau erstarrten Gußeisen liegt der überwiegend als Graphit ausgeschiedene Kohlenstoff in Form von Lamellen, Graupeln, Flocken oder Kugeln vor (Bild

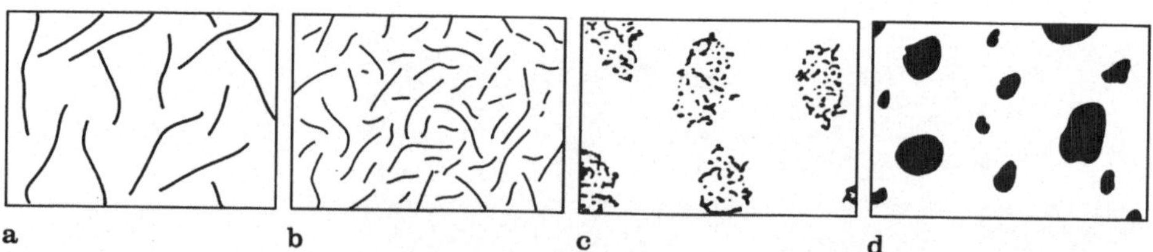

Bild 1.4.22. Mögliche Formen des Graphits im grau erstarrten Gußeisen. **a** groblamellar; **b** feinlamellar; **c** Flocken; **d** Kugeln

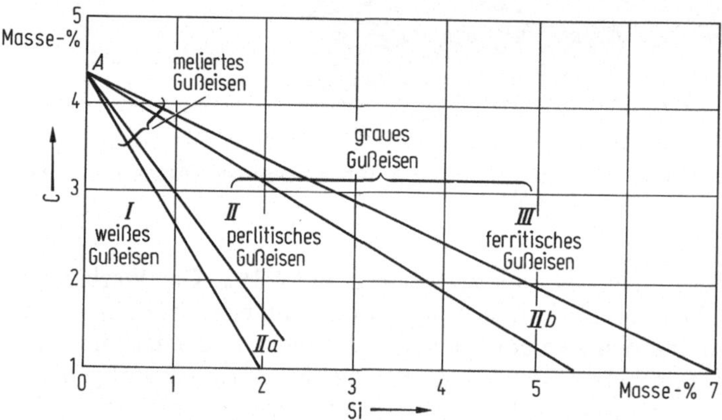

Bild 1.4.23. Maurer-Diagramm für Silizium

1.4.22). Anteil, Form und Verteilung des als Graphit ausgeschiedenen Kohlenstoffs wird neben dem Kohlenstoffgehalt selbst und neben der Temperaturführung beim Abkühlen sowie gegebenenfalls durch eine Wärmebehandlung auch durch Begleitelemente bestimmt. Silizium wirkt wie ein zunehmender Kohlenstoffgehalt, d.h. es begünstigt die Graphitbildung (Bild 1.4.23). Das Gußeisen wird durch die Siliziumzugabe weicher und besser bearbeitbar.

Das „Impfen" der Schmelze mit Ferrosilizium oder Ca–Si-Vorlegierungen führt zu feinerer Graphitausscheidung und entsprechend günstiger Wirkung auf die Bruchfestigkeit. Phosphor hat eine ähnliche Wirkung wie Si, macht darüberhinaus die Schmelze dünnflüssiger, führt aber auch im festen Zustand zu größerer Rißempfindlichkeit. Mangan hat eine dem Si gegenläufige Wirkung, es steigert die Festigkeit und bindet teilweise unerwünschten Schwefel.

Die Wirkung der Begleitelemente läßt sich in der formelmäßigen Beziehung für den Sättigungsgrad darstellen. Der Sättigungsgrad gibt im Verhältnis zur Fe–C-Schmelze die Verschiebung des eutektischen Punkts durch Begleitelemente an. Bei eutektischer Zusammensetzung ist der Sättigungsgrad $S_c = 1$. Bei untereutektischer beträgt er $S_c < 1$, bei übereutektischer $S_c > 1$. Die Beziehung für den Sättigungsgrad lautet:

$$S_c = \frac{C\,\%}{4{,}3 - 0{,}275\,P\,\% - 0{,}313\,Si\,\% + 0{,}027\,Mn\,\% - 0{,}4\,S\,\%}\,. \tag{1.4.1}$$

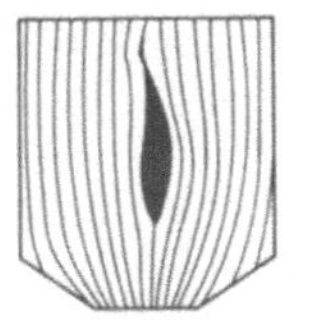 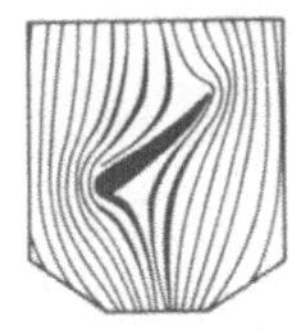 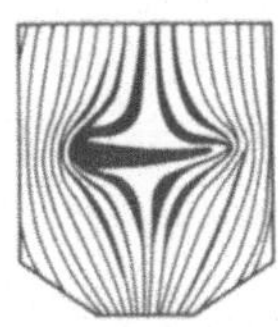 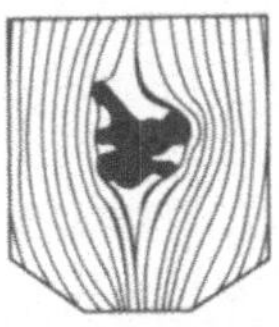  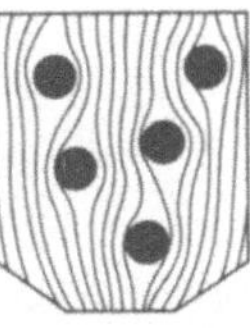

Bild 1.4.24. Spannungsverlauf bei verschiedenen Graphitausbildungsformen (Nach Roll)

Durch die lamellenförmigen Graphitausscheidungen ergeben sich Spannungsspitzen durch Mikrokerbwirkungen, die zu dem spröden Verhalten des Graugusses führen. Diese innere Kerbwirkung ist so stark, daß äußere Kerbwirkungen überdeckt werden, der Grauguß also vergleichsweise unempfindlich gegenüber äußeren Kerben ist.

Eine erhebliche Verbesserung der mechanischen Eigenschaften, die bis in den Bereich der Stähle reichen können, ergibt sich durch die kugelige Einformung des Graphits im sog. Sphäroguß. Bewirkt wird die kugelige Graphitausscheidung durch die Zugabe von Mg, Ce oder Ca in Form von Vorlegierungen mit Ni und Si. Es wird angenommen, daß diese kugelige Einformung durch die Beeinflussung der Grenzflächenspannung zwischen den γ-Mischkristallen und dem sich ausscheidenden Graphit bewirkt wird (Bild 1.4.24).

Eine ebenfalls günstige, mehr flockige Graphitausscheidung, wird durch das Tempern erreicht. Die Graphitausscheidung erfolgt dabei durch den Zerfall der ledeburitischen Karbide in einem weiß erstarrten Gußeisen. Je nach Glühdauer, Temperaturführung und Ofenatmosphäre wird weißer Temperguß (GTW) oder schwarzer Temperguß (GTS) erzielt. Zur Herstellung des weißen Tempergusses wird knapp oberhalb 1 000 °C in einer oxidierenden Ofenatmosphäre mit ca. 60 bis 120 h Haltezeit geglüht. Dabei läuft von der Oberfläche bis in den Querschnitt hinein eine Entkohlung ab.

Schwarzer Temperguß besitzt einen höheren Siliziumgehalt, so daß der Zerfall der Karbide in Temperkohle bei kürzeren Glühzeiten als bei GTW stattfindet. Die Glühung erfolgt dabei in neutraler Atmosphäre, also ohne Entkohlung. In einer ersten Glühstufe bei etwa 950 °C zerfällt der Zementitanteil des Ledeburits zu Austenit und Temperkohle. In einer zweiten Glühstufe zerfällt bei langsamer Abkühlung durch den Umwandlungsbereich von 800 °C bis etwa 650 °C der Austenit zu Ferrit und Temperkohle.

Die Eisengußwerkstoffe erfüllen durch ihre besonderen Eigenschaften ein Anforderungsprofil, das von Stählen nicht in gleicher spezifischer Weise erreicht wird. Sehr gut ist die spanabhebende Bearbeitbarkeit dieser Werkstoffe einzuordnen. Die Gleiteigenschaften, z. B. von Lagerungen, sind besser als bei Stählen. Notlaufeigenschaften ergeben sich dadurch, daß das Schmiermittel den Graphit in der Oberfläche ausspült und Schmiermitteldepots gebildet werden können. Die Gußeisensorten sind seewasserbeständig und weisen eine gute Beständigkeit gegen viele Säuren und Laugen auf.

Im Gegensatz zu Stahlguß sinkt bei Grauguß die Festigkeit bis ca. 500 °C nur wenig (Bild 1.4.25). Schließlich gilt als Vorzug der hoch kohlenstoffhaltigen Gußwerkstoffe deren hohe Dämpfungsfähigkeit (Bild 1.4.26).

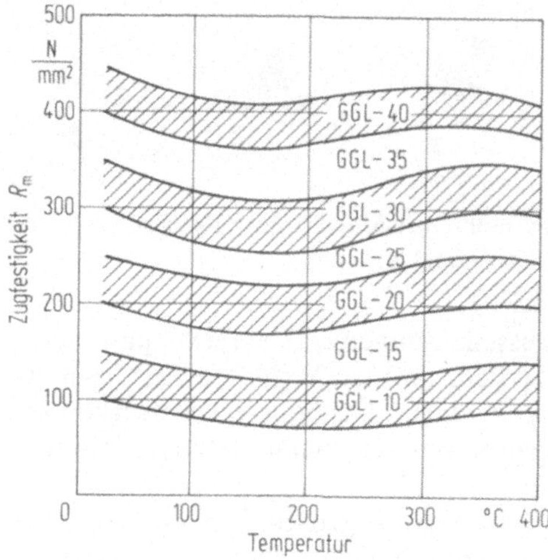

Bild 1.4.25. Zugfestigkeit von Gußeisen mit Lamellengraphit bei Temperaturen zwischen 0 und 400 °C (Bezeichnungen GGL-10 bis GGL-40, s. Kap. 7)

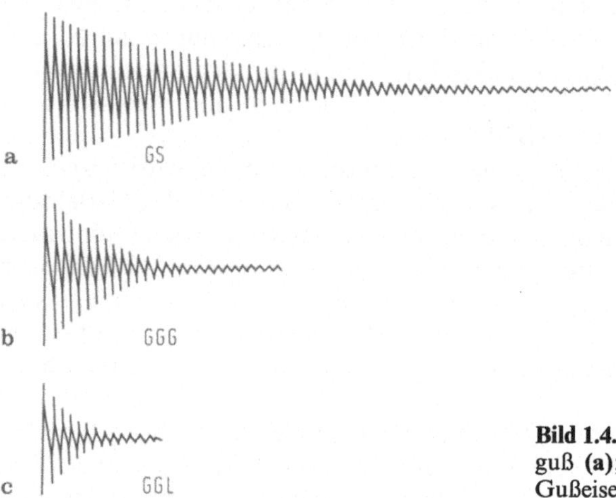

Bild 1.4.26. Dämpfungsfähigkeit von Stahlguß **(a)**; Gußeisen mit Kugelgraphit **(b)**; Gußeisen mit Lamellengraphit **(c)**

1.4.2 Hochtemperaturwerkstoffe

Für viele Einsatzzwecke, wie im Chemieanlagenbau, in der Reaktortechnik, bei Dampferzeugern, Verbrennungskraftmaschinen, insbesondere Gasturbinen, werden Werkstoffe benötigt, die auch bei hohen Temperaturen ausreichende Festigkeit für statische und dynamische Beanspruchungen besitzen. Gleichzeitig wird dabei auch vielfach noch ein hoher Oxidationswiderstand gefordert. Unter solchen Bedingungen ist der Einsatzbereich der ferritisch-perlitischen Stähle auf etwa 500 bis 550 °C beschränkt. Chromstähle mit Chromanteilen von 12% Cr und mehr sind bis in den Bereich von 650 °C einsetzbar. Höhere Temperaturen bis etwa 750 °C erfordern den Einsatz warmfester austenitischer Stähle, denen zur Verbesserung der Warmfestigkeit B, Mo, V und Co zulegiert werden. Das kfz-Gitter dieser Austenite bietet die Voraussetzung zu höherer Zeitstandfestigkeit (s. Band I, Abschn. 8.2.5).

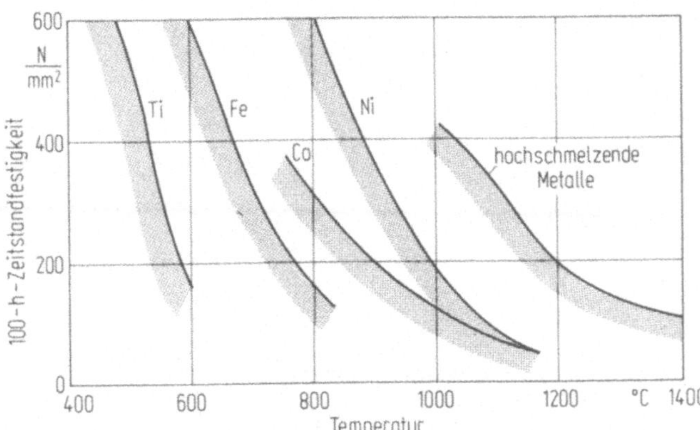

Bild 1.4.27. Grenzwerte der 100-h-Zeitstandfestigkeit in Abhängigkeit von der Temperatur bei Legierungen verschiedener Basismetalle

Je nach der mechanischen Belastung werden durch metallische Hochtemperaturlegierungen Temperaturbereiche bis 1 100 °C erreichbar.

Schließlich bieten die hochschmelzenden Metalle wie W (3 410 °C), Ta (3 000 °C), Mo (2 630 °C), Nb (2 470 °C) und Cr (1 870 °C) grundsätzlich die Möglichkeit, durch geeignete Legierungen noch höhere Temperaturen zu beherrschen. Aufgrund einer Reihe ungelöster Probleme, wie Oxidationsbeständigkeit und teilweise auch Duktilität, ist der Einsatz solcher Metalle als Legierungsbasis für hochwarmfeste Konstruktionswerkstoffe auf sehr wenige Sonderfälle beschränkt (Bild 1.4.27).

Bei den hochwarmfesten Legierungen für konstruktive Zwecke dominieren die sog. Superlegierungen. Darunter werden Mehrstoffsysteme verstanden auf der Grundlage von Fe, Ni oder Co mit relativ hohen Gehalten an Cr sowie auch geringen Mengen hochschmelzender Metalle z. B. W und Mo. Zur Ausscheidungsverfestigung sind diesen Legierungen noch Al und Ti beigegeben (s. Abschn. 5.3).

Der Aufbau solcher hochwarmfesten Legierungen läßt sich an den Nickel-Basislegierungen aufzeigen. Die Matrix dieser Werkstoffe besteht aus den γ-Mischkristallen des Basismetalls, im dargestellten Fall Nickel, das außerdem noch die Elemente Fe, Cr, Co, Mo und W in fester Lösung enthalten kann. Aluminium scheidet sich im Nickel-Basisgitter als γ'-Phase bei einer mit der Temperatur abnehmenden Löslichkeit in Form von Ni_3Al aus (Bild 1.4.28).

Die Festigkeit insbesondere bei hohen Beanspruchungstemperaturen wird sowohl durch Mischkristallverfestigung als auch durch die kohärente feinverteilte Ausscheidung der γ'-Phase bewirkt. Maßgebend für die Morphologie und Verteilung der γ'-Phase sind neben den Legierungsbestandteilen der Herstellungsprozeß, insbesondere spanlose Warmumformungen und die Wärmebehandlungen des Werkstoffs (vgl. Band I, Bild 8.2.22).

Die Zulegierung eines dritten Elements ändert den ($\gamma + \gamma'$)-Raum (Bild 1.4.28) und wirkt sich entsprechend auf Ausscheidungsneigung und Ausscheidungskinetik aus. So kann durch eine Verminderung der Löslichkeit von Al und Ti die Bildung der γ'-Phase gefördert werden. Eine in diesem Sinne stabilitätsfördernde

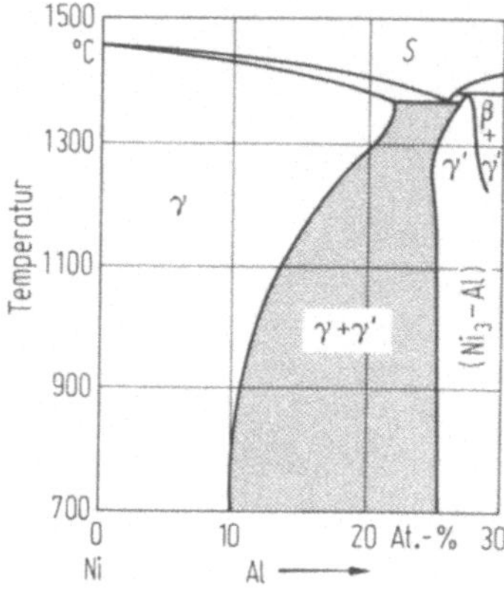

Bild 1.4.28. Zustandsdiagramm des Systems Nickel-Aluminium

Wirkung auf die γ'-Ausscheidung übt Co aus. Die Ausscheidung der γ'-Phase wird ebenfalls durch Elemente gefördert, die in der Verbindung Ni_3Al das Al ersetzen können, wie dies durch Ti und Nb erfolgen kann.

Die Zulegierung von Cr wirkt mischkristallverfestigend und erhöht die Korrosions- und Oxidationsbeständigkeit. Ebenfalls mischkristallverfestigend wirken Mo und W.

Bei höheren Cr-Gehalten zerfällt der γ'-Mischkristall in einen Cr-reichen kubisch-raumzentrierten α-Mischkristall und einen Ni-reichen kubisch-flächenzentrierten γ-Mischkristall. Diese Reaktion geht aus einem isothermen Schnitt bei 750 °C im ternären System Ni – Cr – Al hervor (Bild 1.4.29 a). In anderen isothermen Schnitten durch die Dreistoffsysteme Ni – Ti – Al und Ni – Nb – Al zeigt sich, daß zu hohe Gehalte der in die γ'-Phase gehenden Elemente die Bildung der hexagonalen η-Gleichgewichtsphase (Ni_3Ti) oder der orthorhombischen δ-Gleichgewichtsphase (Ni_3Nb) begünstigen. Der Mischkristallzerfall und die Bildung nadelförmiger Gleichgewichtsphasen haben negative Wirkungen auf die Warmfestigkeitseigenschaften und begrenzen somit die Zugabe solcher Elemente. Bei Langzeitbeanspruchungen im Temperaturbereich von 650 bis 950 °C ist auch die Bildung von σ-Phase in hochwarmfesten Nickel-Basislegierungen bekannt, die zu einer Verminderung der Zähigkeit bei Raumtemperatur führt.

Der technische Einsatzbereich von Bauteilen aus hochwarmfesten Legierungen, insbesondere für Komponenten wie Schaufeln von Triebwerken und Brennkammern, läßt sich durch geeignete Beschichtungen zum Schutz vor Hochtemperaturkorrosion und zur Wärmedämmung erweitern.

Der Wärmestrom durch gekühlte Wände, z. B. von Schaufeln, wird mit Keramikschichten in der Dicke von einigen 100 µm auf der heißen Seite erheblich vermindert. Bei gleichem Kühlaufwand können die Heißgastemperaturen um 100 bis 200 °C gesteigert werden. Zu diesem Zweck wird in Brennkammern von Flugtriebwerken MgO-stabilisiertes ZrO_2 eingesetzt. Für Lauf- und Leitschaufeln von Turbinen oder auch für korrosiv stark beanspruchte Ventilteller von Großdieselmotoren finden ZrO_2-Schichten Anwendung, die mit Y_2O_3 voll- oder teilstabilisiert sind. Die Haftung solcher Schichten zum Grundwerkstoff wird über Haftvermittlerschichten aus den Systemen Ni-Cr, Ni-Al oder MCrAlY erzielt. Unterschiede in den Dehnungen zwischen Schicht- und Grundwerkstoff sollen

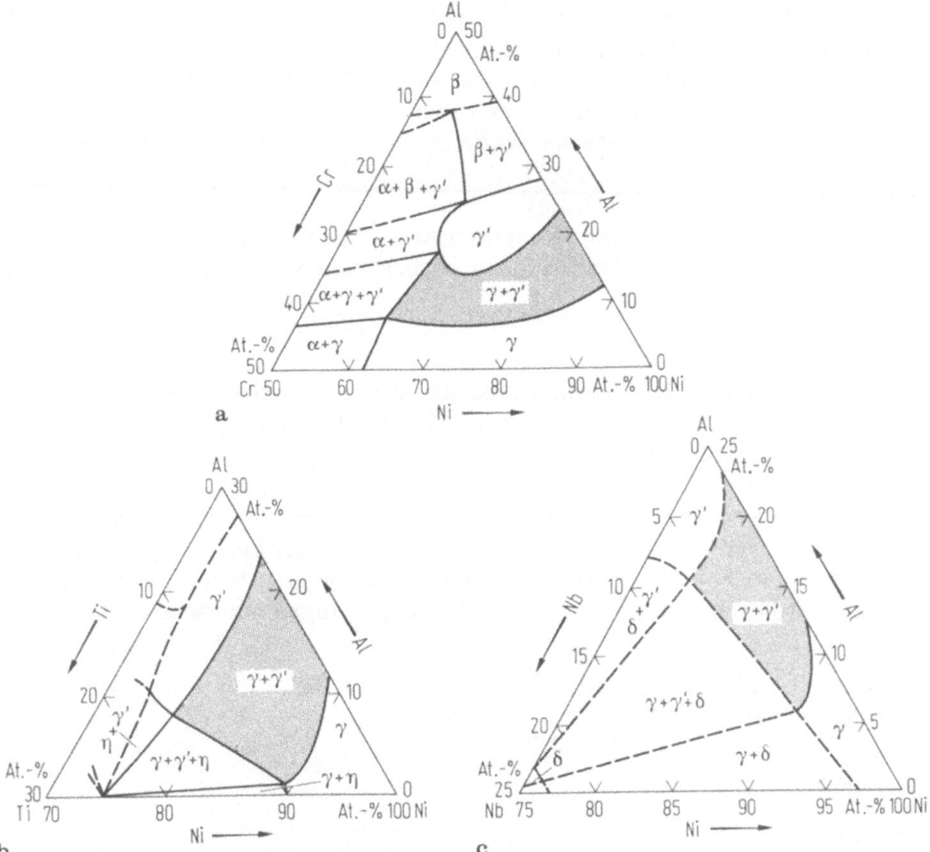

Bild 1.4.29. Isothermer Schnitt bei 750 °C für das System Ni–Cr–Al (**a**); das System Ni–Al–Ti (**b**); das System Ni–Al–Nb (c)

durch gezielte Gefügeeinstellungen (Porosität, Mikrorissigkeit, Segmentierung) ausgeglichen werden.

Die Problematik solcher Schichten liegt jedoch nicht nur in den unterschiedlichen Ausdehnungskoeffizienten zwischen Grundmaterial und Beschichtung, sondern auch in der Ausbildung sehr komplexer und noch nicht voll erforschter Mehrfachlegierungen im Bereich der Diffusionszonen.

1.4.3 Leichtmetalle

In die Gruppe der Leichtmetalle werden Metalle mit einer Dichte ϱ bis zu 4,5 g/cm³ eingeordnet. Die für die technische Anwendung vorzugsweise als Legierungsbasis wichtigsten Leichtmetalle sind Al, Mg, Ti und Be. Wenn auch die Al-Legierungen mengenmäßig die weitaus bedeutendste Werkstoffgruppe unter den Leichtmetallwerkstoffen darstellen, so bieten für spezifische Anwendungszwecke die Ti- und Be-Werkstoffe Eigenschaftsprofile, die gerade auch in bezug auf künftige Werkstoffentwicklungen Aufmerksamkeit verdienen.

Magnesiumlegierungen fanden schon sehr früh technische Anwendung, z. B. im Luftschiff- und Flugzeugbau, wurden aber wegen ihrer problematischen Verarbeitbarkeit und ihrer Brennbarkeit zurückgedrängt. Das sehr geringe spezifische Gewicht von $\varrho = 1{,}74\,\mathrm{g/cm^3}$ rückt Magnesium als Legierungsbasis in jüngster Zeit wieder mehr in die Beachtung.

In der aktuellen Entwicklung erfahren Al – Li-Legierungen wegen ihres leichten Gewichts und ihrer guten Festigkeitseigenschaften zunehmende Beachtung.

1.4.3.1 Aluminium

Am Weltverbrauch von Aluminium ist die Verpackungsindustrie insbesondere mit Getränkedosen am stärksten beteiligt (Tabelle/Bild 1.4.30). Im Maschinenwesen ist neben dem Stahl das Aluminium mit seinen Legierungen einer der wichtigsten Konstruktionswerkstoffe geworden. Entsprechend groß ist die Vielfalt der Aluminiumlegierungen, mit denen eine große Bandbreite von Anforderungsprofilen abgedeckt werden kann. Eine sinnvolle Einteilung der Legierungen ergibt sich nach Guß- und Knetlegierungen. Beide Legierungstypen wiederum lassen sich nach aushärtbaren und nicht aushärtbaren Legierungen unterscheiden.

Anwendungsgebiet	Prozentsatz
Getränkedosen	40
Elektrotechnik	12
Drähte	5
Kraftfahrzeuge	24
Flugzeugbau	3
Geschirr	3
Bauindustrie	8
Verpackungsindustrie	3
Metallindustrie	2

Bild 1.4.30. Beteiligung verschiedener Anwendungsbereiche am Weltverbrauch von Aluminium

Das Aluminium zeigt keine allotrope Umwandlung, ist also im Gegensatz zum Stahl der Umwandlungshärtung nicht zugänglich. Als Maßnahmen zur Festigkeitssteigerung dieses Werkstoffs können in Anwendung kommen:
- Kaltverfestigung,
- Legierungsverfestigung (Mischkristallverfestigung und Mehrphasigkeit),
- Aushärtung (s. Abschn. 5.3).

Da die aushärtenden Aluminiumlegierungen, insbesondere vom Typ AlCuMg, zur Erzielung optimaler Kennwerte eine gute Durchknetung erfordern, findet die Wärmebehandlung zur Aushärtung vorzugsweise bei Knetlegierungen Anwendung, ist jedoch auch bei hochfesten Gußqualitäten geeignet, die Festigkeitswerte zu verbessern.

Gußlegierungen

Zu den technisch bedeutsamsten Gußlegierungen gehören die Al–Si-Legierungen. Das System Al–Si bildet ein einfaches eutektisches System mit einem eutektischen Punkt bei 11,7% Si und 577 °C (Bild 1.4.31). Die naheutektischen Legierungen mit Si-Gehalten von 11 bis 13% Si sind auch als Siluminguß bekannt. Bei langsamer Abkühlung (Sandguß) einer knapp übereutektischen Legierung mit 13% Si bildet der primär ausscheidende Si-Mischkristall große eckige plattenförmige, im Schliff überwiegend nadelig erscheinende Kristalle. Diese ungünstige Gefügeausbildung führt zu einer ausgeprägten Sprödigkeit solcher Legierungen (Bild 1.4.32).

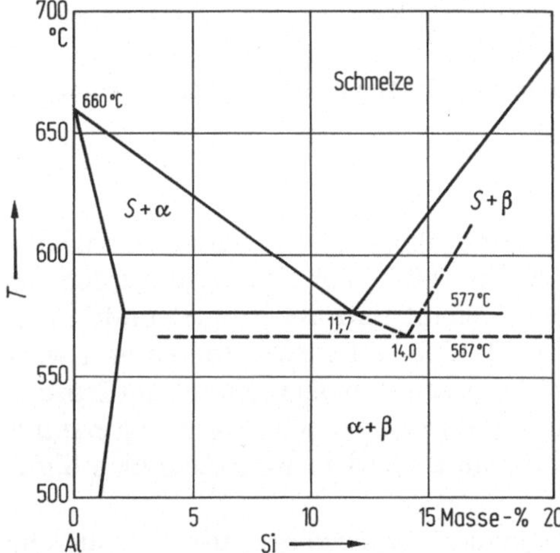

Bild 1.4.31. Zustandsschaubild des Systems Aluminium-Silizium mit Verschiebung der Phasengrenzlinien durch hohe Abkühlgeschwindigkeit (gestrichelt)

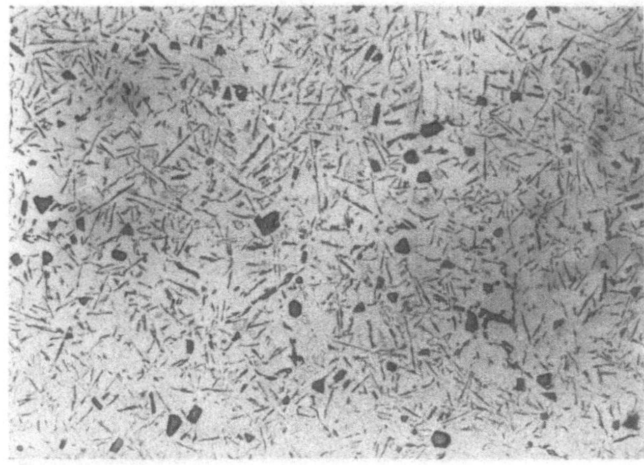

Bild 1.4.32. Unveredelter Sandguß einer naheutektischen Al–Si-Legierung, V = 100×. (Aufnahme: Lette-Verein Berlin)

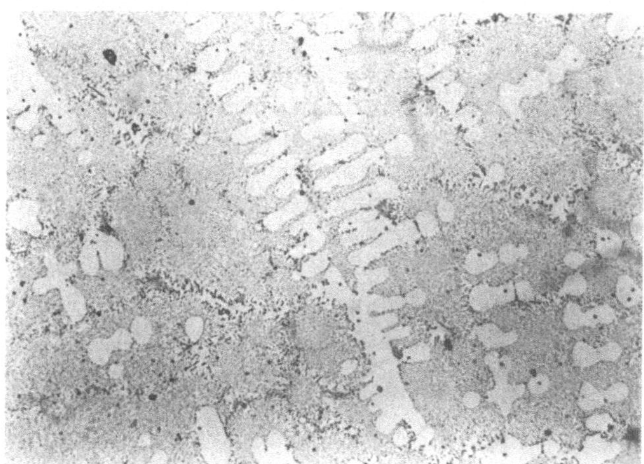

Bild 1.4.33. Veredelter Sandguß einer naheutektischen Al–Si-Legierung, V = 200 ×. (Aufnahme Lette-Verein Berlin)

Diese unerwünschte Sprödigkeit wird durch die sog. Veredelung vermieden. Durch Zusatz von etwa 0,1 % Na bei 720 bis 780 °C zur Schmelze werden die ungünstig geformten Siliziummischkristalle gefeint und abgerundet und bilden ein sehr feinverteiltes Eutektikum (Bild 1.4.33). Die eutektische Temperatur wird durch den Natriumzusatz von 577 auf 564 °C gesenkt, wobei sich die eutektische Konzentration auf 14 % verschiebt. Die knapp übereutektische Legierung erstarrt somit also untereutektisch, wobei das Natrium außerdem wahrscheinlich diffusionshemmend wirkt.

Bei rascher Abkühlung, wie sie im Kokillenguß gegeben ist, wird eine ähnliche Wirkung wie bei der Veredelung erreicht. Auch hier verschiebt sich der eutektische Punkt durch Unterkühlung. Es entsteht ein sehr feines eutektisches Gefüge, so daß bei Kokillenguß auf die Natriumveredelung verzichtet werden kann (Bild 1.4.31).

Die Zugfestigkeit eines unveredelten Sandgusses beträgt 100 bis 120 N/mm^2. Sie wird durch die Natriumveredelung bis zu 240 N/mm^2 bei Dehnungswerten von 10 bis 15 % angehoben. Im Kokillenguß beträgt die Festigkeit einer Legierung mit 13 % Si bis zu 260 N/mm^2.

Für Kolbenlegierungen wird der Si-Gehalt angehoben und Cu zugegeben. Eine kennzeichnende Kolbenlegierung hat 25 % Si und 5 % Cu. Der Kupfergehalt in solchen Legierungen kann bis zu 14 % gesteigert werden. Bereits 1 % Cu hebt die Zugfestigkeit des Al von 140 auf 210 N/mm^2. Eine besondere Bedeutung besitzt Cu in höheren Gehalten für aushärtbare Al-Knetlegierungen. Für die Kolbenlegierungen ist das geringe Schwindmaß von nur 1,2 % von Bedeutung.

Ein weiteres wichtiges Legierungselement für Al allgemein, besonders aber auch für Gußlegierungen, ist Mg bis zu 10 %. Solche Legierungen zeichnen sich durch gute Korrosionsbeständigkeit aus. Zu erwähnen sind noch die Legierungselemente Mn (bis 1,5 %), Zn (bis 6 %), in kleinen Mengen auch Cr (bis 0,4 %) und Ti (bis 0,3 %).

AlMn-Legierungen werden zunehmend anstelle von Reinaluminium verwendet, da diese Legierungen sehr gute Korrosionsbeständigkeit mit einer gegenüber Reinaluminium verbesserten Festigkeit verbinden.

Knetlegierungen

Die Gehalte an Legierungsbestandteilen, aber auch an Verunreinigungen, sind in Knetlegierungen insgesamt geringer als in Gußlegierungen. Während Gußlegierungen oft unter Schrottverwendung hergestellt werden (Sekundärlegierungen), erfordern die erhöhten Anforderungen an die Knetlegierungen überwiegend deren Erschmelzung aus Hüttenaluminium (Primärlegierungen).

Nicht aushärtbare Knetlegierungen sind AlMg-Legierungen, deren hohe Legierungshärte und Festigkeit durch Ausglühen und Schweißen nicht vermindert werden. Grundsätzlich weist das Zustandsdiagramm der AlMg-Legierungen mit abnehmender Löslichkeit des Mg in Al bei abnehmender Temperatur eine notwendige Voraussetzung zur Aushärtung auf (Bild 1.4.34). Es zeigt sich hier jedoch, daß diese notwendige Voraussetzung für sich allein noch nicht hinreichend ist, sondern daß die Art und Form der Ausscheidung bei der Entmischung eine wesentliche Rolle spielen (s. Abschn. 5.3). Ebenfalls gehören die AlMn-Legierungen mit Mn-Gehalten bis 2% in diese Gruppe der nicht aushärtbaren Legierungen. Höhere Mn-Gehalte werden vermieden wegen der Ausscheidung primärer spröder Al_6Mn-Kristalle.

Die Möglichkeit der Festigkeitssteigerung von Aluminiumlegierungen durch den Mechanismus der Aushärtung erweitert den Einsatzbereich dieser Werkstoffgruppe entscheidend und weist der Aushärtungsbehandlung eine ähnliche Bedeutung zu, wie sie die Umwandlungshärtung bei den Eisenwerkstoffen, insbesondere aber bei den Stählen, besitzt. Wichtige aushärtbare Legierungen gehören dem Typ AlCu an. Die nicht aushärtbaren AlMg-Legierungen werden aushärtbar durch Zugaben von Cu (Duraluminium), Si und Zn (vgl. Bild 5.3.2).

Eine neue Generation hochfester Al-Legierungen stellen die Al – Li-Legierungen z. B. vom Typ der aushärtbaren Al – Li – Cu – Mg-Legierung dar. Lithium ist

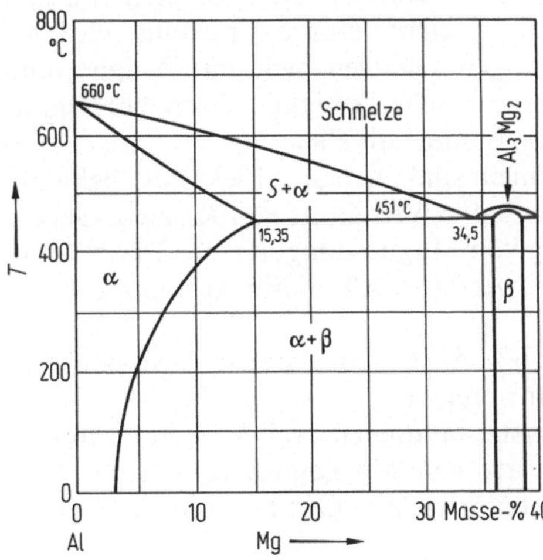

Bild 1.4.34. Aluminiumseite des Zustandsschaubilds Al – Mg

das leichteste Metall überhaupt, seine Dichte beträgt nur 20% derer von Al. Im Vergleich zu konventionellen hochfesten Al-Legierungen sind Al–Li-Legierungen um etwa 10% leichter. Zusammen mit einer 10% höheren Steifigkeit lassen sich am Bauteil Gewichtseinsparungen von 15% erzielen. Beim Airbus stehen solche Legierungen in Konkurrenz zu Kohlefaserverbundwerkstoffen. Die neueren Entwicklungen vermeiden durch geeignete Mehrfachlegierungen die geringe Duktilität und die frühe Rißbildung der Al–Li-Werkstoffe.

Der Aushärtungsmechanismus, die Wärmebehandlung und die erzielbaren Festigkeitssteigerungen werden am Beispiel der Legierungsgruppe AlCu im Abschn. 5.3 im einzelnen behandelt. Die mehrfach legierten ausgehärteten Al-Legierungen reichen bis in die Festigkeitsbereiche der Vergütungsstähle.

Sinteraluminium (SAP)

Aus Al-Pulver hergestellte Sinterwerkstoffe erfüllen Anforderungsprofile, die durch konventionelle Al-Legierungen nicht zu erreichen sind. Ein aus reinem Al-Pulver bestehender Sinterwerkstoff besteht zu 6 bis 14% aus Al_2O_3-Häutchen, die sich um die feinsten Pulverkörnchen spannen. Aluminiumlegierungspulver mit Fe und Cr sowie 0,5% Al_2O_3 ist in bezug auf die Warmstreckgrenze sogar dem Ti im Bereich von 300 bis 500 °C überlegen. Dieser Werkstoff findet Anwendung für Verdichterschaufeln, Wärmetauscher und auch für Brennstabumhüllungen für Kernreaktoren.

1.4.3.2 Magnesium

Die bedeutsamsten Legierungselemente für Magnesium, das in reiner Form nicht als Konstruktionswerkstoff geeignet ist, sind Al, Mn und/oder Zn. Das in hexagonaler Struktur erstarrende Mg ist schlecht kaltumformbar und weist eine ungünstige Korrosionsbeständigkeit auf. Durch Mn und Al wird die Beständigkeit auch gegen Spannungsrißkorrosion erhöht. Zusammen mit Zn wird durch weiteres Zulegieren von 0,5 bis 0,7% Zr und Ce ein porenfreier Guß, Kornfeinung und dadurch eine verbesserte Umformbarkeit erreicht. Durch Thorium wird die Warmfestigkeit erhöht. Neue Entwicklungen befassen sich mit Magnesium-Yttrium-Gußlegierungen, die sehr gute mechanische Festigkeiten um 290 N/mm² aufweisen, die bei 300 °C nur auf etwa 200 N/mm² abfallen.

Die verschiedenen Magnesiumlegierungen sind auch als „Elektron" bekannt. Der Magnesiumguß besitzt ein sehr vorteilhaftes Verhältnis von R_m zu ϱ. Gegenüber Grauguß ergibt sich bei Verwendung von Magnesiumguß eine Gewichtseinsparung von 60 bis 80%, gegenüber hochwertigem Aluminiumguß immer noch eine Einsparung von 15 bis 20%.

Bei Knetlegierungen, z. B. mit 8% Cd, 6% Al, 2% Zn, werden warm oder kalt gewalzt Festigkeiten von $R_m > 400$ N/mm² ereicht.

Wegen der eingeschränkten Korrosionsbeständigkeit und der Verarbeitungsschwierigkeiten beschränkt sich der Einsatz von Mg-Legierungen heute noch meist auf weniger hoch beanspruchte Bauteile, wie z. B. Gehäuse und Abdeckungen.

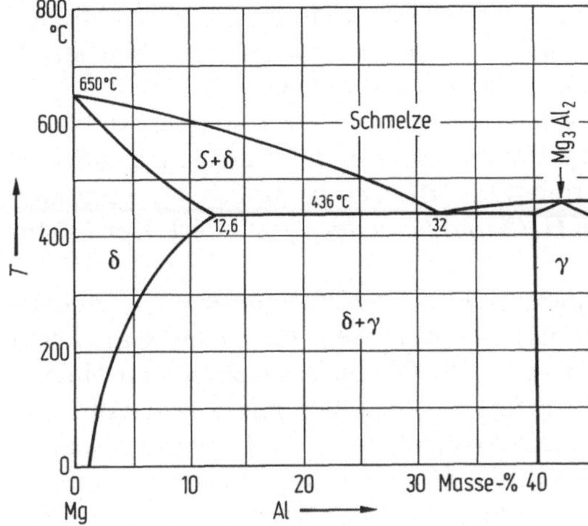

Bild 1.4.35. Magnesiumseite des Zustandsschaubilds Mg–Al

Nach dem Zustandsschaubild (Bild 1.4.35) wäre bis zu einem Legierungsgehalt von 10% Al ein Gefüge nur aus primären δ-Mischkristallen mit γ-Segregaten zu erwarten. Durch geringe Diffusionsgeschwindigkeiten bedingt treten jedoch Störungen des Gleichgewichts auf, so daß auch Legierungen mit weniger als 12,6% Al ein ($\delta + \gamma$)-Eutektikum in entarteter Form zeigen. Die Al_2Mg_3-Kristalle bilden kennzeichnende Lamellen, die einen Gefügebestandteil ähnlich dem Perliteutektoid bei Stahl ergeben. Langzeitiges Glühen in der Nähe der Löslichkeitslinie bringt die Phase Al_2Mg_3 zu einer stäbchenförmigen Ausscheidung auf der Basisfläche (0001) der hexagonalen δ-Mischkristalle.

1.4.3.3 Titan

Titan wird unlegiert und als Plattierungsmaterial im Chemieanlagenbau eingesetzt. Es zeichnet sich durch ausgezeichnete Korrosionsbeständigkeit gegenüber oxidierenden wässrigen Korrosionsmedien aus. Die hohe Korrosionsbeständigeit ergibt sich durch eine sehr stabile passivierende Oxidschicht, die sich schon bei schwachen Oxidationsmitteln bilden kann.

Titanlegierungen zeichnen sich durch hohe Festigkeiten, vor allem durch hohe Warmfestigkeiten aus. Die entsprechend wärmebehandelten Titanlegierungen erreichen Festigkeiten von 1 200 bis 1 400 N/mm². Titanlegierungen sind bis zu Temperaturen von 500 °C, kurzzeitig sogar bis 1 000 °C, einsetzbar und füllen damit die Lücke zwischen Al-Legierungen, die bis etwa 150 °C verwendbar sind und den warmfesten Stählen.

Das sehr günstige Verhältnis der Bruchfestigkeit zur Dichte R_m/ϱ macht Ti-Legierungen zum Leichtbau hochbeanspruchter Bauteile sehr geeignet, wie sich dies am Beispiel eines Pleuels für einen Hochleistungsmotor veranschaulichen läßt (s. Band I, Bild 3.7). Der durch die aufwendige Herstellung von Titan bedingte hohe Preis steht einer breiten Verwendung, wie sie bei Al-Legierungen gegeben ist, entgegen und läßt auch beim Leichtbau hoch- und höchstfeste Stähle oft vorteilhafter sein.

Wie Eisen besitzt auch Titan eine allotrope Umwandlung. Bis 882 °C besitzt Titan eine hexagonale α-Struktur, darüber eine kubisch-raumzentrierte β-Struktur mit einem um 0,55 % geringeren Volumen. Ähnlich wie bei Stahl lassen sich die Legierungselemente auch für Titan in solche einteilen, die die α-Struktur stabilisieren und in solche, die den Bereich der β-Phase erweitern. Die hexagonale α-Struktur besitzt eine eingeschränkte Umformbarkeit, die sich bei hohen Temperaturen durch die Neigung zur Aufnahme von H, O und N weiter vermindert. Der E-Modul ist vergleichsweise gering.

Neben Al sind die wichtigsten Legierungselemente in technischen Titanlegierungen V, Sn, Mo, Zr, Nb und Cr. Das Al stabilisiert die β-Phase und sein Gehalt liegt bei technischen Legierungen unter 10 %. Die Gefüge der technischen Titanlegierungen liegen als α-, $\alpha + \beta$- oder β-Gefüge vor, zuweilen mit intermetallischen Verbindungen. Die sehr unterschiedlichen Löslichkeiten von Legierungselementen in der β- und der α-Phase ergeben durch Umwandlung einen übersättigten α-Mischkristall, der durch Aushärtung verfestigt werden kann. (s. Abschn. 5.3).

1.4.3.4 Beryllium

Das außerordentlich günstige Verhältnis R_m/ϱ und die sehr hohe Wärmekapazität haben für Sonderzwecke ein gewisses Interesse auf Beryllium gelenkt. Beryllium ist 1,5mal formsteifer als Stahl. Berylliumbremsscheiben bleiben infolge der hohen Wärmekapazität unter gleichen Bedingungen erheblich kühler als Stahlscheiben. Wenn unter gleichen Versuchsbedingungen eine Stahlscheibe nach 2 min Bremsbelastung 560 °C erreicht, so kommt die Berylliumscheibe nur auf 390 °C.

Das hexagonale Beryllium neigt jedoch zu sehr grobkristalliner Erstarrung. Es ist außerordentlich spröde und hat strukturbedingt eine ausgeprägte Anisotropie. In gesinterter reiner Form ist jedoch die Warmumformung gut möglich.

In der Luft- und Raumfahrt finden Be-Legierungen mit etwa 25 % Al, Mg und Si Anwendung. In der Reaktortechnik hat Beryllium wegen seiner Neutronendurchlässigkeit Bedeutung. In der Röntgentechnik und -analytik finden Berylliumfenster Verwendung, da diese nur wenig ionisierende Strahlung absorbieren.

Als Legierungsmaterial hat Beryllium in Cu-Basiswerkstoffen Eingang gefunden zur Herstellung hoch aushärtbarer Guß- und Knetlegierungen.

Mit dem Werkstoff Beryllium werden jedoch auch die Grenzen der Einsetzbarkeit im Hinblick auf Gesundheits- und Umweltgefährdung deutlich. Berylliumstaub ist extrem giftig und führt zu Lungen- und Hautschäden. (Ähnliche Grenzen sind auch für die Verwendung von Schwermetallen, insbesondere Cadmium, zu beachten, das hervorragende Korrosionsschutzeigenschaften besitzt, aber dessen Giftigkeit nicht zu übersehen ist.)

1.4.4 Kupferwerkstoffe

Kupferwerkstoffe finden nicht nur in der Elektrotechnik, sondern aufgrund ihrer besonderen Eigenschaften auch im Maschinenbau verbreitete Anwendung. Allerdings bestehen starke Bestrebungen, die Kupferwerkstoffe zumindest in Großserienprodukten (Kraftfahrzeugbau) zu substituieren, da diese Werkstoffgruppe beim Recycling, insbesondere der Eisenbasiswerkstoffe, einen steigenden Verunreinigungspegel liefert, der durch die üblichen Stahlherstellungsverfahren nicht mehr zu beseitigen ist. Hohe Korrosionsbeständigkeit sowie gute Wärmeleitfähigkeit sind Merkmale, die vor allem im Anlagen- und Kraftwerkbau dem Kupfer und seinen Legierungen einen wichtigen Anwendungsbereich sichern. So finden Kupferlegierungen im Wärmetauscherbereich ebenso Einsatz wie bei Behältern, Leitungen und Armaturen.

1.4.4.1 Leitkupfer

Der überwiegende Teil des Kupfers wird wegen seiner guten Leitfähigkeit von etwa 58 $m/\Omega \cdot mm^2$ in der Elektrotechnik eingesetzt. Da allgemein im Gitter gelöste Fremdatome die Leitfähigkeit vermindern, wird im Leitkupfer ein Sauerstoffgehalt von etwa 0,02% toleriert. Dieser Sauerstoff kann im Kupfer geringe Restverunreinigungen abbinden und besitzt damit eine Raffinationswirkung.

Überschüssiger Sauerstoff kann jedoch ein $Cu-Cu_2O$-Eutektikum als Netzwerk um die Körner bilden. Wird in diesem Falle atomarer Wasserstoff aufgenommen, wie dies beim Schweißen oder Hartlöten möglich ist, so wird das Cu_2O zu Cu reduziert, wobei sich H_2O-Dampf bildet. Dieser sprengt das Korngefüge auf und macht den Werkstoff brüchig. Zu vermeiden ist diese sog. Wasserstoffkrankheit durch weitgehende Sauerstofffreiheit, wie sie durch Desoxidation mit Phosphor, jedoch unter einer gewissen Leitfähigkeitseinbuße, erreicht wird. Neuere Untersuchungen konnten zeigen, daß mit CaB_6 eine Desoxidation ohne nennenswerte Leitfähigkeitseinbuße möglich ist, wobei sogar noch eine gewisse Festigkeitszunahme beobachtet werden kann. Das im Werkstoff verbleibende Bor wirkt als ausscheidungsverfestigendes Mikrolegierungselement.

1.4.4.2 Kupfer-Zink-Legierungen

Die Kupfer-Zink-Legierungen mit Kupfergehalten $> 50\%$ werden als Messinge bezeichnet. Das Zustandsschaubild $Cu-Zn$ weist aus, daß Messing bis zu Zinkgehalten von etwa 35% einphasig als α-Messing vorliegt (Bild 1.4.36). Der α-Mischkristall ist kubisch flächenzentriert und zeigt, wie aus dem Diagramm ersichtlich, eine mit abnehmender Temperatur zunächst zunehmende Löslichkeit für Zn. Bei 902 °C und 37% Zn bildet sich in peritektischer Reaktion eine β-Phase nach $S + \alpha \rightleftharpoons \beta$. Die β-Phase ist eine intermetallische Kristallart des Typs der Hume-Rothery-Phase, wobei die Zn-Atome statistisch verteilt vorliegen (vgl. Band I, Abschn. 8.1.3.4). In einer eutektoiden Reaktion bildet sich als sog. entartetes Eutektoid bei 454 °C eine Ordnungsphase β'. Die ab 50% Zn auftretende verwickelt aufgebaute kubische γ-Phase ist sehr spröde und läßt die technische Verwendung solcher Legierungen nicht mehr zu.

Die Formänderungsfähigkeit des α-Messings nimmt mit steigendem Zn-Gehalt zu, bis bei Gehalten von 30 bis 35% Zn ein Maximum erreicht wird. Das Auftreten der β-Phase setzt die Zähigkeit und die Kaltumformbarkeit erheblich herab. Die Lösungsfähigkeit für schädliche Verunreinigungen in der β-Phase und deren geringer Warmformänderungswiderstand fördert jedoch die Eignung des $\alpha + \beta$-Messings zur Warmumformbarkeit. Die Heterogenität des $\alpha + \beta$-Messings macht dieses zur spanabhebenden Bearbeitung gut geeignet.

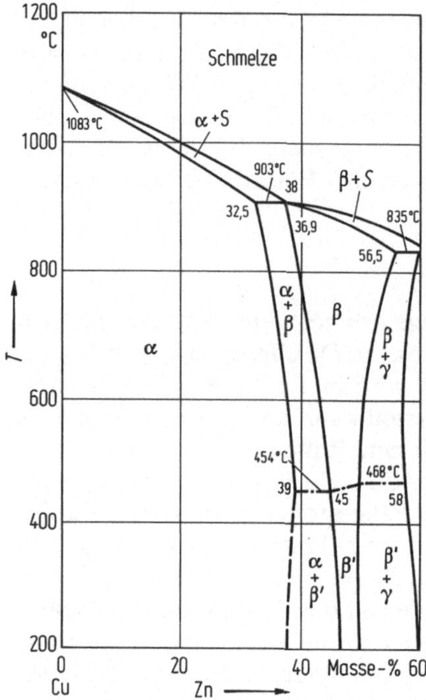

Bild 1.4.36. Kupferseite des Zustandsschaubilds Cu–Zn

Die homogenen α-Mischkristalle haben ähnlich wie Cu eine sehr gute Korrosionsbeständigkeit, wogegen die Korrosionsbeständigkeit des heterogenen $\alpha + \beta$-Gefüges stark eingeschränkt ist. Der zinkreichere β-Mischkristall ist dabei unedler, als der α-Mischkristall und bildet Lokalelemente. Messinge sind darüberhinaus bei Vorliegen der spezifischen Bedingungen auch spannungsrißkorrosionsempfindlich.

Eine besondere Korrosionsart bei Messingen ist die Entzinkung. Dabei gehen zunächst Kupfer- und Zinkionen gemeinsam in einem das Metall berührenden Elektrolyten in Lösung, wobei sich das edlere Kupfer an der Messingoberfläche in schwammiger Form wieder abscheidet. Der Werkstoff verliert auf diese Weise jede Festigkeit.

Durch Zulegieren weiterer Elemente zum Messing wie Al, Ni, Mn und Fe werden Sondermessinge erhalten, die in ihren Eigenschaften an spezielle Anforderungen anpaßbar sind, wie Korrosionsbeständigkeit, Festigkeit, Gleiteigenschaften und Bearbeitbarkeit. In Sondermessingen ist bis zu 3% Ni zugesetzt.

1.4.4.3 Kupfer-Nickel-Legierungen

Das System Cu–Ni bildet eine lückenlose Mischkristallreihe, der Mischkristall hat kfz-Struktur.

Diese Legierungen finden Einsatz bei erhöhten Anforderungen an Warmfestigkeit und Korrosionsbeständigkeit. So finden sich Cu–Ni-Legierungen im Kraftwerksbau, im Schiffsbau und auch in Meerwasserentsalzungsanlagen. Der Nickelgehalt von 5 bis 30% bewirkt die Ausbildung einer schützenden Passivschicht. Zur Erhöhung der Festigkeit und der Beständigkeit gegen Erosion finden sich vielfach noch Zusätze von Fe und Mn. Verbreitete Legierungen sind CuNi10Fe und CuNi30Fe mit etwa 1% Fe und Mn. Ähnlich wie andere Kupferwerkstoffe werden Cu–Ni-Legierungen von Säuren angegriffen, wobei der Abtrag abhängig ist von Belüftung und Temperatur des Mediums.

Gute Beständigkeit gegen chemische Einflüsse weisen auch Cu–Ni–Zn-Legierungen auf, die als Neusilber bekannt sind. Neusilberlegierungen enthalten 55 bis 65% Cu, 10 bis 30% Ni und Zn als Rest. Wegen ihrer guten Anlaufbeständigkeit finden sich diese Legierungen in der Feinmechanik und Optik aber auch bei Tafelbestecken.

1.4.4.4 Kupfer-Zinn-Legierungen

Das Kupfer-Zinn-System setzt sich aus einer großen Vielfalt von Grundsystemen zusammen. Bild 1.4.37 zeigt 13 Nonvarianzreaktionen, davon 3 peritektische, 1 metatektische, 1 eutektische, 5 eutektoidische und 3 peritektoidische. Schließlich sind sieben intermetallische Phasen enthalten, von denen aber nur zwei bis herunter zu Raumtemperatur beständig sind.

Die Kupfer-Zinn-Legierungen werden auch als Zinnbronzen bezeichnet. Als Knetlegierungen besitzen sie Zinngehalte bis 9%, als Gußlegierungen bis 14%. Gegenüber Messing zeichnet sich Bronze durch höhere Festigkeit, Korrosionsbeständigkeit, Verschleißwiderstand und bessere Gleiteigenschaften aus. So sind bedeutsame Anwendungsgebiete korrosionsbeständige Maschinenbauteile und Teile für Gleitbeanspruchungen, wie Spurlager, Schrauben und Schneckenräder, Armaturen, Gehäuse, Leit- und Laufräder für Pumpen.

Bei Rotguß ist ein Teil des Zinns durch Zink ersetzt und zusätzlich oft Blei zugegeben, z. B. RG 5 mit 5% Sn, 7% Zn und 3% Pb. Rotguß zeichnet sich durch gute Gießbarkeit aus und eignet sich besonders als Lagerwerkstoff. Die Härte von Rotguß ist jedoch etwas geringer und die von Rotguß ertragbaren Gleitgeschwindigkeiten sind nicht so hoch wie die bei zinnreicheren Bronzen.

Die Zinnseite des Bilds 1.4.37 für Cu–Sn hat Bedeutung für einen völlig anders gelagerten technischen Anwendungsbereich. Beim Weichlöten mit höchsten Qualitätsanforderungen, wie es z. B. in der Elektronik erforderlich ist, bauen sich in der Legierungszone zwischen Sn-Lot und Kupfersubstrat intermetallische Phasen auf, die nach ihrer Morphologie und Zusammensetzung entscheidend den Benetzungsvorgang beim Lötprozeß und damit die Qualität dieser Verbindungen bestimmen. Zwischen Lot und Substrat bilden sich Phasen der Zusammensetzung Cu_3Sn und Cu_6Sn_5 aus, entsprechend den Bereichen ε und η' im Zustandsdiagramm (Bild 1.4.38).

Um die thermische Belastung beim Löten von Bauteilen und Komponenten in der Elektronik gering zu halten, kommen vielfach eutektische Zinn-Blei-Lote zum Einsatz mit einem eutektischen Punkt bei 183 °C (Bild 1.4.39). Gezielte Entwicklungen in Richtung einer noch stärker verminderten Temperaturbelastung während des Lötens führen zu sog. niedrigschmelzenden Loten, die auf der Dreistofflegierung Sn–Pb–Bi basieren. Dieses Dreistoffsystem weist ein ternäres Eutektikum bei 95 °C auf (Bild 1.4.40).

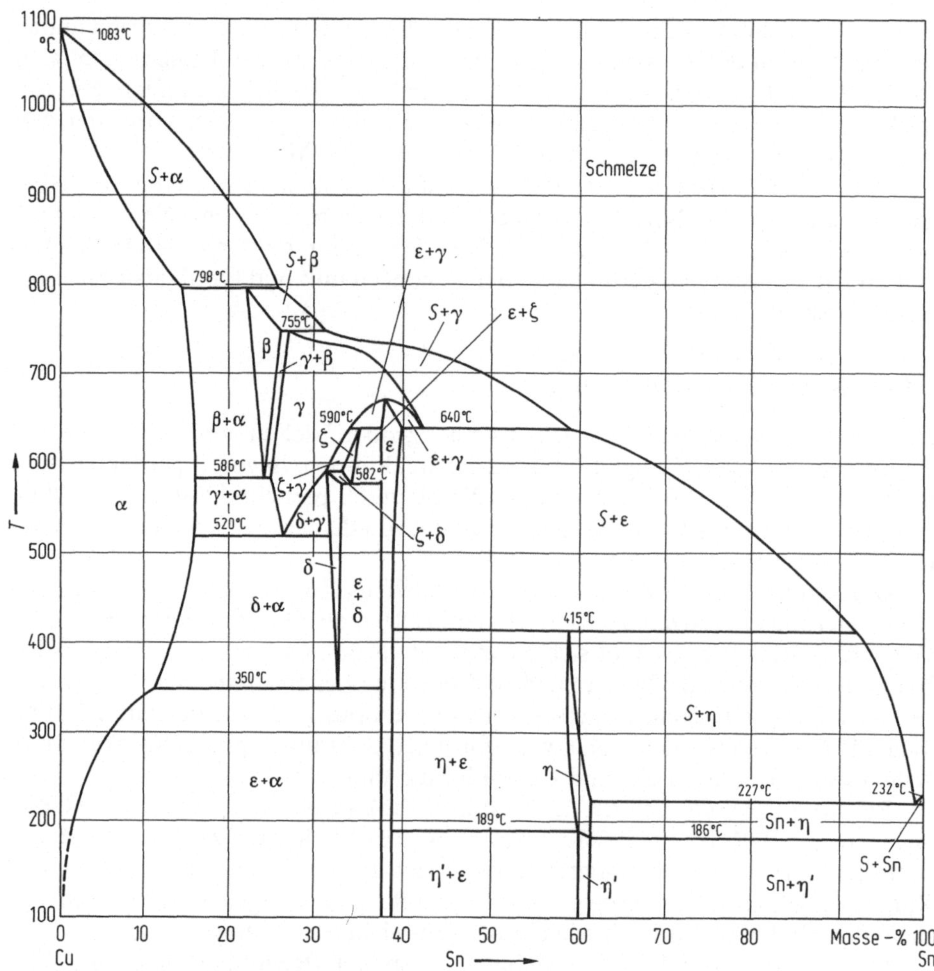

Bild 1.4.37. Zustandsschaubild Kupfer-Zinn

1.4.4.5 Kupfer-Aluminium-Legierungen

Die Kupfer-Aluminium-Legierungen werden als Aluminiumbronzen bezeichnet. Durch den Gehalt an deckschichtbildendem Al zeichnen sich diese Legierungen im Bereich des homogenen α-Mischkristalls durch eine hohe Korrosionsbeständigkeit aus, die sie zu den korrosionsbeständigsten Kupferwerkstoffen machen. Bei Al-Gehalten über 7,8 % tritt als zweite Phase die β-Phase auf (Bild 1.4.41), wobei die Korrosionsbeständigkeit deutlich vermindert wird. Aluminiumbronzen finden Anwendung in der chemischen Industrie, Kaliindustrie, Salinen und in der Hydraulik für Steuerteile.

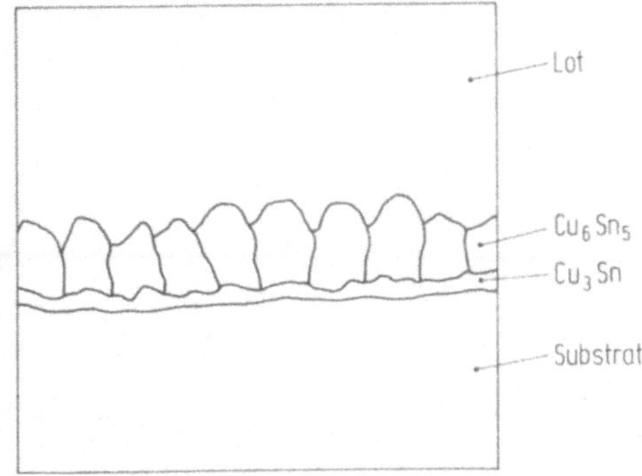

Bild 1.4.38. Belotetes Kupfer mit den Übergangsphasen ε und η' von Zinn zu Kupfer. **a** Schliffbild; **b** rasterelektronenmikroskopische Aufnahme nach dem Abätzen des Lots

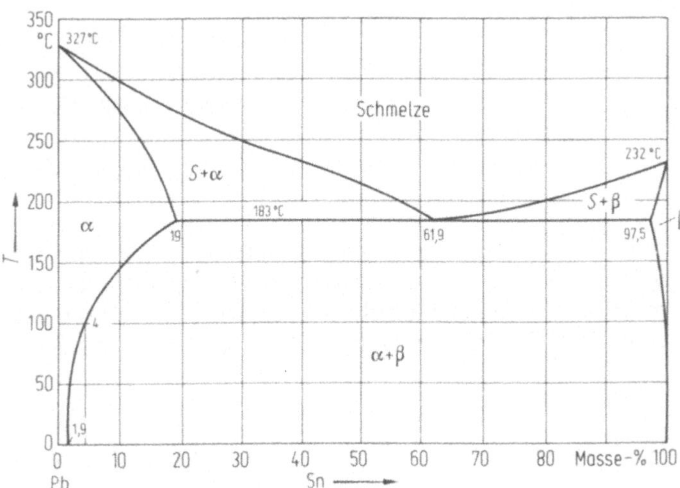

Bild 1.4.39. Zustandsdiagramm Pb–Sn

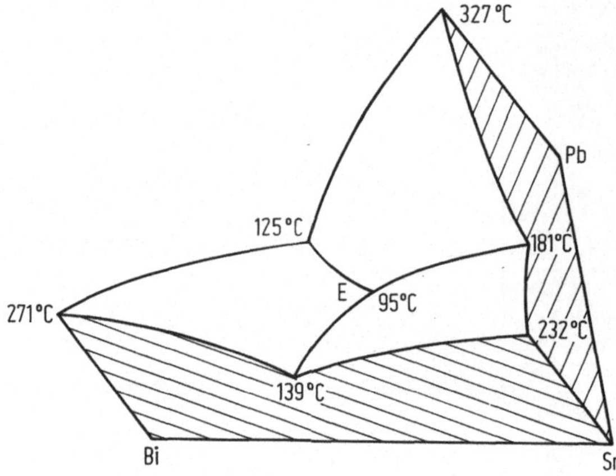

Bild 1.4.40. Dreidimensionales Modell des Zustandsschaubilds Pb – Sn – Bi

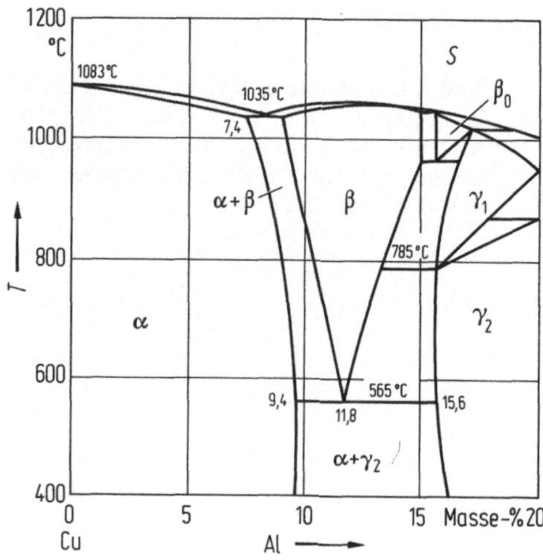

Bild 1.4.41. Zustandsschaubild Cu – Al

Legierungen mit 10 bis 12% Al sind umwandlungshärtbar, sie bilden beim Abschrecken wie die Kohlenstoffstähle ein martensitisches Gefüge mit hoher Festigkeit (700 bis 900 N/mm²) und geringer Duktilität (s. Abschn. 5.1). Durch eine Anlaßbehandlung bei etwa 650 °C wird die Duktilität bei wenig verminderter Festigkeit angehoben.

2 Kinetik der Phasenumwandlung

Das Über- bzw. Unterschreiten eines Umwandlungspunkts oder einer Phasengrenzlinie bedeutet nach den vorangegangenen Ausführungen, daß sich aufgrund des unterschiedlichen Verlaufs der Gibbsschen freien Energie in Abhängigkeit von der Temperatur die Stabilitätsbedingungen soweit ändern, daß sich die Stabilität von einer zu einer anderen Phase verschiebt, daß also eine Phasenänderung eintritt (vgl. Bild 1.1.2). Solche Phasenänderungen gasförmig/flüssig, flüssig/fest oder auch von einer Kristallart (z. B. kfz) in eine andere (z. B. krz) erfolgen nun nicht spontan und gleichzeitig im Gesamtvolumen, sondern finden in einem zeit- und temperaturabhängig verlaufenden Umlagerungsprozeß der Atome statt (s. Kap. 5). Dabei beginnt der Umwandlungsvorgang an einzelnen bevorzugten Stellen im Volumen, um von dort ausgehend das gesamte Volumen zu erfassen.

Dieser Vorgang beinhaltet somit eine Keimbildung und ein Keimwachstum, ausgelöst und angetrieben durch die geänderten Gleichgewichtsbedingungen beim Durchlaufen eines Umwandlungspunkts oder einer Umwandlungslinie. Bei einem solchen Vorgang findet die Umlagerung der Atome, z. B. von einer Phase α zu einer Phase β gegen den Widerstand des die Keimstellen umgebenden noch nicht umgewandelten Volumens – in diesem Beispiel der Phase α – statt (Bild 2.1). Dieser Vorgang entspricht einem einfachen mechanischen Modell, bei dem ein exzentrisch gelagertes Gewicht P, das um den Betrag h aus seiner Gleichgewichtslage herausgebracht worden ist, erst die Haftreibung R im Drehpunkt über-

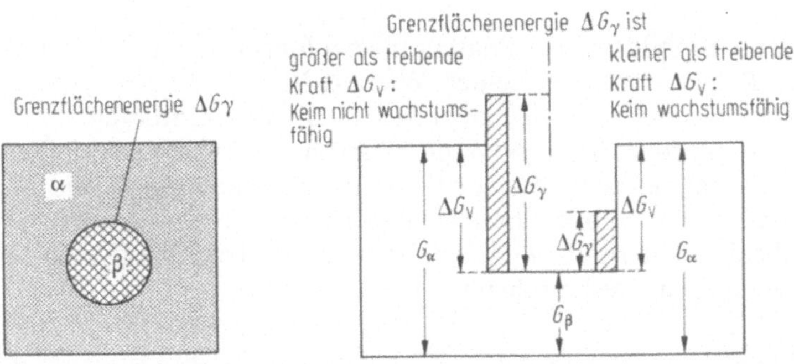

Bild 2.1. Vereinfachte Darstellung der Phasenumwandlung $\alpha \rightarrow \beta$. Die freie Enthalpie der β-Phase G_β ist geringer als die freie Enthalpie der α-Phase G_α. Der dadurch hervorgerufenen treibenden Kraft ΔG_V wirkt die zur Schaffung einer Grenzfläche zwischen der α- und der β-Phase notwendige Erhöhung ΔG_γ der freien Enthalpie entgegen. Wie später gezeigt wird, ist statt ΔG_V und ΔG_γ die *Änderung* dieser Größen bei Vergrößerung des Keims maßgebend für dessen Wachstumsfähigkeit

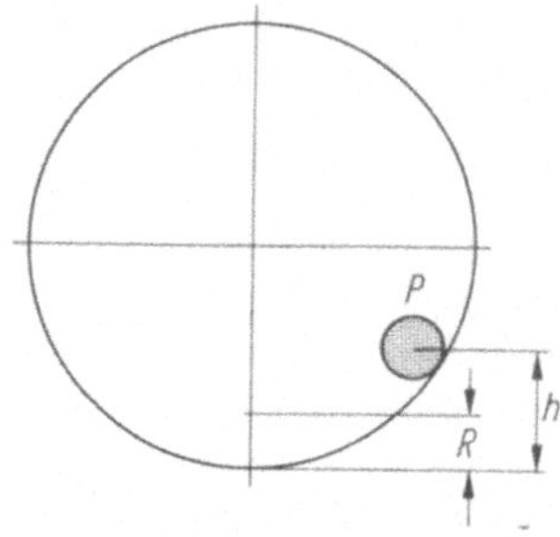

Bild 2.2. Mechanisches Modell zur Keimbildung

winden muß, um wieder in die Gleichgewichtslage zu kommen. Dazu ist ein entsprechender Überschuß an treibender Kraft erforderlich (Bild 2.2).

Übertragen auf den Verlauf der Gibbsschen freien Energie in Abhängigkeit von der Temperatur bedeutet das, daß die Umwandlung nicht unmittelbar am Umwandlungspunkt stattfindet, sondern daß erst ein Überschuß an freier Energie vorhanden sein muß, um die Keimbildungs- und Keimwachstumsarbeit zu liefern. Analog dem mechanischen Modell erfordert damit die Umwandlung eine entsprechende Temperaturdifferenz zum theoretischen Umwandlungspunkt, um damit einen entsprechenden Überschuß ΔG_V an Gibbsscher freier Energie zu liefern.

Je nach den Bedingungen kann sich eine Gleichgewichtsphase vollständig in eine andere Gleichgewichtsphase oder auch in eine Nichtgleichgewichtsphase umwandeln, oder es kann sich aus der Gleichgewichtsphase eine andere Phase ausscheiden, ohne die erste Phase vollständig aufzubrauchen, wie dies z. B. bei Ausscheidungsvorgängen, die über metastabile Zwischenphasen ablaufen, der Fall ist.

2.1 Keimbildung

2.1.1 Homogene Keimbildung

Zur Erläuterung der Keimbildung bei Phasenumwandlungen sei die Erstarrung der Schmelze einer Reinsubstanz betrachtet. Wie aus Bild 1.1.2 hervorgeht, ist unterhalb der Gleichgewichts-Schmelztemperatur T_G die freie Enthalpie G_f der festen Phase kleiner als die freie Enthalpie G_S der flüssigen Phase (Schmelze). Diese Differenz der freien Enthalpien ist verantwortlich dafür, daß unterhalb T_G die feste Phase die thermodynamisch stabile Phase ist und ist deshalb ein Maß für das Bestreben einer Substanz, unterhalb der Schmelztemperatur vom flüssigen in den festen Zustand überzugehen. Deshalb heißt die Größe

$$\Delta\bar{G} = \bar{G}_S - \bar{G}_f \tag{2.1.1}$$

treibende Kraft der Phasenumwandlung. Dabei sind $\bar{G}_S$ und $\bar{G}_f$ die molaren freien Enthalpien der Schmelze bzw. festen Phase (vgl. Abschn. 1.1.1).

Je größer $\Delta\bar{G}$ ist, desto weiter liegt die freie Enthalpie der festen Phase unter der der Schmelze, d. h. desto stärker ist das Bestreben der Umwandlung in den festen Zustand.

Wegen $G = H - TS$ gilt auch $\bar{G} = \bar{H} - T\bar{S}$ und es folgt aus (2.1.1)

$$\Delta\bar{G} = (\bar{H}_S - \bar{H}_f) - T(\bar{S}_S - \bar{S}_f) = \Delta\bar{H} - T\Delta\bar{S} \tag{2.1.2}$$

mit $\Delta\bar{H} = \bar{H}_S - \bar{H}_f$ als molarer Enthalpiedifferenz und $\Delta\bar{S} = \bar{S}_S - \bar{S}_f$ als molarer Entropiedifferenz.

Es ist zu beachten, daß $\Delta\bar{H}$ und $\Delta\bar{S}$ i. allg. temperaturabhängig sind. Bei der Gleichgewichts-Schmelztemperatur sind die freien Enthalpien der Schmelze und der festen Phase einander gleich, deshalb ist auch $\bar{G}_S = \bar{G}_f$ und $\Delta\bar{G} = 0$. Damit folgt aus (2.1.2)

$$\Delta\bar{S}(T_G) = \frac{\Delta\bar{H}(T_G)}{T_G} = \frac{\Delta\bar{H}_G}{T_G}\,. \tag{2.1.3}$$

$\Delta\bar{H}_G = \Delta\bar{H}(T_G)$ ist dabei die molare Schmelzwärme, d. h. die zum Aufschmelzen von 1 Mol (bzw. 1 Grammatom) einer Substanz benötigte Wärmemenge.

Mit (2.1.3) läßt sich für Temperaturen in der Nähe der Gleichgewichts-Schmelztemperatur T_G, d. h. für $T \approx T_G$, die treibende Kraft $\Delta\bar{G}$ der Erstarrung näherungsweise schreiben als

$$\Delta\bar{G} = \Delta\bar{H}_G - \frac{T}{T_G}\,\Delta\bar{H}_G = \frac{T_G - T}{T_G}\,\Delta\bar{H}_G\,. \tag{2.1.4}$$

Vom atomistischen Standpunkt aus ist der Verlauf der Erstarrung dadurch gekennzeichnet, daß sich in der Schmelze von Zeit zu Zeit infolge sog. thermischer Fluktuationen, d. h. durch die ungeordnete Wärmebewegung, einige wenige Atome bzw. Moleküle rein zufällig so anordnen, daß sie einen kleinen Kristalliten – einen sog. Keim – bilden. Auf diese Weise gebildete Keime heißen *homogene* Keime, da sie ausschließlich aus Atomen bzw. Molekülen der erstarrenden Substanz bestehen. Falls dies mit einer Verminderung der freien Enthalpie verbunden ist, können derartige Keimkristallite durch Anlagerung von Atomen aus der Schmelze wachsen und die Erstarrung beginnt. Anderenfalls lösen sich die zufällig gebildeten Keimkristallite wieder auf und die Schmelze bleibt in flüssigem Zustand.

Die Folgerungen, die sich hieraus für die Erstarrung ergeben, sollen am Beispiel eines Keims vom Volumen V_K untersucht werden. Ein derartiger Keim hat die Masse $m_K = \varrho_f V_K$, wobei ϱ_f die Dichte der betrachteten Reinsubstanz im festen Zustand ist. Die Zahl der Mole bzw. Grammatome n_K, die der Keim enthält, berechnet sich damit zu

$$n_K = \frac{\varrho_f}{M}\,V_K\,. \tag{2.1.5}$$

M ist dabei das Atom- bzw. Molekulargewicht der erstarrenden Substanz.

Den folgenden thermodynamischen Berechnungen wird ein geschlossenes System zugrunde gelegt, das folgendermaßen definiert ist: Durch gedankliche Systemgrenzen wird ein Gebiet der Schmelze, das den Keim enthält, vom Rest der Schmelze abgetrennt. Auf dieses System kann die Bedingung angewandt werden, daß bei konstantem Druck und konstanter Temperatur die freie Enthalpie eines geschlossenen Systems stets dem Minimum zustrebt.

Da es sich bei dem betrachteten System um ein geschlossenes System handelt, muß die Molzahl n innerhalb des Systems, d.h. innerhalb der gedanklichen Systemgrenzen, konstant bleiben. Vor der Keimbildung enthält das System die n Mole im flüssigen Zustand und hat deshalb die freie Enthalpie

$$G_0 = n\bar{G}_S. \tag{2.1.6}$$

Nach der Keimbildung enthält das System die n_K Mole des Keimkristalliten und $n - n_K$ Mole Schmelze. Die freie Enthalpie des Systms nach der Keimbildung ist

$$G = G_0 + \Delta G, \tag{2.1.7}$$

wobei ΔG die später zu berechnende Änderung der freien Enthalpie infolge der Bildung des Keimes ist.

Enthält die Schmelze mehrere Keime, so läßt sich um jeden dieser Keime herum ein derartiges System konstruieren, wobei die nachfolgenden thermodynamischen Betrachtungen für jedes einzelne dieser Systeme Gültigkeit besitzen und deshalb eine korrekte Beschreibung der mit der Keimbildung verbundenen Vorgänge bei der Erstarrung der Schmelze liefern.

Es soll nun die Änderung der freien Enthalpie unseres Systems ΔG infolge der Keimbildung berechnet werden.

Vor der Keimbildung lagen die n_K Mole, die den Keim bilden, in flüssigem Zustand vor und hatten deshalb die freie Enthalpie $n_K\bar{G}_S$. Nach der Keimbildung befinden sich die n_K Mole des Keims im festen Zustand und haben entsprechend die freie Enthalpie $n_K\bar{G}_f$.

Der aus der Erstarrung der n_K Mole zum Keimvolumen resultierende Beitrag zur Änderung der freien Enthalpie lautet deshalb

$$\Delta G_V = n_K\bar{G}_f - n_K\bar{G}_S = n_K(\bar{G}_f - \bar{G}_S). \tag{2.1.8}$$

Unter Benutzung von (2.1.1) ergibt sich

$$\Delta G_V = - n_K\Delta\bar{G}. \tag{2.1.9}$$

Einsetzen von n_K aus (2.1.5) liefert

$$\Delta G_V = -\frac{\varrho_f}{M}\Delta\bar{G}V_K = -\Delta g_V V_K. \tag{2.1.10}$$

Dabei ist

$$\Delta g_V = \frac{\varrho_f}{M}\Delta\bar{G} \tag{2.1.11}$$

die Änderung der freien Enthalpie pro Volumeneinheit des erstarrten Festkörpers, d.h. die Änderung der freien Enthalpie beim Aufschmelzen von 1 cm³ Festkörper (Einheit J/cm³).

Bei der Bildung eines Keimes muß auch eine Grenzfläche zwischen Keimkristallit und umgebender Schmelze geschaffen werden. Hiermit ist eine Erhöhung ΔG_γ der freien Enthalpie unseres Systems verbunden, die von der Grenzflächenspannung γ_{fs} zwischen Festkörper (Kristallit) und Schmelze der betrachteten Reinsubstanz sowie von der Größe der Oberfläche F_K des Keimkristalliten abhängt, gemäß

$$\Delta G_\gamma = \gamma_{fs} F_K . \tag{2.1.12}$$

Die gesamte Änderung ΔG der freien Enthalpie unseres Systems bei der Bildung eines Keimes mit dem Volumen V_K und der Oberfläche F_K ergibt sich als Summe der Beiträge (2.1.11) und (2.1.12) zu

$$\Delta G = -\Delta g_V V_K + \gamma_{fs} F_K . \tag{2.1.13}$$

Zur Auswertung von (2.1.13) sei der Einfachheit halber angenommen, daß der Keimkristallit die Form einer Kugel vom Radius r hat. Ein derartiger Keim hat das Volumen

$$V_K = \frac{4\pi}{3} r^3$$

und die Oberfläche $F_K = 4\pi r^2$.

Damit wird aus (2.1.13)

$$\Delta G(r) = -\frac{4\pi}{3} r^3 \Delta g_V + 4\pi r^2 \gamma_{fs} . \tag{2.1.14}$$

Diese Beziehung ist für $T < T_G$ in Bild 2.1.1 graphisch dargestellt.

Für $T \geqq T_G$ ist Δg_V negativ bzw. Null und $\Delta G(r)$ eine monoton steigende Funktion von r.

Nach der Keimbildung lautet die freie Enthalpie unseres Systems gemäß (2.1.7)

$$G(r) = G_0 + \Delta G(r) .$$

Bei Änderung des Keimradius r um dr ändert sich G um

$$\mathrm{d}G = \frac{\mathrm{d}G}{\mathrm{d}r} \mathrm{d}r .$$

Weil G_0 – die freie Enthalpie des Systems vor der Keimbildung – nicht vom Keimradius r abhängt gilt

$$\mathrm{d}G = \frac{\mathrm{d}\Delta G}{\mathrm{d}r} \mathrm{d}r . \tag{2.1.15}$$

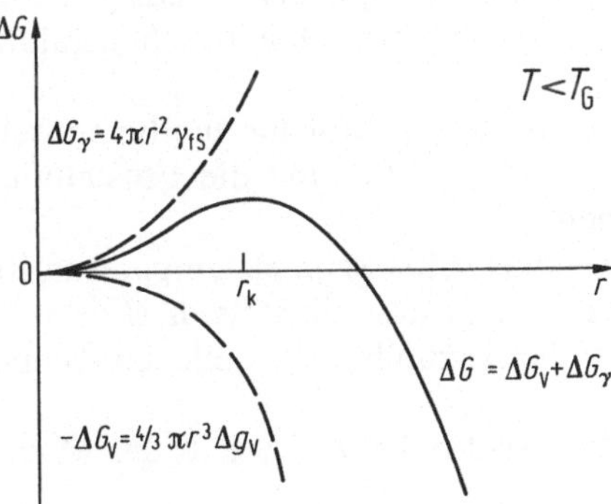

Bild 2.1.1. Verlauf der Gibbsschen freien Energie als Funktion des Keimradius

Da bei konstantem Druck und konstanter Temperatur die freie Enthalpie eines geschlossenen Systems stets dem Minimum zustrebt, muß für alle in unserem System isotherm und isobar ablaufenden Vorgänge die Bedingung $\mathrm{d}G < 0$ erfüllt sein. Speziell für Vorgänge, die zu einer Änderung des Keimradius r führen, muß gelten

$$\frac{\mathrm{d}\Delta G}{\mathrm{d}r}\,\mathrm{d}r < 0\,. \tag{2.1.16}$$

Damit ein Keim durch Anlagerung von Atomen aus der Schmelze wachsen kann, seinen Radius r also vergrößern kann ($\mathrm{d}r$ positiv) muß deshalb aufgrund von (2.1.16) die *Wachstumsbedingung* $\frac{\mathrm{d}\Delta G}{\mathrm{d}r} < 0$ erfüllt sein.

Ausführen der Differentiation liefert

$$4\pi r(-\Delta g_{\mathrm{V}} r + 2\gamma_{\mathrm{fs}}) < 0\,. \tag{2.1.17}$$

Daraus folgt

$$\Delta g_{\mathrm{V}} r > 2\gamma_{\mathrm{fs}}$$

oder

$$r > \frac{2\gamma_{\mathrm{fs}}}{\Delta g_{\mathrm{V}}}\,.$$

Die Größe

$$r_{\mathrm{K}} = \frac{2\gamma_{\mathrm{fs}}}{\Delta g_{\mathrm{V}}} \tag{2.1.18}$$

wird als *kritischer Keimradius* bezeichnet.

Ist also der Radius r eines zufällig gebildeten Keimes größer als der kritische Keimradius r_{K}, so wächst dieser Keim spontan weiter, wobei sich die freie Enthalpie unseres Systems erniedrigt.

Keime mit einem Radius größer als r_{K} sind wachstumsfähig und werden thermodynamisch stabile Keime genannt.

Ist umgekehrt der Radius eines zufällig gebildeten Keimes kleiner als der kritische Radius r_{K} nach (2.1.18), so ist $\mathrm{d}(\Delta G)/\mathrm{d}r > 0$ und deshalb $\mathrm{d}G < 0$ für $\mathrm{d}r < 0$. Derartige Keime lösen sich also unter Verringerung ihres Radius von selbst wieder auf, da hierbei die freie Enthalpie unseres Systems erniedrigt wird. Keime mit einem Radius kleiner als r_{K} heißen deshalb thermodynamisch instabile Keime.

Da die Erstarrung einer Schmelze durch das Wachstum thermodynamisch stabiler Keime erfolgt, ist es zweckmäßig, unter Keimbildung die Entstehung thermodynamisch stabiler Keime zu verstehen.

Speziell für $T \geqq T_{\mathrm{G}}$, also oberhalb der Gleichgewichts-Schmelztemperatur, ist $\Delta G(r)$ eine monoton wachsende Funktion von r und deshalb stets $\mathrm{d}\Delta G/\mathrm{d}r > 0$, d.h. oberhalb der Schmelztemperatur lösen sich alle zufällig enstandenen Keime wieder auf.

Beim kritischen Keimradius r_{K} ist $\mathrm{d}\Delta G/\mathrm{d}r = 0$, d.h. bei $r = r_{\mathrm{K}}$ tritt das Maximum der $\Delta G(r)$-Kurve in Bild 2.1.1 auf.

Unter Benutzung der Definition von Δg_V (2.1.11) und Einsetzen von $\Delta\bar{G}$ aus (2.1.4) folgt

$$\Delta g_V = \frac{\varrho_f}{M} \frac{T_G - T}{T_G} \Delta\bar{H}_G = \frac{\Delta T}{T_G} \Delta h . \tag{2.1.19}$$

In (2.1.19) ist $\Delta T = T_G - T$ die Unterkühlung (ΔT ist positiv für $T < T_G$) unter die Gleichgewichts-Schmelztemperatur und

$$\Delta h = \frac{\varrho_f}{M} \Delta\bar{H}_G$$

die Schmelzwärme pro Volumeneinheit der festen Phase d. h. die zum Aufschmelzen von 1 cm^3 Festkörper benötigte Wärmemenge.

Mit (2.1.19) wird aus (2.1.18)

$$r_K = \frac{2\gamma_{fs} T_G}{\Delta T \Delta h} . \tag{2.1.20}$$

Für die Wachstumsfähigkeit eines Keims vom Radius r muß $r > r_K$ gelten, d. h.

$$r > \frac{2\gamma_{fs} T_G}{\Delta T \Delta h}$$

oder umgeformt

$$\Delta T > \frac{2\gamma_{fs} T_G}{r \Delta h} . \tag{2.1.21}$$

Für die Wachstumsfähigkeit eines Keims vom Radius r muß also die Unterkühlung ΔT einen Mindestwert überschreiten, dessen Größe durch die rechte Seite der Ungleichung (2.1.21) gegeben ist. Die für das Wachstum homogener Keime von Radius r erforderliche Mindestunterkühlung ΔT_{hom} ergibt sich somit zu

$$\Delta T_{hom} = \frac{2\gamma_{fs} T_G}{r \Delta h} . \tag{2.1.22}$$

Zur Abschätzung von ΔT_{hom} nach (2.1.22) wird davon ausgegangen, daß ein zufällig durch thermische Fluktuationen entstandener homogener Keim einige wenige Atome enthält, seine Abmessungen also im Nanometerbereich liegen. Größenordnungsmäßig wird deshalb in (2.1.22)

$$r = 1\,\text{nm} = 10^{-7}\,\text{cm}$$

gesetzt.

Da sowohl die Schmelzwärme $\Delta\bar{H}_G$ als auch die Gleichgewichts-Schmelztemperatur T_G umso größer sind, je fester die Atome in einem Kristall aneinander gebunden sind, ist es verständlich, daß beide Größen einander näherungsweise proportional sind. Für Metalle mit kubisch-raumzentrierter Struktur und solche, die in dichtester Kugelpackung (kfz oder hdp) kristallisieren, gilt dabei größenordnungsmäßig

$$\Delta\bar{H}_G \approx 8{,}5\,\text{J}\,\text{mol}^{-1}\,\text{K}^{-1} \cdot T_G .$$

ϱ_f/M hat für Metalle die Größenordnung 0,1 mol/cm³. Damit wird

$$\Delta h \approx 0{,}85\,\mathrm{Jcm^{-3}K^{-1}} \cdot T_G .$$

Auch zur Abschätzung der Grenzflächenspannung γ_{fs} zwischen einem Festkörper und seiner Schmelze existiert für Metalle eine empirische Beziehung nach Turnbull; diese lautet

$$\gamma_{fs} \approx \frac{(\varrho_f/M)^{2/3}\,\Delta\bar{H}_G}{2\,N_L^{1/3}} .$$

Hierbei ist N_L die Loschmidt-Zahl ($6{,}022 \cdot 10^{23}\,\mathrm{mol^{-1}}$).

Einsetzen der Zahlenwerte liefert

$$\gamma_{fs} \approx 1{,}1 \cdot 10^{-8}\,\mathrm{Jcm^{-2}K^{-1}} \cdot T_G .$$

Mit diesen Werten wird aus (2.1.22)

$$\Delta T_{\mathrm{hom}} = \frac{0{,}22}{0{,}85} T_G = 0{,}25\,T_G . \tag{2.1.23}$$

Gleichung (2.1.23) besagt, daß eine erstarrende Schmelze um etwa 25% unter die Gleichgewichts-Schmelztemperatur (in Kelvin!) abgekühlt werden muß, damit homogene Keime wachstumsfähig werden und die Erstarrung beginnt. Bei Eisen (T_G ca. 1 800 K) bedeutet dies, daß unter den Bedingungen der homogenen Keimbildung die Erstarrung erst etwa 450 K unterhalb von T_G beginnt.

Da bei der Erstarrung die Schmelzwärme frei wird, steigt bei nicht zu rascher Abkühlung im weiteren Verlauf der Erstarrung die Temperatur bis auf T_G an, wo sich dann die Wärmezufuhr durch freiwerdende Schmelzwärme und die Wärmeabfuhr durch die Gefäßwände die Waage halten.

2.1.2 Heterogene Keimbildung

Derart starke Unterkühlungen, wie sie mit (2.1.23) für den Beginn der Erstarrung durch das Wachstum homogener Keime abgeschätzt wurden, können zwar in Laborexperimenten unter Bedingungen strengster Sauberkeit beobachtet werden, gewöhnlich beginnt die Erstarrung jedoch bei wesentlich geringeren Unterkühlungen knapp unterhalb der Schmelztemperatur T_G.

Es liegt nahe anzunehmen, daß dieses Verhalten auf die Unterstützung der Kristallisation durch in der Schmelze schwebende Fremdpartikel zurückzuführen ist. Derartige Fremdpartikel, die die Kristallisation der Schmelze einer Substanz unterstützen, heißen Kristallisatoren und sind umso wirksamer, je ähnlicher ihre Kristallstruktur der Kristallstruktur der erstarrenden Substanz ist.

Die Rolle solcher Kristallisatoren beim Erstarrungsprozeß soll anhand des folgenden stark vereinfachten Modells plausibel gemacht werden. Hierzu wird ein kugelförmiges einkristallines Fremdpartikel (Kristallisator) vom Radius R, das in der Schmelze einer Reinsubstanz schwebt, betrachtet (Bild 2.1.2).

An der Oberfläche dieses Fremdpartikels bildet sich eine dünne Schicht aus adsorbierten – d.h. physikalisch an die Oberflächenatome des Fremdpartikels

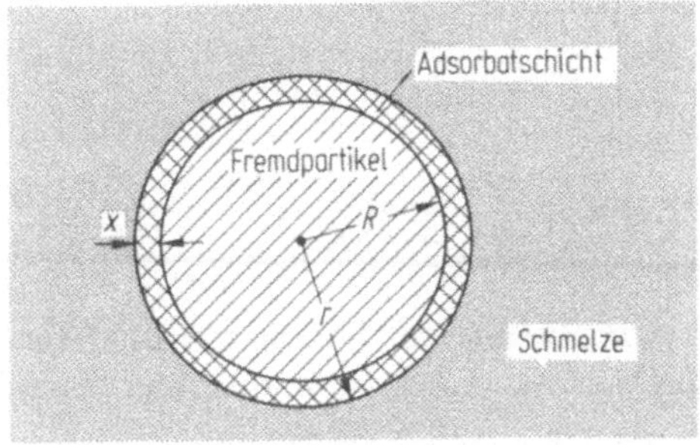

Bild 2.1.2. Modell zur Wirkung von Kristallisatoren beim Erstarrungsprozeß

gebundenen – Atomen bzw. Molekülen der Schmelze. Die Dicke der Adsorbatschicht beträgt einige wenige Atomlagen und wird mit x bezeichnet. Falls die Kristallstruktur der Substanz der Schmelze und die Kristallstruktur des Fremdpartikels einander hinreichend ähnlich sind, entspricht die Atomanordnung in der Adsorbatschicht genau der Atomordnung in den Kristalliten, die sich beim Erstarren der Schmelze bilden, da die Atomanordnung in der Adsorbatschicht durch die Anordnung der Oberflächenatome des Fremdpartikels bestimmt wird. Die Adsorbatschicht stellt deshalb einen hohlkugelförmigen Kristalliten dar, der durch Anlagerung von Atomen bzw. Molekülen der Schmelze weiterwachsen und so die Erstarrung einleiten kann, wenn dies unter Verringerung der freien Enthalpie möglich ist. Auf diese Weise wirkt das Fremdpartikel mit seiner kristallinen Adsorbatschicht als Kristallisationskeim. Derartige Kristallisationskeime, die unter Beteiligung von Fremdsubstanzen gebildet werden, heißen *heterogene* Keime.

Die kristalline Adsorbatschicht auf dem Fremdpartikel hat die Form einer Hohlkugel mit dem Innenradius R und dem Außenradius $r = R + x$. Ihr Volumen ergibt sich deshalb zu

$$V_K = \frac{4\pi}{3} r^3 - \frac{4\pi}{3} R^3 .$$

In diesem Volumen sind wieder

$$n_K = \frac{\varrho_f}{M} V_K$$

Mole bzw. Grammatome enthalten (vgl. (2.1.5)). Die Änderung der freien Enthalpie durch Kristallisation dieser n_K Mole lautet in Analogie zu (2.1.10)

$$\Delta G_V = -\Delta g_V V_K = -\Delta g_V \left(\frac{4\pi}{3} r^3 - \frac{4\pi}{3} R^3\right). \tag{2.1.24}$$

Die Änderung der freien Enthalpie durch Bildung der Grenzfläche zwischen kristalliner Adsorbatschicht und Schmelze lautet wieder (vgl. (2.1.12))

$$\Delta G_\gamma = 4\pi r^2 \gamma_{fs} . \tag{2.1.25}$$

Für die Änderung der freien Enthalpie durch Bildung der Grenzfläche zwischen Fremdpartikel und kristalliner Adsorbatschicht gilt analog

$$\Delta G_{ads} = 4\pi R^2 \gamma_{ads} , \qquad (2.1.26$$

wobei $\gamma_{\rm ads}$ die Adsorptionsenergie pro Flächeneinheit ist. (Bei starker Bindung zwischen Adsorbatschicht und Fremdpartikel ist $\gamma_{\rm ads}$ negativ.) Die gesamte Änderung der freien Enthalpie bei der Bildung eines heterogenen Keimes ergibt sich aus der Summe der Beiträge (2.1.24) bis (2.1.26) zu

$$\Delta G(r) = -\frac{4\pi}{3} r^3 \Delta g_{\rm V} + 4\pi r^2 \gamma_{\rm fS} + \frac{4\pi}{3} R^3 \Delta g_{\rm V} + 4 r R^2 \gamma_{\rm ads} . \tag{2.1.27}$$

Damit ein Keim durch Anlagerung von Atomen aus der Schmelze unter Vergrößerung seines Außenradius r ($\mathrm{d}r$ positiv) wachsen kann, muß auch hier genau wie im Fall der homogenen Keimbildung die Wachstumsbedingung

$$\frac{\mathrm{d}\Delta G}{\mathrm{d}r} < 0$$

erfüllt sein.

Ausführen der Differentiation ergibt

$$4\pi r(-\Delta g_{\rm V} r + 2\gamma_{\rm fS}) < 0 . \tag{2.1.28}$$

Dieser Ausdruck ist identisch mit (2.1.17). Deshalb vollzieht sich die weitere Berechnung genau wie bei der homogenen Keimbildung im Anschluß an (2.1.17), und die für das Wachstum heterogener Keime vom Außenradius r erforderliche Mindestunterkühlung $\Delta T_{\rm het}$ kann sofort angegeben werden als

$$\Delta T_{\rm het} = \frac{2\gamma_{\rm fS} T_{\rm G}}{r \Delta h} . \tag{2.1.29}$$

Im Unterschied zu (2.1.22) ist hier jedoch für r der Außenradius eines heterogenen Keimes einzusetzen. Da einkristalline Fremdpartikel, die durch Aufbau einer kristallinen Adsorbatschicht als Kristallisationskeime wirken können, Ausdehnungen von 0,1 μm = 100 nm erreichen können und die Adsorbatschicht selbst weniger als 1 nm dick ist, wird zur Abschätzung von $\Delta T_{\rm het}$ in (2.1.29) $r = 100$ nm gesetzt. Dieser Wert ist 100mal größer als der Wert für r im Falle der homogenen Keimbildung. Deshalb ist $\Delta T_{\rm het}$ nach (2.1.29) 100mal kleiner als $\Delta T_{\rm hom}$ nach (2.1.23), also

$$\Delta T_{\rm het} \approx 0{,}25 \cdot 10^{-2} T_{\rm G} . \tag{2.1.30}$$

Gleichung (2.1.30) besagt, daß eine erstarrende Schmelze um größenordnungsmäßig 0,25% unter die Gleichgewichts-Schmelztemperatur abgekühlt werden muß, damit heterogene Keime wachstumsfähig werden und die Erstarrung beginnt.

Daß die für den Beginn der Erstarrung durch heterogene Keimbildung erforderlichen Unterkühlungen wesentlich geringer sind als die für den Beginn der Erstarrung durch homogene Keimbildung, hat zur Folge, daß bei Abkühlung einer Schmelze die Temperatur für den Beginn der Erstarrung durch heterogene Keimbildung zuerst erreicht wird. Aus diesem Grunde erfolgt die Erstarrung von Schmelzen üblicherweise durch heterogene Keimbildung, während die homogene Keimbildung nur in Ausnahmefällen zu beobachten ist.

Bei der Erstarrung durch heterogene Keimbildung wird die Zahl der Keime durch die Zahl der in der Schmelze schwebenden Fremdpartikel bestimmt und kann insbesondere durch gezielte Zugabe von Kristallisatoren beeinflußt werden. So führt beispielsweise eine feindisperse Verteilung von Kristallisatoren in der Schmelze dazu, daß bei Überschreiten der erforderlichen Unterkühlung ΔT_{het} eine große Anzahl von Keimen gleichzeitig zu wachsen beginnt. Die vollständig erstarrte Schmelze enthält deshalb sehr viele und enstprechend kleine Kristallite (Körner), es ist also ein feinkörniges Erstarrungsgefüge entstanden.

Gebrauch davon läßt sich auch beim Unterpulver(UP)-Schweißen machen. Das zur Gewährleistung guter Zähigkeitswerte angestrebte feine Erstarrungsgefüge im Schweißgut wird durch Pulverzusätze erreicht, die als Kristallisatoren wirksam werden, wie seltene Erdmetalle, z. B. Cer.

Bei den Phasenumwandlungen fest/fest, also bei den polymorphen Umwandlungen, ist häufig ebenfalls Keimbildung erforderlich. Dabei werden die als heterogene Keime wirkenden Gitterdeformationen vielfach durch die verschiedenen Typen der Gitterstörungen bewirkt. Es gehören dazu Versetzungen, Stapelfehler, Korngrenzen und Zwillingsgrenzen. Die Wirksamkeit der Keimbildung ist umso größer, je stärker sich an diesen Stellen die Abweichungen im Gitterbau an die Parameter der sich aus der Ausgangsphase bildenden Endphase annähern.

2.2 Wachstum der Phasen

Nach Überschreiten der kritischen Keimgröße, d. h. nach einer Inkubationsperiode, beginnt das ungestörte Phasenwachstum, wobei im Falle der vollständigen Umwandlung die Ausgangsphase durch die sich neu bildende Phase aufgebraucht wird. Bei Ausscheidungsvorgängen scheidet sich aus einer bestehenden und bei der Auslagertemperatur nicht im Gleichgewichtszustand befindlichen Ausgangsphase eine neue Phase aus, ohne daß die Ausgangsphase vollständig aufgebraucht wird. Im Falle der vollständigen Umwandlung tritt eine Verminderung der Umwandlungsgeschwindigkeit dann ein, wenn sich die neu gebildeten Bereiche gegenseitig berühren und das weitere Wachstum dadurch eine Behinderung erfährt. Es ergibt sich daraus ein zeitlicher Verlauf von Umwandlungsvorgängen in Form einer S-Kurve (Bild 2.2.1). Dieser zeitliche Verlauf findet sich bei den meisten polymorphen Umwandlungen, bei der Rekristallisation (vgl. Band I, Kap. 9, insbesondere (9.3.2)) und beim Erstarren aus der Schmelze.

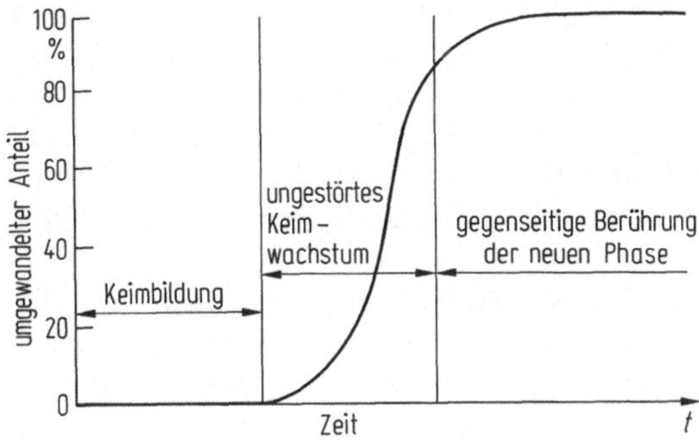

Bild 2.2.1. Zeitlicher Verlauf einer vollständigen Umwandlung einer Phase α in eine Phase β

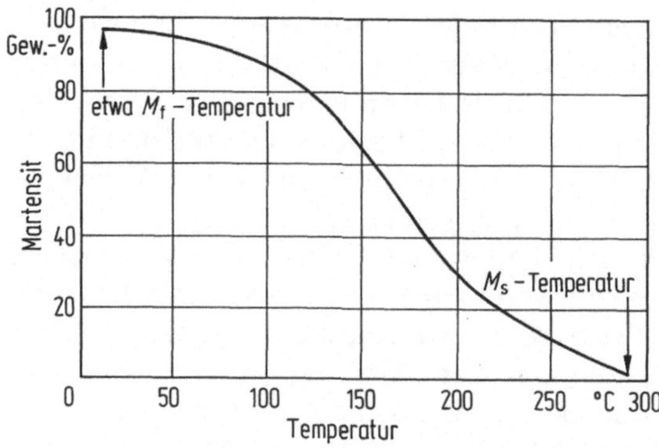

Bild 2.2.2. Verlauf der athermischen Martensitumwandlung in Abhängigkeit von der Zusammensetzung. M_s Beginn der Martensitbildung; M_f Ende der Martensitbildung

Unter den Umwandlungsvorgängen zeichnet sich die Martensitumwandlung dadurch aus, daß diese athermisch, also nicht diffusionsgesteuert und damit nicht zeitabhängig verläuft. Nach einer Inkubationsperiode – die auch hier gegeben ist – ist das umgewandelte Volumen nur abhängig von der Unterkühlung unter den Beginn der Martensitbildung (Bild 2.2.2) (vgl. Abschn. 5.1).

Unter der Annahme völlig isotroper Ausgangs- und Endphase und ohne äußere Einflüsse auf das Wachstum der Phase wäre aus energetischen Gründen die Ausbreitung der Endphase in Kugelform anzunehmen (vgl. (2.1.13); bei gegebenem Volumen V_K hat eine Kugel die geringste Oberfläche F_K). In den kristallin aufgebauten Metallen ergeben sich jedoch erhebliche Abweichungen von der kugelförmigen Ausbreitung durch die Kinetik der Wachstumsvorgänge, durch die Abhängigkeit der Oberflächenenergie von der Richtung kristalliner Ebenen, durch bevorzugte Wachstumsrichtungen in Abhängigkeit von Kristallorientierungen und schließlich – insbesondere bei der Erstarrung – durch die Richtung des Wärmetransports. Bei den diffusionsgesteuerten Umwandlungsvorgängen ist das Wachstum der Endphase bestimmt durch die Übertrittsgeschwindigkeit der Atome von der Ausgangsphase über eine Grenzfläche zwischen den Phasen in die Endphase.

Die treibende Kraft ΔG_V zum Übertritt der Atome in die Endphase wächst mit zunehmender Unterkühlung unter die Umwandlungstemperatur, d.h. die Tendenz zum Übertritt durch die Grenzfläche und damit das Bestreben zur Phasenumwandlung wächst. Dem steht entgegen, daß mit zunehmender Unterkühlung der Diffusionskoeffizient abnimmt und damit die Umwandlung behindert wird. Damit ergibt sich eine Temperaturabhängigkeit der Phasenwachstumsgeschwindigkeit, die bei einer bestimmten Unterkühlung ein Maximum durchläuft, um dann wieder abzunehmen (Bild 2.2.3). Aus den geometrischen Verhältnissen und aus der Kinetik des Übergangs von einer in die andere Phase ergibt sich auch, daß ein kugelförmiges Teilchen am langsamsten wachsen würde, da in diesem Fall die Diffusionswege am längsten wären. Platten oder stäbchenförmige Volumina können dagegen schneller wachsen.

Während Umwandlungsvorgänge ohne Konzentrationsänderungen – also Erstarrung und allotrope Umwandlungen reiner Metalle – bei einer bestimmten Temperatur mit zugeordnet konstanter Geschwindigkeit ablaufen, werden bei Umwandlungsvorgängen in Legierungen Einflüsse durch Konzentrationsver-

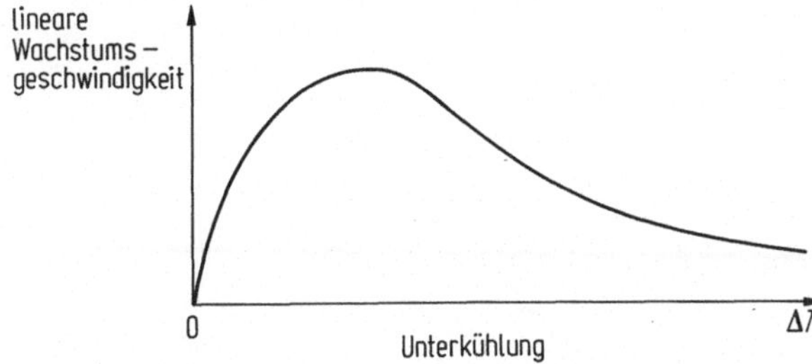

Bild 2.2.3. Verlauf der Wachstumsgeschwindigkeit in Abhängigkeit von der Unterkühlung

schiebungen auf die Umwandlungsgeschwindigkeit wirksam. Bei unterschiedlicher Löslichkeit einer Legierungskomponente in der Phase α und der Phase β bildet sich gleichzeitig mit der Umwandlung um die Endphase eine sich vergrößernde Diffusionszone aus. Die zum Wachstum der Phase erforderlichen Atome der Komponente, die sich in der Endphase anreichert, müssen zunehmend weitere Wege zurücklegen, wodurch sich die Umwandlungsgeschwindigkeit bei konstanter Temperatur mit der Zeit vermindert. Erfolgt die Umwandlung an einem eutektoiden Punkt (vgl. Abschn. 1.2.2.3), so können sich bei etwa gleicher Keimbildungswahrscheinlichkeit für zwei Phasen keine weitreichenden Diffusionszonen bilden, so daß ein sehr feines Gefüge durch zellulares Wachstum erfolgt. Die Entmischung der Ausgangsphase findet somit an der Wachstumsfront statt. Im Falle der Erstarrung führt die Entmischung zur sog. konstitutionellen Unterkühlung, die schließlich ein in Abhängigkeit von Konzentrationsverschiebung durch Entmischung unterschiedliches Erstarrungsgefüge bewirkt (s. Kap. 3).

3 Erstarrungsvorgänge

Die Kristallisation aus der Schmelze, also die Erstarrungsvorgänge, sind für die Erzeugung von Vormaterial (Blöcke, Brammen) und für die Fertigung von Endprodukten durch Gießen von hoher praktischer Bedeutung. Bei der Erstarrung ist grundsätzlich zu unterscheiden zwischen:

- Erstarrung reiner Metalle,
- einphasige Erstarrung mit Konzentrationsänderungen (z. B. im Mischkristall),
- mehrphasige Erstarrung (z. B. bei der Bildung von Eutektika oder Peritektika).

3.1 Erstarrung reiner Metalle

Die Erstarrung reiner Metalle wird nach einer heterogenen Keimbildung, wie sie in der Praxis stets gegeben ist, durch Art und Geschwindigkeit des Übertritts der Atome von der flüssigen in die feste Phase bestimmt. Bei der Anlagerung der Atome an den wachsenden Kristalliten wird eine beträchtliche Schmelzwärme frei. Dadurch verringert sich die Unterkühlung an der Wachstumsfront, wodurch sich eine Verringerung der Wachstumsgeschwindigkeit ergibt. Die sich schließlich stationär einstellende Erstarrungsgeschwindigkeit ist von der Geschwindigkeit der Wärmeabfuhr aus der Kristallisationsfront abhängig. Die Form der Erstarrung ergibt sich aus dem Temperaturgradienten an der Wachstumsfront und damit aus der Richtung der Wärmeabfuhr. Beim Wachstum eines frei in der Schmelze erstarrenden Kristalliten stellt sich durch die frei werdende Schmelzwärme unmittelbar an der Wachstumsfront eine höhere Temperatur ein, als in der umgebenden Schmelze. Die Wärme wird also über die Schmelze abgeführt. Das Wachstum wird dabei aufrechterhalten, indem der Kristallit mit zahlreichen Zweigen und Verästelungen in die kältere Schmelze vorwächst. Solche frei in der Schmelze wachsenden Kristallite haben somit eine Dendritenform, wobei die Dendritenäste bevorzugt in den Richtungen mit den niedersten Kristallindizierungen wachsen. Es sind dies die Richtungen $\langle 100 \rangle$ bei kfz- und bei krz-Gittern, sowie $\langle 0001 \rangle$ bei hexagonalem Gitter. Unter Verbrauch der Restschmelze in den interdendritischen Räumen schließen sich die Dendriten zum homogenen Festkörper zusammen, wobei sich die für das Gefüge der Metalle kennzeichnende Kornform einstellt. Im Falle des reinen Metalls sind die Dendriten dann nicht mehr sichtbar (Bild 3.1.1) im Gegensatz zu Legierungen, wo sie sich durch die unterschiedliche Zusammensetzung der zuerst und zuletzt erstarrten Bereiche abbilden.

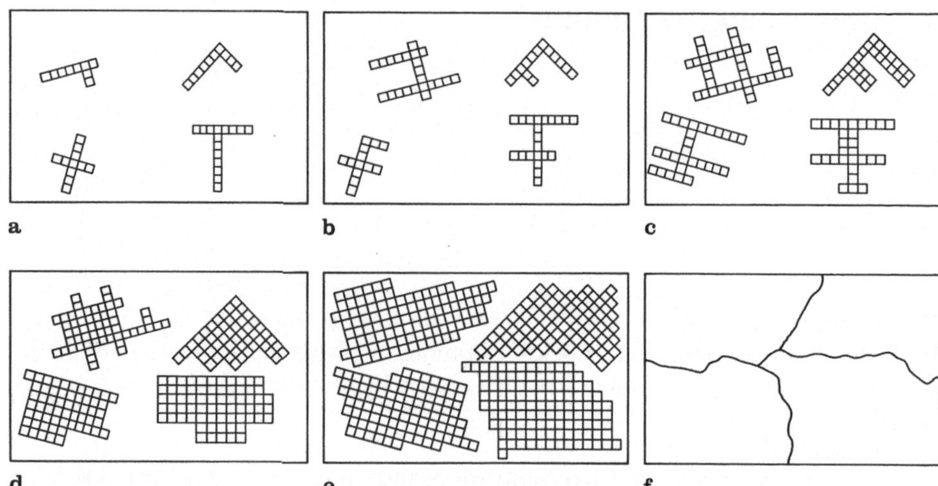

Bild 3.1.1 a–f. Ausbreitung der in einer reinen Metallschmelze zur Kornform zusammenwachsenden Kristallite

Wenn die Kristallite kühler sind als die umgebende Schmelze, so wachsen diese nicht mehr in der beschriebenen dendritischen Form, sondern dringen in glattflächiger polygonaler Form in die flüssige Schmelze vor. Die wachsenden Kristallitbereiche wandern dabei in Zonen höherer Temperaturen und die Atome lagern sich in die energetisch günstigsten Ebenen dichtester Packung ein. Um solche Bedingungen zu haben, muß die Schmelzwärme aus dem Kristalliten rascher abgeführt werden, als die Wachstumsfront fortschreitet. Dies kann z. B. dann der Fall sein, wenn die Kristalliten unmittelbar mit der kalten Kokillenwand in Berührung stehen oder bei Oberflächen, die aus dem Schmelzfluß metallisiert werden, z. B. beim Belotungsprozeß (Bild 3.1.2).

Form und Größe der sich durch den Zusammenschluß der wachsenden Keime bildenden Kristallite hängen wiederum von den Keimbildungsbedingungen und den durch die Wärmeabfuhr gegebenen Wachstumsbedingungen ab. Bei hoher Keimbildungsrate und vergleichsweise geringer Wachstumsgeschwindigkeit bildet sich ein feinkristallines Gußgefüge. Solche Bedingungen liegen unmittelbar an der kalten Kokillenwand und bei Anwesenheit einer ausreichend großen Zahl von hochschmelzenden Verunreinigungen als Keimbildner vor. Folgerichtig ergibt sich, daß bei schneller Abkühlung, z. B. in Stahlkokillen, ein feineres Gußgefüge als bei langsamer Abkühlung, z. B. in Kunstharz- oder Sandkokillen, erreicht wird.

Die dargestellten Abhängigkeiten des Erstarrungsgefüges von den Abkühlbedingungen führen in Rand- und Kernbereichen eines gegossenen Querschnitts zu entsprechend unterschiedlichen Gefügen (Bild 3.1.3). So entsteht unmittelbar an einer kalten Kokillenwand ein feinkörniges Gefüge, das sich infolge ebener Wachstumsfronten globular ausbildet. Die Kristallitgrößen nehmen nach dem Querschnittsinneren zu infolge der Wachstumsgeschwindigkeit, die zunehmend größer wird im Vergleich zur Keimbildungsrate. Durch den Wärmetransport in Richtung zur Kokillenwand nehmen dabei die Kristallite zunehmend stengelige

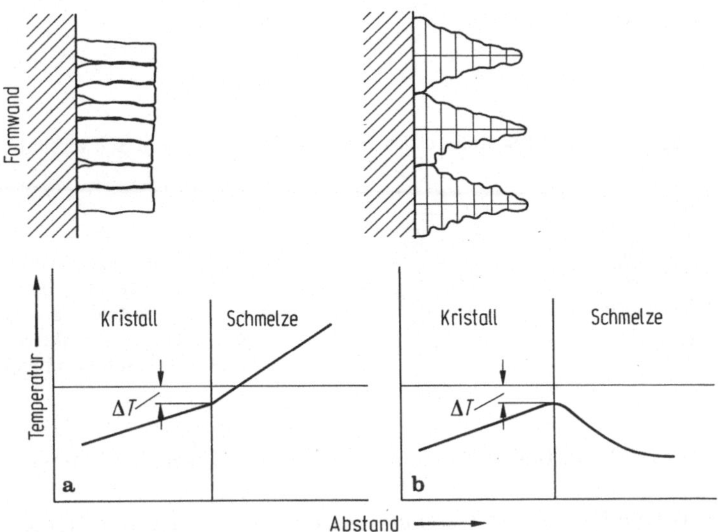

Bild 3.1.2. Abhängigkeit der Wachstumsform der Kristallite von der Richtung der Wärmeabfuhr an der Erstarrungsfront. **a** polygonale Form; **b** dendritische Form

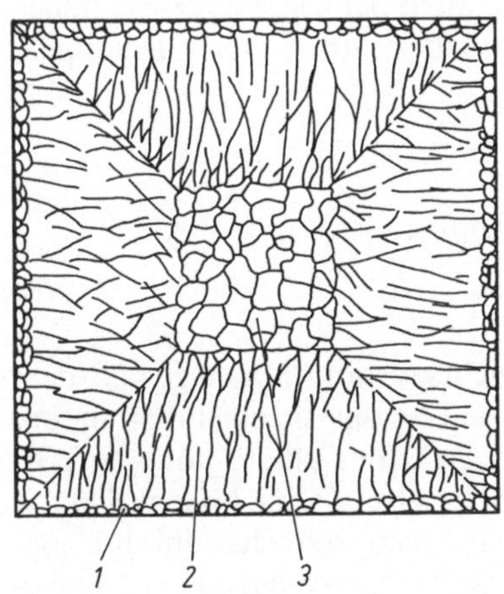

Bild 3.1.3. Gefügebereiche im Querschnitt eines Gußblockes. *1* feinkristalline globulare äußere Zone, *2* Transkristallisationszone, *3* grobkristalline globulare innere Zone

bzw. säulenförmige Gestalt an; derartige Kristallite werden Transkristallite genannt. Die Wachstumsfront ist dabei noch glattflächig ausgebildet, bedingt durch die Richtung des Temperaturgradienten. Mit zunehmender Entfernung von der Kokillenwand stellen sich dann die Bedingungen ein, die zu einer dendritischen Ausbildung der Wachstumsfront führen. Die Wärmeabfuhr erfolgt dann bedingungsgemäß stärker vom erstarrenden Kristalliten in die zunehmend unterkühlte Schmelze. Diese Bedingungen sind dann besonders ausgeprägt, wenn zusätzlich die sog. konstitutionelle Unterkühlung auftritt (s. Abschn. 3.2). Mit weiter zunehmendem Abstand von der Kokillenwand, also zur Mitte des Querschnitts hin, wird dann oft wieder ein sehr feinkörniges Gußgefüge beobachtet. Dies ist bedingt durch die Anreicherung hochschmelzender Verunreinigungen in der Restschmelze

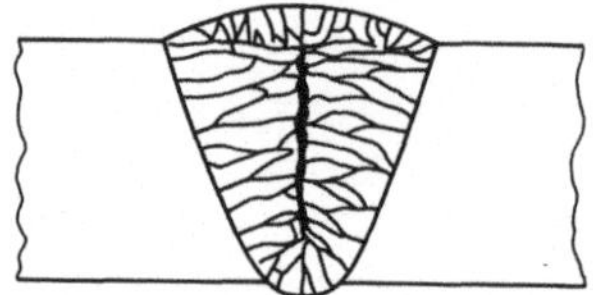

Bild 3.1.4. Aufbau des Gefüges einer einlagigen Schweißnaht

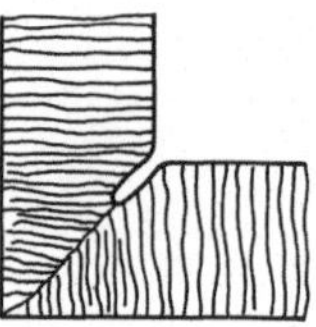

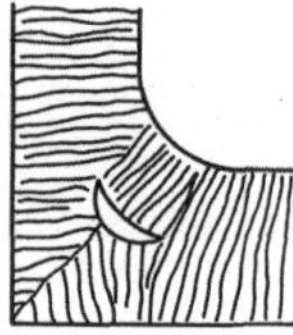

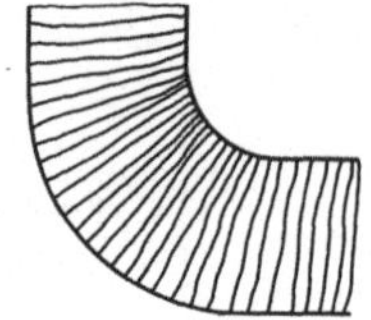

Bild 3.1.5. Stengelkristallite im Kantenbereich einer Wand, Lunkerbildung bei ungünstiger konstruktiver Gestaltung. (Nach Borchers)

mit entsprechend erhöhter Keimbildungsrate gegenüber der Keimwachstumsgeschwindigkeit.

Das durch Stengelkristallite gekennzeichnete Gefüge findet sich grundsätzlich auch in Schweißnähten, wenn dort auch infolge der Größenverhältnisse und der damit gegebenen Erstarrungsbedingungen die globularen Zonen nicht in gleicher Weise wie beschrieben hervortreten (Bild 3.1.4, vgl. Band I, Bild 5.1.4). Die Mittellinie oder Skelettlinie stellt bei Schweißungen wie auch bei gegossenen Bauteilen einen Schwachpunkt dar, der bei mechanischer Überlastung einen Bruchpfad vorgibt (Bild 3.1.5).

3.2 Einphasige Erstarrung von Legierungen mit Konzentrationsänderungen

Beim Erstarren von Legierungen im Gleichgewichtszustand findet gemäß dem Hebelgesetz eine Entmischung, d. h. eine Konzentrationsverschiebung in der festen und der flüssigen Phase statt (s. Abschn. 1.2.2.1). Im Fall der höheren Löslichkeit einer Legierungskomponente B in der Schmelze als im Mischkristall α (Verteilungskoeffizient < 1, s. Abschn. 1.2.2.1) wird sich zunächst ein B-armer Mischkristall bilden, wobei die Restschmelze sich entsprechend an der Legierungskomponente B anreichert.

Im Fall der Erstarrung eines reinen Metalls wurde gezeigt, daß die Kristallisationsfront dann instabil wird – säulen- und dendritenförmige Kristallisation –, wenn die Temperatur über die Schmelze abgeführt wird, diese also gegenüber der Kristallisationsfront kühler ist. Bei Legierungen liegt im Gegensatz zum reinen Metall kein Erstarrungspunkt sondern ein Erstarrungsintervall ΔT vor. Durch die Anreicherung der Restschmelze vor der Erstarrungsfront wird das Erstarrungsintervall noch vergrößert, da die Erstarrungstemperatur der Restschmelze absinkt. Im Vergleich zum vorgegebenen Temperaturverlauf erfährt die Restschmelze somit eine Unterkühlung, die als konstitutionelle Unterkühlung bezeichnet wird.

Die konstitutionelle Unterkühlung soll am Beispiel der langsamen Erstarrung einer Schmelze erläutert werden. Dabei wird der Einfachheit halber angenommen,

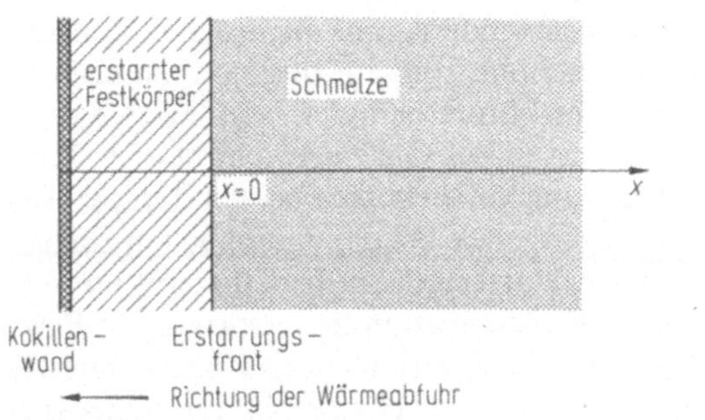

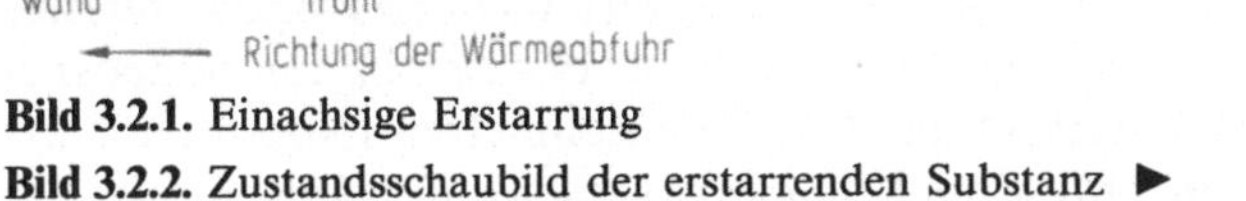

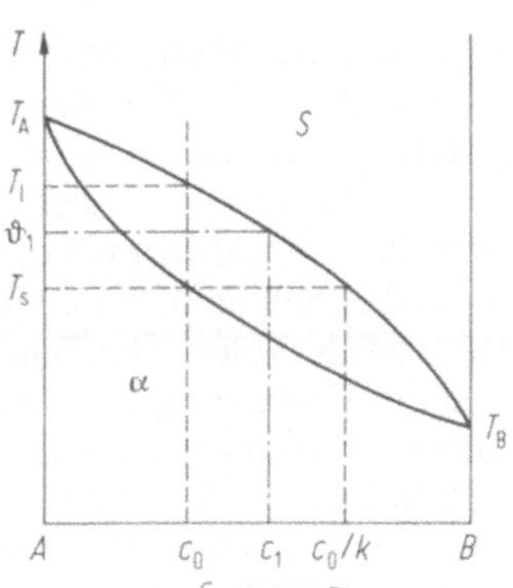

Bild 3.2.1. Einachsige Erstarrung

Bild 3.2.2. Zustandsschaubild der erstarrenden Substanz ▶

daß die Wärmeabfuhr aus der Schmelze in *einer* Richtung, z. B. in Richtung der negativen x-Achse erfolgt (Bild 3.2.1). Diese Form der Erstarrung heißt einachsige Erstarrung.

Die erstarrende Substanz bestehe aus zwei Komponenten A und B, die sowohl im flüssigen als auch im festen Zustand vollkommen ineinander löslich sind. Das Zustandsschaubild sei durch Bild 3.2.2 gegeben. Der B-Gehalt der Schmelze sei c_0 Masse-% (Ausgangskonzentration). Da die Wärmeabfuhr aus der Schmelze in Richtung der negativen x-Achse erfolgt, beginnt die Erstarrung an der Kokillenwand und schreitet langsam in das Innere der Schmelze fort. Auf diese Weise bildet sich eine ebene Erstarrungsfront, d. h. eine ebene Grenzfläche zwischen Schmelze und bereits erstarrtem Festkörper, die langsam in Richtung der positiven x-Achse wandert. Zu einem beliebigen Zeitpunkt befinde sich die Erstarrungsfront bei $x = 0$, x ist also die Entfernung von der Erstarrungsfront. Die Erstarrung soll nicht zu rasch erfolgen, so daß sich zu jedem Zeitpunkt das Gleichgewichts-Zustandsschaubild auf die Vorgänge an der Erstarrungsfront anwenden läßt, daß also dort *lokales* thermodynamisches Gleichgewicht vorliegt. Dies bedeutet, daß die B-Konzentrationen des Festkörpers und der Schmelze, die sich an der Erstarrungsfront im Gleichgewicht miteinander befinden, durch die Solidus- bzw. Liquiduslinie des Zustandsschaubilds gegeben sind (vgl. die Diskussion der Erstarrung im Zusammenhang mit Bild 1.2.5).

Unter diesen Bedingungen beginnt die Erstarrung an der Kokillenwand, wenn dort die Temperatur auf die zur B-Konzentration c_0 gehörende Liquidustemperatur T_l gefallen ist. An der Kokillenwand bilden sich dann B-arme Mischkristalle, deren B-Konzentration durch den Schnittpunkt der bei $T = T_l$ verlaufenden Konode mit der Soliduslinie des Zustandsschaubilds gegeben ist. Da diese Konzentration kleiner als c_0 ist, werden hierbei überschüssige B-Atome an die Schmelze abgegeben.

Der weitere Verlauf der Erstarrung hängt nun davon ab, was im folgenden mit diesen überschüssigen B-Atomen geschieht. Ist die Diffusionsgeschwindigkeit der B-Atome in der Schmelze sehr viel größer als die Erstarrungsgeschwindigkeit, verteilen sich die überschüssigen B-Atome rasch gleichmäßig über das gesamte Volumen der Schmelze, deren B-Konzentration dadurch überall bei c_0 verbleibt, falls das von der Schmelze eingenommene Volumen hinreichend groß ist (im

Idealfall unendlich groß). Dies bedeutet insbesondere, daß auch die B-Konzentration der Schmelze, die sich an der Erstarrungsfront im thermodynamischen Gleichgewicht mit dem bereits erstarrten Festkörper befindet, beim Wert c_0 verbleibt. Aufgrund des Zustandsschaubilds liegt dieses Gleichgewicht bei der Temperatur T_l vor, d. h. auch die weitere Erstarrung vollzieht sich bei der Temperatur T_l, wobei sich dann genau die gleichen Vorgänge wie bei der anfänglichen Erstarrung wiederholen. Die Temperatur an der Erstarrungsfront behält somit im Verlauf der Erstarrung den Wert T_l und die B-Konzentration des erstarrenden Festkörpers wird durch den Schnittpunkt der bei $T = T_l$ verlaufenden Konode mit der Soliduslinie des Zustandsschaubilds bestimmt, d. h. bei der Erstarrung bildet sich B-armer Mischkristall. Dieser Fall ist für das Zonenschmelzen (Abschn. 1.2.3.1) bedeutsam und setzt eine sehr langsame Erstarrungsgeschwindigkeit voraus.

In der Praxis ist die Erstarrungsgeschwindigkeit jedoch meist so hoch, daß sich in der Schmelze kein vollständiger Konzentrationsausgleich durch Diffusion mehr einstellen kann. (Die Diffusion im Festkörper kann unter diesen Umständen vollständig vernachlässigt werden.)

In diesem Fall verbleiben die bei der anfänglichen Erstarrung an der Kokillenwand an die Schmelze abgegebenen B-Atome teilweise an der Grenzfläche Festkörper/Schmelze, d. h. an der Erstarrungsfront. Deshalb grenzt dort die Schmelze mit einer B-Konzentration, die geringfügig oberhalb von c_0 liegt, an den Festkörper. Aufgrund des Zustandsschaubilds erstarrt diese Schmelze erst, wenn die Temperatur etwas unter T_l gefallen ist, wobei sich Mischkristalle bilden, deren B-Konzentration zwar geringfügig über der B-Konzentration der direkt an der Kokillenwand erstarrten Mischkristalle liegt, jedoch immer noch geringer als die B-Konzentration der erstarrenden Schmelze ist. Somit werden bei der Erstarrung wieder überschüssige B-Atome an die Schmelze abgegeben, deren B-Konzentration an der Erstarrungsfront wegen des fehlenden vollständigen Konzentrationsausgleichs in der Schmelze dadurch erneut ansteigt. Die bedeutet, daß nun Schmelze mit noch höherer B-Konzentration an den erstarrten Festkörper grenzt. Aufgrund des Zustandsschaubilds erstarrt diese Schmelze erst bei einer Temperatur, die noch weiter unterhalb von T_l liegt, wobei erneut überschüssige B-Atome an die Schmelze abgegeben werden. Durch wiederholten Ablauf des geschilderten Vorgangs fällt die Temperatur der erstarrenden Schmelze, d. h. die Temperatur der Erstarrungsfront, schließlich auf die zur B-Konzentration c_0 gehörende Solidustemperatur T_s, da dies die niedrigste Temperatur ist, bei der sich aufgrund des Zustandsschaubilds für die Ausgangskonzentration c_0 Festkörper und Schmelze im Gleichgewicht miteinander befinden können. Bei dieser Temperatur hat der erstarrende Festkörper die B-Konzentration c_0 und grenzt an Schmelze der B-Konzentration c_0/k.

Da im gewählten Beispiel der Verteilungskoeffizient (vgl. Abschn. 1.2.2.1) $k < 1$ ist, ist die B-Konzentration dieser Schmelze größer als c_0. An der Erstarrungsfront spielen sich nun folgende Vorgänge ab:

Rechts von der Erstarrungsfront (Bild 3.2.1) befindet sich eine dünne kurz vor der Erstarrung stehende Schicht Schmelze mit der B-Konzentration c_0/k im Kontakt mit bereits erstarrtem Festkörper der B-Konzentration c_0. Bei der Erstarrung zum Festkörper nimmt diese Schicht aufgrund des Zustandsschaubilds die kleinere B-Konzentration c_0 an, gibt also überschüssige B-Atome an die unmittelbar benachbarte Schmelze ab, wodurch dort wieder eine dünne Schicht mit der B-Konzentration c_0/k entsteht, die ihrerseits bei der Erstarrung zum Festkörper der B-Konzentration c_0 überschüssige B-Atome an die benachbarte Schmelze abgibt usw. Auf diese Weise werden die überschüssigen B-Atome von Schicht zu Schicht „weitergereicht" und die Erstarrungsfront schiebt eine mit B-Atomen angereicherte Zone wie eine Bugwelle vor sich her.

Der Verlauf der B-Konzentration $c(x)$ in der B-Anreicherungszone von der Erstarrungsfront ist in Bild 3.2.3 schematisch dargestellt und ergibt sich aus dem an der Erstarrungsfront sich einstellenden Gleichgewicht zwischen Abdiffusion von B-Atomen und Nachlieferung von B-Atomen infolge des bei der Erstarrung stattfindenden Übertritts überschüssiger B-Atome in die Schmelze.

Dieser Konzentrationsverlauf ist zeitunabhängig (stationär), d.h. bei der Wanderung der Erstarrungsfront von links nach rechts wandert der Konzentrationsverlauf $c(x)$ mit, ohne seine Form zu ändern.

Aus dem Zustandsschaubild Bild 3.2.2 ist zu entnehmen, daß die Liquidustemperatur ϑ, d.h. die Temperatur bei der eine Schmelze zu erstarren beginnt, von der B-Konzentration c dieser Schmelze abhängt. So ist etwa bei der B-Konzentration c_1, wie sie nach Bild 3.2.3 bei $x = x_1$ vorliegt, aufgrund des Zustandsschaubilds Bild 3.2.2 die Liquidustemperatur $\vartheta = \vartheta_1$. Aus dem Zustandsdiagramm läßt sich zu jedem Konzentrationswert des Konzentrationsverlaufs $c(x)$ die zugehörige Liquidustemperatur $\vartheta(x)$ bestimmen. In Bild 3.2.4 sind die so erhaltenen Liquidustemperaturen $\vartheta(x)$ als Funktion der Entfernung x von der Erstarrungsfront schematisch dargestellt.

Bei $x = 0$, d.h. direkt an der Erstarrungsfront, ist die B-Konzentration der Schmelze gleich c_0/k. Nach dem Zustandsschaubild ist deshalb dort die Liquidustemperatur $\vartheta(x = 0) = T_s$, d.h. gleich der zur Ausgangskonzentration c_0 gehörenden Solidustemperatur. Weit weg von der Erstarrungsfront ist die B-Konzentration der Schmelze gleich der Ausgangskonzentration c_0 und deshalb die Liquidustemperatur $\vartheta(x \to \infty) = T_l$, d.h. gleich der zur Ausgangskonzentration c_0 gehörenden Liquidustemperatur.

Es muß betont werden, daß die Liquidustemperatur eine reine Rechengröße ist und nichts mit dem tatsächlichen Temperaturverlauf zu tun hat. Dieser tat-

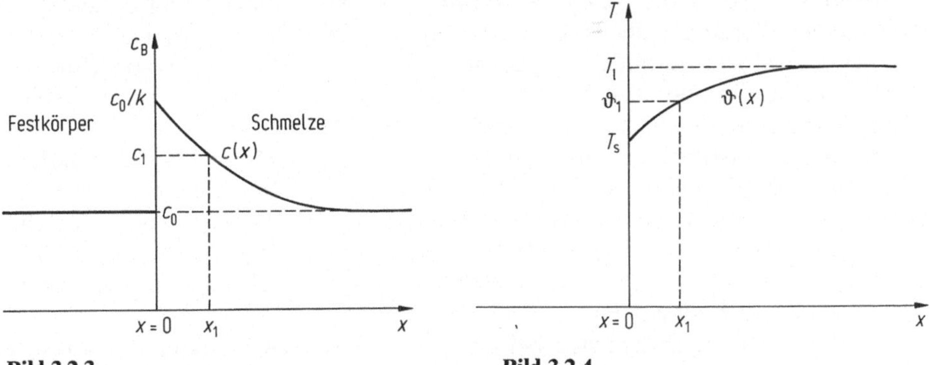

Bild 3.2.3 **Bild 3.2.4**

Bild 3.2.3. Verlauf der B-Konzentration in der Nähe der Erstarrungsfront

Bild 3.2.4. Verlauf der Liquidustemperatur in der Nähe der Erstarrungsfront

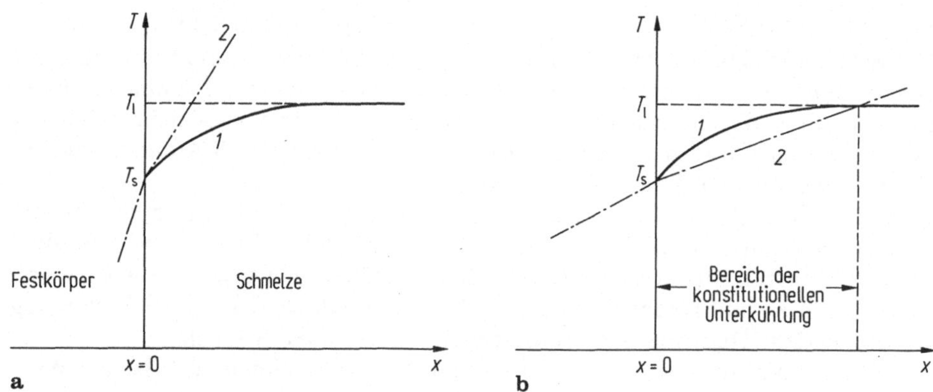

Bild 3.2.5. Verlauf der tatsächlichen Temperatur und der Liquidustemperatur in der Nähe der Erstarrungsfront. **a** bei großen Temperaturgradienten; **b** bei kleinen Temperaturgradienten. *1* Liquidustemperatur $\vartheta(x)$, *2* tatsächliche Temperatur $T(x)$

sächliche Temperaturverlauf ergibt sich daraus, daß wegen der in negativer x-Richtung erfolgenden Wärmeabfuhr die Temperatur in Bild 3.2.1 in positiver x-Richtung ansteigt. Dabei ist der Temperaturgradient $\mathrm{d}T/\mathrm{d}x$ wegen der besseren Wärmeleitfähigkeit des Festkörpers im Festkörper links von der Erstarrungsfront größer als in der Schmelze rechts von der Erstarrungsfront. An der Erstarrungsfront selbst ist die Temperatur gleich T_s.

Damit ergibt sich ein Verlauf der tatsächlichen Temperatur T, wie er in Bild 3.2.5 für zwei verschiedene Fälle dargestellt ist, wobei jeweils der Verlauf der Liquidustemperatur $\vartheta(x)$ nach Bild 3.2.4 mit eingezeichnet ist.

In Bild 3.2.5a ist der Temperaturgradient $\mathrm{d}T/\mathrm{d}x$ in der Schmelze so hoch, daß die tatsächliche Temperatur T überall oberhalb der Liquidustemperatur $\vartheta(x)$, d.h. oberhalb der Temperatur bei der aufgrund des Zustandsschaubilds die Schmelze zu erstarren beginnt, liegt. In diesem Falle befindet sich die Schmelze überall im thermodynamisch stabilen Zustand.

In Bild 3.2.5b ist der Temperaturgradient in der Schmelze relativ gering, so daß in einem Bereich in der Nähe der Erstarrungsfront die tatsächliche Temperatur tiefer ist als die Liquidustemperatur, d.h. die tatsächliche Temperatur liegt dort unter der Temperatur, bei der die Schmelze zu erstarren beginnen sollte. Diese Erscheinung heißt konstitutionelle Unterkühlung.

Wenn im konstitutionell unterkühlten Bereich keine Möglichkeit der Bildung wachstumsfähiger Keime (vgl. Abschn. 2.1) gegeben ist, kann die Schmelze dort nicht erstarren und bleibt im thermodynamisch metastabilen flüssigen Zustand.

Werden hingegen im konstitutionell unterkühlten Bereich wachstumsfähige Keime gebildet, wird dort die Schmelze thermodynamisch instabil und beginnt zum Festkörper zu erstarren.

In der Praxis verändert sich bei der Erstarrung in der Kokille der mit fortschreitender Erstarrung aufgezwungene tatsächliche Temperaturverlauf, wodurch sich in bezug zu der konzentrationsabhängigen Liquidustemperatur eine zunehmende Unterkühlung ergibt. Das Erstarrungsgefüge ergibt sich dann bei Legie-

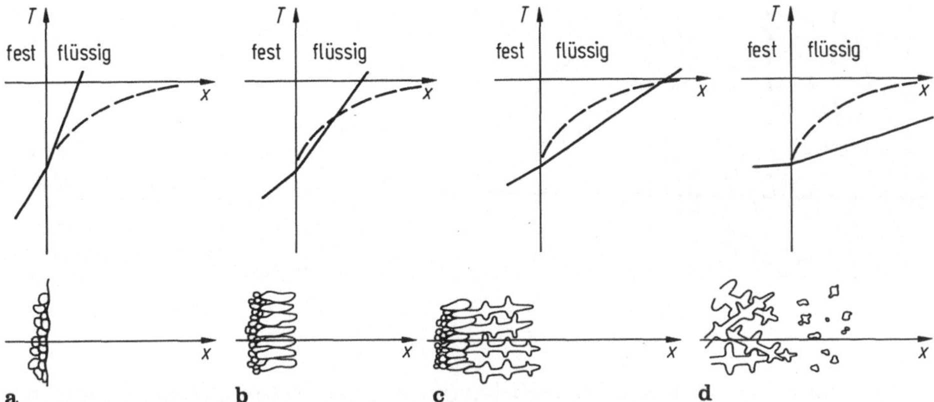

Bild 3.2.6. Erstarrungsstruktur in Abhängigkeit von der konstitutionellen Unterkühlung. (Nach Tiller). **a** globulitische Randzone; **b** Säulenstruktur; **c** Dendritenstruktur; **d** globulitische Kernstruktur. —— Wirkliche Temperatur, --- Erstarrungstemperatur

rungen in Abhängigkeit vom tatsächlichen Temperaturverlauf und der konstitutionellen Unterkühlung (Bild 3.2.6).

3.2.1 Kristall- oder Mikroseigerungen

Aus Abschn. 1.2.2.1 ergibt sich, daß Legierungen, die in einem Intervall erstarren, schließlich aus Kristallen bestehen, deren Zusammensetzung aus den Legierungskomponenten nicht einheitlich ist. Die sich im Falle $k < 1$ zuerst bildenden wachstumsfähigen Kristallitkeime sind ärmer an Fremdatomen als die zeitlich zuletzt erstarrenden Bereiche (vgl. Bild 1.2.5). Je nach dem Diffusionskoeffizienten der Legierung können solche Konzentrationsunterschiede innerhalb eines Kristalliten (Mikro- oder Kornseigerungen) durch Diffusionsglühen mehr oder weniger ausgeglichen werden. Die Homogenisierung durch Diffusion ist für viele Legierungen notwendig, um die angestrebten Gebrauchseigenschaften der Werkstoffe zu gewährleisten (s. Kap. 4).

Mikro- oder Kornseigerungen können Beeinträchtigungen des mechanischen, thermomechanischen und korrosiven Verhaltens zur Folge haben. Fehlender oder unvollständiger Ausgleich von Konzentrationsunterschieden im Gefüge führt entsprechend zur Ausbildung eines durch differenziertes Ätzen getrennt zu entwikkelnden Primär- oder Sekundärgefüges. Unter Primärgefüge wird das Erstarrungsgefüge verstanden, während mit Sekundärgefüge das Gefüge nach Warm- und Kaltverformung, Rekristallisation bzw. Normalisierungsglühen bezeichnet wird. Ausgeprägt zeigt sich dies bei Stahl durch Phosphorseigerungen, die sich aufgrund des geringen Diffusionskoeffizienten mit Hilfe der technischen Wärmebehandlung nicht beseitigen lassen. Durch die Phosphorseigerungen zeigt sich besonders deutlich der zeitliche Ablauf der Bildung und des Wachstums der Kristalliten. So werden dadurch z. B. die Dendriten im Erstarrungsgefüge durch das Ätzen auf Primärgefüge hervorgehoben (Bild 3.2.7). Das Primärgefüge bleibt auch

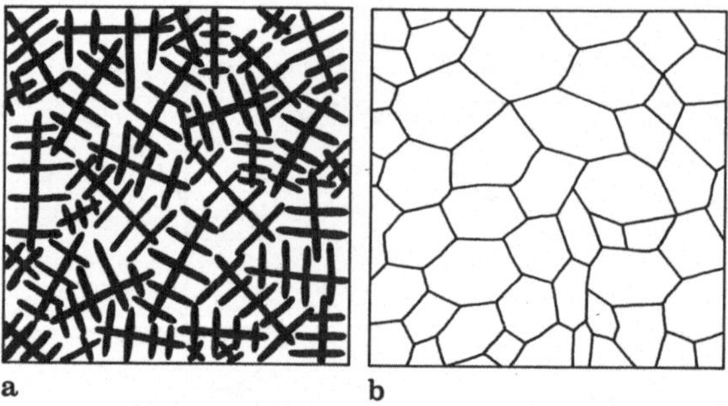

Bild 3.2.7. **a** Primärgefüge: die Dendriten werden durch den hohen Fremdatomgehalt der zuletzt erstarrten interdendritischen Räume abgebildet; **b** Sekundärgefüge: Korngefüge sichtbar durch Ätzung auf Korngrenzen oder Kornflächen

dann erhalten, wenn durch Wärmebehandlungen das sekundäre Korngefüge beeinflußt wird (Umkristallisation, Grobkornglühen, Rekristallisation).

Durch Schmieden oder Walzen erfolgt eine Streckung der Seigerungszonen, so daß sich dann eine faserige Ausbildung des Primärgefüges ergibt. Diese faserige Ausbildung bleibt durch nachfolgende Wärmebehandlung, wie Normalisieren oder Rekristallisieren, unbeeinflußt (vgl. Band I, Bild 5.1.5).

3.2.2 Block- oder Makroseigerungen

Eine Entmischung, die über die Dimension der Kristallite weit hinausgeht und zu Konzentrationsunterschieden über die verschiedenen Bereiche des Gußstücks führt, wird dem Begriff der Block- oder Makroseigerung zugeordnet. Die in Vorzugsrichtung vom Rand zur Querschnittsmitte in die Schmelze vordringenden Kristallite schieben bei ihrem meist stengelig orientierten Wachstum die Restschmelze vor sich her, die sich an Verunreinigungen und bestimmten zur Blockseigerung neigenden Elementen anreichert. Grundsätzlich beruht die Blockseigerung somit auf gleichartigen Entmischungsvorgängen wie die Kristallseigerung.

Zusätzlich werden aber in den Makrodimensionen noch andere Einflüsse, wie die Schwerkraftseigerung, wirksam. Diese tritt dann auf, wenn die in der Schmelze frei erstarrenden Primärkristalle ein geringeres spezifisches Gewicht als die Schmelze haben und infolge dessen in der Schmelze aufsteigen und sich in deren oberem Bereich anreichern. In übereutektischem Gußeisen ist dies der Fall, wenn die Graphitkristalle nach oben schwimmen, ebenso wie bei der Entmischung von Hartbleilegierungen (PbSb-Legierungen), die sich aus dem Aufschwimmen der primär gebildeten Sb-Kristallite ergibt.

Im Stahl neigen besonders die Elemente P und S zur Blockseigerung. Je nach der Vergußart des Blocks reichern sich diese Elemente im „Kopf" an (beruhigter Stahl), oder aber über die gesamte Länge in Querschnittsmitte (unberuhigter Stahl) (vgl. Abschn. 3.5.2). Beim Formguß kann die in den zwischen den Stengelkristalliten und in Querschnittsmitte (Skelettlinie) zuletzt erstarrende Restschmelze einen Schwachpunkt bilden, der besonders dann wirksam wird, wenn neben mechanischer Beanspruchung auch noch thermische und/oder korrosive Einwirkungen auftreten (vgl. Bild 3.1.4 und 3.1.5). Es können sich dann am Gußgefüge orientierte interkristalline Brüche ausbilden (vgl. Band I, Bild 5.1.6).

3.3 Mehrphasige Erstarrungsgefüge

In vielen Systemen bildet sich bei der Erstarrung kein homogener Mischkristall aus, sondern die Schmelze setzt sich in zwei oder mehr Phasen unterschiedlicher Zusammensetzung und auch oft unterschiedlicher Struktur um (s. Abschn. 1.2.2.3). Eine solche kennzeichnende mehrphasige Erstarrung liegt z. B. im eutektischen System mit seinen verschiedenen Varianten vor. Das Wachstum solcher mehrphasiger Gefüge ist miteinander gekoppelt und erfolgt in bestimmter geometrischer Anordnung, bedingt durch eine abwechselnd für die eine oder die andere Phase sich einstellende höhere Keimbildungswahrscheinlichkeit. Eine oft beobachtete Ausbildung des eutektischen Gefüges ist die lamellare Anordnung. Sie stellt sich dann ein, wenn die Volumenanteile beider Phasen etwa gleich sind. Diese kennzeichnende Form entsteht, wenn bei Bildung einer A-reichen α-Phase die Grenzbereiche zwischen der Ausgangsphase und der neu gebildeten Phase an A-Atomen solange verarmen, bis sich infolge günstigerer Keimbildung eine B-reiche β-Phase bildet und zwar solange, bis wieder Bildung und Wachstum der α-Phase priviligiert ist (Bild 3.3.1). Unter dieser wechselweisen Bildungs- und Wachstumspräferenz entsteht das beschriebene lamellenförmige Gefüge.

In gleicher Weise, jedoch durch Zerfall einer festen Phase in zwei andere feste Phasen (Polymorphie) entsteht das eutektoide Gefüge (vgl. Perlitbildung Abschn. 1.4.1). Von Korn zu Korn, bzw. in den einzelnen Kristalliten, besitzen die Lamellenpakete unterschiedliche Orientierungen. Der Lamellenabstand ist dabei abhängig von der Abkühlgeschwindigkeit und nimmt mit deren Erhöhung ab.

In Sonderfällen entstehen auch andere Ausbildungen eutektischer Gefüge, z. B. globular, spiralig oder stäbchenförmig.

Eine besondere Möglichkeit, die Werkstoffeigenschaften richtungsabhängig nach konstruktiven Erfordernissen einzustellen, bildet die gerichtete, insbesondere die eutektisch gerichtete Erstarrung. Durch gezielte und sorgfältige Einstellung des Temperaturgradienten bei der Erstarrung wird eine Ausrichtung des Gefüges erreicht, so daß gewissermaßen ein Faser- bzw. Plattenverbundwerkstoff entsteht, wobei die einzelnen Fasern den unterschiedlichen Phasen, aus denen sich das Gefüge zusammensetzt, entsprechen. Solche gerichtet erstarrten Eutektika finden Anwendung bei der Herstellung von Gasturbinenschaufeln, wobei die Längsrichtung eutektischer Bestandteile mit der Längsrichtung der Turbinen-

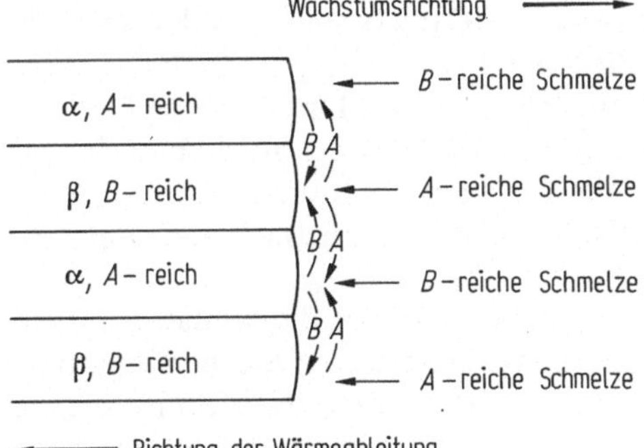

Bild 3.3.1. Wechselweises Wachstum der Phasen α und β je nach Anreicherung oder Verarmung der Komponente A oder B. (Nach Predel)

schaufel übereinstimmt, so daß keine Korn- bzw. Phasengrenzen in Hauptschubspannungs- bzw. in Hauptnormalspannungsrichtung liegen. Mit dieser Maßnahme läßt sich insbesondere die Kriechfestigkeit soweit erhöhen, daß diese dem Verhalten von Einkristallschaufeln entspricht. Auch bei mechanisch belasteten Bauteilen mit hohen Zuverlässigkeitsanforderungen läßt sich durch die gerichtete eutektische Erstarrung ein beanspruchungsgerechter Faserverlauf erzielen (vgl. Band I, Bild 2.7).

3.4 Lunkerbildung

Die Volumenkontraktion – das Schwinden – beim Erstarren führt sowohl im Nahbereich (Gefügedimensionen) als auch im Fernbereich (Gußstückdimensionen) zu einer Reihe von Inhomogenitäten. Im wesentlichen sind dies
- Makrolunker und Gasblasen,
- Mikrolunker und Poren.

3.4.1 Makrolunker

Makrolunker sind Hohlräume, die großräumig in der Werkstückdimension gebildet werden durch Nachfließen der Schmelze in die durch die Volumenkontraktion entstandenen Räume zwischen den von den Randbereichen her erstarrenden Kristalliten. Je nach der Geometrie des Bauteils entstehen dabei nach außen offene oder geschlossene Hohlräume (vgl. Bild 3.1.5). Beim Verguß von Blöcken kommt auf diese Weise durch das Einfallen der Restschmelze der Kopflunker zustande. Dieser zieht sich trichterförmig in das Innere des Blocks und ist vielfach nach oben ganz oder teilweise abgeschlossen.

Die Ausbildung des Kopflunkers, der durch das „Schöpfen" vor der Weiterverarbeitung eines Blocks abgetrennt werden muß, läßt sich durch geeigenete Maßnahmen im Hinblick auf eine Minimierung des Materialverlusts beeinflussen. Geeignet sind dazu sog. Warmhaltehauben zur Verminderung der Wärmeableitung im Kopfbereich. Es wird damit erreicht, daß die Schmelze in die durch Schrumpfen entstehenden Hohlräume gleichmäßig nachfließen kann und daß sich damit eine flachere Ausbildung des Kopflunkers ergibt. Andere Möglichkeiten zur Beeinflussung von Form und Größe der Lunkerbildung bestehen in der Veränderung der Gießgeschwindigkeit, in der Richtung der Abkühlung und schließlich im Erstarren unter Aufbringung eines zusätzlichen größeren Drucks (Bild 3.4.1).

Bei ungünstigem Verhältnis von Blockquerschnitt zu Blockhöhe kann sich der Lunker als Fadenlunker bis tief in den Block hinein in Richtung zum Fußteil erstrecken. Bei zu starker Konizität des Blocks entsteht schließlich auch ein Fußlunker (Bild 3.4.1).

Lunker, die sich weit in den Block hineinziehen oder im Blockinneren entstehen, können bei der Weiterverarbeitung durch Warmwalzen zu Blechen oder beim Schmieden zu Ungänzen z. B. zu Doppelungen führen, wenn die Hohlräume wegen der Oxidationen der inneren Oberfläche oder wegen anderer Verunreinigun-

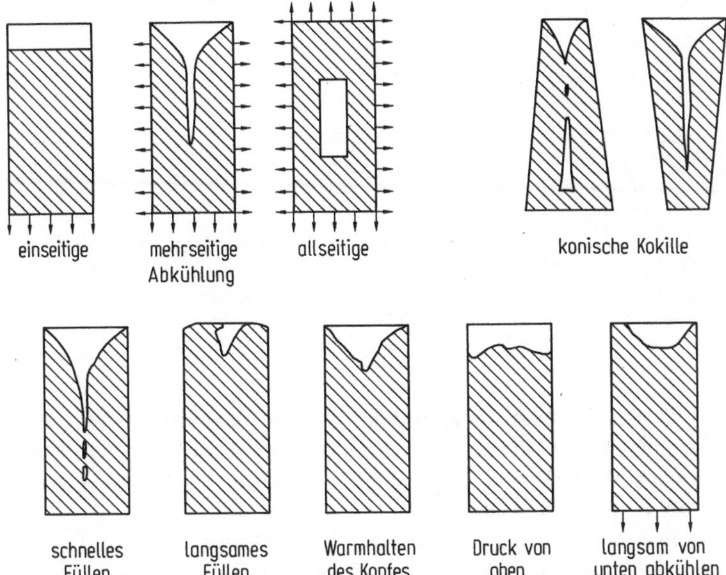

Bild 3.4.1. Beeinflussung der durch Erstarrungsschrumpfung entstehenden Lunker (schematisch). Wenn nicht durch Pfeile vermerkt, überwiegt die Abkühlung nach den Seiten und unten, da die Wärmeableitung durch die Form höher ist, als durch die Luft. (Nach Borchers)

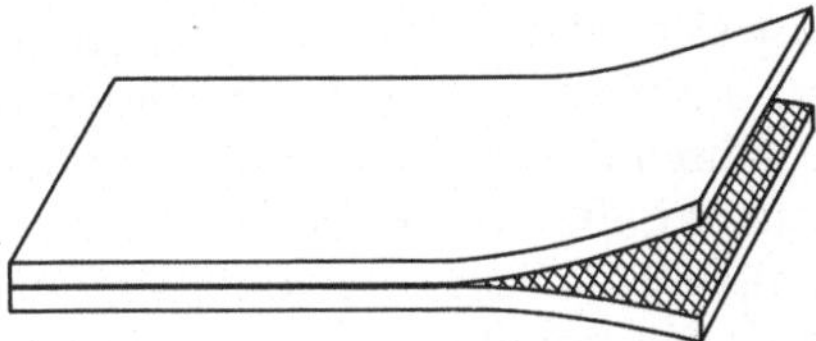

Bild 3.4.2. Doppelung in einem Blech

gen nicht oder nur unvollkommen beim Weiterverarbeiten verschweißen. Eine Doppelung in einem Blech stellt eine Aufspaltung des Querschnitts durch eine Ebene parallel zur Walzrichtung dar (Bild 3.4.2), vergleichbar einer Delamination (Ablösung von Schichten), wie sie bei schichtweise aufgebauten Werkstoffen entstehen kann.

3.4.2 Poren und Mikrolunker

Die Gaslöslichkeit der Metallschmelzen nimmt mit sinkender Temperatur erheblich ab. Sie ist außerdem abhängig vom Partialdruck des entsprechenden Gases über der Schmelze. Die Abhängigkeit der in der Schmelze gelösten Gasmenge c_i von der Temperatur T und dem Partialdruck p_i kommt im Sievertschen Quadratwurzelgesetz zum Ausdruck

$$c_i = K(T)\sqrt{p_i}\,. \qquad (3.4.1)$$

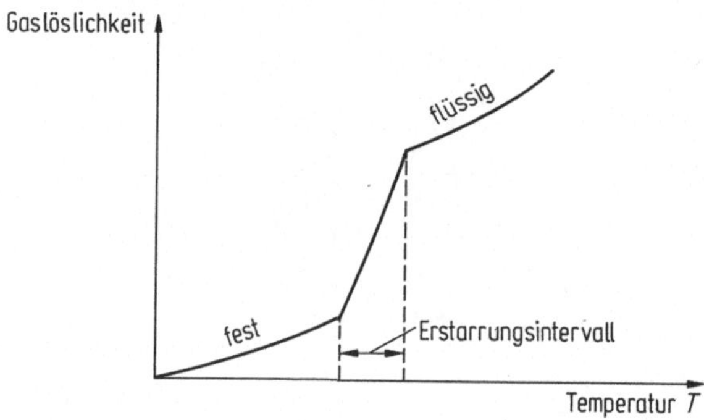

Bild 3.4.3. Gaslöslichkeit $K(T)$ in Abhängigkeit von der Temperatur

Durch die Verringerung der Konstante K mit sinkender Temperatur tritt eine Übersättigung des Gasgehalts ein. Einen besonders starken Abfall zeigt die Gaslöslichkeit im Erstarrungsintervall von Legierungen bzw. am Erstarrungspunkt reiner Metalle oder von Eutektika (Bild 3.4.3).

Vorzugsweise sind in den Schmelzen die in der Luft enthaltenen Gase H_2, N_2 und O_2 gelöst. Weiterhin können noch Verunreinigungen, die bei der Schmelztemperatur gasförmig sind, entsprechend dem Sievertschen Gesetz in der Schmelze gelöst sein. Metallurgisch stellen insbesondere O_2 und H_2 verfahrenstechnische Probleme dar. Beide Bestandteile können nachteilige Auswirkungen auf die Qualität und die Gebrauchsfähigkeit des Produkts haben (s. Abschn. 1.4).

Die beim Erstarren durch freiwerdende Gase sich bildenden Gasblasen gelangen nicht alle an die Oberfläche der Schmelze, sondern verbleiben z.T. zwischen den Transkristalliten oder den Dendriten und führen dort zu einer Porosität des Gusses. Reine Metalle sind im gegossenen Zustand i.allg. stärker blasenhaltig als Legierungen. Dies läßt sich darauf zurückführen, daß die Schmelze von Legierungen nicht wie das reine Metall an einem Erstarrungspunkt, sondern in einem Erstarrungsintervall erstarrt (vgl. Bild 3.4.3). Darüberhinaus besitzen die Schmelzen von Legierungen auch eine geringere Viskosität als die Schmelzen reiner Metalle, so daß die Gasblasen in den Legierungen durch Aufsteigen an die Blockoberfläche das Volumen besser verlassen können.

Entsprechend (3.4.1) läßt sich die in der Schmelze gelöste Gasmenge vermindern durch die Herabsetzung der Gaspartialdrücke, d. h. durch ein Entgasen der Schmelze unter Unterdruck oder im allgemeinen Sprachgebrauch im Vakuum. Dieses Verfahren ist für alle Metalle anwendbar und bietet z. B. gegenüber der Desoxidation durch sauerstoffbindende Elemente den Vorteil, daß keine zusätzlichen Verunreinigungen in die Schmelze gelangen (vgl. Abschn. 3.5).

Für den sog. Vakuumguß kommen verschiedene Verfahren in Anwendung. Die wichtigsten sind die Pfannenentgasung, die Gießstrahlentgasung und die Teilmengenentgasung.

Bei der Pfannenentgasung wird nach dem Abgießen die Pfanne mit der Schmelze unter Unterdruck gesetzt, wobei zusätzlich die Schmelze noch mit inertem Gas, z. B. Argon, gespült werden kann. Bei der Gießstrahlentgasung tritt der Gießstrahl in das Vakuum ein und wird in feine Tröpfchen zerstäubt, wobei die Entgasung erfolgt.

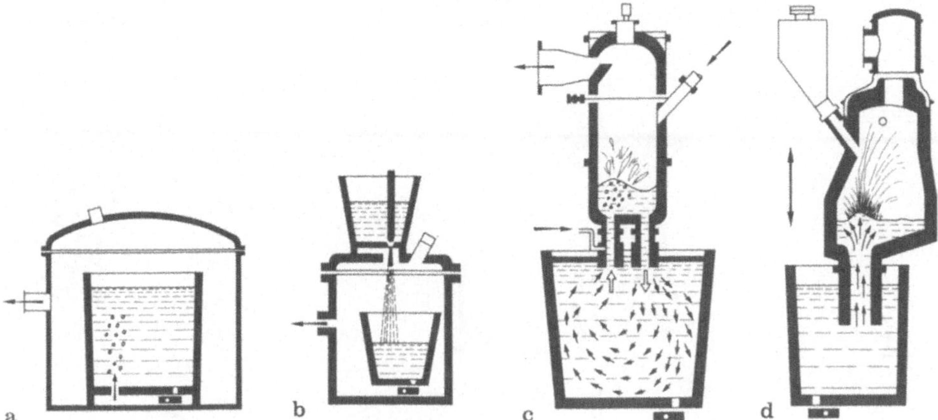

Bild 3.4.4. Verfahren zur Schmelzentgasung. **a** Pfannenentgasung; **b** Gießstrahlenentgasung; **c** Vakuumumlaufentgasung; **d** Vakuumheberentgasung

Bei der Teilmengenentgasung wird jeweils nur ein Teil der Schmelze einmalig oder wiederholt dem Vakuum ausgesetzt. So tritt beim Vakuumheberverfahren durch die Druckdifferenz zwischen Außendruck und Druck im Entgasungsgefäß bei dessen Heben und Senken ein Teil der Schmelze in das Gefäß ein und wird dort entgast. Bei der Umlaufentgasung wird über Stutzen die Schmelze mit Hilfe eines inerten Fördergases zur Entgasung in einen Vakuumbehälter geleitet (Bild 3.4.4).

Vermindert wird die Blasenbildung weiterhin durch eine möglichst niedrige Gießtemperatur, durch Ausspülen mit inerten Gasen auch unter Atmosphärendruck und durch langsame Erstarrung.

Eine andere Form der Hohlraumbildung in den interkristallinen bzw. interdendritischen Räumen während der Erstarrung besteht in der Bildung von Mikrolunkern. Diese entstehen dann, wenn durch miteinander verzahnte Dendriten die Restschmelze daran gehindert wird, ausreichend in die verbleibenden interdendritischen Räume nachzufließen.

Blasen, Poren und Mikrolunker führen zu einer besonderen Form von Seigerungen, nämlich der umgekehrten Blockseigerung. Dabei verbleibt verunreinigte Restschmelze nicht im Inneren des Gußblocks, sondern wird nach außen an die Oberfläche transportiert. Möglich ist dies durch ein Schrumpfen der zuerst erstarrten äußeren Schichten des Blocks, wodurch dann über Poren und Spalten die verunreinigte Restschmelze nach außen gedrückt wird. Verstärken kann sich diese Erscheinung durch das Schrumpfen zwischen Kokille und Gußstück, wodurch ein Luftspalt entsteht, der die Wärmeabfuhr behindert. Die umgekehrte Blockseigerung zeigt sich mitunter im Auftreten sog. Schwitzperlen an der Oberfläche. Diese Art der Seigerung ist besonders unerwünscht, da sie bei der Verformung leichter zu Rißbildungen an der Oberfläche führt als normale Seigerungen.

Als schädlich ist schließlich noch die Gasblasenseigerung zu nennen, die dadurch zustande kommt, daß die sich innerhalb des Blocks ausbildenden Gasblasen bei der Abkühlung einen Unterdruck entwickeln. Dadurch werden aus der

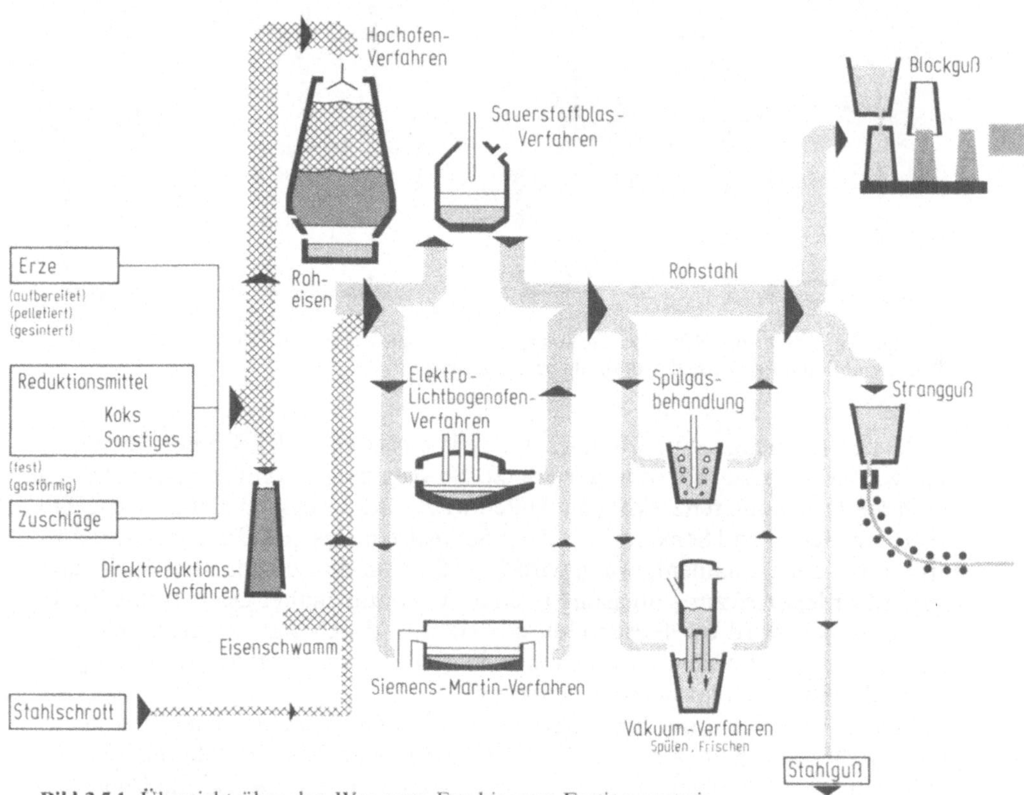

Bild 3.5.1. Übersicht über den Weg vom Erz bis zum Fertigerzeugnis

Umgebung niedrig schmelzende Bestandteile an die Wand der Gasblase oder in die Gasblase gesaugt. Durch diese Gasblasenseigerung entstehen örtliche Häufungen von Inhomogenitäten, die ebenfalls bei der Verarbeitung und Beanspruchung des Werkstoffs zu Störungen führen können.

3.5 Erschmelzen und Vergießen von Stahl

Der Zusammenhang der Art des Vergießens mit der Ausbildung des Gefüges und mit den resultierenden Werkstoffeigenschaften zeigt sich in seinen vielfältigen Wechselwirkungen bei der Erzeugung und dem Vergießen von Stahl. Für den Transfer der Grundlagenkenntnisse über das Gießen und das Erstarren in die technische Anwendung eignet sich daher die Betrachtung der Vorgänge beim

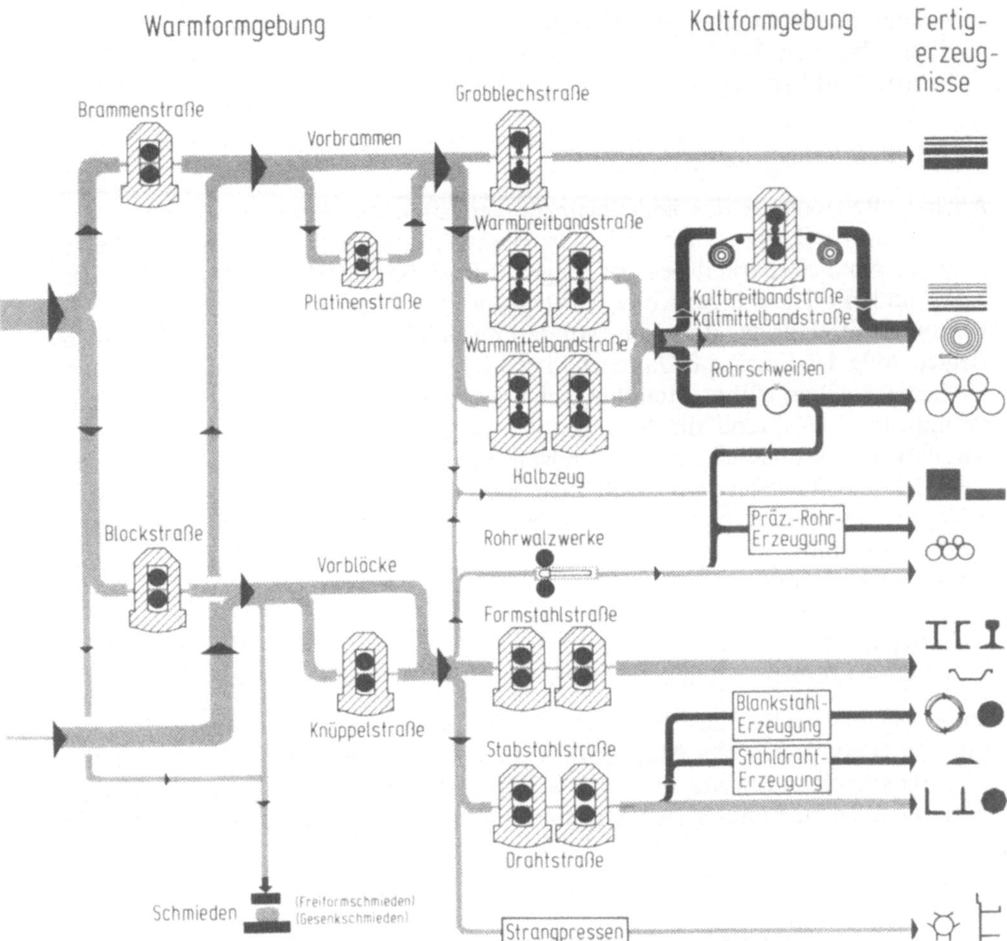

Bild 3.5.1

Gießen und Erstarren der Eisenwerkstoffe in hervorragender Weise. Zum Verständnis der Vorgänge beim Gießen und Erstarren wird dieses in seiner Verbindung mit der Roheisen- und Stahlerzeugung sowie mit der Weiterverarbeitung aufgezeigt (Bild 3.5.1).

3.5.1 Erzeugung von Roheisen und Stahl

Auf dem Weg vom Erz zum Stahl sind grundsätzlich zwei Erzeugungsschritte zu unterscheiden (Bild 3.5.1):

1. Durch Reduktionsprozesse wird aus Erzen das Roheisen gewonnen. Zur Durchführung kommen diese Prozesse im Hochofen oder in verschiedenen Direktreduktionsverfahren.
2. Durch Oxidationsprozesse wird das Roheisen gemeinsam mit unterschiedlich

hohem Schrotteinsatz von unerwünschten Begleitelementen gereinigt. Durch diese als „Frischen“ bezeichneten Prozeßschritte wird aus Roheisen und Schrott Stahl gewonnen.

3.5.1.1 Roheisenerzeugung

Auch heute noch ist das bedeutsamste Verfahren zur Roheisenerzeugung der Hochofenprozeß, der zu einem hohen Wirkungsgrad gebracht wurde und eine gute Automatisierbarkeit besitzt. Eingesetzt werden im Hochofen das Erz, der Koks und die Zuschläge. Koks wirkt als Reduktionsmittel des Erzes und als Kohlungsmittel für das Roheisen. Mit den Zuschlägen werden die unerwünschten Begleitstoffe des Erzes, die Gangart, in chemischen Reaktionen gebunden und in die Schlacke übergeführt. Metallurgisch arbeitet der Hochofen nach dem Gegenstromprinzip. Während die Einsatzstoffe kontinuierlich von oben nach unten wandern und schließlich aufgeschmolzen werden, strömt heißes Gas durch die Beschickungssäule von unten nach oben. Es laufen bei diesem Prozeß sehr verwikkelte, sich gegenseitig beeinflussende chemische Reaktionen ab. Die wichtigsten Reaktionen sind:
- Koksverbrennung,
- Gasumsetzung,
- Reduktion der Eisenerze,
- Nebenreaktionen, Schlackenbildung.

Das Ausgangsprodukt des Prozesses, die Erze, liegen im wesentlichen vor in den Formen Hämatit (Fe_2O_3), Magnetit (Fe_3O_4), Minette ($Fe_x(OH)_y$). Der Hochofen verlangt stückigen Einsatz. Die Erze werden daher gebrochen und die Zuschlagstoffe (Kalkstein, Rohdolomit) eingebunden. Dieser sog. Sinter wird als Möller

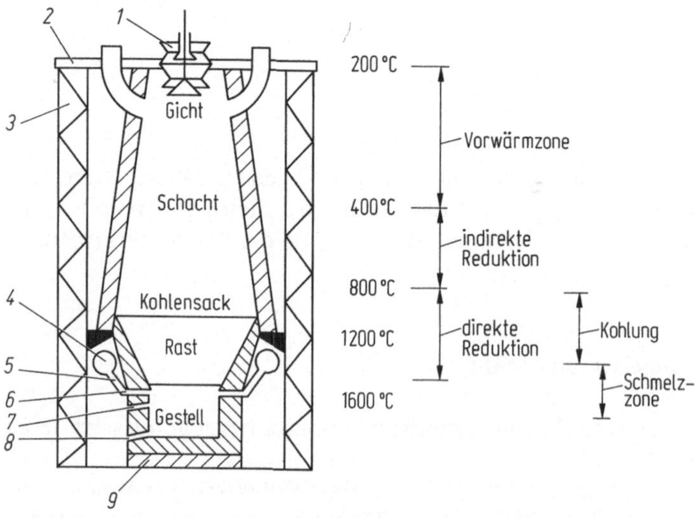

Bild 3.5.2. Schnitt durch Hochofen mit verschiedenen Zonen. *1* Gichtverschluß, *2* Gichtbühne, *3* Traggerüst, *4* Ringleitung, *5* Düsenstock, *6* Windform, *7* Schlackenform, *8* Stichloch, *9* Bodenstein

zusammen mit dem Koks dem Ofen schichtweise zugeführt. Alternativ können die Erze auch durch pelletieren stückig gemacht werden. Vom oberen Teil der Schüttsäule, der Gicht, wandern die Schichten durch den Ofenschacht in die Rast und das Gestell, in denen der Schmelzvorgang stattfindet (Bild 3.5.2). Von oben nach unten erfolgen dabei die Reaktionen:

- Trocknung, Vorwärmung, Austreibung des Hydratwassers,
- indirekte Reduktion,
- direkte Reduktion,
- Schmelzen.

Entsprechend dem Boudouard-Gleichgewicht verläuft in Abhängigkeit von der Temperatur die Reaktion von links nach rechts oder von rechts nach links nach der Beziehung:

$$2\,CO \rightleftarrows CO_2 + C\,. \tag{3.5.1}$$

Mit steigenden Temperaturen verschiebt sich das Gleichgewicht zur Bildung von CO, d. h. auf die linke Seite von (3.5.1).Entsprechend der Lage des Gleichgewichts verläuft die Reduktion der Erze als direkte Reduktion bei höheren und als indirekte bei niedrigeren Temperaturen nach:

$$3\,C + Fe_2O_3 \rightleftarrows 2\,Fe + 3\,CO - 4200\ \text{kJ/kgFe} \tag{3.5.2}$$

(direkte Reduktion, endotherm)

$$Fe_3O_4 + 4\,CO \rightleftarrows 3\,Fe + 4\,CO_2 + 104\ \text{kJ/kgFe} \tag{3.5.3}$$

$$FeO + CO \rightleftarrows Fe + CO_2 + 246\ \text{kJ/kgFe}$$

(indirekte Reduktion, exotherm)

Die indirekte Reduktion ist die Reduktion durch CO unter Bildung von CO_2. Diese Reaktion läuft bei etwa 450 °C ab, während die direkte Reduktion erst oberhalb 1 000 °C stattfindet. Aus wirtschaftlichen Gründen wird eine Prozeßführung angestrebt, die den exothermen Prozeß der indirekten Reduktion fördert. Die Zustandsbereiche der unterschiedlichen Eisenoxide in Verbindung mit den CO/CO_2-Gehalten und der Temperatur werden in Baur-Glaessner-Diagrammen dargestellt (Bild 3.5.3).

Mit steigender Temperatur findet im Hochofen eine Lösung der verschiedenen Oxide der Gangart und der Zuschläge in Form von Schlacke statt. Zwischen 1 500 und 1 600 °C hat die flüssige Schlacke Verbindungen des Al, Fe, Mn, Mg und anderer Metalle aufgenommen. Eine wichtige Aufgabe der Hochofenschlacke besteht in der Entschwefelung des Roheisens, das vor allem aus dem Koks den Schwefel aufgenommen hat. Die Eisenbegleitelemente P, Mn und Si werden in der Schmelzzone reduziert und ganz oder teilweise vom Roheisen aufgenommen. Roheisen und Schlacke sammeln sich im Gestell (Bild 3.5.2), wobei die spezifisch leichtere Schlacke auf dem Roheisen schwimmt. Alle 2 bis 4 h werden Roheisen und Schlacke mit einer Temperatur von 1 350 bis 1 450 °C „abgestochen". In den größten Hochöfen werden pro Tag mehr als 11 000 t Roheisen erzeugt. Für die Erzeugung von 1 t Roheisen im Hochofenprozeß ergibt sich eine Mengenbilanz nach Tabelle/Bild 3.5.4.

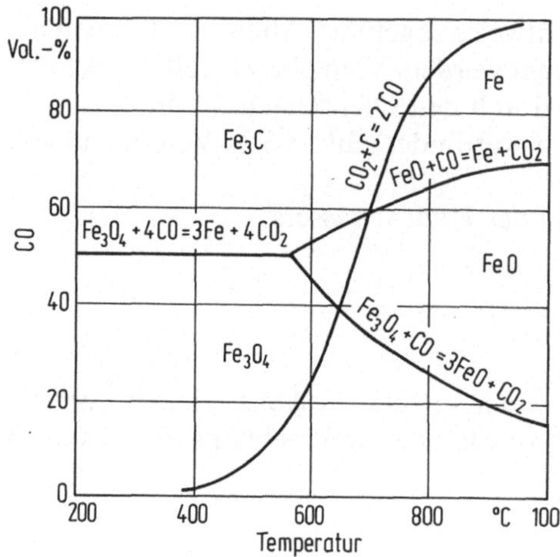

Bild 3.5.3. Baur-Glaessner-Diagramm (vereinfacht)

zugeführt:	
Erz und Zuschläge	1,65 t
Koks	0,45 ... 0,5 t
Heißwind	1,5 ... 2,5 t
	(≙ 1 200 m^3)
abgeführt:	
Roheisen	1,0 t
Schlacke	0,31 t
Gichtgas und Staub	3,0 ... 3,5 t
	(≙ 1 600 ... 3 000 m^3)
Abluft für die Gießhallenentstaubung	1 700 ... 2 800 t
Kühlwasser	20 m^3

Bild 3.5.4. Mengenbilanz zur Erzeugung von 1 t Roheisen

Die zum wirtschaftlichen Betrieb erforderlichen Hochofengrößen verlangen einen sehr hohen Kapitaleinsatz und machen das Verfahren relativ unflexibel bei der Anpassung an einen wechselnden Roheisenbedarf. Aus diesem Grund wurden als Alternative zum Hochofenprozeß zahlreiche Verfahren zur Direktreduktion von Eisenerzen vorgeschlagen und entwickelt. Bei diesen Verfahren erfolgt der Reduktionsvorgang ohne Aufschmelzen, so daß als Produkt Eisenschwamm mit einem Metallisierungsgrad von 80 bis 95% und nur sehr geringem Verunreinigungsgrad entsteht. Als Reaktionsgase kommen Kohlenwasserstoffe oft vermischt mit Kohlenmonoxid zum Einsatz. Der Eisenschwamm wird im Elektroofen weiter verarbeitet, so daß neben die Stahlerzeugungslinie Hochofen/Blasstahlwerk die Linie Direktreduktion/Elektroofen tritt. Damit ist die Möglichkeit zum Bau sog. Ministahlwerke mit vergleichsweise geringem Kapitaleinsatz gegeben. Unter den zahlreichen vorgeschlagenen und ausgeführten Direktreduktionsverfahren besitzen die kontinuierlichen Schachtofenverfahren die größte Bedeutung. Nach diesem Prinzip arbeitet das Purofer-, das Midrex- und das Armco-Verfahren. Zu den kontinuierlichen Verfahren gehören auch die Drehrohrofenverfahren, bei denen Kohlen beliebiger Körnung und Zusammensetzung als feste Reduktionsmittel zum Einsatz kommen. Das HYL-Verfahren ist ein Beispiel für das diskontinuierliche Retortenverfahren.

3.5.1.2 Stahlerzeugung

Ein Teil des im Hochofen erzeugten Roheisens wird zu sog. „Masseln" vergossen und kommt als Gießereiroheisen (Si-reiches graues Roheisen) zum Einsatz. Der größte Anteil des Roheisens wird in sog. Torpedopfannen als flüssiger Einsatz zum Stahlwerk gebracht (Si-armes weißes Roheisen). Im Stahlwerk werden die im Roheisen enthaltenen, vergleichsweise hohen Gehalte an C, Mn, Si, P und S bis auf die im Stahl zulässigen Restmengen entfernt. Dazu wird mit Sauerstoff „gefrischt", d.h. die Elemente werden in der Reihenfolge ihrer Affinität zu Sauerstoff verbrannt und als Oxide in die Schlacke übergeführt. Die im Stahl verbleibenden Endkonzentrationen werden durch die Sauerstoffmenge, durch die Temperaturführung und durch die zur Schlackenbildung zugegebene Kalkmenge bestimmt. Die Oxidation der Verunreinigungen erfolgt in zeitlicher Reihenfolge nach den Reaktionen:

$$\begin{aligned} \mathrm{Si} + 2\,\mathrm{FeO} &\rightarrow \mathrm{SiO_2} + 2\,\mathrm{Fe} \\ \mathrm{Mn} + \mathrm{FeO} &\rightarrow \mathrm{MnO} + \mathrm{Fe} \\ \mathrm{C} + \mathrm{FeO} &\rightarrow \mathrm{CO} + \mathrm{Fe} \\ 2\,\mathrm{P} + 5\,\mathrm{FeO} &\rightarrow \mathrm{P_2O_5} + 5\,\mathrm{Fe}\,. \end{aligned} \tag{3.5.4}$$

SiO_2, MnO und P_2O_5 werden an Schlacke gebunden. Schwefel wird in geringen Mengen gasförmig an Sauerstoff (SO_2) gebunden, geht in die Schlacke über, oder bildet mit Mangan MnS nach den Beziehungen

$$\begin{aligned} \mathrm{FeS} + \mathrm{Mn} &\rightarrow \mathrm{MnS} + \mathrm{Fe} \\ \mathrm{FeS} + \mathrm{CaO} + \mathrm{C} &\rightarrow \mathrm{CaS} + \mathrm{Fe} + \mathrm{CO}\,. \end{aligned} \tag{3.5.5}$$

Von großtechnischer Bedeutung sind unter den zahlreichen Verfahren zur Stahlherstellung nur noch das Sauerstoffaufblasverfahren (LD- und LD-AC-Verfahren) und das Sauerstoffdurchblasverfahren (OBM-Verfahren). Insbesondere zur Erzeugung legierter und hochlegierter Stähle ist der Elektrolichtbogen zu nennen.

Nach dem Chargieren des Konverters mit Schrott und flüssigem Roheisen wird beim LD-Verfahren mit Hilfe einer Lanze Sauerstoff mit hohem Druck (ca. 12 bar) auf die Oberfläche des Metallbads geblasen (Bild 3.5.5). Die Badreaktionen laufen bei lebhafter Durchmischung des Bades ab, wobei unter dem Brennfleck Temperaturen von 2 500 bis 3 000 °C herrschen. Die Frischreaktionen erfordern etwa 10 bis 20 min, die Abstichtemperatur des Stahlbads beträgt 1 600 bis 1 650 °C.

Das LD-AC-Verfahren unterscheidet sich vom LD-Verfahren nicht in der Anlagentechnik, sondern nur im Verfahrensablauf. Zum Frischen phosphorreichen Roheisens wird in einem ersten Verfahrensschritt mit der Blaslanze zusätzlich Kalkstaub zugeführt. Es erfolgt dabei eine Ent-Phosphorung vor dem C-

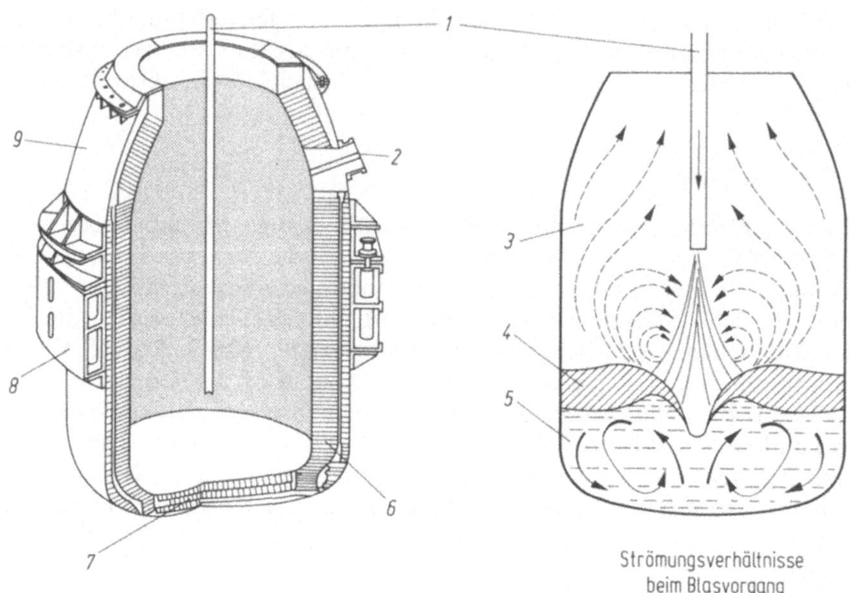

Bild 3.5.5. LD-Konverter. *1* Sauerstofflanze, *2* Abstichloch, *3* Gasraum, *4* Schlackenschicht, *5* Metallbad, *6* feuerfeste Ausmauerung, *7* Konverterboden, *8* Tragring, *9* Konverterhut

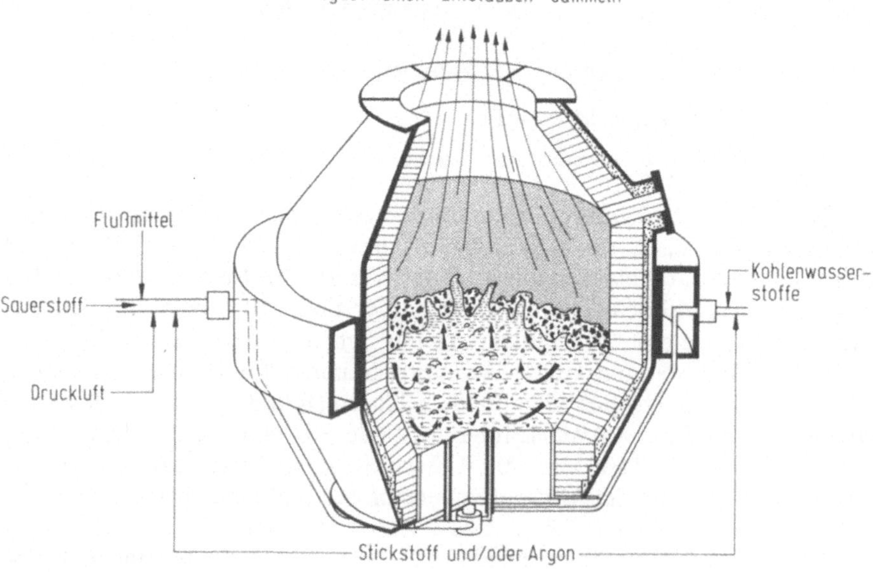

Bild 3.5.6. OBM-Verfahren

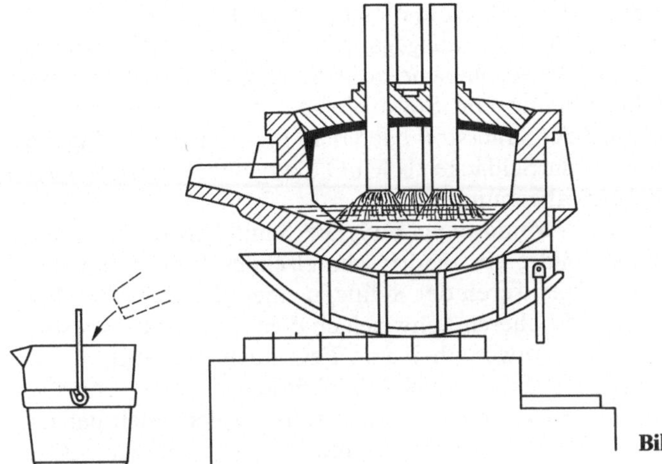

Bild 3.5.7. Elektrolichtbogenofen

Abbau. Nach dem Abzug der phosphorreichen Schlacke beginnt der zweite Blasabschnitt mit der Zugabe von Kühlschrott. Im zweiten Blasabschnitt erfolgt die Entkohlung, wobei nochmals Kalk und Flußmittel zugeführt werden. Aufgrund der zwei Blasabschnitte dauert das LD-AC-Verfahren ca. 20 min länger als das LD-Verfahren.

Mit dem OBM-Verfahren wurde an das frühere Thomas-Verfahren angeknüpft. Während beim Thomas-Verfahren durch einen Düsenboden Luft durch die Schmelze geblasen wurde, wird beim OBM-Verfahren Sauerstoff von unten durch die Schmelze geleitet. Zunächst bestand bei diesem Verfahren das Problem der Haltbarkeit des hochbeanspruchten Düsenbodens. Die Lösung wurde durch die Kühlung der Düsen nach einem besonderen Verfahren erreicht (Bild 3.5.6).

Der Elektrolichtbogenofen bietet die Möglichkeit, die Wärmezufuhr unabhängig von der metallurgischen Prozeßführung einzustellen. Er ist daher weitgehend unabhängig vom Einsatz (Schrott, Eisenschwamm, Roheisen). Zur Beschleunigung des Frischens wird Sauerstoff zugeführt. Der Elektrolichtbogenofen ist besonders zur Erschmelzung von legierten und hochlegierten Stahlsorten geeignet. Über 90% des Elektrostahls werden im Elektrolichtbogenofen nach dem Héroult-Prinzip erzeugt (Bild 3.5.7).

3.5.2 Gießen und Erstarren von Stahl

Je nach ihrer Vergießart sind bei unlegierten Stählen u. a. die Qualitäten zu unterscheiden nach

- unberuhigt,
- halbberuhigt,
- beruhigt,
- besonders beruhigt.

Die sog. „Beruhigung“ des Stahls und der Grad dieser „Beruhigung“ hängt davon ab, wie weit und wie stark der durch vorausgegangene Prozesse, insbesondere durch das Frischen in der Schmelze verbliebene hohe Sauerstoffgehalt abgebunden wird. Die Stufen der Beruhigung von Stahl hängen somit vom Grad der Desoxidation ab. Zunächst wird der Sauerstoff nach dem Frischen durch Zugabe von Mangan abgebunden und in die Schlacke als MnO übergeführt. Auch Schwefel wird durch Mangan als MnS abgebunden.

Eisen und Schwefel bilden die Verbindungen FeS_2, Fe_2S und FeS, das im Eisen nahezu unlöslich ist. Das FeS bildet ein niedrigschmelzendes Eutektikum bei 985 °C. Da die Warmumformtemperaturen der Stähle in einem Bereich über dieser Temperatur liegen, besteht bei höheren Schwefelgehalten die Gefahr des sog. Rotbruchs. Diese Gefahr wird bei Anwesenheit von FeO noch verstärkt, da im ternären System Fe–S–O ein Eutektikum bei 940 °C besteht.

Durch die starke Reduktionswirkung des Kohlenstoffs reagiert auch der an Mangan gebundene Sauerstoff mit diesem unter Bildung von gasförmigem CO_2. Ein solcher Stahl „kocht“ somit nach dem Gießen durch die Bildung von CO_2-Gasblasen in der Kokille weiter. Dabei wird die Schmelze stark durchmischt. Ein unberuhigt vergossener Block zeigt somit im Längsschnitt eine sehr reine „Speckschicht“ mit darunter liegendem Blasenkranz und eine Seigerungszone in Querschnittsmitte (Bild 3.5.8a). Nach einer Verarbeitung durch Walzen sind die aus solchen Blöcken erstellten Profile durch eine sehr reine Oberfläche und durch die in Querschnittsmitte gestreckte Seigerungszone gekennzeichnet (Bild 3.5.9). Solche Werkstoffe eignen sich für Oberflächenbehandlungen, wie Emaillieren oder auch galvanische Behandlungen, bereiten jedoch vielfach in der Weiterverarbeitung, z. B. beim Schweißen infolge der Seigerungszone Schwierigkeiten. Unberuhigt vergossene Sorten finden nur bei unlegierten Grundstählen Anwendung.

Durch Zugabe stark sauerstoffbindender Elemente, wie Si oder Al wird das „Kochen“ vermieden. Es findet also eine ruhige Erstarrung statt. Derart erstarrte Blöcke besitzen am Kopf einen mehr oder weniger ausgeprägen Lunker mit einer in diesem Bereich durch Anreicherung von Verunreinigungen gebildeten Seigerungszone (Bild 3.5.8). Je nach Qualitätsanforderungen ist vor der Weiterverarbeitung ein entsprechend großer Kopfbereich abzutrennen. Beruhigte Stähle sind einwandfrei schweißbar, alterungsbeständig und bei den dafür vorgesehenen Qualitäten gut umformbar.

Durch das Abtrennen des Kopfbereichs beim beruhigt vergossenen Block ist das „Ausbringen“ um den „verlorenen Kopf“ geringer als beim unberuhigten Stahl. Mit den halbberuhigten Stählen ist ein „Ausbringen“ in gleicher Höhe wie bei unberuhigt vergossenen Stählen möglich, jedoch haben die halbberuhigten Stähle ebenfalls deutlich geringere Seigerungszonen in Blockquerschnittsmitte im Vergleich zum unberuhigten Stahl. Seigerungszone und geringe Alterungsneigung halbberuhigter Stähle können die Größenordnung beruhigt vergossener Stähle erreichen. Die Tieftemperaturzähigkeit halbberuhigter Stähle ist als vergleichsweise gering einzustufen. Die Sauerstoffrestgehalte und die kennzeichnende Erstarrungsform beim Blockguß geht aus Bild 3.5.8 a hervor. Am Beispiel des Phosphors geht aus Bild 3.5.8 b die Anreicherung der Verunreinigungen im verlorenen Kopf des beruhigt vergossenen Blocks hervor. Die Verunreinigungen sind beim unberuhigten Block in Querschnittsmitte angereichert. (Bild 3.5.8 b).

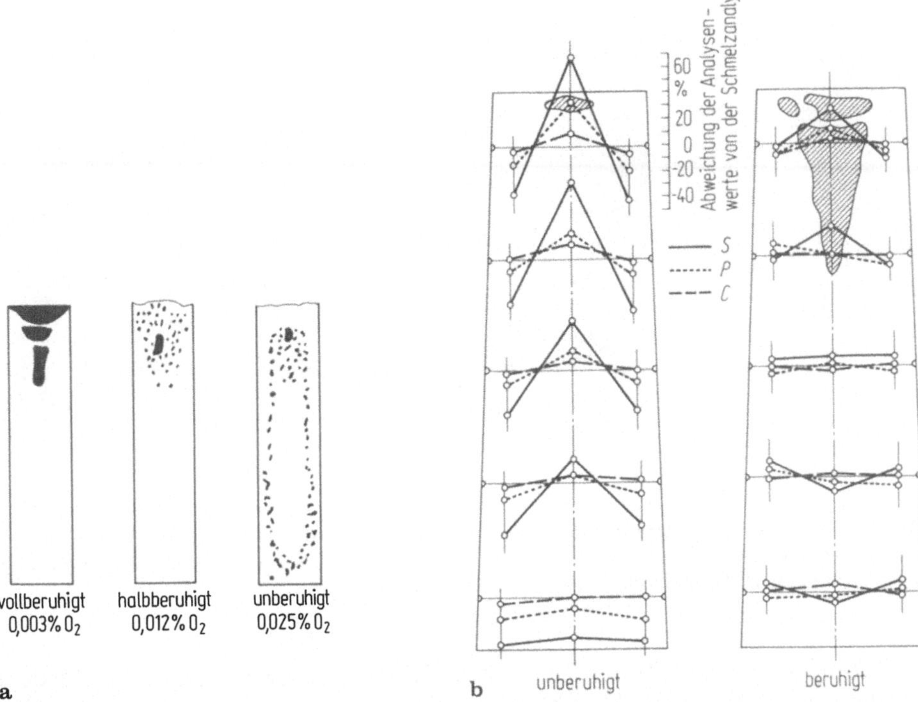

Bild 3.5.8. **a** Erscheinungsform und Sauerstoffrestgehalte von vollberuhigt, halbberuhigt und unberuhigt vergossenen Blöcken; **b** Seigerung von S, P und C in unberuhigt und beruhigt vergossenen Blöcken. (Nach Schatt)

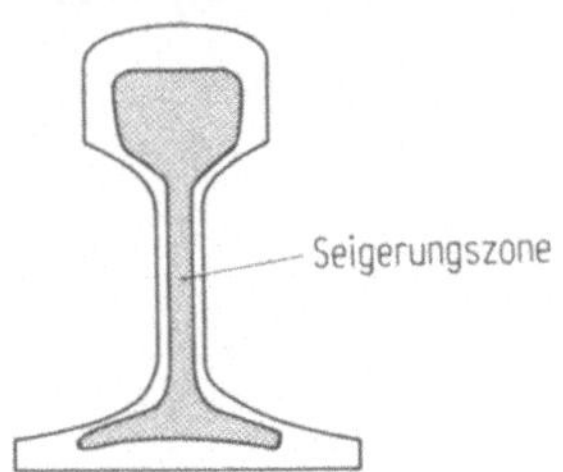

Bild 3.5.9. Seigerungszone in einem gewalzten Profil aus einem unberuhigt vergossenen Block

Besondere Verhältnisse liegen beim Stranggießen vor (Bild 3.5.10). Bei diesem Verfahren wird die Stahlschmelze über einen Zwischenbehälter unter Luftabschluß in eine wassergekühlte Kupferkokille gebracht, die den Strangquerschnitt bestimmt. Die Kokille wird in Schwingungen versetzt, um ein Haften der erstarrenden Randzone des Strangs zu vermeiden. Das Herausziehen des Strangs mit Treibrollen unter ständiger Kühlung muß so erfolgen, daß ein Strangdurchbruch vermieden wird. Die Bewältigung dieses Problems gelingt mit Prozeßrechnern, die Stahltemperatur, Abziehgeschwindigkeit und Kühlung der Strangoberfläche koordinieren.

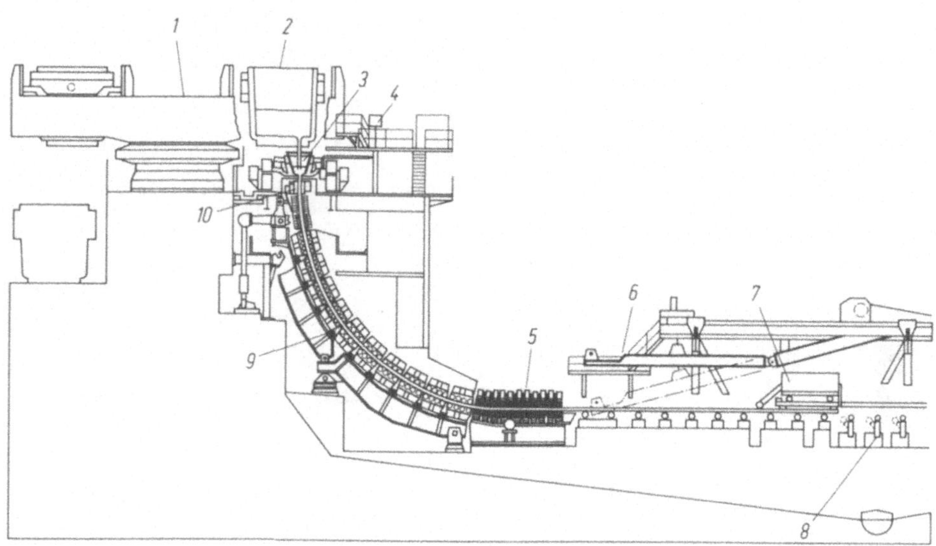

Bild 3.5.10. Prinzip einer Stranggießanlage. *1* Pfannendrehturm, *2* Gießpfanne, *3* Zwischenbehälter, *4* Gießstand, *5* Treib-Richtmaschine, *6* Kaltstrang, *7* Schere, *8* Transporteinrichtung, *9* Kühlkammer, *10* Durchlaufkokille

Stranggußquerschnitte sind erheblich kleiner als Blockquerschnitte. Die dem Strang gegebenen hohen Abkühlgeschwindigkeiten führen zu einem vergleichsweise homogenen seigerungsarmen Gefüge. Besonders geeignet für das Stranggießen sind beruhigte Stähle, deren Ausbringung dadurch wesentlich erhöht wird, da je Strang der Kopf und der Endschrott nur einmal anfällt. Das Stranggießen unberuhigter Stähle bietet noch immer Schwierigkeiten wegen des durch die Gasblasenbildung bedingten „Treibens".

4 Wärmebehandlung im Gleichgewichtszustand

Der Begriff einer Wärmebehandlung im Gleichgewichtszustand beinhaltet, daß Abweichungen in der Gleichförmigkeit der Morphologie und der Eigenschaften des Werkstoffs abgebaut werden sollen. Der Werkstoff soll dabei einen stabilen Zustand einnehmen, wobei die Eigenschaften zu harmonisieren sind im Hinblick auf Verarbeitbarkeit und Einengung der Eigenschaftsstreuungen im Anforderungsbereich des Einsatzprofils.

Durch die verschiedenen Prozesse bei der Erzeugung von Vor-, Halb- und Fertigprodukten wird, wie im vorangegangenen ausgeführt wurde, in vielfältiger Weise eine Beeinflussung von Gefüge, Struktur und damit auch der Eigenschaften vorgenommen. Gießen und Erstarren, Warmumformschritte und Kaltumformungen führen zu Werkstoffzuständen, die Unregelmäßigkeiten in der Gefügeausbildung, in der Form und Verteilung der Phasen, der Verteilung der Legierungselemente und schließlich auch der inneren Spannungen bedingen.

Ein Ausgleich instabiler und ungleichförmiger Werkstoffzustände und Eigenschaften kann erzielt werden durch Phasenumwandlungen im festen Zustand mit langzeitigen Temperaturänderungen im Bereich der Phasengrenzlinien bei polymorphen Werkstoffen, wie z.B. Stahl. Ebenfalls gehören zu den Wärmebehandlungen im Gleichgewichtszustand langzeitig geführte Glühbehandlungen innerhalb der Phasenräume, sowohl bei Werkstoffen mit Umwandlungen im festen Zustand als auch bei Werkstoffen ohne diese Umwandlungen. Mit den Glühbehandlungen innerhalb der Phasenräume werden im wesentlichen Spannungen und Konzentrationsunterschiede abgebaut (Homogenisierung) (vgl. auch Band I, Abschn. 8.1.2). Weiterhin gehört zu den Glühbehandlungen innerhalb der Phasenräume das Glühen zur Erholung und zur Rekristallisation kaltverformter Werkstoffe (vgl. Band I, Kap. 9), sowie das Glühen auf Grobkorn (Kornwachstum). Bei mehrphasigen Werkstoffen sind durch langzeitige Glühbehandlungen Einformungen und Stabilisierungen der Phasen möglich (vgl. Abschn. 5.3). Das ein- oder mehrmalige langsame Durchlaufen von Phasengrenzlinien mit entsprechenden Phasenänderungen im festen Zustand dient der Erzielung eines gleichmäßigen Korns sowie der Einformung von Zweitphasen.

Grundsätzlich bilden die Wärmebehandlungen im Gleichgewicht den Abschluß von vorausgegangenen Fertigungs- und Behandlungsstufen, wenn ein möglichst gleichmäßiges und homogenes Endprodukt in einem stabilen Zustand verlangt wird. Ein solches Produkt kann anschließend noch Wärmebehandlungen im Ungleichgewichtszustand unterworfen werden (vgl. Kap. 5), wenn Maßnahmen zur Festigkeitssteigerung gefordert sind. Nach Euronorm werden alle Wärmebehandlungen zusammenfassend definiert als Vorgang, durch den ein

Werkstoff bzw. ein Werkstück planmäßig einer oder mehreren Temperatur-Zeitfolgen unterworfen wird. Diese Wärmebehandlungen können je nach dem zeitlichen Ablauf dann sowohl im Gleichgewicht wie auch im Ungleichgewicht ablaufen.

4.1 Wärmebehandlung von Stahl

Das Eisen-Kohlenstoff-Diagramm im Bereich des Stahls ($< 2\%$ C) läßt die vielfältigen Möglichkeiten der Wärmebehandlung im Gleichgewicht sowohl im Bereich der Phasenumwandlungen fest/fest wie auch in den einzelnen Phasenräumen in eindrucksvoller Weise erkennen (vgl. Bild 1.4.1).

Die technische Bedeutung des Werkstoffs Stahl mit seinen Möglichkeiten, ihn durch geeignete Behandlung verschiedenartigen Anforderungsprofilen anzupassen, lassen es sinnvoll erscheinen, am Eisen-Kohlenstoff-Diagramm beispielhaft die Wärmebehandlungen im Gleichgewichtszustand darzustellen. Die Übertragbarkeit dieser Wärmebehandlungen auf andere Werkstoffe ist im Rahmen der jeweiligen Zustandsschaubilder gegeben.

4.1.1 Spannungsarmglühen

Bei dieser Wärmebehandlung auf dem niedersten Temperaturniveau aller Behandlungsverfahren sollen Gefügeänderungen und damit verbundene Eigenschaftsbeeinflussungen vermieden werden. Der Eingriff in die Struktur betrifft vorzugsweise Versetzungsbewegungen. Es werden damit Spannungsumlagerungen bewirkt mit dem Ziel, Eigenspannungsunterschiede innerhalb eines Bauteils abzubauen und in gewisser Weise auch das Eigenspannungsniveau insgesamt zu erniedrigen. Ursache solcher unterschiedlichen Eigenspannungen sind meist die vorausgegangenen mechanischen, mechanisch-thermischen und thermischen Be- und Verarbeitungsverfahren, wie Gießen, Schmieden, Richten, Zerspanen, thermisches Fügen (Schweißen) u.a. Soweit die Anforderungen an das Werkstück nicht andere weitergehende Gefügeumwandlungen durch Wärmebehandlungen, wie Normalglühen, erfordern, werden durch das Spannungsarmglühen Spannungszustände erreicht, die eine Verbesserung des mechanischen Verhaltens erwarten lassen und spätere Veränderungen des Bauteilverhaltens und der Bauteilgeometrie wie z.B. Bauteilverzug, vermeiden sollen.

Die bei dieser Behandlung im Gitter ablaufenden Vorgänge entsprechen der Erholung (vgl. Band I, Abschn. 9.1). Damit laufen die Versetzungsumordnungen definitionsgemäß ohne Keimbildung ab, jedoch unter Mitwirkung diffusionsgesteuerter Vorgänge, wie Klettern und Quergleiten. Naturgemäß werden Spannungsunterschiede im Werkstück umso wirkungsvoller abgebaut, je näher diese an der der Glühtemperatur zugeordneten Warmstreckgrenze liegen. Erreichen oder Überschreiten der Warmstreckgrenze ist jedoch keine unbedingte Voraussetzung für das Spannungsarmglühen, da sog. nichtkonservative Versetzungsbewegungen auch schon weit unterhalb dieses Spannungs- und Temperaturniveaus ablaufen.

Die Angaben über den Temperaturbereich des Spannungsarmglühens schwanken dementsprechend vielfach, insbesondere die oberen Temperaturen hängen stark von der vorangegangenen Behandlung ab, da mit dieser Wärmebehandlung keinesfalls Gefügeveränderungen verbunden sein dürfen. Damit sind die Temperaturobergrenzen bei vergüteten Werkstoffen oder Bauteilen mit stärkeren Kaltverformungszonen niedriger als z.B. bei Bauteilen im Gußzustand. Im allgemeinen wird der Temperaturbereich für das Spannungsarmglühen mit 400 bis 600 °C angegeben. Bei Vorliegen entsprechender Kaltverformungen kann sich dieser Temperaturbereich bereits mit dem Rekristallisationsglühen überdecken. Im Zusammenhang mit dem Spannungsarmglühen sollte jedoch eine Rekristallisation mit ihren Gefügeveränderungen nicht ablaufen. Die Glühzeiten hängen vom Bauteilquerschnitt ab. Sie können mit > 2 h angegeben werden, wobei anschließend Ofenabkühlung erfolgt.

Mitunter wird neben der Glühbehandlung zum Abbau von Spannungsdifferenzen auch eine Vibrationsbehandlung zur Anwendung gebracht. Dabei wird das Werkstück mit Hilfe von Schwingungserregern in mechanische Schwingungen versetzt, um Spannungen auszugleichen. Dieses Verfahren ist weniger wirksam.

4.1.2 Rekristallisationsglühen

Im Gegensatz zum Spannungsarmglühen ist das Rekristallisationsglühen mit einer vollständigen Gefügeneubildung verbunden, die über Keimbildung und Keimwachstum abläuft. Neben einer Mindesttemperatur und einer Mindestglühdauer sind Voraussetzung für die Rekristallisation auch Mindestkaltverformungsgrade, die nicht unterschritten werden dürfen (vgl. Band I, Abschn. 9.2). Je nach Kaltverformungsgrad liegen die Rekristallisationstemperaturen zwischen 500 und 700 °C. Die Glühzeiten sind sehr stark vom Bauteil abhängig und besitzen einen erheblichen Einfluß auf das Endgefüge und die damit verbundenen Eigenschaften (Bild 4.1.1).

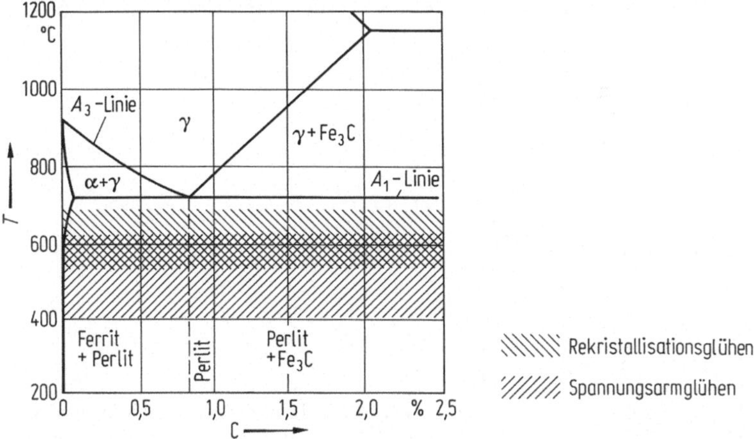

Bild 4.1.1. Temperaturbereiche für das Rekristallisationsglühen und das Spannungsarmglühen von Stahl

4.1.3 Normalglühen

Neben dem Rekristallisationsglühen kaltgewalzten oder gleichmäßig kaltverformten Materials ist das Normalglühen oder das Normalisieren die bedeutsamste Wärmebehandlung im Gleichgewichtszustand, um ein gleichmäßig feines Gefüge mit guten und wenig streuenden Werkstoffeigenschaften zu erzielen.

Ähnlich wie alle Arten der Umwandlungshärtung (vgl. Abschn. 5.1) erfordert das Normalglühen zunächst die Umwandlung des Matrixgitters von der krz-Struktur in die kfz-Struktur, also vom ferritischen in den austenitischen Zustand. Dies wird bei untereutektoiden Stählen durch Überschreiten der A_3-Linie, bei übereutektoiden Stählen durch Überschreiten der A_1-Linie erreicht (Bild 4.1.2). Durch die zweimalige Umwandlung $\alpha - \gamma - \alpha$ entsteht ein völlig neues Korngefüge jeweils über Keimbildung und Keimwachstum. Die Werkstoffeigenschaften sind damit weitgehend unabhängig von allen vorausgegangenen Bearbeitungsstufen, wenngleich über die Keimbildungsbedingungen und z.T. auch das Keimwachstum noch gewisse Zusammenhänge mit dem Ausgangsgefüge und den dort vorhandenen Texturen bestehen können. Bei vielen Bauteilen, insbesondere bei Stahlgußstücken ist das Normalglühen Voraussetzung, um z. B. durch Beseitigung des ungünstigen sog. Widmannstättenschen Gefüges mit seinen spießigen Ferritanteilen zu anforderungsgerechten Bauteileigenschaften zu kommen (vgl. Abschn. 1.4.1.1, Bild 1.4.9).

Diagrammgemäß (Bild 4.1.2) wandelt das Ferritgitter (α) in das Austenitgitter (γ) um, wobei beim Abkühlvorgang sich aus dem untereutektoiden Austenit α-Mischkristalle ausscheiden, bis schließlich der restliche Austenit (γ) in Perlit, d. h. Zementit (Fe_3C) + Ferrit (α) zerfällt. Bei diesem Zerfall entstehen durch Keimbildungs- und Wachstumsbedingungen der Ferrit und der Zementit in einer plattenförmigen Anordnung, die im Schliff streifig erscheint und im Aussehen den vielfach bei Eutektika beobachteten Gefügeausbildungen entspricht (vgl. Bild 1.4.4).

Beim Zerfall des Austenits mit seiner vergleichsweise außerordentlich hohen Kohlenstofflöslichkeit scheidet sich der Zementit an definierten Keimstellen aus. Infolge der Bindung des Kohlenstoffs im Zementit verarmen die an die wachsen-

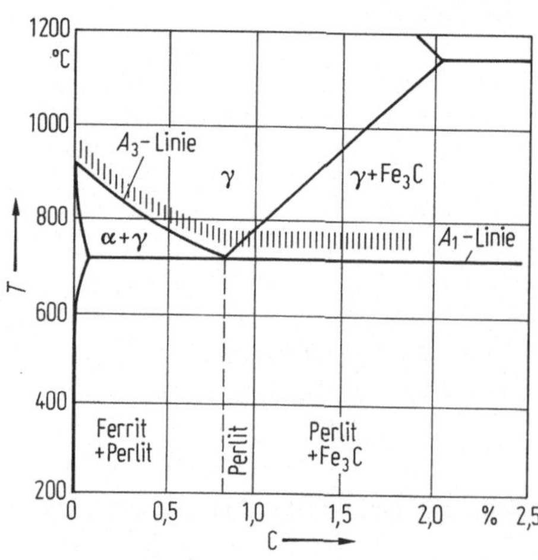

Bild 4.1.2. Temperaturbereich für das Normalglühen und das Austenitisieren von Stahl (vgl. Kap. 5)

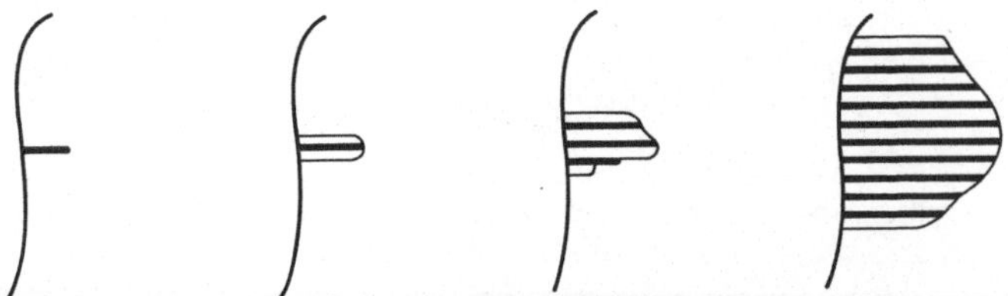

Bild 4.1.3. Wachstum eines Perlitbereiches unter Aufbrauchen des Austenits

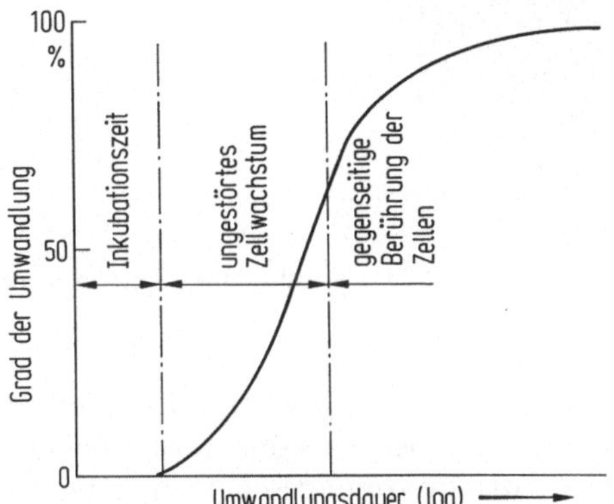

Bild 4.1.4. Zeitlicher Ablauf der eutektoiden Umwandlung

den Zementitplatten angrenzenden Austenitbereiche an Kohlenstoff soweit, bis schließlich die Keimbildung für den α-Mischkristall günstiger wird als die Wachstumsbedingungen für den Zementit (Fe_3C). Dadurch beginnt nun an der Grenzfläche zu dem Kohlenstoff-verarmten Austenit eine Ferritplatte zu wachsen, wobei wegen deren geringerer Kohlenstofflöslichkeit nun der Austenit an Kohlenstoff angereichert wird bis zu einem Wert, der schließlich wieder die Bildung und das Wachstum des Zementits einsetzen läßt (Bild 4.1.3, vgl. Bild 3.3.1). Auf diese Weise schieben sich im Verlauf des Austenitzerfalls abwechselnd Zementit- und Ferritplatten in den zerfallenden Austenit vor, wobei dieser aufgebraucht wird. Für den Fall einer eutektoiden Umwandlung, also des völligen Aufbrauchens des Austenits durch Perlit ergibt sich dabei ein zeitlicher Ablauf ähnlich wie bei der Rekristallisation, bei der das verformte Gefüge durch ein neues unverformtes aufgebraucht wird (Bild 4.1.4).

Das Ergebnis der beschriebenen Umwandlung im Verlauf der Normalglühung ist ein mehr oder weniger feinstreifiger Perlit anstelle des bei Erreichen der Perlitlinie vorhandenen Austenitanteils. Die Feinstreifigkeit des Perlits nimmt mit zunehmender Abkühlgeschwindigkeit zu (s. Abschn. 5.1). Bei eutektoider Zusammensetzung liegt diagrammgemäß ein rein perlitisches Gefüge vor. Bei übereutektoider Zusammensetzung bildet sich schon vor Erreichen der Perlitlinie an den Austenitkorngrenzen Zementit. Dieser Korngrenzenzementit beeinflußt die Werkstoffeigenschaften sehr nachteilig und ist zu vermeiden bzw. durch entsprechende Glühbehandlung zu beseitigen (s. auch Abschn. 4.1.4).

Zur Vermeidung bzw. zur Einformung des Korngrenzenzementits werden übereutektoide Stähle bei der Normalisierungsglühung nur bis zu etwa 50 °C über

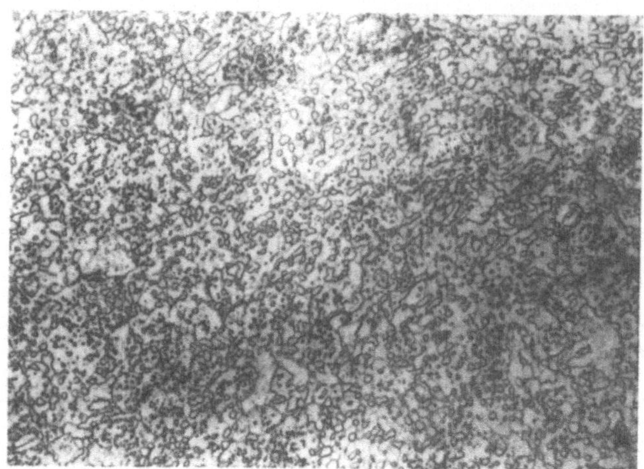

Bild 4.1.5. Gefüge eines kugelig eingeformten Perlits, V = 1 500 ×. (Aufnahme: Lette-Verein Berlin)

die Linie $S - K$ erwärmt. Die im dann vorliegenden austenitischen Grundgefüge befindlichen Karbidanteile werden dabei nicht aufgelöst. Sie können sich bei der Abkühlung somit auch nicht an den Austenitkorngrenzen ausscheiden, sondern ein vorhandenes Karbidnetzwerk wird durch zunehmende Koagulation eingeformt.

Als eine Abart des Normalglühens kann das Grobkornglühen gelten. Insbesondere untereutektoide Stähle werden dabei bis auf höhere Temperaturen im Austenitgebiet gebracht (900 bis 1 000 °C) und langsam bis auf A_1 (Perlitlinie) abgekühlt. Das dabei enstehende grobe Korn erleichtert die spanende Bearbeitbarkeit.

4.1.4 Weichglühen

Durch die Weichglühbehandlung wird der lamellare Perlit kugelig eingeformt, d.h. der Zementit nimmt globulare Form an (Bild 4.1.5). Bei untereutektoiden Stählen, insbesondere zwischen 0,4 und 0,8 % C wird dazu mehrere Stunden abhängig vom Querschnitt dicht unterhalb A_1 geglüht, da eine Auflösung und Neubildung des Zementits vermieden werden muß. Bei übereutektoiden Stählen wird oft eine Pendelglühung um die A_1-Temperatur in Anwendung gebracht, da dabei insbesondere die Einformung des Zementitnetzwerks stark beschleunigt wird (Bild 4.1.6).

4.1.5 Diffusionsglühen

Durch Kristallseigerung ergeben sich je nach der unterschiedlichen Löslichkeit von mischkristallbildenden Elementen im festen und flüssigen Zustand Konzentrationsunterschiede innerhalb der Kristallite bzw. der sich aus der Schmelze

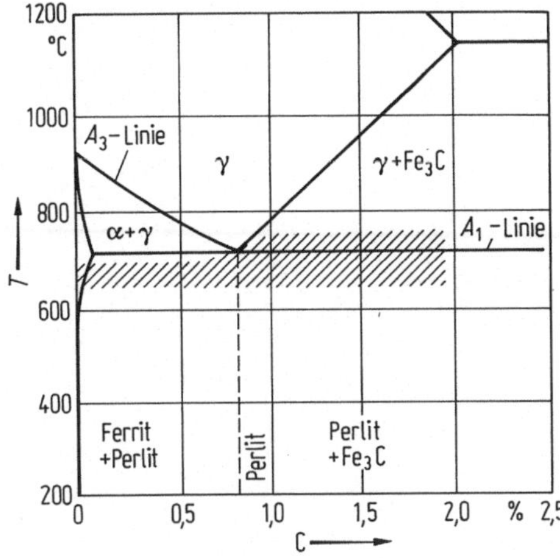

Bild 4.1.6. Temperaturbereich für das Weichglühen von Stahl

bildenden Dendriten (s. Abschn. 3.2.1). Im Stahl ist ein solches stark zu Kristallseigerungen neigendes Element der Phosphor. Bedingt durch diese Tatsache ist in technischen Stählen zwischen einem Primär- und einem Sekundärgefüge zu unterscheiden (vgl. Abschn. 3.2.1).

Durch Diffusionsglühung zwischen 1 000 bis 1 200 °C im γ-Gebiet lassen sich solche Konzentrationsunterschiede im Gefüge abbauen. Für unlegierte Kohlenstoffstähle ergeben sich dafür jedoch so lange Zeiten, daß dieses Verfahren wirtschaftlich nicht durchführbar ist. Statt dessen ist man bei diesen Stählen bestrebt, den Phosphorgehalt so niedrig wie möglich zu halten, um möglichst gleichmäßige Eigenschaften des Werkstoffs zu gewährleisten. Bei legierten Stählen und bei vielen NE-Metallen hingegen kann das Diffusionsglühen abhängig vom Diffusionskoeffizienten mit mehr oder weniger gutem Erfolg zur Homogenisierung des Werkstoffs eingesetzt werden.

5 Wärmebehandlungen im Ungleichgewichtszustand

Die bedeutsamste Anwendung der Wärmebehandlungen im Ungleichgewichtszustand besteht in der Steigerung der Festigkeitskennwerte des Werkstoffs. Die beiden wichtigsten Verfahren dazu sind die Umwandlungshärtung und die Ausscheidungshärtung.

Die Steigerung der Festigkeitskennwerte und die damit verbundene Verminderung von Zähigkeit und Duktilität sind, wie ausführlich dargelegt (s. Band I, Abschn. 8.2), stets mit einer Beeinflussung der Fehlstellenstruktur im Sinne einer Behinderung der Versetzungsbeweglichkeit und damit der plastischen Formänderungsfähigkeit verbunden. Die Erzeugung solcher Zwangszustände ohne Veränderung der Werkstoffzusammensetzung bedeutet notwendigerweise, daß der Werkstoffzustand vom Gleichgewicht in einen mehr oder weniger ausgeprägten Ungleichgewichtszustand gebracht wird. Im Zusammenhang mit der Darstellung der Versetzungen und ihrer Wechselwirkung untereinander wurde dies bereits bei der Beschreibung der Kaltverformung und der Kaltverfestigung eines Werkstoffs ausgeführt. Durch die bei der Kaltverformung bewirkte Erhöhung der Versetzungsdichte werden erhöhte Spannungszustände zwischen Versetzungen und damit deren gegenseitige Behinderung bewirkt. Dieser Ungleichgewichtszustand durch Verformungsmechanismen läßt sich z. B. durch Rekristallisationsglühen beseitigen (s. Band I, Kap. 9).

Auch durch Wärmebehandlungen lassen sich Ungleichgewichtszustände durch Erhöhung der inneren Energie entsprechend der Entfernung vom Gleichgewichtszustand erreichen. Grundsätzlich werden solche Ungleichgewichtszustände durch schnelle Abkühlung und eine nicht dem Gleichgewicht entsprechende Verteilung von Phasen oder Legierungselementen erreicht. Ebenso wie bei der Kaltverformung beruht die dabei erzielbare Festigkeitssteigerung auf einer Erhöhung des inneren Spannungszustands. Um technisch verwertbare Festigkeitssteigerungen durch Wärmebehandlungen im Ungleichgewichtszustand zu erzielen, ist eine Metallegierung erforderlich, da nur so der notwendige feste Lösungszustand im Ungleichgewicht einstellbar ist. Grundsätzlich sind dabei je nach dem vorliegenden Legierungssystem zwei Arten der Wärmebehandlung zur Erzielung des Ungleichgewichtszustands möglich. Es handelt sich dabei um:

- die Umwandlungshärtung,
- die Aushärtung oder Ausscheidungshärtung.

Die Umwandlungshärtung ist das bevorzugt bei der Stahlhärtung in Anwendung gebrachte Verfahren. Die Aushärtung ist die verbleibende Möglichkeit, umwandlungsfreie Legierungen, wie Al, Cu, Ni u. a. durch thermische Behandlung zu verfestigen. Die Aushärtung kann jedoch auch zusätzlich zur Umwandlungshärtung Anwendung finden (Martensitaushärtung). Auch dient ein Ausscheidungsmechanismus ohne Umwandlungshärtung der Festigkeitssteigerung bei mikrolegierten Baustählen (HSLA-Stählen).

5.1 Umwandlungshärtung von Stahl

Voraussetzung für eine Verfestigung des Werkstoffs durch eine Umwandlungshärtung ist es, daß in Abhängigkeit von der Temperatur der Werkstoff eine Phasenänderung im festen Zustand aufweist, wie dies bei den Stählen in Form der $\alpha - \gamma$-Umwandlung gegeben ist. Die $\alpha - \gamma$-Umwandlung ist für die Härtung zwar notwendig, aber allein noch nicht hinreichend, wie sich bei der Abschreckung sehr kohlenstoffarmen oder kohlenstofffreien Eisens zeigt. Es ist zusätzlich erforderlich, daß die Löslichkeit eines Elements, im Fall des Stahls der Kohlenstoff, in der Ausgangsphase wesentlich größer ist als in der nach dem Abschrecken erreichten Endphase. Schließlich ist es noch notwendig, daß die Phasenumwandlung mit einer wesentlich höheren Geschwindigkeit als der Diffusionsgeschwindigkeit erfolgt, daß also die Phasenumwandlung nicht diffusionsgesteuert ist. Unter dieser Maßgabe wird im Fall des Stahls erreicht, daß der Kohlenstoff das Gitter bei der diffusionslosen Umwandlung nicht über Diffusion verlassen kann und somit in einem Zwangszustand in der Endphase verbleibt, wodurch die Verfestigung bewirkt wird. Das Verständnis der zur Härteannahme erforderlichen Einzelmechanismen soll am Ablauf der Vorgänge im Werkstoff bei der Stahlhärtung aufgezeigt werden.

5.1.1 Ablauf der Umwandlungshärtung

5.1.1.1 Wirkung der Abkühlgeschwindigkeit

Ebenso wie bei der Normalisierungsglühung ist bei der Umwandlungshärtung die Austenitisierung des Stahls notwendige Voraussetzung und damit stets der erste Schritt. Auch bei der Umwandlungshärtung werden untereutektoide Stähle etwa 30 bis 50 °C über A_3 erwärmt, übereutektoide Stähle werden etwa um den gleichen Betrag über A_1 gebracht, so daß der Sekundärzementit nicht aufgelöst wird und unter der Maßgabe geeigneter Verteilung im Endzustand zur Härte beiträgt (vgl. Bild 4.1.2).

Wird nun ein so austenitisierter Werkstoff nicht mehr langsam, sondern mit einer zunehmend erhöhten Geschwindigkeit abgekühlt, so erfolgen die Umwandlungsvorgänge nicht mehr nach dem Gleichgewichtsdiagramm, sondern die Phasengrenzlinien erfahren eine Verschiebung zu tieferen Temperaturen, die Umwandlungen laufen also bei zunehmender Unterkühlung in größer werdendem Abstand von der Gleichgewichtsumwandlung ab (Bild 5.1.1). Der A_3-Punkt, also der Beginn der $\gamma - \alpha$-Umwandlung, fällt mit zunehmender Abkühlgeschwindigkeit dabei stärker ab als der A_1-Punkt. Aus der unterschiedlichen Veränderung der Umwandlungspunkte – am Beispiel eines untereutektoiden Stahls – geht

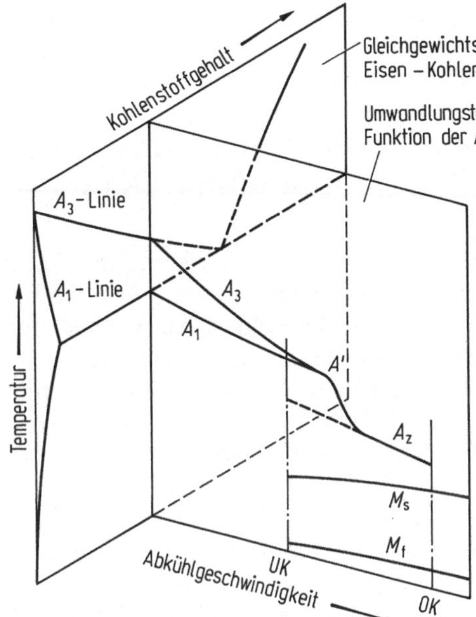

Bild 5.1.1. Verschiebung der A_1- und A_3-Umwandlungstemperatur, Beginn der Zwischenstufe A_z und Martensitbildung M_s in Abhängigkeit von der Abkühlgeschwindigkeit bei einem untereutektoiden Stahl. UK untere kritische Abkühlgeschwindigkeit, OK obere kritische Abkühlgeschwindigkeit

hervor, daß schließlich der A_3- und A_1-Punkt in einem A'-Punkt zusammenfallen. Durch den dann gleichzeitigen Beginn des Austenitzerfalls und der Perlitbildung steht für die erforderliche Kohlenstoffdiffusion immer weniger Zeit zur Verfügung. Schließlich entsteht durch eine diffusionslose Umwandlung – ein Umklappen – ein martensitisches Gefüge.

Das erste Auftreten des Martensits findet bei der unteren kritischen Abkühlgeschwindigkeit statt. Bei Überschreiten der oberen kritischen Abkühlgeschwindigkeit wird ausschließlich reiner Martensit gebildet. Da bei Überschreiten der oberen kritischen Abkühlgeschwindigkeit die Martensitbildung geschwindigkeitsunabhängig und die Menge nur noch temperaturabhängig ist, läßt sich in die Darstellung (Bild 5.1.1) Beginn M_s und Ende M_f der Martensitbildung eintragen.

Entsprechend der mit zunehmender Geschwindigkeit auch schon vor Einsetzen der ersten Martensitbildung mehr und mehr unterdrückten Diffusionsvorgänge entstehen Gefügeausbildungen, die signifikant von denjenigen im Gleichgewichtszustand abweichen. Danach sind mit zunehmender Geschwindigkeit die Umwandlungen einzuteilen in:

– Umwandlungen in der Perlitstufe.
  In dieser Stufe werden mit zunehmender Abkühlgeschwindigkeit bedingt durch die erschwerte Diffusion die Diffusionswege kürzer, so daß der Perlit in einer geschwindigkeitsabhängig zunehmend feinlamellareren Form entsteht. Diese Gefügeausbildung wird auch als Sorbit bezeichnet.
– Umwandlungen in der Zwischenstufe.
  Bei weiter verminderter Diffusionsfähigkeit infolge gesteigerter Abkühlgeschwindigkeit geht die platten- bzw. lamellenförmige Anordnung der Ferrit- und Zementitteilchen des Perlitgefüges verloren. Der Zementit liegt dann in feinstverteilter Form innerhalb der Ferritmatrix z.T. an der Grenze lichtmikro-

skopischer Auflösung vor (A_z Bild 5.1.1). Diese Gefügeausbildung wird auch als Bainit bezeichnet.

- Umwandlungen in der Martensitstufe.
  In der Martensitstufe schließlich ist die Diffusion vollständig unterdrückt, so daß nach dem diffusionslosen Umklappen des kfz-Gitters der Kohlenstoff in Zwangslösung im krz-Gitter vorliegt. Es erscheint ein nadeliges Gefüge (vgl. Bild 5.1.12).

Um bei den Wärmebehandlungsverfahren im Ungleichgewichtszustand die Wahl der Temperaturführung definiert vornehmen zu können, werden zweckmäßig Zeit-Temperatur-Umwandlungsschaubilder (ZTU-Schaubilder) verwendet. Es wird dort nicht das Gefüge in Abhängigkeit von der Geschwindigkeit (Bild 5.1.1), sondern in Abhängigkeit von der Abkühlzeit angegeben. Weiterhin werden durch Zeit- und Temperaturbereiche kennzeichnende Grenzlinien angegeben, die in Abhängigkeit von diesen Parametern entstehende Gefügezustände begrenzen (Bild 5.1.2).

Die Zuordnung eines solchen ZTU-Schaubilds zum Gleichgewichtsdiagramm und zur temperaturabhängigen Verschiebung der Umwandlungspunkte geht aus Bild 5.1.2 hervor. Es wird dabei deutlich, wie im ZTU-Diagramm (im betrachteten Fall ein kontinuierliches ZTU-Diagramm) die Beziehung zwischen Abkühlverlauf und Gefügezusammensetzung darzustellen ist. Die obere kritische und untere kritische Abkühlgeschwindigkeit sind in diesem ZTU-Diagramm eingezeichnet und mit der Martensitbildung in Zusammenhang gebracht.

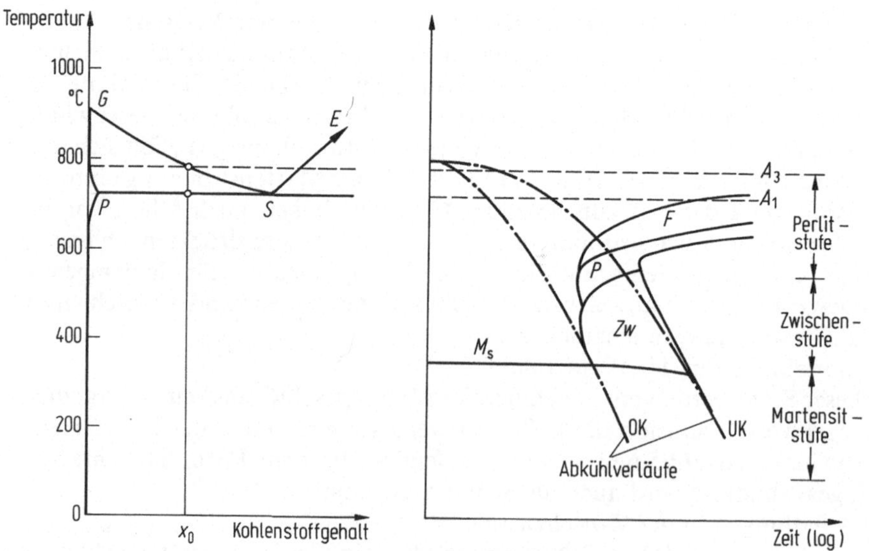

Bild 5.1.2. Veränderung der Gefügeumwandlung und der Gefügezustände in Abhängigkeit vom Zeit-Temperatur-Verlauf bei der Abkühlung. Das Diagramm (kontinuierliches ZTU-Schaubild) ist in Bezug zum Gleichgewichtsschaubild gebracht. UK untere kritische Abkühlgeschwindigkeit, OK obere kritische Abkühlgeschwindigkeit

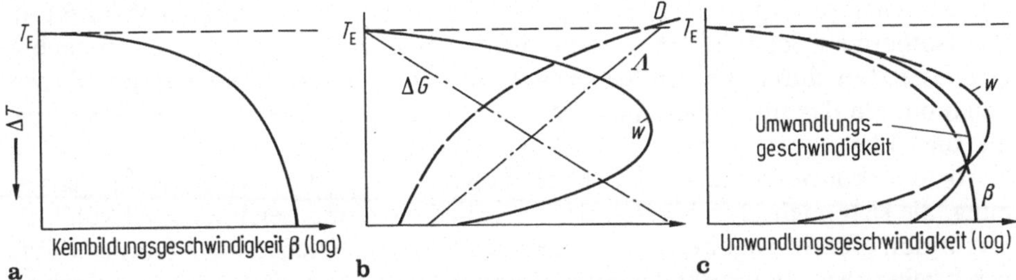

Bild 5.1.3. **a** Verlauf der Keimbildungsgeschwindigkeit β und **b** der Keimwachstumsgeschwindigkeit w in Abhängigkeit von der Temperatur; **c** Verlauf der Umwandlungsgeschwindigkeit abgeleitet aus der Überlagerung von Keimbildungs- und Keimwachstumsgeschwindigkeit. T_E Temperatur des eutektoiden Gleichgewichts, D Diffusionskoeffizient, Λ Lamellenabstand, ΔG treibende Kraft

5.1.1.2 Einflüsse auf die Zeitabhängigkeit der Umwandlung

Der Verlauf der Grenzlinien für die Phasenumwandlung in den ZTU-Schaubildern (Bild 5.1.2) läßt sich aus der Überlagerung der Zeitabhängigkeit der bei der diffusionsgesteuerten Umwandlung der Stähle ablaufenden Teilvorgänge Keimbildung und Zellwachstum verstehen (vgl. Bild 4.1.4). Die Keimbildungsgeschwindigkeit und damit die Keimzahl nimmt mit zunehmender Unterkühlung unter die eutektoide Gleichgewichtsumwandlung, d.h. mit steigender Abkühlgeschwindigkeit zu (Bild 5.1.3). Der Diffusionskoeffizient D nimmt nach der Arrhenius-Beziehung mit zunehmender Unterkühlung ab. Vermehrte Keimbildung und abnehmende Diffusionswege ergeben ein feineres Gefüge im Fall der Umwandlung in der Perlitstufe also, wie bereits gezeigt, einen zunehmend feinstreifiger werdenden Perlit mit entsprechend geringem Lamellenabstand Λ.

Kürzere Diffusionswege und steigende treibende Kräfte ΔG beschleunigen zunächst die Keimwachstumsgeschwindigkeit w, bis diese bei weiter sinkenden Temperaturen infolge des abnehmenden Diffusionskoeffizienten D wieder abnimmt (Bild 5.1.3). Die Überlagerung der Abhängigkeit der Keimbildungsgeschwindigkeit und der Keimwachstumsgeschwindigkeit ergibt schließlich den qualitativen Verlauf der Umwandlungsgeschwindigkeit in Abhängigkeit von der Unterkühlung unter die eutektoide Gleichgewichtstemperatur und damit die Abhängigkeit von der Abkühlgeschwindigkeit.

Wird auf der x-Achse anstelle der Umwandlungsgeschwindigkeit bei den verschiedenen Temperaturen unter dem eutektoiden Gleichgewicht die benötigte Zeit bis zur Umwandlung aufgetragen, so ergibt sich die Form der ZTU-Schaubilder (vgl. Bild 5.1.2). Wird so rasch abgekühlt, daß der Temperaturabfall über der Zeit an der sog. Perlitnase vorbeiführt, so bleibt der Austenit erhalten, bis er bei einer für den Werkstoff spezifischen Temperatur M_s diffusionslos in Martensit umklappt. Ein ZTU-Diagramm, das für bestimmte in das Diagramm eingezeichnete Abkühlverläufe gültig ist, wird als kontinuierliches ZTU-Schaubild bezeichnet (vgl. Bild 5.1.2).

Vielfach werden für die Darstellung des Umwandlungsverhaltens in Abhängigkeit von der Zeit isotherme ZTU-Schaubilder verwendet, da diese experimentell einfacher zu ermitteln sind als die kontinuierlichen Schaubilder (Bild 5.1.4). Die isothermen Schaubilder werden auf den Isothermen parallel zur Zeitachse abgelesen. Der durch die Zeit festgelegte Endpunkt der Isothermen gibt in diesen Schaubildern das für die jeweilige Temperatur und Zeit sich einstellende Gefüge an (Bild 5.1.5).

In den kontinuierlichen ZTU-Schaubildern wird die Gefügezusammensetzung, die sich nach Durchlaufen der verschiedenen eingezeichneten Abkühlkurven ergibt, oft mit Angabe über die Gefügebestandteile neben die Abkühlverläufe geschrieben. Am Endpunkt der Abkühlverläufe wird die erzielte Härte angegeben. (Bild 5.1.6).

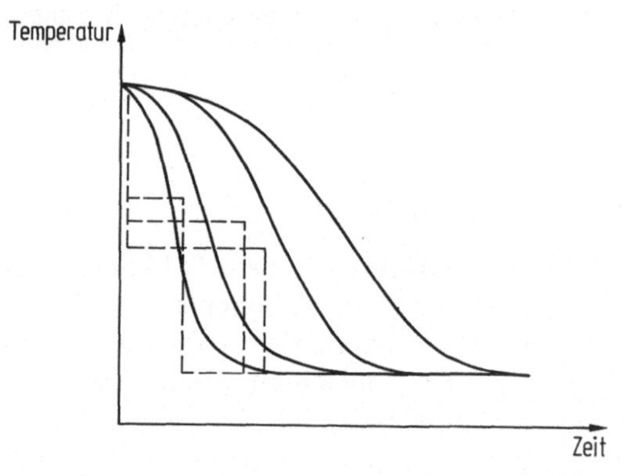

Bild 5.1.4. Temperaturführung zur Bestimmung eines kontinuierlichen und eines isothermen ZTU-Schaubilds.
—— kontinuierliche Abkühlverläufe,
–– isotherme Abkühlverläufe

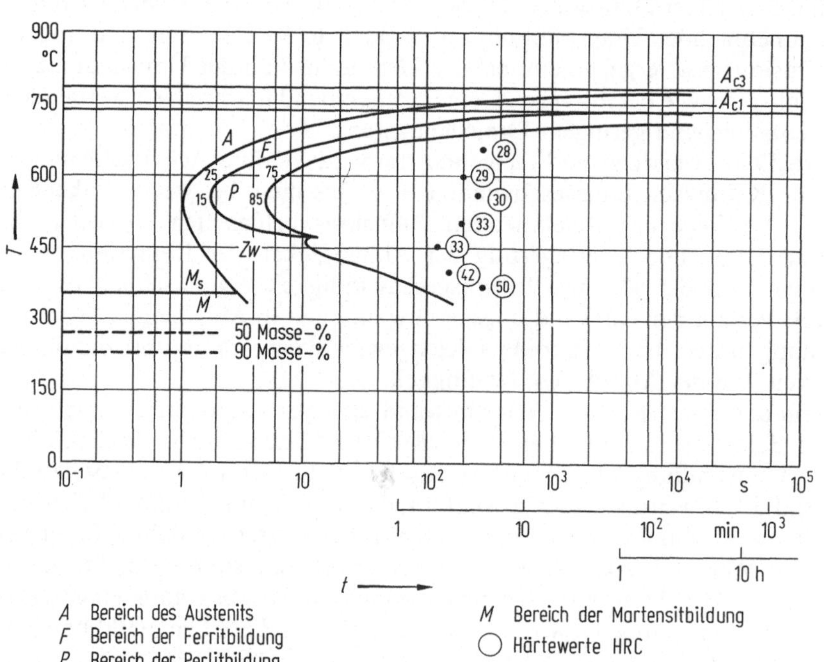

Bild 5.1.5. Isothermes ZTU-Schaubild eines Stahls mit 0,45% C

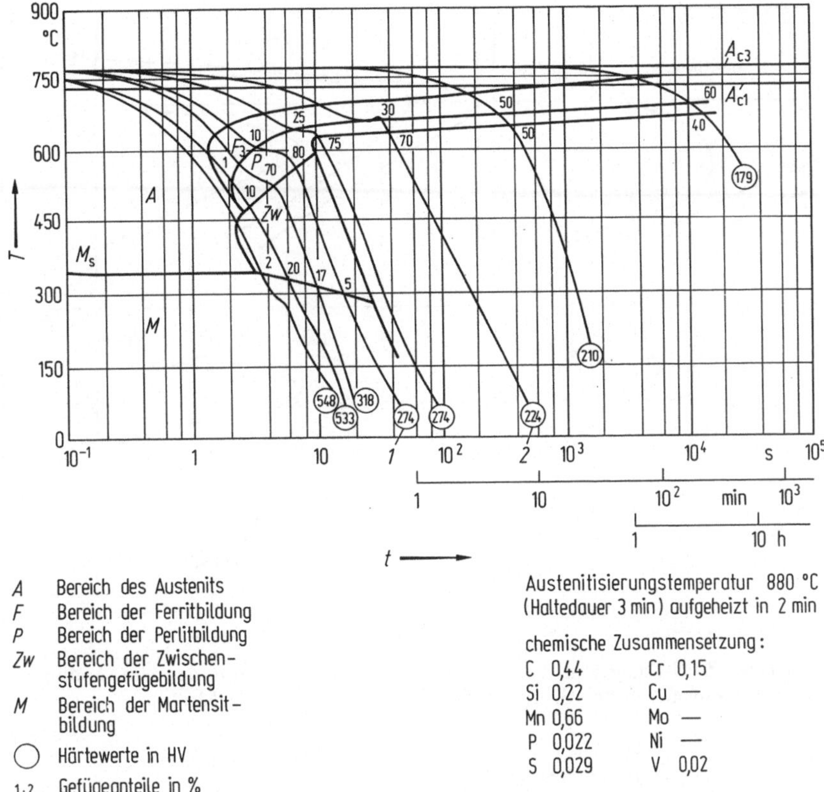

Bild 5.1.6. Kontinuierliches ZTU-Schaubild eines Stahls mit 0,45% C

Bei dem vorliegenden ZTU-Schaubild handelt es sich um das eines untereutektoiden Stahls, da die A_{c3}- und A_{c1}-Linie eingezeichnet sind. Bei der Abkühlung entsprechend der mit 1 gekennzeichneten Kurve entsteht z. B. ein Gefüge aus 10% Ferrit, 80% Perlit, 5% Zwischenstufe und 5% Martensit. Die Härte beträgt 274 HV. Bei langsamerer Abkühlung (Kurve 2) ergibt sich ein Gefüge, das zu 30% aus Ferrit und zu 70% aus Perlit besteht. Bei den ZTU-Schaubildern für übereutektoide Stähle fehlen die A_{c1}- und A_{c3}-Linie und das Ferritgebiet ist durch ein Zementit (Fe_3C)-Gebiet ersetzt.

Selbstverständlich unterscheiden sich die isotherm und die kontinuierlich aufgenommenen ZTU-Diagramme bedingt durch den entsprechend der unterschiedlichen Abkühlung unterschiedlichen Umwandlungsverlauf, wie sich aus der Gegenüberstellung eines isothermen und kontinuierlichen ZTU-Schaubilds für einen Stahl mit 0,45% C ergibt (Bild 5.1.5 und 5.1.6).

Wie bereits dargelegt (Abschn. 1.4.1.1), wird durch die Zugabe geeigneter Legierungselemente der Diffusionskoeffizient für Kohlenstoff herabgesetzt, der Stahl wird also umwandlungsträger. Im ZTU-Diagramm stellt sich diese Wirkung durch eine Verschiebung der Zeitgrenzen für die Umwandlung nach rechts dar.

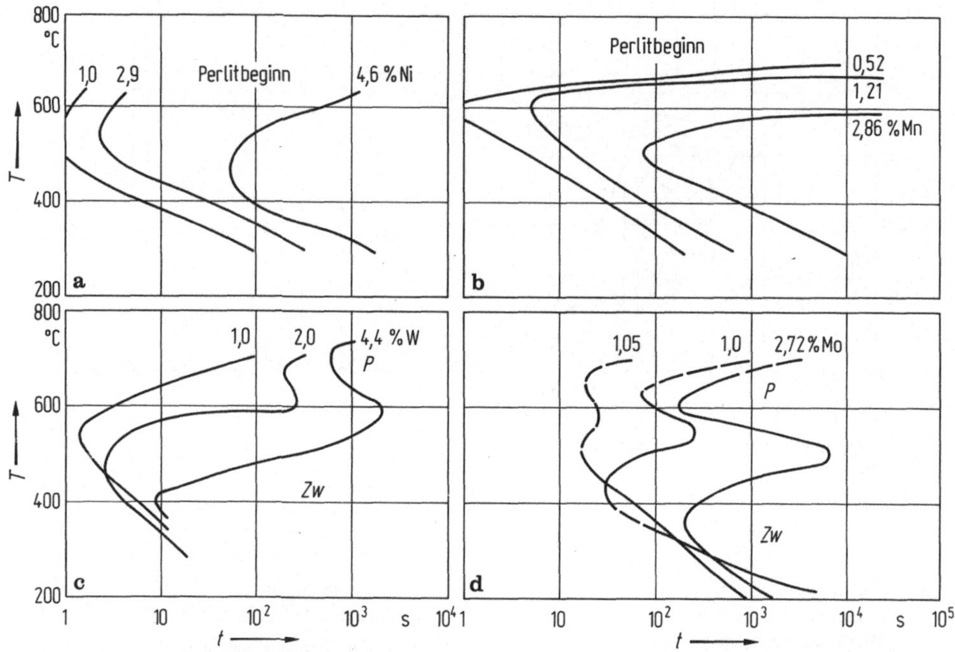

Bild 5.1.7. Isothermes ZTU-Diagramm zur Darstellung der Beeinflussung des Umwandlungsverhaltens durch das Zulegieren der Elemente Ni, (a) Mn, (b) W (c) und Mo (d)

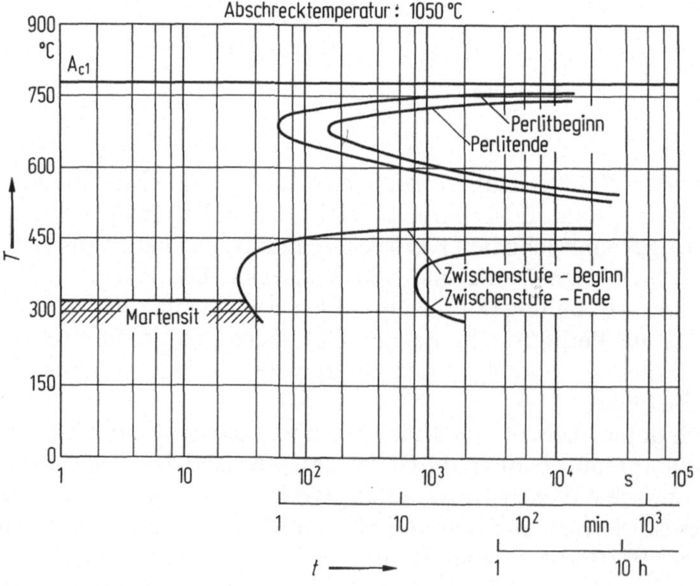

Bild 5.1.8. Isothermes ZTU-Schaubild eines Stahls mit 0,45% C und 3,5% Cr

Je nach Wirkung der Legierungselemente ist auch eine mehr oder weniger ausgeprägte Aufspaltung der Grenzlinien für den zeitlichen Ablauf der Umwandlung in Perlit und in der Zwischenstufe möglich. Nickel und Mangan, die keine ausgeprägte Karbidbildungsneigung zeigen, verschieben das Umwandlungsgeschehen insgesamt zu längeren Zeiten (Bild 5.1.7). Molybdän, Wolfram und Chrom als starke Karbidbildner verzögern die Umwandlung in der Perlitstufe stärker als in der Zwischenstufe, wodurch sich eine Aufspaltung im Verlauf der Grenzlinien für die Zeit-Temperaturabhängigkeit in den verschiedenen Umwandlungsstufen ergibt (Bild 5.1.7).

Die Verschiebung der Grenzlinie des Umwandlungsbeginns im ZTU-Schaubild nach rechts bedeutet, daß bei Zugabe entsprechender Legierungselemente die kritische Abkühlgeschwindigkeit zur Bildung von Martensit herabgesetzt wird. Wie aus den ZTU-Schaubildern hervorgeht, erfordert die Bildung eines martensitischen Gefüges einen Abkühlverlauf, der ausreichend schnell ist, um an der Perlitumwandlungsgrenzlinie vorbeizuführen bis zur Erreichung der Grenzlinie des Martensitbeginns. Nur wenn der Austenit durch ausreichend schnelle Abkühlung bis zur Temperatur des Beginns der Martensitbildung in unterkühltem Zustand erhalten bleibt, kann dieser vollständig in Martensit umgewandelt werden. Falls bei nicht genügend hoher Abkühlgeschwindigkeit bereits Teile des Austenits vor Erreichen der Martensitumwandlungstemperatur in der Perlitstufe umwandeln, ist das vollmartensitische Gefüge nicht mehr zu erzielen.

Die Veränderung des ZTU-Verhaltens eines Stahls mit 0,45% C durch die Zugabe von 3,5% Cr läßt das Ausmaß der Verschiebung der Umwandlungszeiten deutlich erkennen (Bild 5.1.8, vgl. Bild 5.1.5).

Wenn durch entsprechende Legierungselementzugaben die Umwandlungsträgheit stark ansteigt und die Umwandlungsgrenzlinie damit weit genug nach rechts rückt, werden Stähle erhalten, die bereits bei Luftabkühlung die vollständige Unterdrückung der Umwandlung in der Perlitstufe zeigen und vollmartensitisches Gefüge ergeben. Außer den lufthärtenden Stählen lassen sich je nach der für die Martensitbildung erforderlichen Abkühlgeschwindigkeit noch öl- und wasserhärtende Stähle unterscheiden (vgl. Abschn. 1.4.1.1).

Die zur Martensithärtung erforderliche Abkühlgeschwindigkeit ist entscheidend für den Querschnitt und die Form eines Bauteils, das noch einer Härtung unterworfen werden kann. Bei unlegierten Stählen werden insbesondere bei größeren Querschnitten die notwendigen hohen Abkühlgeschwindigkeiten zur Martensitbildung nur an der Oberfläche erreicht. Diese wasserhärtenden Stähle werden aufgrund ihrer nur in Oberflächennähe gegebenen Härteannahmen auch Schalenhärter genannt. Eine größere Einhärtung läßt sich aufgrund der verminderten kritischen Abkühlgeschwindigkeit bei Ölhärtern erreichen. Lufthärter schließlich erlauben ein Durchhärten auch großer Querschnitte (Bild 5.1.9).

5.1.1.3 Mechanismus der Härteannahme

Im α-Eisen beträgt die Kohlenstofflöslichkeit bei Raumtemperatur nur noch 10^{-4}%. Um diagrammgemäß bei Anwesenheit von Kohlenstoff das kfz(γ)-Gitter in das krz(α)-Gitter überführen zu können, sind durch Diffusionsvorgänge die im Gleichgewicht im α-Eisen nun nicht mehr löslichen C-Atome aus den Zwischen-

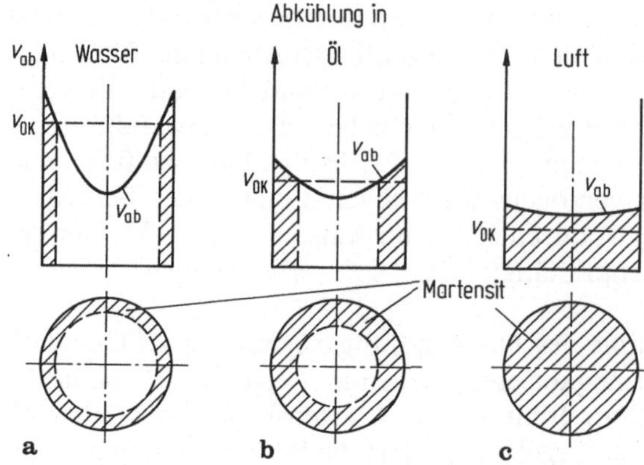

Bild 5.1.9. Einfluß der Verminderung der kritischen Abkühlgeschwindigkeit auf die härtbaren Querschnittsbereiche. **a** unlegierter Stahl (Wasser- oder Schalenhärter); **b** niedriglegierter Stahl (Ölhärter); **c** legierter Stahl (Lufthärter)

gitterplätzen zu entfernen, damit sich diese dann als zweite Phase in Form von Zementit (Fe_3C) neben dem Ferrit im Gefüge entsprechend anordnen können. Bei zunehmender Abkühlgeschwindigkeit kann dieser Diffusionsvorgang nicht mehr vollständig ablaufen. Es ergibt sich jedoch mit zunehmender Unterkühlung, d.h. mit zunehmendem Abstand von der Temperatur unter die Gleichgewichtstemperatur der $\gamma - \alpha$-Umwandlung, eine wachsende treibende Kraft zur Auslösung eines diffusionslosen „Umklappvorgangs" vom kfz-γ-Gitter zum krz-α-Gitter. Da die Fe-Atome des Basisgitters ihre Position dabei nicht durch Zurücklegen von Diffusionswegen ändern, muß die Umordnung nach geometrischen Beziehungen erfolgen. Die nächsten Nachbarn der Atome bleiben bei einem solchen Umklappvorgang erhalten. Es ändert sich aber ihre Position und ihr Abstand zueinander. Somit besteht eine Gitterkorrespondenz, bei der jeder Vektor des Ausgangsgitters einem Vektor des neuen Gitters entspricht. Die Überführung des einen Gittertyps in den anderen kann so unter Ablauf von Scherungen verstanden werden. Diese Bewegungen finden um bestimmte Ebenen des Ausgangsgitters statt, die nach der Umwandlung im wesentlichen unverändert vorliegen (Habitusebenen). Zwangsläufig muß bei einer solchen Änderung des Gittertyps mit den erwähnten Scherungen das Volumen zunehmen, da bei der Umwandlung von γ(kfz) in α(krz) die dichteste Packung aufgehoben wird. Die gleiche Anzahl von Atomen, die im ursprünglich dichtest gepackten kfz-Gitter vorliegt, nimmt nun bei Aufhebung der dichtesten Packung unter entsprechender Änderung der Gitterparameter ein größeres Volumen ein.

Ausgehend von derartigen Betrachtungen wurden Vorstellungen entwickelt, die zur Entstehung von tetragonalem Martensit führen (Bild 5.1.10).

Durch die zwangsgelösten C-Atome in einem α-Gitter, das an sich nur noch eine verschwindende Löslichkeit für Kohlenstoff besitzt, wird dieses aufgeweitet und verzerrt in eine tetragonale Zelle des Martensitgitters mit einem vom C-Gehalt abhängigen Verhältnis der Gitterparameter c/a. Dadurch, daß nicht alle oktaedrischen Räume mit C-Atomen besetzt sind, entstehen im tetragonalen Gitter sog. Verzerrungsdipole (Bild 5.1.11).

Die beschriebene Gitterdeformation im tetragonalen Martensit ist einem hohen inneren Spannungszustand zuzuordnen, der folgerichtig die Versetzungsbe-

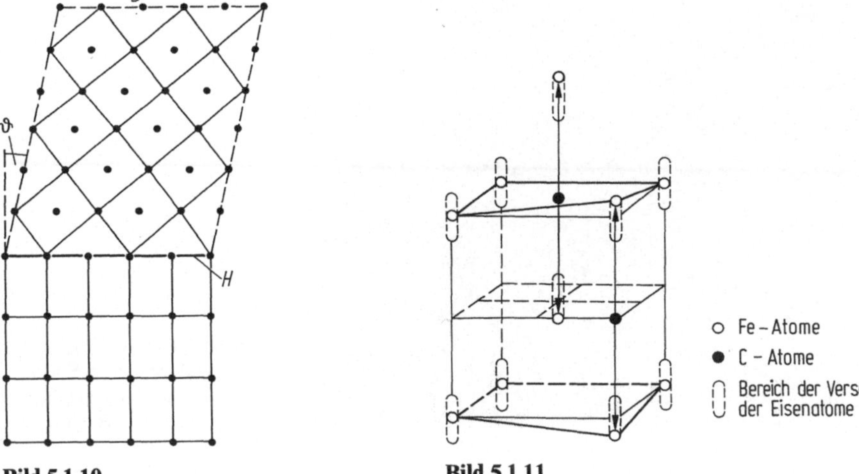

Bild 5.1.10

Bild 5.1.11

Bild 5.1.10. Zweidimensionales Modell zur Veranschaulichung der Martensitumwandlung. Durch Abscheren in Richtung ξ um den Winkel ϑ ändert sich der Gittertyp im abgescherten Bereich. Abgescherter Bereich und Ausgangsgitter grenzen an der Habitusebene H aneinander. (Nach Schumann)

Bild 5.1.11. Verzerrungsdipole bei teilweiser Besetzung der Oktaederlücken im Martensitgitter mit C-Atomen

weglichkeit stark vermindert oder nahezu vollständig blockiert. Dadurch entsteht eine große Härtezunahme, die Festigkeitswerte steigen an, Zähigkeit und Duktilität werden entsprechend vermindert. Dies bedeutet gleichlaufend eine Verminderung der Sicherheit gegen sprödes Versagen mit zunehmender Härte. Im ebenen Schliff zeigen sich ein nadelförmiges, homogenes Gefüge, das als Martensit bezeichnet wird. Tatsächlich ist das martensitische Gefüge, bedingt durch die unter hohem Zwangszustand ablaufende Umwandlungskinetik, plattenförmig aufgebaut (Bild 5.1.12).

An polierten Oberflächen ist durch die Martensitbildung die Entstehung eines Reliefs zu beobachten, das sich aus dem Ablaufschema der Atombewegung in großräumigen Gitterbereichen bei der Martensitbildung ergibt (Bild 5.1.13).

Es ist aus der dargelegten Betrachtungsweise folgerichtig zu verstehen, daß der innere Widerstand des γ-Gitters gegen den Umklappvorgang mit zunehmendem Gehalt an C-Atomen auf Zwischengitterplätzen ansteigt. Ein höherer Widerstand gegen den Umwandlungsvorgang bedeutet aber, daß dieser eine größere treibende Kraft benötigt, um ablaufen zu können. Das wiederum bedeutet, daß mit steigendem Kohlenstoffgehalt ein zunehmendes Ungleichgewicht erforderlich ist, d.h. eine zunehmende Unterkühlung benötigt wird, um die Umwandlung in Martensit herbeizuführen. So ist es einzusehen, daß die Temperatur, bei der die Martensitbildung einsetzt (M_s Martensit-Start), mit steigendem C-Gehalt zu tieferen Werten verschoben wird. Gleiches gilt für die Beendigung der Martensitbildung (M_f Martensit-Finish) (Bild 5.1.14).

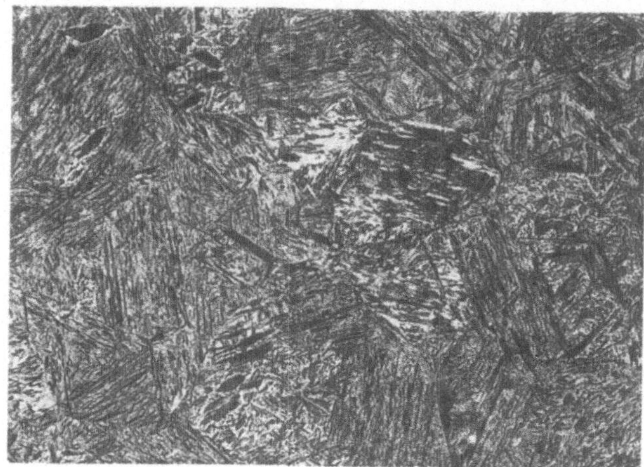

Bild 5.1.12. Gefüge eines martensitischen Stahls, V = 500 ×. (Aufnahme: Lette-Verein Berlin)

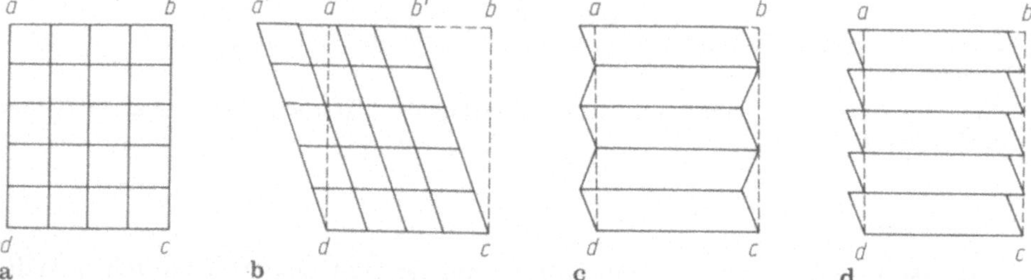

Bild 5.1.13. Schematischer Ablauf der Martensitbildung. **a** Volumenelement *abcd* im Ausgangsgitter; **b** Veränderung des ursprünglichen Volumenelements *abcd* durch Abscherung nach Bild 5.1.10. Dabei entsteht das Volumenelement *a′b′cd*. **c** Wiederherstellung des ursprünglichen Volumenelements *abcd* durch Zwillingsbildung; **d** Wiederherstellung des ursprünglichen Volumenelements *abcd* durch Abgleiten. Die Wiederherstellung des ursprünglichen Volumenelements ist erforderlich, da der gebildete Martensit im Inneren eines kompakten Ausgangskristalls auf allen Seiten von fester Materie umgeben ist, so daß dem Martensit nur das ursprüngliche Volumen zur Verfügung steht. (Nach Schumann)

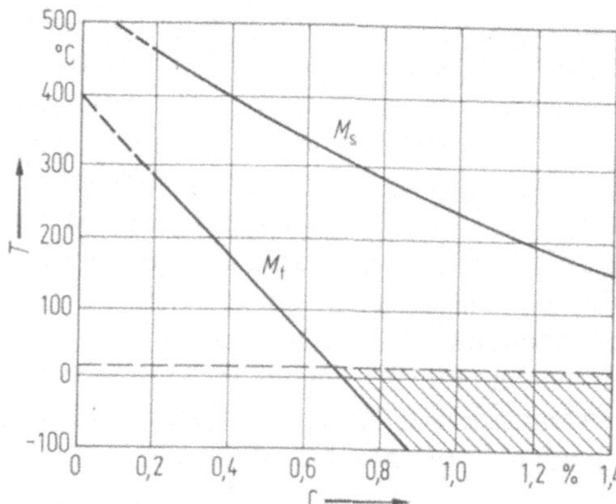

Bild 5.1.14. Abhängigkeit der M_s- und M_f-Temperatur vom Kohlenstoffgehalt bei unlegiertem Stahl. Für Kohlenstoffgehalte über ca. 0,7 Masse-% liegt die M_f-Temperatur unterhalb der Raumtemperatur. In diesem Fall wandelt der Austenit beim Abschrecken auf Raumtemperatur nicht mehr vollständig in Martensit um

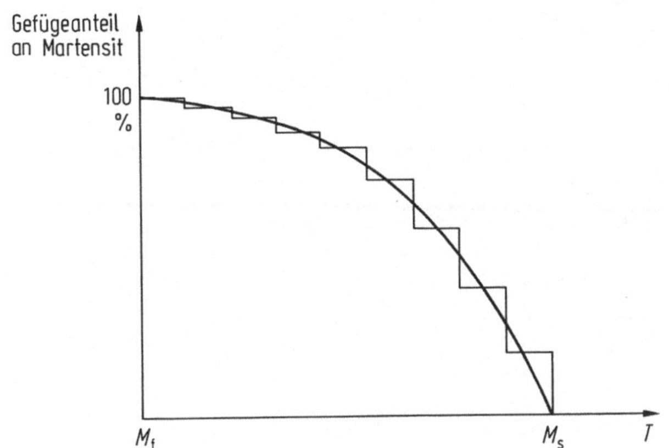

Bild 5.1.15. Unstetige Zunahme der Martensitmenge beim Abkühlen unter die M_s-Temperatur. Die Stufenhöhe ist stark übertrieben dargestellt (vgl. Bild 2.2.2)

Zwischen der M_s- und M_f-Temperatur klappen mit absinkender Temperatur zunehmend Gitterbereiche des Austenits in Martensit um. Die Martensitmenge nimmt somit unstetig stufenweise zu, entsprechend den durch Orientierungen und unterschiedlichen Zwangszuständen bedingten Präferenzen bei der Umwandlung der Gitterbereiche (Bild 5.1.15). Eine solche Art der Umwandlung wird als athermisch bezeichnet. Dies besagt, daß dann, wenn die obere kritische Abkühlgeschwindigkeit erreicht ist, d.h. wenn Martensitbildung einsetzt, deren Anfangstemperatur unabhängig von der Abkühlgeschwindigkeit ist und das Ausmaß der Martensitbildung nur noch temperaturabhängig ist. Die Betrachtungen zeigen weiter, daß die Umwandlung des gesamten Werkstoffvolumens in Martensit nur möglich ist, wenn die Abkühlung so rasch erfolgt, daß bei der Martensitstarttemperatur M_s noch der gesamte Austenit in unterkühlter Form vorhanden ist, daß also nicht schon vorher in Bereichen diffusionsgesteuerte Umwandlungsvorgänge stattgefunden haben.

Aus der mit zunehmendem Kohlenstoffgehalt ebenfalls zunehmenden tetragonalen Verzerrung des Martensits (Bild 5.1.16 a) durch den zwangsgelösten Kohlenstoff ergibt sich, daß auch der Widerstand gegen Versetzungsbewegung und damit die Härte des Martensits mit wachsendem Kohlenstoffgehalt ansteigt (Bild 5.1.16 b). Werden Proben aus dem Austenitgebiet (γ-Gebiet) abgeschreckt, nimmt die erzielte Härte mit steigendem Kohlenstoffgehalt zu, solange das Gefüge *vollständig* in Martensit umgewandelt wird, d.h. solange die M_f-Temperatur beim Abschrecken unterschritten wird. Aus Bild 5.1.14 geht jedoch hervor, daß bei Kohlenstoffgehalten über ca. 0,7% die M_f-Temperatur unlegierter Stähle unterhalb der Raumtemperatur liegt, d.h. oberhalb von 0,7 Masse-% verbleibt nach dem Abschrecken auf Raumtemperatur nicht umgewandelter Austenit – sog. Restaustenit – im Gefüge zurück. Da Austenit deutlich weicher ist als Martensit (Bild 5.1.16 b), nimmt die Härte von Proben, die aus dem Austenitgebiet auf Raumtemperatur abgeschreckt werden ab einem Kohlenstoffgehalt von ca. 0,7 Masse-% wieder ab (Bild 5.1.17, Kurve *1*).

Um diesen Härteabfall zu vermeiden, werden übereutektoide Stähle beim Austenitisieren nur auf Temperaturen etwas oberhalb der A_1-Temperatur, d.h. im Zweiphasengebiet $\gamma + Fe_3C$ (Austenit + Sekundärzementit) erwärmt. Dabei be-

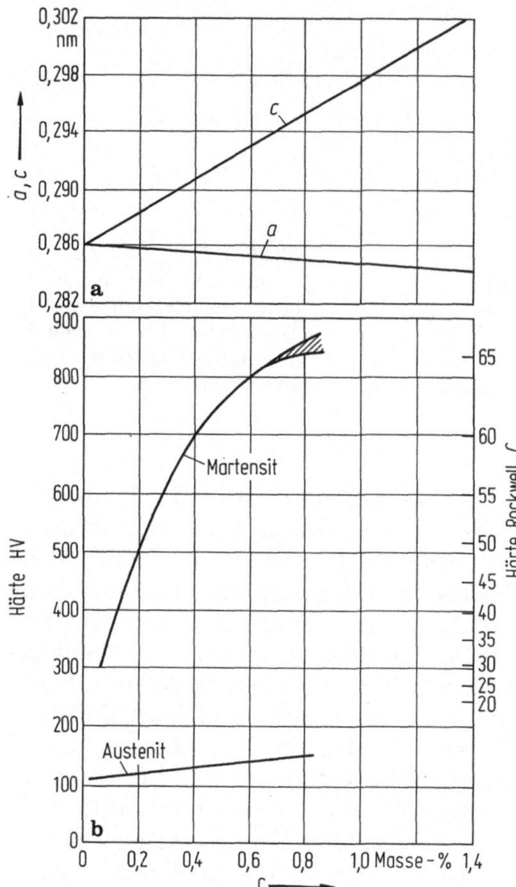

Bild 5.1.16. **a** Gitterparameter *a* und *c* von Martensit in Abhängigkeit vom Kohlenstoffgehalt; **b** Härte von Martensit und Austenit in Abhängigkeit vom Kohlenstoffgehalt

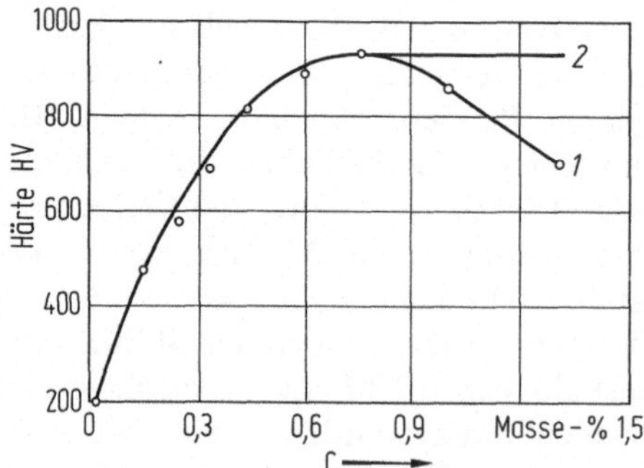

Bild 5.1.17. Härte von Proben *1* nach dem Abschrecken aus dem γ-Gebiet und *2* nach dem Abschrecken aus dem Zweiphasengebiet $\gamma + Fe_3C$

findet sich – unabhängig vom Kohlenstoffgehalt des Stahls – Austenit mit etwa 0,9 Masse-% Kohlenstoff im Gleichgewicht mit Zementit. Dieser relativ kohlenstoffarme Austenit ergibt beim Abschrecken auf Raumtemperatur nur geringe Mengen an Restaustenit und deshalb praktisch keinen Härteabfall. Der beim Abschrecken auf Raumtemperatur im Gefüge verbleibende Zementit ist fast ebenso hart wie Martensit, weshalb die Härte übereutektoider Proben, die aus dem Zweiphasengebiet $\gamma + Fe_3C$ auf Raumtemperatur abgeschreckt werden, mit steigendem C-Gehalt praktisch konstant bleibt (Bild 5.1.17, Kurve *2*).

5.1.2 Verfahren zur Umwandlungshärtung

Die Prozeßführungen zur Umwandlungshärtung unterscheiden sich im wesentlichen durch verschiedene Temperatur-Zeitfolgen. Durch unterschiedliche Temperaturführung bei der Abkühlung von der Austenittemperatur ist es möglich, unterschiedliche Gefüge einzustellen und damit dem Stahl differenziert unterschiedliche mechanische Eigenschaften zu verleihen. Mehrstufige Wärmebehandlungen, insbesondere aber das Anlassen nach dem Härten (Vergüten), sind geeignet, die Werkstoffeigenschaften mit dem geforderten Eigenschaftsprofil abzustimmen.

5.1.2.1 Direkthärtung

Bei der Direkthärtung erfolgt eine je nach Zusammensetzung des Stahls unterschiedlich schroffe Abkühlung des Werkstücks von der Austenitisierungstemperatur bis auf Raumtemperatur. Die Temperaturführung beim Direkthärten entspricht den in die kontinuierlichen ZTU-Schaubilder eingetragenen Abkühlverläufen. Bei größeren Querschnitten oder bei Bauteilen mit Absätzen und Querschnittsübergängen kann die notwendige Temperaturführung beim Direkthärten, insbesondere bei unlegierten und niedriglegierten Stählen, zu erheblichen Wärme- und Umwandlungsspannungen und damit zu Bauteilverzug und Rissen führen. Damit findet dieses Verfahren seine durch Bauteilgeometrie und Werkstoff vorgegebenen Grenzen (Bild 5.1.18).

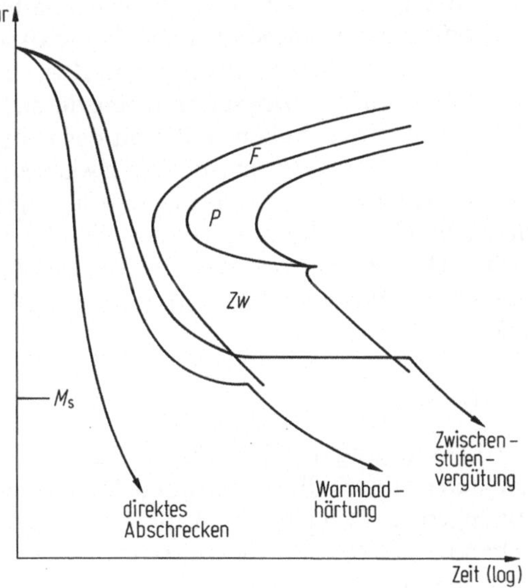

Bild 5.1.18. Temperaturführung im schematischen ZTU-Schaubild zur Durchführung von Direkthärtung, Warmbadhärtung und Zwischenstufenvergütung

5.1.2.2 Warmbadhärtung

Mit dem Warmbadhärten wird die nachteilige Wirkung des Abschreckens in Form von Wärme- und Umwandlungsspannungen wirksam herabgesetzt. Die Darstellung des Abkühlverlaufs beim Warmbadhärten in einem schematischen ZTU-Diagramm läßt das Wesen dieses Verfahrens erkennen (Bild 5.1.18). Um ein vollmartensitisches Gefüge zu erreichen, muß auch hier so abgekühlt werden, daß an der Perlitnase vorbei der unterkühlte Austenit bis zum Erreichen der M_s-Temperatur erhalten bleibt. Da sich bei Temperaturen unterhalb der Perlitnase die Zeiten bis zum Erreichen der Umwandlungslinien je nach Werkstoff erheblich verlängern, kann in diesen Temperaturbereichen die schroffe Abkühlung an der Perlitnase vorbei unterbrochen werden. Dies wird erreicht, wenn nicht wie beim Direkthärten kontinuierlich auf Raumtemperatur abgeschreckt wird, sondern wenn die Abschreckung nur bis zu Temperaturen oberhalb des M_s-Punkts erfolgt. Auf der dann erreichten Temperatur wird je nach dem ZTU-Verhalten des Werkstoffs der unterkühlte Austenit zum Ausgleich von Temperaturunterschieden und den damit verbundenen Wärmespannungen gehalten, um dann in einer zweiten Abkühlstufe den Bereich der Martensitumwandlung zu durchlaufen.

Um einen solchen Abkühlverlauf zu erhalten, wird das Werkstück in der ersten Stufe in einem auf geeigneter Temperatur befindlichen Warmbad abgeschreckt. Dazu werden Salzschmelzen oder manchmal auch Metallschmelzen verwendet. Nach einer dem ZTU-Diagramm entsprechenden Haltezeit im Warmbad wird dann an Luft weiter bis zur Martensitbildung abgekühlt. Voraussetzung für diese Behandlung sind Legierungen, die eine ausreichende Umwandlungsträgheit besitzen.

5.1.2.3 Zwischenstufenvergütung

Grundsätzlich wird zur Zwischenstufenvergütung ein ähnlicher Temperaturverlauf gewählt, wie bei der Warmbadhärtung. Im Unterschied zur Warmbadhärtung wird aber bei der Zwischenstufenvergütung die Temperatur im Warmbad so lange gehalten, bis sich der unterkühlte Austenit isotherm vollständig in Zwischenstufe umwandelt. Naturgemäß werden auch hier die Wärmespannungen, die sich in der ersten Abkühlstufe auf Warmbadtemperatur einstellen, während des isothermen Haltens und des Umwandlungsvorgangs abgebaut. Durch das Zwischenstufenvergüten können die Werkstoffeigenschaften den Anforderungen soweit angepaßt werden, daß sich eine nachfolgende Anlaßbehandlung erübrigt (s. Abschn. 5.1.2.6). Mit Rücksicht auf die erforderlichen Haltezeiten wird das Zwischenstufenvergüten i. allg. auf Werkstücke mit kleineren Querschnitten und auf nicht allzu umwandlungsträge Stähle beschränkt.

5.1.2.4 Thermomechanische Behandlung

Eine bedeutsame Möglichkeit zur Erweiterung des Bereichs für die gezielte Steuerung der mechanischen Eigenschaften ist durch die Verformung des Austenits vor oder während der Umwandlung gegeben. Je nach der Wahl des Ablaufs einer solchen thermomechanischen Behandlung kann die Verformung im stabilen oder im metastabilen (unterkühlten) Austenitgebiet erfolgen.

Durch eine Verformung im stabilen Austenitgebiet läßt sich mit Hilfe geeigneter Umformgrade über Rekristallisation ein sehr feinkörniges und gleichmäßiges Austenitkorn einstellen, das zu entsprechend fein ausgebildeten Umwandlungsgefügen mit gleichmäßigen und günstigen Festigkeitseigenschaften führt (s. Bd. I, Kap. 9). Bei einer Verformung des unterkühlten Austenits auf einem entsprechend der Umwandlungsstufe eingestellten Temperaturniveau findet keine oder nur teilweise Rekristallisation statt. Neben einer Beeinflussung des nachfolgenden Umwandlungsvorgangs und dem sich daraus ergebenden Gefüge erfahren dabei die mechanischen Kennwerte auch noch durch die überlagerte Kaltverfestigung eine Einstellung auf die gewünschten Eigenschaften. Wird unmittelbar nach der Verformung des metastabilen Austenits dieser zu Martensit umgewandelt, so lassen sich durch dieses sog. Austenitformhärten außerordentlich hohe Festigkeitswerte einstellen. Die Umwandlungsvorgänge nach der Verformung des metastabilen Austenits erfordern Stähle mit ausreichender Umwandlungsträgheit, um die beschriebenen Verfahren durchführen zu können.

Schließlich ist noch die thermomechanische Behandlung der HSLA-Stähle (high strength low alloyed) zu erwähnen (vgl. Abschn. 1.4.1.1). Solche Stähle sind aufgrund ihres niedrigen Kohlenstoffgehalts nicht umwandlungshärtbar. Durch die kontrollierte Temperaturführung beim Warmwalzen wird jedoch bei diesen Stählen eine feindisperse Ausscheidung von Mikrolegierungselementen, wie z.B. Nb oder Ti in Form von Karbiden bewirkt. Dadurch lassen sich Festigkeitssteigerungen durch einen Ausscheidungseffekt erzielen, sowie durch eine verbleibende Kaltverfestigung infolge der Behinderung der Rekristallisation durch die in feiner Verteilung ausgeschiedenen Mikrolegierungselemente (vgl. Abschn. 5.3). Solche mikrolegierten Werkstoffe eignen sich zum Ersatz unlegierter Stähle mit niedrigen Kohlenstoffgehalten und sind damit infolge der erzielbaren Festigkeiten zum Leichtbau, z.B. im Fahrzeugbau, geeignet.

Die beschriebenen thermomechanischen Behandlungsverfahren sind abzugrenzen gegen das sog. Patentieren, wie es bei der Drahtherstellung zur Erzielung sehr hoher Festigkeiten in Anwendung kommt. Beim Patentieren stehen Kaltverformung und Wärmebehandlung nicht in einer zeitlich gesetzmäßigen Verknüpfung, sondern es wird zunächst ein eutektoider oder übereutektoider Kohlenstoffstahl isotherm (Warmbadpatentieren) oder kontinuierlich (Luftpatentieren) in der Perlitstufe so umgewandelt, daß ein sehr feinstreifiger Perlit entsteht. Dieses feinstreifige Perlitgefüge ist besonders gut zum Kaltziehen geeignet, wobei sehr hohe Festigkeiten bis zu 3000 N/mm^2 bei vergleichsweise guten Zähigkeiten erreicht werden.

5.1.2.5 Tieftemperaturbehandlung

Wie ausgeführt wurde, läuft die Martensitbildung athermisch ab, d.h. die Menge des diffusionslos umgewandelten Austenits in Martensit ist nach Unterschreiten der M_s-Temperatur nur noch temperaturabhängig (Bild 5.1.15). Durch Bildung und Ausbreitung der Martensitplatten in der umgebenden Austenitmatrix erfährt diese infolge der Volumenänderung bei der Umwandlung zunehmend Kaltverformungen und damit Verfestigungen. Dadurch wird die weitere Ausbreitung der Nadeln in den Austenit, d.h. dessen weitere Umwandlung erschwert. Es kann somit eine gewisse Menge von Restaustenit verbleiben. Ebenfalls wird die Menge des Restaustenits nach dem Abschrecken unter den Martensitpunkt neben anderen Einflüssen auch noch von der vorangegangenen Austenitisierungstemperatur und vom Abkühlmodus bestimmt. Schließlich neigen ganz allgemein umwandlungsträge, legierte Stähle nach dem Abschrecken stärker zu Restaustenitanteilen, als unlegierte.

Verbleibende – auch geringe – Mengen Restaustenit können sich, je nach den gegebenen Verhältnissen, auf das Bauteilverhalten sehr nachteilig auswirken. Der unstabile Restaustenit kann z. B. bei dynamischen Betriebsbeanspruchungen und bei langzeitig tiefen Bauteiltemperaturen zu Umwandlungen und zum Verzug des Bauteils und damit zu nachteiligen Veränderungen der Bauteileigenschaften führen. Restaustenit, der in einem Vergütungsgefüge nachträglich im fertigen Bauteil umwandelt, ist natürlich nicht angelassen und führt dadurch zu Versprödungserscheinungen. Um den Restaustenit abzubauen, wird bei sehr hohen Anforderungen an die Stabilität von Gefüge und Geometrie (Präzisionswälzlager, Lehren) eine Tieftemperaturbehandlung vorgenommen. Diese Behandlung erfolgt in flüssigem CO_2 (– 79 °C) oder flüssigem N_2 (– 196 °C) über mehrere Stunden. Wesentlich weniger aufwendig, aber nicht in gleich hohem Maße kontrolliert und vor allem nicht abgekoppelt von der Veränderung des vorhandenen Martensits kann der Restaustenit bei Anlaßbehandlungen (s. Abschn. 5.1.2.6) abgebaut werden.

5.1.2.6 Vergüten

Das Vergüten besteht aus einer Temperaturfolge, bei der im Anschluß an das Härten eine Wiedererwärmung und eine langsame Abkühlung (Luft oder Ofen) erfolgt. Diese Wiedererwärmung auf Temperaturen deutlich unterhalb A_1 wird als Anlassen bezeichnet. Das Anlassen kann seinerseits wieder aus einem oder aus mehreren Temperaturzyklen – mehrstufiges Anlassen – bestehen (Bild 5.1.19). Mit der Vergütung – Härten und nachfolgendes Anlassen – können sehr gezielt verschiedene Gefügezustände auch bei Bauteilen mit großen Querschnitten eingestellt werden, womit die Anpassung des Werkstoffs an definierte Anforderungen sehr präzise möglich ist.

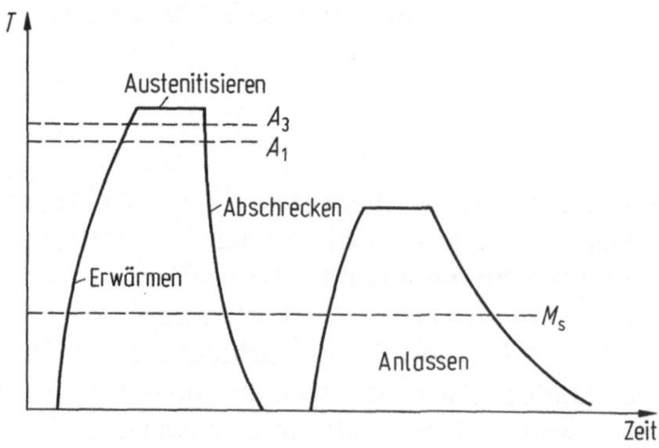

Bild 5.1.19. Temperatur-Zeitfolge bei einer Vergütungsbehandlung, bestehend aus Härtung und anschließendem Anlassen

Gefügebeeinflussung

Bei der Umwandlung des Austenits in Martensit (Härten) entsteht zunächst ein raumzentriertes Gitter, das sich durch seine tetragonale Verzerrung infolge des zwangsgelösten Kohlenstoffs vom krz-Gitter des α-Eisens unterscheidet. Das Volumen des Martensits ist somit größer als das des Perlits (α-Fe + Fe_3C). Wird der tetragonale Martensit auf verschiedenen Temperaturstufen angelassen, so zerfällt dieser über Zwischenzustände – Anlaßstufen – zu α-Fe und Fe_3C in kugeliger Anordnung. Da die verschiedenen Stufen der Umordnung und der Abdiffusion des zwangsgelösten Kohlenstoffs mit Volumenänderungen verbunden sind, können die sich in Abhängigkeit von der Temperatur einstellenden Anlaßzustände durch die Längenänderungen geeigneter kleiner Proben während des kontrollierten Aufheizens in einem Dilatometer verfolgt werden.

In Abweichung von der mit steigender Temperatur linearen Längenzunahme (konstanter Längenausdehnungskoeffizient) eines Werkstoffs ohne Struktur- und Gefügeänderungen ergeben sich durch die Gefügeänderungen beim Anlassen Abweichungen von der linearen Ausdehnung durch zusätzliche Ausdehnungen oder durch Kontraktionen (Bild 5.1.20). Nach diesen mit einem Dilatometer zu beobachtenden Vorgängen und den zugeordneten Gefügeveränderungen werden mehrere Anlaßstufen unterschieden. Die Anlaßstufen haben, wie aus dem Verständnis der abgelaufenen Vorgänge zu erwarten, eine erhebliche Abhängigkeit von Menge und Art der Legierungszusätze. Bei unlegierten Stählen und Erwärmungsgeschwindigkeiten von 10 °C/min ist zu beobachten:

1. Anlaßstufe 100 bis 200 °C.

Der unter hohen Gitterverspannungen im tetragonalen Martensit zwangsgelöste Kohlenstoff scheidet sich in Form eines instabilen ε-Karbids aus, das so fein ist, daß es nur elektronenmikroskopisch nachgewiesen werden kann. Das ε-Karbid hat die Zusammensetzung Fe_xC (wobei x ~ 2,4 beträgt). Die Umlagerung und Verarmung des Martensits führt zum Abbau der tetragonalen Verzerrung. Es entsteht ein kubischer Martensit, der sich leichter anätzt, und daher auch als schwarzer Martensit bezeichnet wird. Gegenüber der linearen Ausdehnung erfährt die Probe bei diesem Vorgang eine Verkürzung (Bild 5.1.20).

2. Anlaßstufe 200 bis 325 °C.

Dieser Temperaturbereich ist wesentlich gekennzeichnet durch den Zerfall von Restaustenit. Der Restaustenit zerfällt dabei in kubischen Martensit und in ε-Kar-

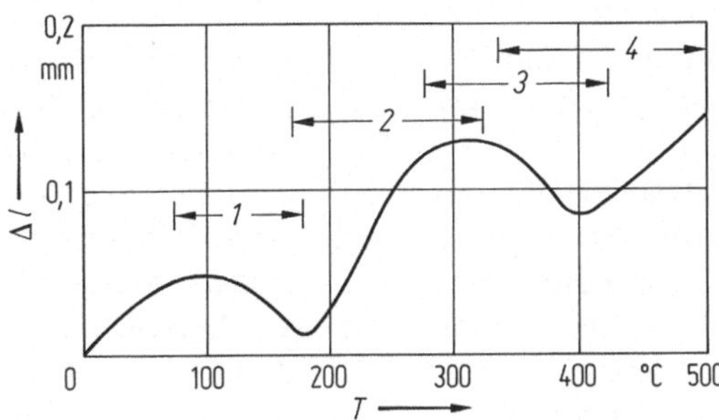

Bild 5.1.20. Längenänderungen eines von 1 150 °C abgeschreckten Stahls mit 1,3 % C in Abhängigkeit von der Anlaßtemperatur. *1* Tetragonal → kubischer Martensit, *2* Restaustenit → kubischer Martensit, *3* $Fe_{2,4}C$ → Fe_3C, *4* Koagulation von Fe_3C

bid. Gleichzeitig beginnt auch schon die Bildung des stabilen Eisenkarbids Fe_3C (Zementit). Durch den Austenitzerfall ergibt sich in dieser Anlaßstufe eine Volumenvergrößerung.

3. Anlaßstufe 325 bis 400 °C.
Der kubische Martensit verarmt in dieser Stufe soweit an Kohlenstoff, daß er die Zusammensetzung des Ferrits erreicht. Dabei und durch die Umwandlung noch verbliebenen ε-Karbids bildet sich Zementit, der in Form lichtmikroskopisch auflösbarer Kugeln im Gefüge dispergiert ist. Da der kubische Martensit mit $a = 0{,}291$ nm gegenüber dem Ferrit mit $a = 0{,}286$ nm noch stark aufgeweitet ist, zeichnet sich in dieser Anlaßstufe eine Volumenkontraktion ab.

4. Anlaßstufe > 400 °C.
Bei unlegierten Stählen ist dieser Temperaturbereich nicht mehr durch eine Gefügeänderung, die einer definierten Stufe zuzuordnen ist, gekennzeichnet. Die Karbidteilchen koagulieren so, daß kontinuierlich der weichgeglühte Zustand erreicht wird.

Als definierte Anlaßstufe bedeutsam kann dieser Temperaturbereich jedoch bei legierten Stählen sein, da in Stählen mit den Legierungselementen Cr, Mo, W, Ti, V, Si und Co bis nahezu 500 °C noch ein tetragonal aufgeweitetes Gitter bestehen bleiben kann. Karbidbildende Elemente bilden bei hohen Anlaßtemperaturen stabile Mischkarbide, die zu einer Zunahme von Härte und Verschleißfestigkeit führen.

Beeinflussung der mechanischen Kennwerte

Durch die Vergütungsbehandlung, also durch das Härten und das nachfolgende Anlassen werden Gefügezustände eingestellt, die mit einem Abbau der hohen Sprödigkeit des nicht angelassenen Martensits verbunden sind. Damit können Werkstoffeigenschaften eingestellt werden, die eine möglichst hohe Festigkeit mit ausreichender Zähigkeit verbinden. Der Bereich der Zugfestigkeit zwischen gehärtetem und unterschiedlich angelassenen Zuständen ist schon allein bei unlegierten C-Stählen in einem weiten Feld variierbar (Bild 5.1.21).

Für die Sicherheit eines Bauteils gegen Versagen unter mechanischer Überbeanspruchung ist meist nicht die Höhe der Festigkeit maßgebend, da gerade die höchsten Festigkeitswerte in gehärtetem und nicht angelassenem Zustand mit hoher Kerbempfindlichkeit und geringer Rißzähigkeit verbunden sind. Unter Berücksichtigung dieses Zusammenhangs ist die Bruchsicherheit mit dem Arbeitsverbrauch eines Werkstoffs bis zum Bruch in Verbindung zu bringen. Dieser entspricht der Fläche unter dem Spannungs-Dehnungs-Diagramm. So wird die Wirkung des Anlassens auf den Arbeitsverbrauch besonders deutlich beim Vergleich der Spannungs-Dehnungs-Schaubilder nach verschiedenen Anlaßtemperaturen am Beispiel eines C-Stahls (Bild 5.1.22). Im Falle eines unlegierten Stahls mit 0,35% C (Ck 35) zeigt sich, daß der Arbeitsverbrauch nach einer Anlaßbehandlung mit > 10 000 J/cm³ am größten ist. Im Vergleich beträgt der Arbeitsverbrauch im gehärteten nicht angelassenen Zustand 1 630 J/cm³, im normalisierten

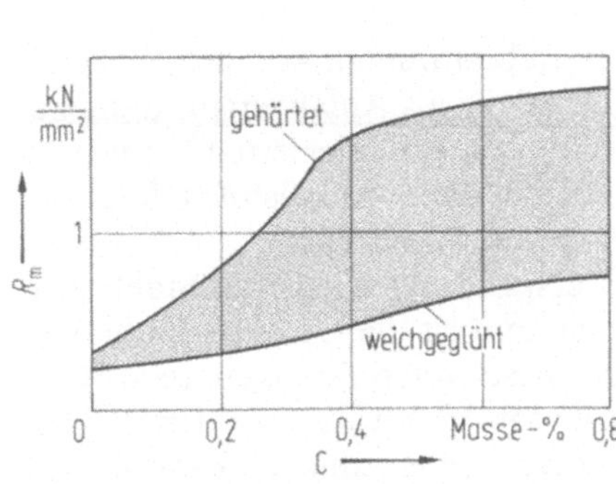

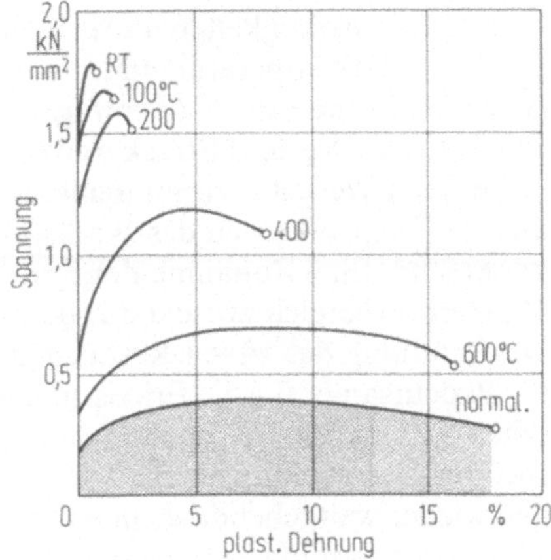

Bild 5.1.21

Bild 5.1.22

Bild 5.1.21. Bereich der durch Vergütungsbehandlung einstellbaren Zugfestigkeiten unlegierter Stähle zwischen weichgeglühtem und gehärtetem Zustand

Bild 5.1.22. Verformungsarbeit im Zugversuch beim Stahl Ck 35. Im normalisierten Zustand (schraffierter Bereich) beträgt der Arbeitsverbrauch 6180 J/cm³

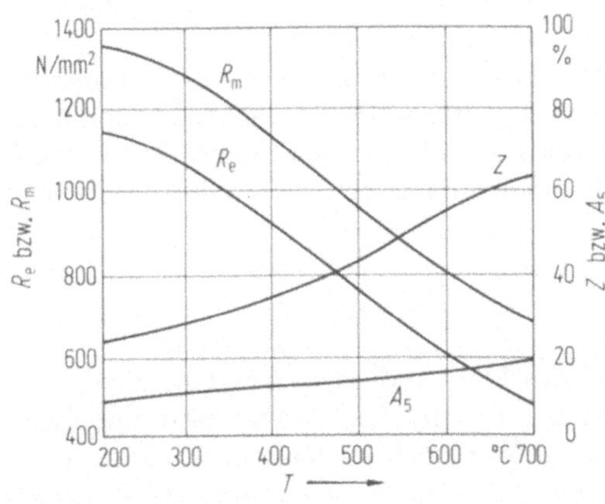

Bild 5.1.23. Darstellung des Zusammenhangs zwischen Anlaßtemperatur und mechanischen Kennwerten in einem Vergütungsschaubild für den Stahl 25 Cr Mo 4

Zustand 6180 J/cm³, d.h. je höher die Anlaßtemperatur, desto höher die Duktilität und desto niedriger die Festigkeit.

Der Zusammenhang zwischen Zugfestigkeit und Bruchzähigkeitskennwerten K_{Ic} an gleichartigen Stählen macht deutlich, daß hohe Festigkeiten Einbußen an Bruchsicherheit bedeuten, d.h. die kritische Größe von Anrissen, die einen spröden Bruch auslösen, nimmt in nicht angelassenen Zuständen signifikant ab (vgl. Band I, Abschn. 4.1.2).

Die Veränderung der mechanischen Kennwerte in Abhängigkeit von der Anlaßtemperatur wird in Vergütungsschaubildern dargestellt (Bild 5.1.23). Die martensitaushärtenden Stähle, bei denen im angelassenen Martensit feindisperse Ausscheidungen entstehen, bieten die Möglichkeit, bei hohen Festigkeiten ausreichende Bruchzähigkeiten aufrecht zu erhalten (vgl. Band I, Bild 4.1.18). Mit steigender Anlaßtemperatur und zunehmenden Anlaßzeiten ergibt sich tendenziell eine zunehmende Bruchdehnung A_5 und -einschnürung Z und eine abnehmende Zugfestigkeit R_m und Streckgrenze R_e.

Je nach Werkstoffzusammensetzung werden in bestimmten Anlaßstufen signifikante Versprödungen des Werkstoffs beobachtet, die als Anlaßversprödung bekannt sind. Eine Zunahme der Sprödigkeit ergibt sich bei unlegierten Stählen im Temperaturbereich zwischen 250 und 325 °C, also in der 2. Anlaßstufe infolge der Umwandlung des zähen Restaustenits in den spröden Martensit.

Bedeutsamer für die Praxis sind die Anlaßversprödungen legierter Stähle zwischen 450 bis 550 °C. Je nach dem Legierungssystem ist die Ursache dieser Versprödungserscheinungen komplexerer Natur. Diese Versprödungen verschwinden wieder weitgehend, wenn solche Stähle über 550 °C erwärmt werden. Bei der Wärmebehandlung von Werkstücken mit größeren Querschnitten kann die genannte Versprödungsart auch dann auftreten, wenn beim Abkühlen von höheren Temperaturen durch diesen kritischen Temperaturbereich hindurch zu langsam abgekühlt wird. Diese Art der Anlaßversprödung wird besonders in Abhängigkeit eines Zusammenwirkens der Elemente P, Cr, Mn und Ni beobachtet. Wenn der P-Gehalt über 0,15% liegt, haben Cr- und Mn-Gehalte von je 1% und darüber nachteilige Wirkung, besonders wenn beide Elemente gemeinsam vorhanden sind. Obwohl Ni für sich nicht nachteilig wirkt, wird der Effekt der anderen genannten Elemente auf die Versprödung durch Ni weiter verstärkt.

Die Versprödung von Cr-Stählen mit Cr-Gehalten über 25% bei Temperaturen von 475 °C, die sich mitunter schon nach wenigen Minuten einstellt, ist mit der Bildung einer Cr-reichen σ-Phase in Zusammenhang zu bringen. Je nach Cr-Gehalt wird diese Versprödung durch Erwärmen über 600 °C wieder abgebaut (vgl. Abschn. 1.4.1.1).

5.1.2.7 Härtbarkeitsprüfung

Zur Überprüfung der Härtbarkeit und des Umwandlungsverhaltens eignet sich als vergleichsweise einfaches Verfahren der Jominy-Test. Dabei wird eine zylindrische Stahlprobe aus dem zu prüfenden Werkstoff austenitisiert und an einer Zylinderstirnfläche durch Wasser abgeschreckt. Um vergleichbare Ergebnisse aus diesem Test zu erhalten, sind die Probenabmessungen und die Abschreckbedingungen normiert (Bild 5.1.24). Da durch die Stirnabschreckung der Wärmefluß vorzugsweise in Längsachse der Probe verläuft, ergeben sich mit zunehmendem Abstand von der Stirnfläche stetig abnehmende Abkühlgeschwindigkeiten. Härtemessungen in Längsrichtung der Probe entlang einer angefasten Mantellinie ergeben eine Zuordnung zwischen der Härte und den in Abhängigkeit vom Stirnflächenabstand unterschiedlichen kontinuierlichen Abkühlverläufen. Wenn an der Stirnseite der voll martensitische Zustand erhalten wird, so kann aus dem Härteverlauf über die Probenlänge die Härtbarkeit des zu prüfenden Werkstoffs entnommen werden. Ein sehr langsamer Härteabfall mit martensitischem Gefüge auch in größerem Abstand von der Stirnfläche kennzeichnet eine gute Härtbarkeit. Ein schneller Härteabfall mit martensitischem Gefüge nur in direkter Nähe der Stirnfläche kennzeichnet eine schlechte Härtbarkeit.

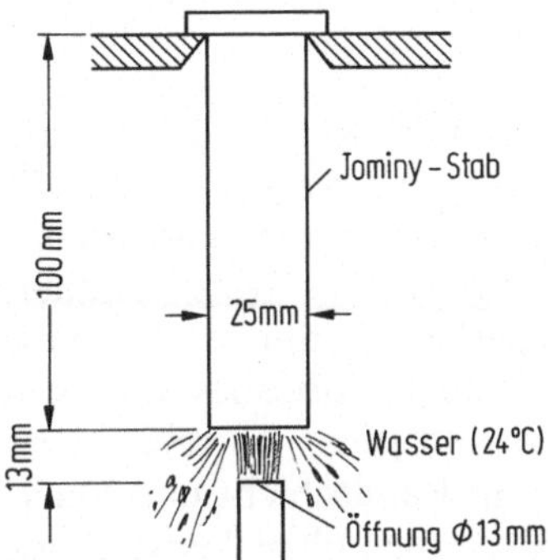

Bild 5.1.24. Versuchsanordnung zur Durchführung des Stirnabschreckversuchs nach Jominy

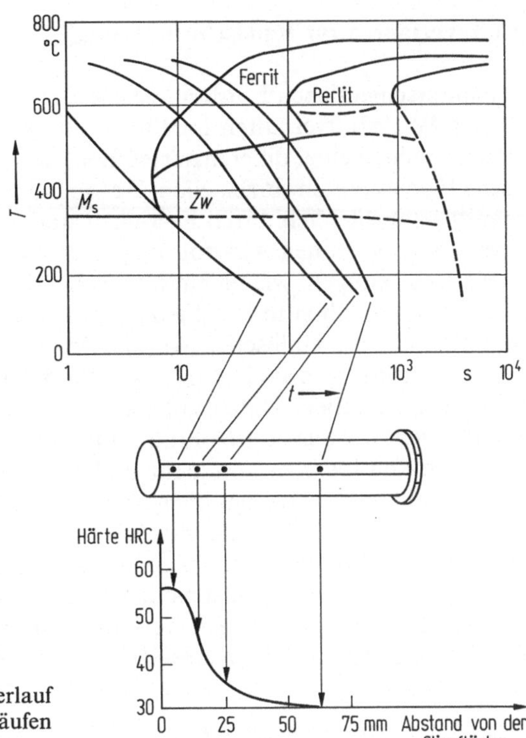

Bild 5.1.25. Beziehung zwischen Härteverlauf in einer Jominy-Probe und Abkühlverläufen im kontinuierlichen ZTU-Schaubild

Anschliffe zur Gefügeuntersuchung erlauben die Zuordnung zwischen Härte, Gefügezusammensetzung und Abkühlverlauf. Damit ist der unmittelbare Zusammenhang zwischen dem Jominy-Test und den kontinuierlichen ZTU-Schaubildern gegeben (Bild 5.1.25). Über die dargestellten Beziehungen ist es im umgekehrten Verfahren bei einem Stahl mit bekanntem ZTU-Verhalten möglich, an einer Modellprobe eines Werkstoffs die Abkühlverläufe in den verschiedenen Bereichen festzustellen. Dies ist erforderlich, da bei verwickelt gestalteten Bauteilen der tatsächliche bei der Abkühlung auftretende Temperatur-Zeitverlauf häufig nicht bekannt ist. Um nun bei solchen Werkstücken an bestimmten kritischen Stellen definierte Gefüge einstellen zu können, lassen sich anhand der am Modell festgestellten Abkühlkurven die geeigneten Stähle auswählen.

Zur Untersuchung des Umwandlungsverhaltens in Abhängigkeit von Zeit und Temperatur werden auch eine Reihe anderer metallkundlicher Untersuchungsverfahren in Anwendung gebracht. Dazu gehört die Verfolgung des Umwandlungsvorgangs mit Hilfe der Differentialthermoanalyse und der dilatometrischen Verfahren. Gefügeuntersuchungen werden oft an kleinen zylindrischen Proben vorgenommen, die definiert den Umwandlungen unter isothermen oder kontinuierlichen Bedingungen unterworfen werden.

5.1.3 Verfahren zur Randschichthärtung

Die unterschiedlichen Forderungen an die Eigenschaften der Randschichten und an das Werkstoffverhalten im Bauteilquerschnitt bedingen folgerichtig, daß die Randschichten einer differenzierten Behandlung zugeführt werden, um dort spezifische Eigenschaften einzustellen. Werden die Forderungen an den Werkstoffquerschnitt hauptsächlich durch Festigkeit und Bruchsicherheit bestimmt, so hat die Oberfläche oft hohen Anforderungen an Verschleiß- und Erosionsbeständigkeit ebenso zu genügen, wie einem ausreichenden Widerstand gegen korrosive Einflüsse. Die gestellten unterschiedlichen Forderungen an Randschicht und Querschnitt sind bei metallischen Werkstoffen in weiten Bereichen ohne Verwendung von Beschichtungen allein durch gezielte Behandlungsverfahren zur Randschichthärtung zu erfüllen. Dabei entstehen sowohl bei der Martensitbildung in der Randschicht wie auch durch Eindiffundieren eines Elements, z. B. Stickstoff, in das Gitter im Randbereich Volumenzunahmen. Dadurch werden in diesen Bereichen Druckspannungen erzeugt, die eine Erhöhung der Wechselfestigkeit der entsprechend behandelten Bauteile mit sich bringen (vgl. Band I, Bild 4.2.6).

Die Behandlungsverfahren zur Einstellung der Randschicht und der Bauteileigenschaften werden unterschieden nach Verfahren ohne chemische Veränderung der Randschicht (thermische Verfahren) und mit chemischer Veränderung der Randschicht (thermisch-chemische Verfahren).

5.1.3.1 Thermische Verfahren

Randschichthärteverfahren ohne Veränderung der Legierung im Randschichtbereich beruhen auf einem unterschiedlichen Temperatur-Zeitverlauf bei der Abkühlung von Rand und Kern, wobei lediglich im Randbereich bei vorgegebener Härtbarkeit des Werkstoffs die Bedingungen zur Martensitbildung vorliegen. Aus der Kenntnis der Vorgänge bei der Stahlhärtung ergibt sich folgerichtig, daß dies dann der Fall ist, wenn entweder nur die Oberfläche in das Austenitgebiet erwärmt wird oder wenn, bedingt durch die Wärmeabfuhrverhältnisse, die für den Werkstoff spezifische kritische Abkühlgeschwindigkeit nur im Oberflächenbereich gegeben ist. Eine Beschränkung der Erwärmung in das Austenitgebiet auf den Randbereich wird verwirklicht durch Flammhärtung, Induktionshärtung und Tauchhärtung.

Die Härtetiefe wird bei der Flammhärtung durch Einstellung und Vorschub des Brenners geregelt. Bei der Induktionshärtung erfolgt dies über die Frequenz (1 bis 10 kHz) und Generatorleistung. Durch die Brennerflamme können etwa 1 kW/cm^2 Heizleistung übertragen werden, durch Induktion bis zu 10 kW/cm^2. Die hohen Anlagekosten beschränken die Induktionshärtung, die für jedes Bauteil spezielle Spulensätze benötigt, im wesentlichen auf die Serienfertigung. Bei der Tauchhärtung werden die Bauteile in Salzbäder oder Metallschmelzen getaucht, deren Temperatur 100 bis 200 °C über dem A_3-Punkt liegen. Nach der Erwärmung der Randschicht ist allen Verfahren gemeinsam, daß die Oberfläche einer Abschreckung durch Brausen oder Tauchen unterzogen wird.

Ohne eine Abschreckung mit Hilfe eines Abschreckmittels wird bei der Impulshärtung gearbeitet. Hier werden sehr dünne Randschichten durch Energieim-

pulse innerhalb von Millisekunden auf Austenitisierungstemperatur gebracht, so daß die Abschreckung durch die Wärmeabführung über den umgebenden Werkstoff stattfindet. Zur Energieeinbringung für die Kurzzeiterwärmung werden verwendet:
- Elektronen- oder Laserstrahlen,
- Hochfrequenzimpulse mit Frequenzen um 27 MHz.

Das bei diesen Verfahren zur Randschichthärtung entstehende Gefüge ist außerordentlich feinkörnig infolge des URQ (Ultra rapid quenching)-Effekts, der bei geeigneten Werkstoffen auch zur glasartigen Erstarrung der Metalle führen kann.

Die Verfahren, bei denen nur die Randschicht der Erwärmung unterzogen wird, bergen insbesondere bei vorhandenen Querschnittsübergängen die Gefahr in sich, daß hohe Spannungen und schließlich Risse auftreten. Es werden diese Verfahren daher meist auf Stähle bis maximal 0,7% C beschränkt. Erheblich geringer ist diese Gefahr beim sog. O-Ze-Verfahren (ohne Zementation im Gegensatz zum Einsatzhärten). Hier wird das ganze Werkstück erwärmt, die kritische Abkühlgeschwindigkeit beim Abschrecken wird aber nur im Oberflächenbereich oder an vorspringenden Teilen, wie Zähnen, Bunden und Kanten, erreicht.

5.1.3.2 Thermisch-chemische Verfahren

Bei den Verfahren mit einer Veränderung der Legierung in der Randschicht durch Diffusion aus gasförmigen, flüssigen oder festen Spendermedien ist zu unterscheiden zwischen der Herstellung der Härtbarkeit in der Randschicht (Aufkohlen) und solchen Verfahren, bei denen die Härte in der Randschicht nicht durch die Umwandlungsvorgänge, sondern vorzugsweise durch die Bildung harter Phasen eingestellt wird. Bei diesen Verfahren kann durch die kontrollierte Führung der Diffusionsprozesse die Tiefe der Härteschicht wesentlich genauer eingestellt werden, als bei den rein thermischen Verfahren. Die wichtigsten und weitaus verbreitetsten Verfahren in dieser Gruppe sind das Einsatzhärten und das Nitrieren in seinen verschiedenen Formen. Ebenfalls sind zu erwähnen das Borieren und das Inchromieren, wogegen das Einbringen von Aluminium – das Alitieren – lediglich zur Erhöhung der Korrosionsbeständigkeit dient.

Einsatzhärtung

Durch das Einsatzhärten wird in den Einsatzstählen, deren Kohlenstoffgehalt unter der Grenze der technischen Härtbarkeit liegt (= 0,25% C) der Kohlenstoffgehalt in der Randschicht soweit erhöht, daß diese martensithärtbar wird. Die Glühtemperatur in den kohlenstoffabgebenden Medien ist dabei so zu wählen, daß der Werkstoff im austenitischen Zustand (γ-Gebiet) vorliegt, da im α-Gebiet die Kohlenstofflöslichkeit zu gering ist. Die Kohlungsmedien können Pulver, Bäder (Zyanbäder) oder gasförmige Kohlenstoffverbindungen sein. Der Übergang des Kohlenstoffs in das Eisen erfolgt in jedem Fall über die Gasphase als CO, CH_4 oder andere Kohlenwasserstoffe. Für die Einstellung der Aufkohlungsbedingungen ist das Boudouard-Gleichgewicht zwischen C, CO und CO_2 bzw. das Methan-Wasserstoffgleichgewicht zwischen C, CH_4 und H_2 maßgebend (Bild

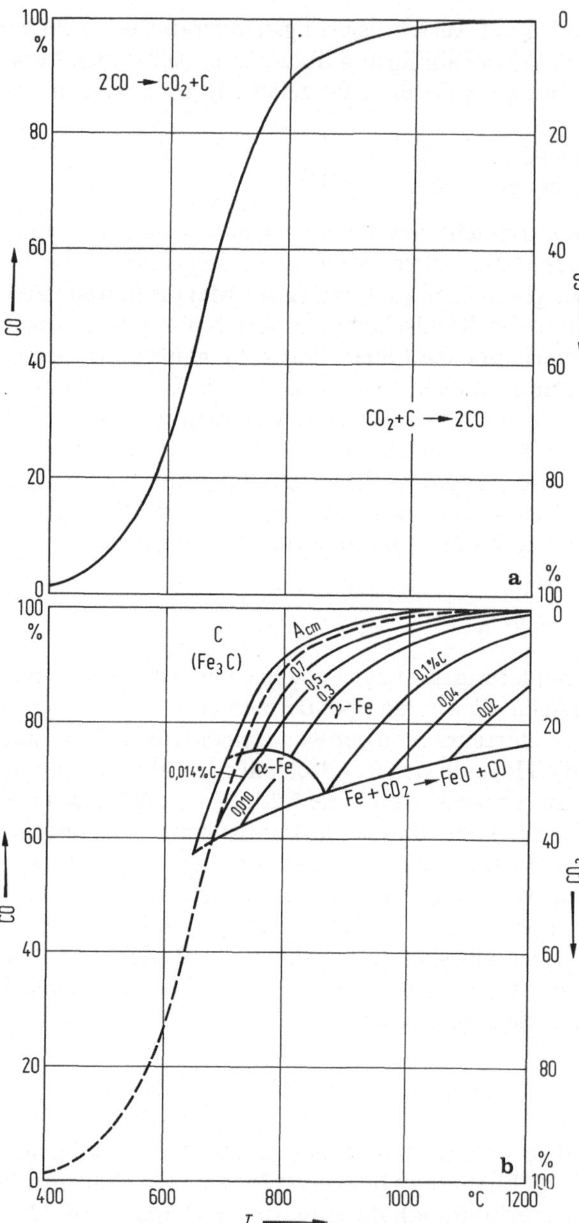

Bild 5.1.26. **a** Gleichgewichtsdiagramm für die Reaktion $2CO \rightleftarrows CO_2 + C$ bei einem Druck von 1 bar; **b** Gleichgewichtsdiagramm für Fe–O–C bei einem Druck von 1 bar. Rechts der Gleichgewichtslinien sind Entkohlungsbedingungen, links Aufkohlungsbedingungen gegeben

5.1.26a). Wie aus den Gleichgewichtsbeziehungen zwischen CO-Gehalten, Temperatur und C-Gehalt des Stahls hervorgeht, ergeben sich je nach dem Verhältnis CO/CO_2 in Abhängigkeit von der Temperatur und dem Kohlenstoffgehalt des Stahls neutrale, aufkohlende oder entkohlende Bedingungen (Bild 5.1.26b).

Der Randkohlenstoffgehalt, der sich unter den Gleichgewichtsbedingungen einstellt, wird als Kohlenstoffpotential oder Kohlenstoffpegel bezeichnet. Ein

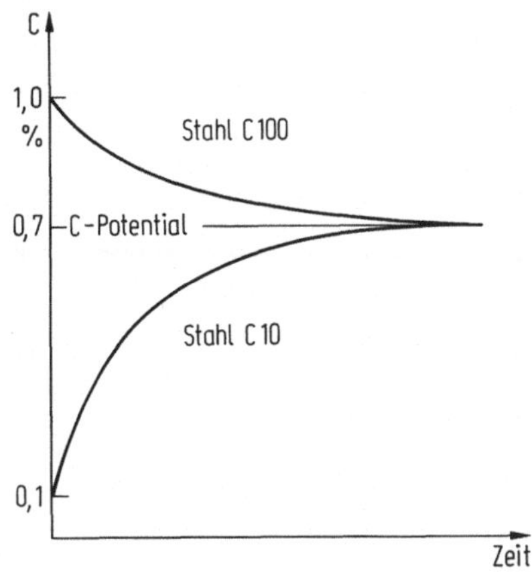

Bild 5.1.27. Veränderung des Kohlenstoffgehalts eines Stahls mit C-Gehalt > Kohlenstoffpotential und C-Gehalt < Kohlenstoffpotential in Abhängigkeit von der Glühdauer

Kohlenstoffpegel von 0,7% bedeutet, daß sich ein Stahl auf diesen Kohlenstoffgehalt im Gleichgewicht mit der Atmosphäre einstellt. Stähle mit einem C-Gehalt < 0,7% werden aufgekohlt, solche mit einem C-Gehalt > 0,7% entkohlt (Bild 5.1.27).

Da die Kohlenstoffkonzentration im Randbereich von der Kohlenstoffaktivität abhängig ist, diese aber von Legierungselementen beeinflußt wird, stellen sich bei gleichen Kohlenstoffpotentialen in legierten Stählen andere Randkohlenstoffgehalte als im Fall des unlegierten Stahls ein.

Als Kriterium für die Tiefe der Einsatzschicht wird die Einsatzhärtetiefe (Eht) herangezogen. Vereinbarungsgemäß ist dies der Abstand von der Oberfläche, bei dem eine Härte von 550 HV gemessen wird. Dieser Wert ergibt sich bei einem Grenzkohlenstoffgehalt von 0,3%, martensitischer Härtung und der für einsatzgehärtete Teile üblichen Anlaßtemperatur von 150 bis 180 °C. Die Einsatzhärtetiefe ist eine Funktion von Zeit und Temperatur, da sie den Gesetzmäßigkeiten der Diffusion gehorcht. Die Abhängigkeit des Kohlenstoffverlaufs von den Diffusionskenngrößen ist als Beispiel für die Berechnung des Diffusionsvorgangs im Abschnitt Diffusion dargelegt (vgl. Band I, Abschn. 8.1.2).

Die Einsatzhärtung von Bauteilen wird nach verschiedenen Temperatur/Zeitprogrammen durchgeführt. Im einfachsten Fall wird direkt von der Einsatztemperatur (ca. 900 °C) abgeschreckt, wobei dann noch eine Anlaßbehandlung vorgenommen wird (Bild 5.1.28a). Wird nach dem Einsetzen an Luft oder im Ofen abgekühlt, so werden in anschließenden Wärmebehandlungen die Eigenschaften von Rand und Kern eingestellt. So wird nach einer Ofenabkühlung aus der Einsatztemperatur ein Rückfeinen des Kerns durch Normalglühen und ein anschließendes Härten der Randschicht vorgenommen (Bild 5.1.28b). Das Härten der Randschicht ohne Umwandlung des Kernwerkstoffs ist durch den infolge der Aufkohlung erniedrigten Umwandlungspunkt möglich. Schließlich läßt sich durch entsprechende Temperaturführung eine getrennte Härtung von Rand und Kern vornehmen.

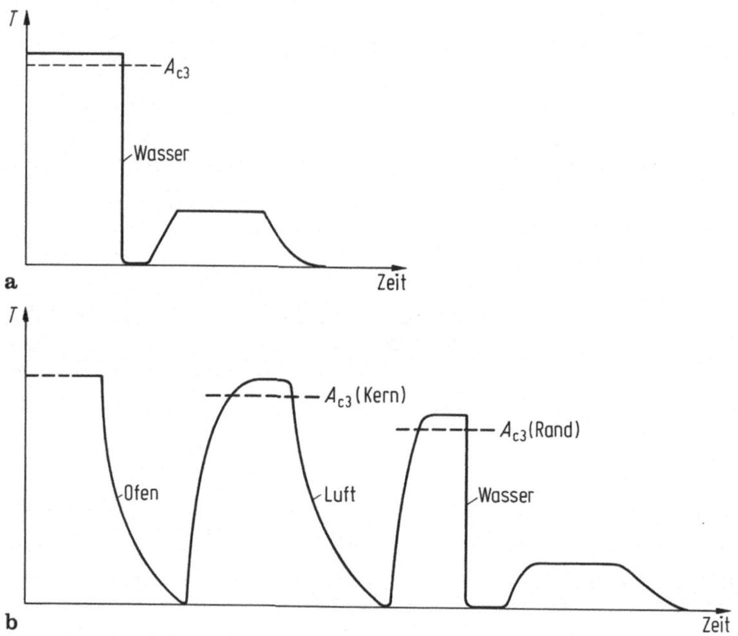

Bild 5.1.28. Temperaturzeitfolge beim Einsatzhärten. **a** Direkthärten aus dem Einsatz; **b** Rückfeinen des Kerns und getrenntes Härten der Randschicht

Nitrieren

Beim Nitrieren wird der Randzone geeigneter Stähle aus einem Stickstoff abgebenden Medium durch Diffusion Stickstoff zugeführt. Als Stickstoffspender dienen Salzbäder oder Gasatmosphären. Wegen der im Vergleich zu den Fe – N-Verbindungen günstigeren Eigenschaften der Dreistoffverbindungen Fe – N – C, den Karbonitriden, wird gleichzeitig mit dem Stickstoff auch Kohlenstoff angeboten (Karbonitrieren). Dies erfolgt beim Badnitrieren über Zyan-Salze (CN), beim Gasnitrieren über das dem stickstoffspendenden Ammoniakgas zugegebene Kohlenstoffträgergas meist in Form von Endogas. Bei Abwesenheit von Kohlenstoff, insbesondere aber bei randentkohlten Oberflächen, bilden sich im Ferrit grobe Nitridnadeln, die die Härteschicht zum Abplatzen bringen können. Für das Ionitrieren wird der Stickstoff ionisiert unter Verwendung von Glimmentladungen oder im Plasmastrahl. Das Werkstück, das als Kathode geschaltet ist, nimmt dann die positiv geladenen Stickstoffionen sehr viel schneller auf, als die Stickstoffatome in einer normalen Gasatmosphäre. Durch den hohen Dissoziationsgrad ist ein Ionitrieren sogar möglich, wenn statt Ammoniak (NH_3) molekularer Stickstoff (N_2) verwendet wird. Bei der Verwendung des molekularen Stickstoffs wird die Bildung von atomarem Wasserstoff verhindert und damit die Gefahr ausgeschaltet, daß das Werkstück Wasserstoff aufnimmt. Durch die Wasserstoffaufnahme und durch die Rekombination des Wasserstoffs, z. B. an den Korngrenzen, treten im Werkstück starke Versprödungen und interkristalline Risse auf (Wasserstoffversprödung, vgl. Band I, Bild 5.2.12 und Abschn. 8.3.2).

Wie aus dem Fe – N_2-Diagramm ersichtlich, beträgt die maximale Löslichkeit des α-Fe für den auf Zwischengitterplätzen befindlichen Stickstoff 0,1 % (Bild 5.1.29). Der das γ-Gebiet erweiternde Stickstoff bildet mit dem Eisen verschiedene Nitride. Bei 590 °C und 2,3 % N_2 zerfällt der Austenit zu einem Eutektoid aus Ferrit und Eisennitrid (Fe_4N), das Graunit genannt wird. Das kubisch-flächenzentrierte Fe_4N mit der Bezeichnung γ'-Phase enthält 5,5 bis 6 % N_2. Der Stickstoffgehalt der ε-Phase liegt zwischen 8 bis 11,2 % N_2. Die ε-Phase ($Fe_{2-3}N$) ist wegen ihrer Sprödigkeit unerwünscht. Da sich die ε-Phase über 600 °C vermehrt

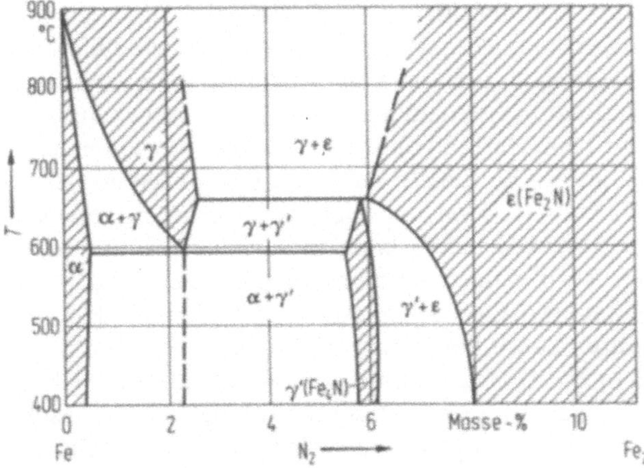

Bild 5.1.29. Zustandsschaubild Eisen-Stickstoff

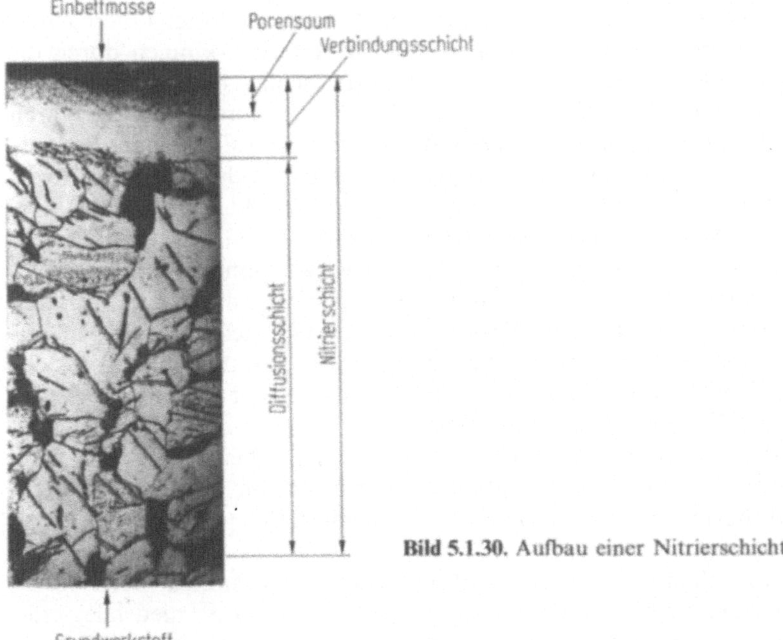

Bild 5.1.30. Aufbau einer Nitrierschicht

bildet, wird die Nitrierbehandlung vorzugsweise im Bereich zwischen 500 bis 570 °C vorgenommen. Die Nitriertiefe muß somit vorzugsweise über die Nitrierdauer und nicht über die Nitriertemperatur gesteuert werden.

Der Aufbau einer Nitrierschicht (Bild 5.1.30) zeigt am äußeren Rand eine schlecht anätzbare und daher meist hell erscheinende Verbindungsschicht mit einem Stickstoffgehalt von 6 bis 10%. Diese sehr dünne Schicht von 5 bis 30 μm enthält entsprechend dem Stickstoffgehalt ε-Nitrid, γ'-Nitrid und Eisenkarbonitride der Form $Fe_xC_yN_z$. An diese dünne Schicht aus Eisenstickstoffverbindungen schließt sich die Diffusionsschicht an, in der der Stickstoff von 0,2 bis 0,5% mit zunehmender Tiefe bis auf die Ausgangskonzentration im Grundwerkstoff abfällt. In der Diffusionszone liegt der Stickstoff bei Abschreckung nach dem Nitrieren überwiegend zwangsgelöst im Mischkristall vor. Langsame Abkühlung läßt in diesem Bereich Ausscheidungen in Form von Nitridnadeln entstehen.

An der Oberfläche ist die Verbindungsschicht durch einen meist sehr schmalen Porensaum gekennzeichnet, der beim Zerfall von metastabilen ε-Nitrid entsteht. Dabei besteht die Vorstellung, daß sich bei diesem Zerfall an Fehlstellen im Gitter, z. B. an Versetzungskernen, N-Atome bilden und sich zu Molekülen vereinen. Unter den dabei entstehenden hohen Drücken kann man sich die Bildung der Poren vorstellen. Bei geeigneter Ausbildung des Porensaums kann dieser u. U. für das Verschleißverhalten vorteilhaft sein, da er Schmiertaschen bildet und damit zu guten Notlaufeigenschaften führen kann. Bei nitrierten Bauteilen wird nicht nur eine Erhöhung der Wechselfestigkeit beobachtet, die sich bei allen Oberflächenhärtungsverfahren infolge der sich aufbauenden Druckspannungen einstellt, sondern es wird auch eine Verminderung von Mikrokerbwirkungen festgestellt, wie sie z. B. bei groben Oberflächenbearbeitungen vorliegen. So werden nach dem Nitrieren bei grob arbeitenden Teilen, z. B. bei geschruppter Oberfläche, annähernd gleiche dynamische Festigkeitswerte erreicht wie bei polierten Oberflächen. Es ist vorstellbar, daß diese Milderungen der Mikrokerbwirkungen durch die zahlreichen runden Poren im Porensaum zumindest erheblich mitbewirkt werden.

Gegenüber anderen rein thermischen und chemisch-thermischen Verfahren zeichnet sich das Nitrieren durch eine besonders hohe Verzugsfreiheit der Bauteile beim Behandlungsvorgang aus. Die durch das Nitrieren erreichbare Randhärte ist von der Legierung des Grundwerkstoffs abhängig. Bei Cr – Al – Mo-Stählen werden Härten von HV 0,1 = 1100 erreicht. Bei Cr – Mo – V-Stählen liegt diese um HV 0,1 = 900. Nitrierstähle enthalten Nitrid- bzw. Karbonitrid-bildende Elemente, vorzugsweise Al, Cr, Mo, V und Ti. Mit der hohen durch das Nitrieren erzielbaren Randhärte ist der gute Verschleißwiderstand dieser Bauteile in Zusammenhang zu bringen (Bild 5.1.31). Schließlich ist im Zusammenhang mit der Substitution von Metallisierungsschichten die Steigerung der Korrosionsbeständigkeit durch das Nitrieren beachtenswert.

Sinnvoll ist das Nitrieren auch bei legierten Schnellarbeitsstählen, da auch diese die Elemente Cr, Mo und Al enthalten. Hier bringt die Nitrierbehandlung eine besonders harte und anlaßbeständige Schneide (HV = 12000), die kaum noch zu Verschweissungen neigt.

Zur Vervollständigung sei noch das Weichnitrieren erwähnt, das der Hebung der Verschleißeigenschaften und der Korrosionsbeständigkeit niedriglegierter Stähle und von Gußeisen dient. Für dieses Verfahren werden Nitrid-bildende

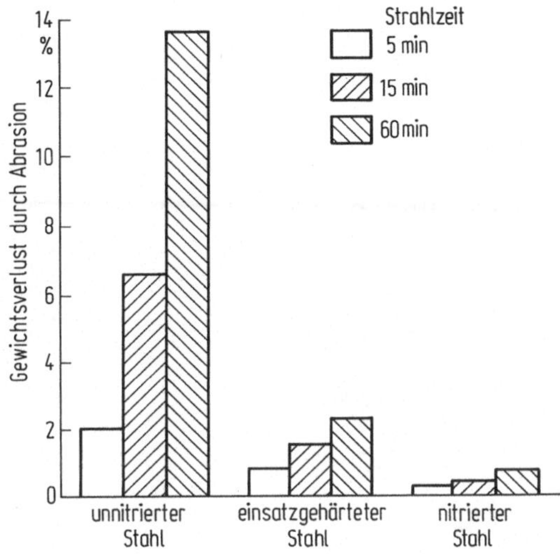

Bild 5.1.31. Gewichtsverlust durch Abrasion bei Stahlkiesbestrahlung einer Stahloberfläche im unnitrierten, einsatzgehärteten und nitrierten Zustand

Elemente nicht benötigt. Bei Abschreckung liegt der Stickstoff zwangsgelöst vor. Bei Auslagerung in erhöhter Temperatur entstehen feine nadelförmige Nitridausscheidungen, die den Verschleißwiderstand erhöhen. Dieses Verfahren kann Anwendung z. B. bei Zylinderlaufbuchsen finden.

5.2 Martensitumwandlung von Nichteisenmetallen

Eine der Austenit-Martensitumwandlung bei Stahl vergleichbare Phasentransformation, die nicht diffusionsgesteuert ist, tritt auch bei einigen Nichteisenmetallegierungen auf. Die diffusionslose martensitische Umwandlung bei Nichteisenmetallen kann ausgenützt werden, um Legierungen mit einem sog. Formgedächtnis zu entwickeln (Shape Memory Metalle).

Zum Verständnis dieses Effekts ist von dem Mechanismus der Martensitumwandlung auszugehen, bei dem sich die unter hohem Zwangszustand stehenden Gitterbereiche durch Umklapp- oder Gleitvorgänge umorientieren (vgl. Bild 5.1.13). Die unter dem hohen Zwangszustand des Gitters sich ergebenden Gitterdeformationen werden in makroskopischen Volumenbereichen durch die Orientierungsvielfalt aufgehoben, so daß sich, von gewissen Verzugserscheinungen abgesehen, keine definierten Formänderungen des Werkstücks ergeben. Im Vergleich zum Stahl ist der Martensit bei verschiedenen Nichteisenmetallegierungen weich und verformbar. Damit ist die Möglichkeit gegeben, durch eine einheitliche Ausrichtung des verzerrten Gitters unter äußerer mechanischer Spannung eine makroskopische Deformation zu erzielen. So wird eine martensitische Nichteisenmetallegierung unter äußeren Kräften zunächst durch die einheitliche Ausrichtung des Gitters durch Umklappvorgänge verformt, um erst dann in üblicher Weise durch Gleitvorgänge eine weitere Formänderung zu erfahren, wobei sich der Werkstoff dann konventionell verhält (Bild 5.2.1).

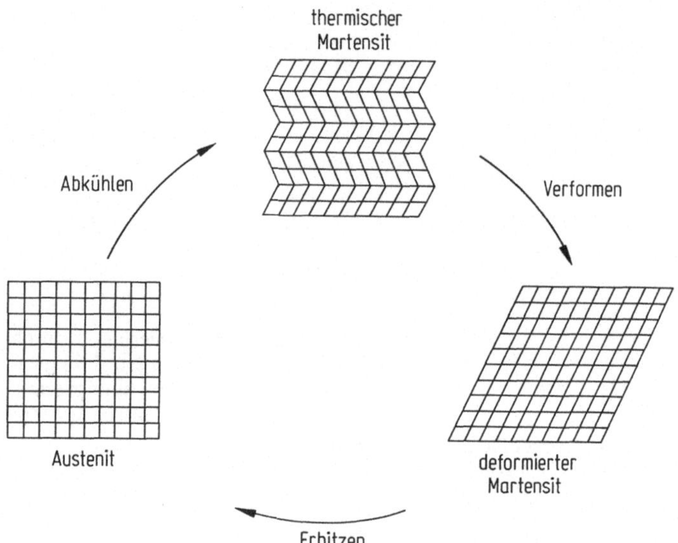

Bild 5.2.1. Entstehung von Martensit ohne makroskopische Formänderung durch Abschrecken von Austenit. Ausrichtung des Martensits durch Verformung ergibt Martensit mit makroskopischer Formänderung. Rückumwandlung zu Austenit durch Erhitzen führt zur Rückbildung der makroskopischen Formänderung, d.h. die Probe nimmt wieder ihre ursprüngliche Form an (Formgedächtnis- oder shape-memory-Effekt)

Bei Formgedächtnislegierungen ist der austenitische Zustand unter erheblich höheren Spannungen verformbar als der martensitische. Wenn nun der Werkstoff im austenitischen Zustand in einsinniger Richtung verformt wird und der Austenit unter entsprechend ausgerichteter Spannung steht, so findet bei Abkühlen die Martensittransformation durch gerichtet orientierte Umklappvorgänge statt. Durch die Ausrichtung der Umklappvorgänge des gegenüber dem Austenit weicheren Martensit kann z.B. in einem Stab eine Längenänderung von bis zu 8% eintreten. Bei der Rückumwandlung in Austenit wird diese Längenänderung wieder aufgehoben. Der Austenit steht dann wieder unter den vorher aufgebrachten Verformungsspannungen. Im Austenit sind somit die bei der Martensitumwandlung auftretenden plastischen Formänderungen elastisch gespeichert. Diese Erscheinung wird als Pseudo-Elastizität bezeichnet. Durch entsprechend örtlich begrenzte Verformungen lassen sich mit den beschriebenen Umwandlungsvorgängen auch Krümmungen von Bauteilen herstellen und wieder aufheben. Die Umsetzung von Spannungen in Verformungen und umgekehrt bei den Umwandlungsvorgängen entspricht der Umwandlung von Wärmeenergie in mechanische Energie (Bild 5.2.2).

Technisch lassen sich die Legierungen mit Formgedächtnis, die auch als Memory-Legierungen bezeichnet werden, einsetzen zur Durchführung von Bewegungen, z.B. bei Ventilen, und zur Herstellung von kraftschlüssigen Verbindungen durch Verspannung. So lassen sich Stellorgane aus einer Ni–Ti-Legierung herstellen. Wird ein Gewicht an einer ausgezogenen Spiralfeder aus Ni–Ti-Legierung befestigt, so wird bei Erwärmung das Gewicht hochgezogen entsprechend

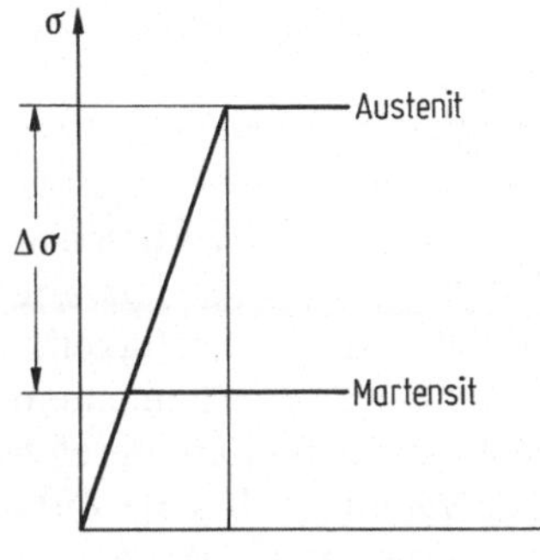

Bild 5.2.2. Spannungs-Dehnungs-Diagramm zur Erscheinung der Pseudoelastizität

der Transformation von Martensit in Austenit. Auf diese Weise können Ventile z. B. für automatische Feuerlöscheinrichtungen hergestellt werden. Nach Art eines Regenschirms lassen sich durch Memory-Torsionsstäbe Parabolantennen entfalten und zusammenklappen.

Ein Demonstrationsmodell zur Veranschaulichung der Umsetzung des Memory-Effekts in Bewegung besteht aus zwei Rollen, über die ein Draht läuft. Wird die eine Rolle in heißes Wasser gebracht, während die andere an der Luft ist, so läuft der Draht mit hoher Geschwindigkeit um, ohne allerdings nennenswerte Antriebsmomente zu liefern.

Die sich durch den Memory-Effekt aufbauenden elastischen Spannungen lassen sich für die Ausführung von Befestigungselementen ausnützen. So können Kontaktierungen in integrierten Schaltungen (IC) ausgeführt werden durch elastische Kontaktaugen aus Berylliumbronze in die Stifte aus Ni – Ti-Legierungen eingeführt werden. Rohrkupplungen werden hergestellt, indem die Muffen bis zu ihrer Verwendung in gekühltem Zustand (flüssiger Stickstoff) aufbewahrt werden. Nach dem Aufbringen und der Martensit-Austenitumwandlung ist durch die Umfangsspannung eine zuverlässige kraftschlüssige Rohrverbindung gegeben. Am US-Kampfflugzeug T 14 konnten gegenüber konventionellen Verbindungselementen mit dieser Technik 120 kg Gewicht eingespart werden.

Geeignete Legierungen mit technisch ausnutzbarem Memory-Effekt, d. h. mit verformungsfähigem Martensit und mit höherfestem Austenit, sind vor allem Ni – Ti-Legierungen, denen oft noch ein drittes Element z. B. Cu zulegiert ist. Außerdem sind geeignet Cu – Zn – Al- und Cu – Al – Ni-Legierungen. Zu erwähnen ist auch noch die Austenit-Martensittransformation mit der Erscheinung der Pseudo-Elastizität bei Au – Cd-Legierungen, die allerdings schon wegen ihres hohen Preises und wegen der Bedenklichkeit des Cadmiums nicht im technischen Einsatz stehen.

5.3 Entmischungsvorgänge und Ausscheidungshärtung

Durch die Umwandlungshärtung lassen sich die Eisenwerkstoffe in ihren Eigenschaften mit Hilfe geeigneter Wärmebehandlungen einer weiten Bandbreite von Festigkeitsanforderungen anpassen. Eine solche Möglichkeit der Eigenschaftssteuerung ist bei Metallen, die in festem Zustand keine Phasenumwandlung (Polymorphie) zeigen, nicht gegeben.

Die Steuerung der Festigkeitseigenschaften mit Hilfe der Wärmebehandlung muß bei umwandlungsfreien Legierungen über einen anderen Mechanismus, nämlich über die Entmischung eines homogenen Mischkristalls und die Ausscheidung metastabiler Zwischenphasen erfolgen. Dieser Vorgang ist als Aushärtung bekannt. Ihre erste und sehr bedeutende Anwendung hat diese Art der Festigkeitssteigerung bei Aluminiumlegierungen gefunden, die auf diese Weise erst zu einem Konstruktionswerkstoff entwickelt werden konnten, der einem breiten Bereich von Festigkeitsanforderungen angepaßt werden kann. Al 99,5 hat z.B. eine Zugfestigkeit von 70 N/mm^2 und eine Streckgrenze von etwa 40 N/mm^2. Mit diesen Werten ist Aluminium als Konstruktionswerkstoff, der definierte Festigkeitsanforderungen zu erfüllen hat, nicht einsetzbar. AlZnMgCu-Legierungen erreichen im warm ausgehärteten Zustand Festigkeiten von etwa 600 N/mm^2 und decken damit Festigkeitsbereiche ab, die Feinkornbaustählen oder z.T. auch schon Vergütungsstählen zuzuordnen sind (Bild 5.3.1).

Erhebliche Festigkeitssteigerungen durch Aushärtung lassen sich nicht nur bei Aluminiumlegierungen, sondern auch bei sehr vielen anderen Legierungen erzielen. Es gehören dazu Legierungen auf der Basis von Magnesium, Titan, Kobalt, Kupfer, Nickel, Blei, sowie Edelmetallegierungen. Gerade auch bei Blei, das i. allg. nicht als Konstruktionswerkstoff mit bestimmten Festigkeitsanforderungen eingesetzt wird, kann die Aushärtung zur Festigkeitssteigerung eine Rolle spielen, z.B. wenn Blei in Form von Platten in Akkumulatoren eingesetzt wird.

Die Aushärtung kann ebenfalls bei Stählen zusätzlich zur Umwandlungshärtung in Anwendung kommen. Mit solchen martensitaushärtenden Stählen werden im Vergleich zu nur umwandlungsgehärteten Stählen bei gleichen Festigkeitseigenschaften bessere Zähigkeiten, insbesondere bessere Bruchzähigkeiten K_{Ic} erzielt (vgl. Band I, Bild 4.1.18). Die Martensitaushärtung (Maraging) wird durch Zugabe von ausscheidungsfähigen Elementen, wie z.B. Al, Ti, Mo, Co zu C-armen FeNi-Legierungen erreicht. Durch die Aushärtung nimmt der duktile FeNi-Martensit hohe Festigkeitswerte an, die zwischen 1 000 und 2 000 N/mm^2 betragen, bei Bruchdehnungen von immerhin noch 5 bis 12%.

Erstmals beschrieben wurde die Aushärtung 1906 durch Wilm. Seit etwa 1930 wird die Aushärtung gezielt auf breiter Basis technisch eingesetzt.

5.3.1 Voraussetzungen zur Ausscheidungshärtung

Ebenso wie für die Martensithärtung bestimmte Voraussetzungen erfüllt sein müssen (vgl. Abschn. 5.1), so ist die Verfestigung einer Legierung durch Aushärtung an bestimmte Bedingungen geknüpft. Voraussetzungen für die Festigkeitssteigerung durch Wärmebehandlung nach dem Mechanismus der Ausscheidungshärtung bei umwandlungsfreien Metallen sind:

1. Es muß eine Legierung vorhanden sein, also wenigstens zwei Komponenten müssen vorliegen.
2. Mindestens eine Komponente muß in der anderen eine beschränkte Löslichkeit aufweisen, also eine Mischungslücke muß vorhanden sein.

Werkstoff	Hauptlegierungszusätze in %	Zustand	Festigkeitswerte, mindestens[a]		
			Zugfestigkeit R_m in N/mm²	Dehngrenze R_e in N/mm²	Bruchdehnung A_5 in %[b]
Al 99,5 w		weich	70	20 ··· 60	35
Al 99,5 F 13		hart	130	110	5
AlMg 1 F 16	0,8 ··· 1,2 Mg	hart	160	140	4
AlMg 3 w	2,6 ··· 3,4 Mg; 0 ··· 0,5 Mn;	weich	180	80	17
AlMgMn F 26	1,6 ··· 2,5 Mg; 0,5 ··· 1,1 Mn;	hart	260	180	4
AlMg 4,5 Mn w	4,0 ··· 4,9 Mg; 0,60 ··· 1,0 Mn; 0,05 ··· 0,25 Cr	weich	280	125	17
AlMgSi 0,5 F 22	0,4 ··· 0,8 Mg; 0,35 ··· 0,7 Si	warmausgehärtet	220	160	12
AlMgSi 1 F 32	0,6 ··· 1,2 Mg; 0,75 ··· 1,3 Si; 0,4 ··· 1,0 Mn	warmausgehärtet	320	260	10
AlZnMg 1 F 36	4,0 ··· 5,0 Zn; 1,0 ··· 1,4 Mg; 0,1 ··· 0,5 Mn	warmausgehärtet	360	280	10
AlCuMg 2 F 44	4,0 ··· 4,8 Cu; 1,2 ··· 1,8 Mg; 0,30 ··· 0,9 Mn	kaltausgehärtet	440	290	14
AlZnMgCu 1,5 F 52	5,1 ··· 6,1 Zn; 2,1 ··· 2,9 Mg; 1,2 ··· 2,0 Cu; 0 ··· 0,3 Mn 0,18 ··· 0,3 Cr	warmausgehärtet	520	440	7

Bild 5.3.1. Auswahl verschiedener Aluminiumknetlegierungen und erzielbare Festigkeitskennwerte. (Zusammensetzung s. DIN 1725, Blatt 1; Festigkeitseigenschaften s. DIN 1745–1749)

[a] Die gewährleisteten Festigkeitswerte hängen im einzelnen etwas von der Halbzeugart und den Abmessungen ab.

[b] Der Index 5 besagt, daß die Meßlänge einer Probe nach Bild 4.1.1 aus Band I fünfmal so groß ist wie der Probendurchmesser.

3. Die beschränkte Löslichkeit muß temperaturabhängig sein, wobei mit sinkender Temperatur die Löslichkeit abnehmen muß.

Diese Voraussetzungen sind notwendig aber nicht hinreichend. Um eine nutzbare Festigkeitssteigerung zu erzielen, ist es erforderlich, daß sich eine im Ungleichgewichtszustand in Lösung befindliche Komponente nach einer bestimmten Ausscheidungskinetik entmischt. Aus einem unterkühlten Mischkristall scheidet sich dabei die zwangsgelöste zweite Komponente über Zwischenzustände aus, so daß temperaturabhängig eine mehr oder weniger starke Annäherung an den Gleichgewichtszustand stattfindet. Durch solche nicht im Gleichgewicht befindlichen Zwischenzustände werden Gitterverzerrungen bewirkt, die zu Festigkeitssteigerungen führen.

Entsprechend dem Grad und dem Ablauf der Entmischung werden z. B. bei Aluminium aushärtbare und nichtaushärtbare Legierungen unterschieden (Bild 5.3.2).

Die Zusammensetzung wichtiger aushärtbarer Aluminiumlegierungen und die durch die Aushärtung erzielbare Festigkeitssteigerung ist aus Tabelle/Bild 5.3.1 ersichtlich.

Den durch Ausscheidungen härtbaren Legierungen können Zustandsdiagramme zugrundeliegen, bei denen sich mit abnehmender Temperatur aus einem α-Mischkristall ausscheiden:

- eine reine Komponente B, z. B. Al – Si (Bild 5.3.3 a),
- ein B-reicher Mischkristall β, z. B. Cu – Ag, Pb – Sb (Bild 5.3.3 b),
- eine intermetallische Phase $A_x B_y$, z. B. Al – Cu (Bild 5.3.3 c).

Der Entmischung eines α-Mischkristalls durch Bildung einer intermetallischen Phase (Bild 5.3.3 c) kommt bei der Ausscheidungshärtung die größte Bedeutung zu. Das Auftreten einer reinen Komponente (Bild 5.3.3 a) bzw. eines B-reichen Mischkristalls (Bild 5.3.3b) ist nur in Ausnahmefällen zu beobachten.

Durch das Fehlen einer vollständigen Phasenumwandlung im festen Zustand kann auch kein Löslichkeitssprung stattfinden, wie z. B. für den Kohlenstoff bei der $\gamma - \alpha$-Umwandlung von Eisen. Bei langsamer Abkühlung von Legierungen

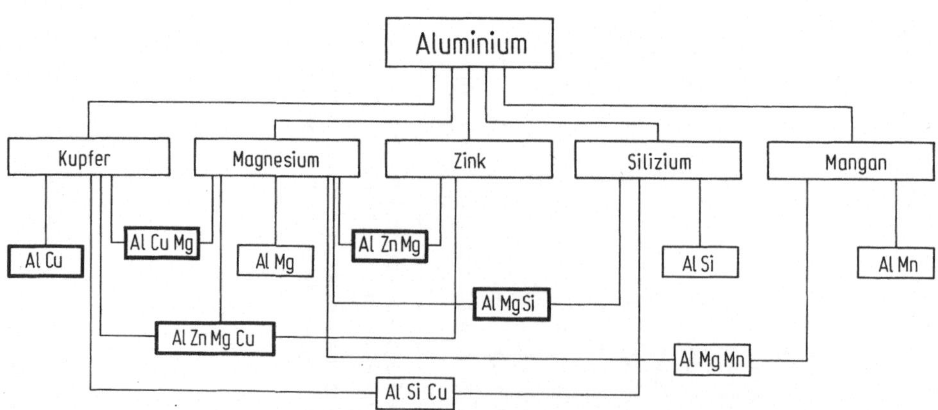

Bild 5.3.2. Aushärtbare (stark umrandet) und nicht aushärtbare Aluminiumbasislegierungen

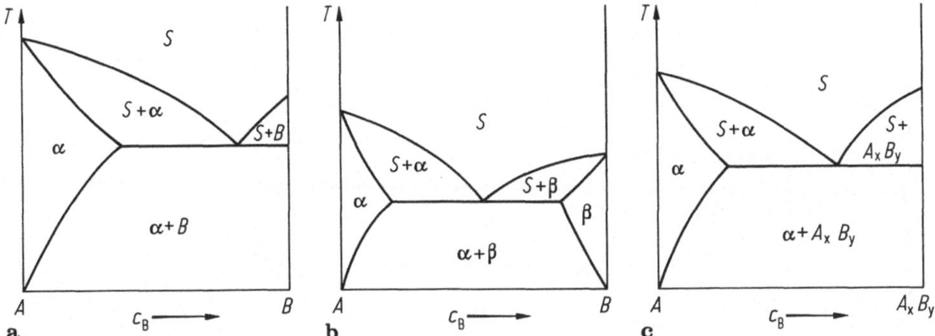

Bild 5.3.3. Prinzipiell mögliche Zustandsdiagramme für aushärtbare Legierungen. **a** Ausscheidung einer reinen Komponente; **b** Ausscheidung eines Mischkristalls; **c** Ausscheidung einer intermetallischen Verbindung

nach den Diagrammen Bild 5.3.3a–c erfolgt diagrammgemäß die Entmischung des homogenen Mischkristalls im Gleichgewichtszustand. Die Entmischung läuft über Keimbildung und Keimwachstum ab. Der Anteil der dabei ausgeschiedenen Zweitphase nimmt entsprechend dem Hebelgesetz mit sinkender Temperatur zu.

Wird durch rasches Abschrecken solcher Legierungen die diffusionsgesteuerte Ausscheidung unterdrückt, so enthält der Mischkristall die zweite Komponente mit abnehmender Temperatur in zunehmender Übersättigung. Der homogene Mischkristall befindet sich damit zunehmend im Ungleichgewicht. Natürlich nimmt durch diese Übersättigung auch die Mischkristallhärte etwas zu. Diese Festigkeitssteigerung durch den Mischkristallhärtungseffekt ist jedoch vernachlässigbar gegen die Festigkeitssteigerung durch Umwandlungshärtung unter sprunghafter Änderung der Löslichkeit oder durch die hier zu behandelnde Aushärtung.

Wird nun ein durch rasches Abkühlen übersättigter Mischkristall längere Zeit gelagert bei Temperaturen, die noch deutlich unterhalb der Grenze der Löslichkeit liegen, so laufen Diffusionsvorgänge an, die zu einer stufenweisen Entmischung führen.

5.3.2 Wärmebehandlung zur Ausscheidungshärtung

Aus den dargelegten Voraussetzungen und dem Verhalten aushärtbarer Legierungen, die eine mit der Temperatur abnehmende Löslichkeit für mindestens eine Komponente besitzen müssen, ergibt sich die Temperaturführung für die zur Aushärtung notwendige Wärmebehandlung. Die zur Aushärtung erforderliche Abfolge von Wärmebehandlungsschritten ist:

1. Lösungsglühen (Homogenisieren),
2. Abschrecken,
3. Auslagern im Zweiphasengebiet.

Die Temperaturen für die einzelnen Schritte (Bild 5.3.4) richten sich nach der Konzentration der ausscheidungsfähigen Komponente und dem angestrebten

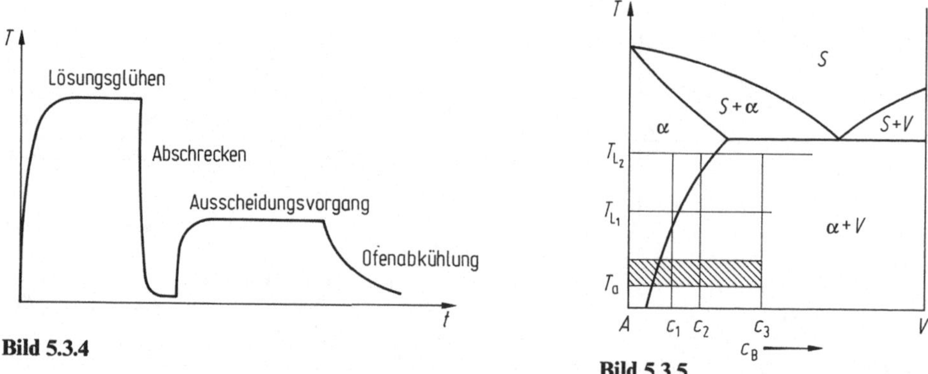

Bild 5.3.4

Bild 5.3.5

Bild 5.3.4. Temperaturzeitfolge zur Durchführung einer Ausscheidungshärtung

Bild 5.3.5. Temperatur für Lösungsglühen T_L und Auslagertemperatur T_A bei verschiedenen Konzentrationen der Komponente B

Ausscheidungszustand. Je höher die Konzentration ist, desto höher muß entsprechend der ansteigenden Grenzlinie der Löslichkeit die Temperatur sein, um alle Atome der Legierungskomponente im Mischkristall in Lösung zu bringen. So ist bei einer Konzentration c_2 eine höhere Temperatur erforderlich, um einen homogenen Mischkristall zu erreichen, als bei der Konzentration c_1 (Bild 5.3.5). Zur Verringerung der Löseglühdauer wird i.a. die Löseglühtemperatur etwas unterhalb der eutektischen Temperatur gewählt. Überschreitet die Konzentration, wie dies bei c_3 der Fall ist, die maximale Löslichkeit, so läßt sich naturgemäß im festen Zustand keine Homogenisierung mehr erreichen. Es ist dann nur noch eine teilweise Aushärtung beim Abschrecken aus dem heterogenen Zustand möglich.

Es nimmt dann nur der Anteil 2 mit dem entsprechend der Homogenisierungstemperatur gelösten Anteil der zweiten Komponente an der Aushärtung teil. Die zweite Phase im heterogenen Bereich wird durch die Wärmebehandlung in diesem Fall nicht aufgelöst, entsprechend liegt sie auch nach dem Abschrecken noch im Gleichgewichtszustand, wie beim langsamen Abkühlen aus der Schmelze vor. Der im Mischkristall zwangsgelöste Anteil der Legierungsbestandteile erreicht die der gewählten Lösungsglühtemperatur entsprechende Löslichkeit. Diese liegt etwas unterhalb der maximalen Löslichkeit, da die Lösungsglühtemperatur unterhalb der Eutektikalen gewählt werden muß, um Aufschmelzungen zu vermeiden. Nach dem Auslagern liegen in solchen Legierungen neben der unlöslichen Gleichgewichtsphase die metastabilen zur Aushärtung beitragenden Zwischenzustände nur im Bereich des α-Mischkristalls vor. Eine solche Legierung mit der Konzentration c_3 besitzt Härtewerte, die weitgehend denjenigen bei einer Konzentration c_2 entsprechen (Bild 5.3.5). Eine im Gleichgewichtszustand bereits heterogene Legierung mit der Konzentration c_3 weist dabei jedoch geringere Festigkeitskennwerte als die Legierung c_2 auf. Insbesondere werden niedrigere Bruchzähigkeiten und höhere Korrosionsempfindlichkeit beobachtet. Im allgemeinen ist es daher nicht sinnvoll, im Hinblick auf die Festigkeitssteigerung durch Aushärtung Konzentrationen an Legierungskomponenten zu wählen, die über die maximale Löslichkeit im festen Zustand hinausgehen, also eine einphasige Mischkristallbildung nicht mehr zulassen.

Je höher die Übersättigung des Mischkristalls ist, desto größer ist die treibende Kraft, die eine Entmischung bewirkt. Um nach dem Homogenisieren (Bild 5.3.4) einen möglichst hohen Übersättigungsgrad zu erhalten, eine Entmischung während des Abkühlens also zu unterdrücken, ist eine möglichst schroffe Abkühlung von der Homogenisierungstemperatur auf Raumtemperatur anzustreben. Im allgemeinen wird das Abschrecken von der Homogenisierungstemperatur in Wasser vorgenommen.

Durch die Auslagertemperatur wird Form und Ablauf der Entmischung bestimmt. Bei hohen Auslagertemperaturen nahe der Grenzlinie des Zweiphasengebiets findet die Entmischung in der Nähe des Gleichgewichtszustands statt. Es wird also ein Zweiphasengefüge gebildet, ähnlich demjenigen, wie es sich bei langsamer Abkühlung ergibt.

Mit zunehmender Absenkung der Auslagertemperatur unter die Grenzlinie zwischen heterogenem und homogenem Bereich wird die Diffusion mehr und mehr erschwert und die Umlagerung der Atome zur Bildung einer sich ausscheidenden zweiten Phase zunehmend behindert bzw. verlangsamt. Dies bedeutet mit sinkender Temperatur abnehmende Diffusionswege und damit Atomanordnungen, die immer weiter von der Struktur der Gleichgewichtsphase entfernt sind.

Da der Effekt der Aushärtung sehr wesentlich durch feinverteilte metastabile Zwischenzustände bewirkt wird, muß die Auslagerungstemperatur ausreichend weit unter der Phasengrenzlinie, d. h. der Mischungstemperatur im Gleichgewicht liegen. Nur so wird erreicht, daß infolge der kurzen Diffusionswege an zahlreichen Stellen im unterkühlten homogenen Mischkristall unter einer starken treibenden Kraft eine Umlagerung der Atome zu metastabilen Zwischenzuständen eingeleitet wird.

5.3.3 Gefügebeeinflussung durch Ausscheidungsvorgänge

5.3.3.1 Formen der Entmischung

Entsprechend dem Abstand der Auslagertemperatur von der Gleichgewichtstemperatur (Phasengrenzlinie) stellen sich verschiedene Formen der Entmischung, d. h. definiert zu unterscheidende metastabile Zwischenphasen ein. Im abgeschreckten, also stark unterkühlten homogenen Mischkristall liegen zunächst mit dem ausgeprägten Ungleichgewichtszustand sehr starke treibende Kräfte zur Umordnung der Atome vor. Diesen steht bei niederen Auslagertemperaturen eine nur geringe Atombeweglichkeit, also eine erschwerte Diffusion gegenüber. Je höher die Auslagertemperaturen sind, desto geringer ist der Energieunterschied zwischen dem zwangsgelösten Mischungszustand und dem Gleichgewichtszustand, desto größer allerdings ist die Atombeweglichkeit, d. h. der Diffusionskoeffizient. Entsprechend sind im wesentlichen je nach Auslagertemperaturen drei verschiedene Ausscheidungsformen zu unterscheiden (Bild 5.3.6):

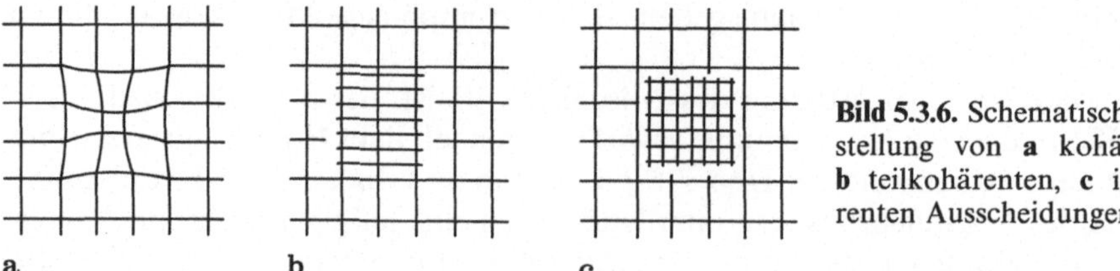

Bild 5.3.6. Schematische Darstellung von **a** kohärenten, **b** teilkohärenten, **c** inkohärenten Ausscheidungen

Kohärente Ausscheidungen

Bei niederen Auslagertemperaturen stellt die geringe Beweglichkeit der Atome ein erhebliches Hindernis für die Umordnung dar und läßt in der Zeiteinheit auch nur kurze Diffusionswege zu. Die Folge ist, daß sich an zahlreichen Stellen im homogenen Mischkristall als Vorstufe einer Phasenänderung eine Ansammlung von Atomen des zweiten gelösten Elements zu bilden beginnt. Die treibenden Kräfte für diese Umlagerung reichen aber nicht aus, um bei niederen Auslagertemperaturen den Gitterzusammenhang im Bereich solcher Konzentrationsänderungen zu stören, d. h. es entsteht eine Ausscheidung mit möglichst geringem Energieunterschied zur Matrix. Es bilden sich somit Zonen einer Anreicherung der zweiten Komponente aus, die vollkommen kohärent mit dem Matrixgitter, also dem Gitter des homogenen Mischkristalls sind. Das bedeutet, daß die Gitterebenen in allen Richtungen ihren Zusammenhang behalten (Bild 5.3.6a). Im Übergangsbereich zu den Zonen der Ansammlung der zweiten Komponente innerhalb des homogenen Mischkristalls bilden sich lediglich Änderungen in den Abständen der Gitterebenen aus, d. h. Änderungen der Gitterparameter. Diesen Änderungen der Gitterparameter sind Kohärenzspannungen zuzuordnen, aus denen durch Behinderung von Versetzungsbewegungen kräftige Festigkeitssteigerungen resultieren. Die Form solcher Ausscheidungszonen ist je nach Legierung flächenhaft, plattenförmig, nadelförmig oder kugelförmig. Bestimmend für diese Form ist das Verhältnis aus der Bindungsenergie der sich ausscheidenden Komponente und der Grenzflächenenergie gegenüber der Matrix (Bild 5.3.7).

Teilkohärente Ausscheidungen

Höhere Auslagertemperaturen und/oder längere Auslagerzeiten führen zu zunehmenden Diffusionswegen und damit zu Ausscheidungsformen, die mit niedrigerer freier Energie, also mit einem energetisch etwas günstigeren Zustand gekennzeichnet sind als die kohärenten Ausscheidungen. Der Zusammenhang solcher Ausscheidungen mit dem Matrixgitter ist nicht mehr in allen Gitterebenen gegeben. In bestimmten Richtungen wird zwischen den Gitterebenen durch Versetzungen vermittelt. Diese Form der Ausscheidung wird als teilkohärente Ausscheidung bezeichnet (Bild 5.3.6b).

Teilkohärente Ausscheidungen haben linsen- oder plattenförmige Gestalt. Die großflächige Phasengrenze ist dabei die Grenzfläche, die kohärent ist (Bild 5.3.7). Die starken Verzerrungen durch diese Ausscheidungsart tragen erheblich zu einer Verfestigung bei. Mit Beginn der teilkohärenten Ausscheidungen ist die weitere

Bild 5.3.7. Kohärente kugelförmige Entmischungszonen im Untergrund schwach sichtbar und plattenförmige (oder je nach Orientierung und Schnitt nadelig erscheinende) teilweise kohärente Ausscheidungen in einer Legierung AlAg10, Elektronenmikroskopisch 30000fach. (Nach Borchers und Woitscheck)

Festigkeitszunahme gegenüber den Zuständen mit kohärenten Ausscheidungen jedoch deutlich vermindert.

Inkohärente Ausscheidungen

Mit zunehmender Annäherung an die Grenzlinie zwischen Zweiphasengebiet und homogenem Mischkristall nähert sich die Form der Ausscheidung der der Gleichgewichtsphase. Das bedeutet, daß sich eine Phase bildet, die ihre eigene Kristallstruktur aufweist und die somit i. allg. keine Kohärenz zur Matrix zeigt.

Mit der Auflösung der Kohärenz zu der umgebenden Matrix erfahren die Gitterverspannungen einen drastischen Abbau. Entsprechend nimmt die Behinderung der Versetzungsbewegung durch Kohärenzspannungsfelder ab, was sich in einem Rückgang der Festigkeitswerte gegenüber kohärenten und teilkohärenten Ausscheidungszuständen ausdrückt.

Behinderungen von Versetzungsbewegungen und damit erhöhte Festigkeitswerte gegenüber dem Zustand des homogenen Mischkristalls beruhen bei inkohärenten Ausscheidungen vorzugsweise auf der Wirkung der Phasengrenzflächen.

Ostwald-Reifung

Nach längeren Auslagerungszeiten im Zweiphasengebiet, insbesondere in der Nähe der Grenzlinie zum homogenen Mischkristall, nimmt durch Entmischung die Konzentration im α-Mischkristall den Wert der Gleichgewichtslöslichkeit der zweiten Komponente B an (Bild 5.3.3). Damit hat sich aber durch diese Auslagerung des abgeschreckten α-Mischkristalls noch nicht das Gleichgewichtsgefüge ausgebildet, wie es bei langsamer Abkühlung des Mischkristalls bis in den Zweiphasenbereich entsteht. Die Größe der ausgeschiedenen Partikel liegt z. T. erheb-

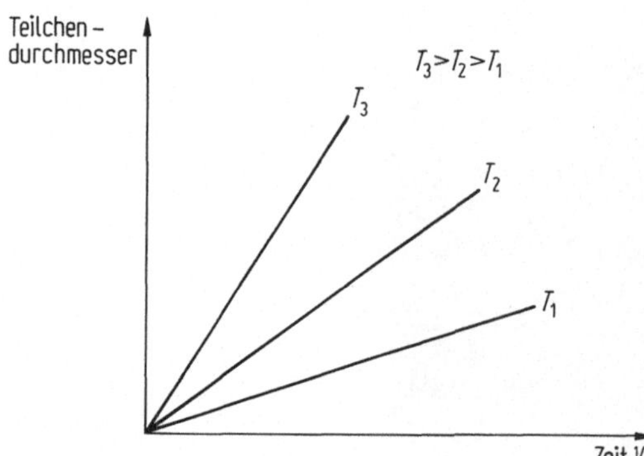

Bild 5.3.8. Abhängigkeit des Teilchendurchmessers von der Auslagerungstemperatur und -zeit (Ostwald-Reifung)

lich unter der Größe, wie sie sich im Zweiphasengefüge bei langsamer Abkühlung einstellt. Darüberhinaus besitzen die bei der Auslagerung entstandenen Ausscheidungspartikel je nach ihrer Keimbildungszeit unterschiedliche Größe. In den Grenzflächen zwischen den Phasen steckt noch eine erhebliche Energiedifferenz zum energetisch günstigeren Gleichgewichtszustand.

Das Bestreben, diese Energie abzubauen, führt zu einer Verminderung der Grenzflächen durch das Wachstum der größeren Partikel auf Kosten der kleineren. Dabei ist mit steigender Auslagerungszeit t zuerst eine Größenzunahme, die dann allmählich abflacht, zu beobachten. Mit höherer Auslagerungstemperatur T wird der Wachstumsvorgang beschleunigt. Zwischen dem Teilchendurchmesser d und der Auslagerungszeit t besteht der Zusammenhang (Bild 5.3.8)

$$d \propto t^{1/3}.$$

Durch dieses Wachstum, das als Ostwald-Reifung bekannt ist, verändern sich die mechanischen Eigenschaften, die auf den Wechselwirkungen zwischen Versetzungen und Ausscheidungspartikeln beruhen. Das bedeutet, Streckgrenze, Festigkeit und Härte nehmen im Verlauf der sog. Ostwald-Reifung ab. Dieses Verhalten wird als Überalterung bezeichnet.

Ausscheidungsformen technischer Legierungen

An binären AlCu-Knetlegierungen wurden von Guinier und Preston bereits sehr frühzeitig Form und Ablauf der Ausscheidungen untersucht. Anhand der Ausscheidungen in diesen Legierungen läßt sich Form und Lage der verschiedenen Entmischungsstadien im Gitter sehr gut im einzelnen darstellen (Bild 5.3.9).

- Bei niederen Auslagertemperaturen lagern sich im abgeschreckten homogenen AlCu-Mischkristall Cu-Atome in monoatomaren Schichten in den $\{200\}$-Ebenen des Al-Matrixgitters an. Diese Zonen werden Guinier-Preston-Zonen, in diesem Fall GP I-Zonen genannt (Bild 5.3.10).
- Bei weiter fortschreitender Ausscheidung ordnen sich periodisch abwechselnd Schichten von Cu-Atomen und Al-Atomen an. Diese GP II-Zonen stellen somit eine Art Überstruktur der GP I-Zonen dar. Sie werden auch als Θ''-Phase bezeichnet. GP I- und Θ''-Phase entstehen durch homogene Keimbildung (Bild 5.3.10).

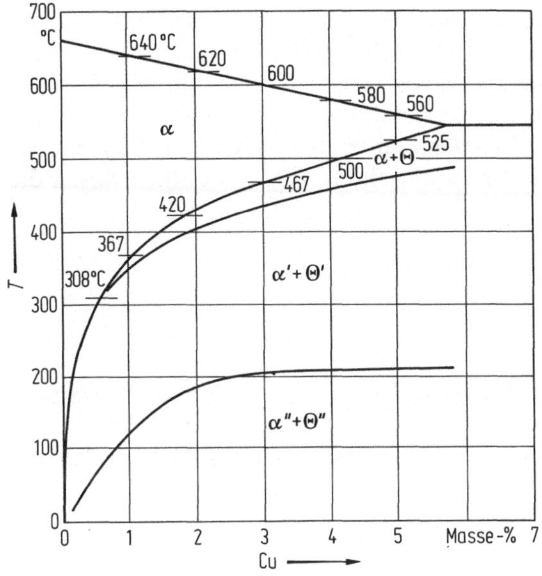

Bild 5.3.9. Löslichkeit von Kupfer in Aluminium in Gegenwart verschiedener z.T. metastabiler Phasen in Abhängigkeit von der Temperatur. (Nach Haasen)

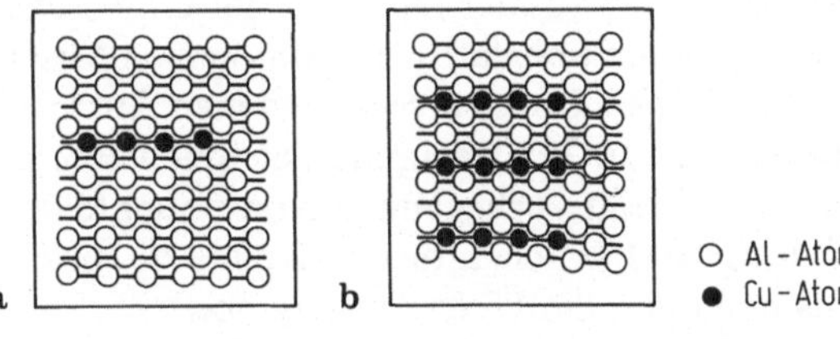

Bild 5.3.10. Entstehung von GP I (**a**) und GP II-Zonen (**b**) durch Bildung von Schichten aus Cu-Atomen in einer Al-Matrix

- Höhere Auslagertemperaturen und/oder längere Auslagerzeiten führen zu einem weiteren Auslagerungsstadium. In diesem weiteren Auslagerungsstadium bildet sich die teilweise kohärente Θ'-Phase. Diese kann durch den Übergang Θ'' zu Θ' oder durch heterogene Keimbildung an Gitterfehlern entstehen.
- Bei weiter erhöhten Auslagertemperaturen und/oder -zeiten wird die Θ'-Phase schließlich durch die stabile inkohärente tetragonale Gleichgewichtsphase Θ abgelöst. Die Θ-Phase hat die stöchiometrische Zusammensetzung Al_2Cu und entsteht durch heterogene Keimbildung an der Phasengrenze oder an Korngrenzen.

Sinngemäß werden auch in anderen aushärtenden Legierungen die verschiedenen Stadien der Entmischung bzw. Aushärtung gefunden und bezeichnet. Bei Nickelbasislegierungen z.B. wird durch Zugabe von Al und Ti mit der Aushärtungswärmebehandlung eine γ'-Phase in Form von $Ni_3(Al, Ti)$ zur Ausscheidung gebracht. Neben der Steigerung der Härte bringt die Entmischung bei dieser Legierung eine nachhaltige Steigerung der Warmfestigkeit mit sich (vgl. Band I, Bild 8.2.22). In diesem Fall ergibt sich eine vergleichsweise gute thermische Stabilität dadurch, daß die Energie der Grenzfläche Ausscheidung/Matrix klein ist, die treibenden Kräfte für eine Koagulation also gering bleiben.

Nicht immer bilden sich die verschiedenen Stadien der Ausscheidung in einer Sequenz, d. h. das Vorhandensein einer Entmischungsform ist nicht immer Voraussetzung für die Bildung der nächst stabileren. Ob die Ausscheidung in Sequenz abläuft oder nicht, ist u. a. eine Frage der Keimbildungsarbeit und des Verhältnisses der treibenden Kräfte für das Keimwachstum zu denjenigen für die Keimbildung. Entsprechend ist der Ablauf der Entmischung sehr wesentlich durch die jeweilige Legierung mitbestimmt.

5.3.3.2 Kinetik der Entmischung

Keimbildung

Der Ablauf des Zerfalls des übersättigten Mischkristalls wird wesentlich bestimmt durch:
- die Höhe der Gibbsschen freien Energie infolge des Zwangszustands des Mischkristalls,
- die Atombeweglichkeit (Diffusionskoeffizient),
- die Keimbildungsenergie,
- die Keimwachstumsenergie.

Die treibende Kraft zur Ausscheidung resultiert aus der Differenz der Gibbsschen freien Energie zwischen dem Zwangszustand im übersättigten homogenen Mischkristall und der Gibbsschen freien Energie, wie sie in den verschiedenen Ausscheidungszuständen gegeben ist. Das Bestreben zur Erniedrigung der freien Energie des Systems durch Ausscheidung der übersättigt vorliegenden Komponente muß ausreichen, um die Energie für Bildung und Wachstum der Keime zu liefern. Bildung und Wachstum eines Keims bedingen die Überwindung von
- Verzerrungsenergie durch die Unterschiede im Gitterparameter zwischen Matrix und Ausscheidung,
- Grenzflächenenergie zwischen der sich ausscheidenden Phase und der Matrix durch Bildung von Phasengrenzflächen.

Der zeitliche Ablauf der Ausscheidungen für die verschiedenen Ausscheidungsstufen ergibt sich aus der dafür aufzubringenden Energie.

Zur Bildung von Zonen bzw. kohärenten Θ''-Phasen ist keine Grenzflächenenergie erforderlich. Die Keimbildungswahrscheinlichkeit ist somit an allen Stellen in der Matrix annähernd gleich. Damit bilden sich GP I-Zonen und Θ''-Phasen in sehr gleichmäßiger Verteilung im Grundgitter durch homogene Keimbildung.

Die Ausscheidung teilkohärenter Θ'-Phasen erfordert es, daß das Ausscheidungsbestreben der zwangsgelösten Atome ausreicht, um die für die Ausscheidung erforderliche Grenzflächenenergie aufzubringen. Wegen der damit gegenüber der Ausscheidung kohärenter Phasen erhöhten Keimbildungsarbeit bei der Ausscheidung der metastabilen teilkohärenten Phasen ist für diese eine erhöhte Keimbildungswahrscheinlichkeit an Gitterbaufehlern gegeben. Es liegt somit bei der Ausscheidung der teilkohärenten Θ'-Phase eine heterogene Keimbildung vor, bevorzugt an Versetzungsknoten, Leerstellenagglomeraten, Klein- und Großwinkelkorngrenzen. Oft erfolgt die Keimbildung für die Ausscheidung der Θ'-Phase auch durch den unmittelbaren Übergang von der Θ''-Phase. Dieser Übergang ist bei Vorliegen enger struktureller Beziehungen zwischen beiden Phasen möglich und wahrscheinlich.

Die höchste Grenzflächenenergie muß dann aufgebracht werden, wenn sich die Ausscheidungen nahe dem stabilen Gleichgewichtszustand als inkohärente Θ-Phase bilden. Diese Ausscheidungsform ist aus energetischen Gründen an eine erhebliche Keimbildungswirkung gebunden, wie sie im Vergleich zur Keimbildung bei der Ausscheidung der Θ'-Phase nur an wenigen Stellen im Gefüge gegeben ist. Die Ausscheidung der Θ-Phase erfolgt entsprechend bevorzugt an Großwinkelkorngrenzen und an Phasengrenzen.

Ausscheidungswachstum

Entsprechend den verschiedenen Stadien der Ausscheidungen werden unterschiedliche Verteilungen im Gefüge und eine unterschiedliche Form der Ausbreitung der mit Ausscheidungen behafteten Bereiche beobachtet. Der Zerfall des Mischkristalls kann kontinuierlich oder diskontinuierlich erfolgen (Bild 5.3.11). Die nicht vollständig geklärten Ursachen für das Wachstum der mit Ausscheidungen behafteten Bereiche liegen offenbar mehr in unterschiedlicher Wachstumskinetik als in unterschiedlichen Keimbildungsmechanismen begründet. Bei dem kontinuierlichen Ablauf des Ausscheidungsvorgangs bilden sich um die mehr oder weniger gleichmäßig im Gefüge verteilten wachstumsfähigen Ausscheidungskeime Diffusionszonen. In diesen Diffusionshöfen verändert sich die Zusammensetzung des Mischkristalls stetig bis zur Zusammensetzung der sich jeweils ausscheidenden metastabilen Zwischenphase. Bei der diskontinuierlichen Ausbreitung der Ausscheidungsbereiche liegt eine Wachstumsfront vor, an der sich die Zusammensetzung des übersättigten Mischkristalls sprunghaft bis zur Gleichgewichtskonzentration verändert. Die diskontinuierliche Ausscheidung läuft damit durch eine Wanderung einer inkohärenten Phasengrenzfläche ab, ähnlich der Wanderung von Korngrenzen bei der Rekristallisation oder auch vergleichbar einer eutektoiden Umwandlung. An der Wachstumsfront zerfällt der übersättigte Mischkristall meist lamellenförmig in die beiden Gleichgewichtsphasen. Insoweit erinnert der Vorgang beispielsweise an das lamellenförmige Wachstum von Perlit beim eutektoiden Zerfall von Fe – C (Bild 5.3.12).

Aus dem Dargelegten ergibt sich, daß diskontinuierliche Ausscheidung bei der Bildung einer inkohärenten nahe der Gleichgewichtsphase liegenden Phase auf-

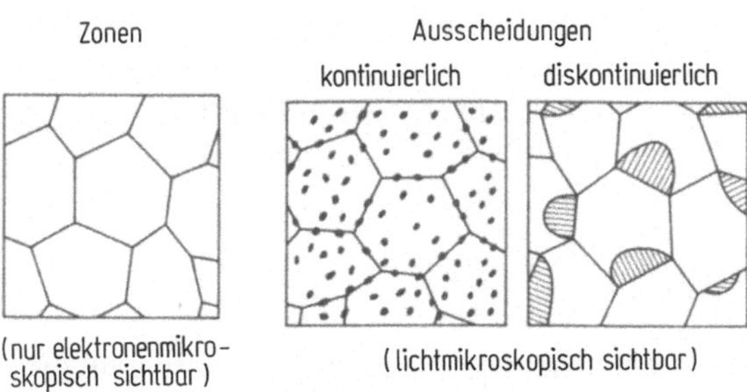

Bild 5.3.11. Kontinuierliche und diskontinuierliche Entmischung dargestellt an einem schematischen Gefügebild im Bereich lichtmikroskopischer Vergrößerung

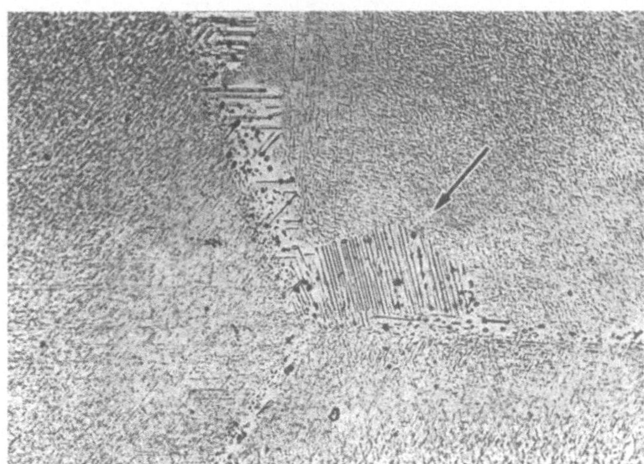

Bild 5.3.12. Diskontinuierliche Ausscheidung in der Legierung AlAg10. Von den Korngrenzen aus wachsen die Zellen der diskontinuierlichen Ausscheidung in die Körner, in denen bereits kontinuierliche Ausscheidungen vorliegen. Lichtoptisch 500fach. (Nach Borchers und Woitscheck)

tritt. Die Keimbildung, von der aus dieser Zerfall ausgeht, erfolgt dann an den Korngrenzen, von denen die diskontinuierliche Wachstumsfront in den Mischkristall hinein vordringt. Die Differenz der Gibbsschen freien Energie zwischen übersättigtem Mischkristall und der Gleichgewichtsphase ist dabei so groß, daß die Ausbreitung des zerfallenden Bereichs Präferenz bekommt vor einer Keimbildung, von der aus eine kontinuierliche Ausscheidung der metastabilen Zwischenphase in der Matrix ausgehen könnte.

Die Abhängigkeit der Form der Ausscheidungen und der Kinetik ihrer Ausbreitung von Temperatur und Zeit läßt sich unter bestimmten Maßgaben in einer von der bei der Auslagerung zugeführten Energie abhängigen Reihenfolge verstehen (Bild 5.3.13). Wird eine lösungsgeglühte und abgeschreckte aushärtbare Legierung ausgelagert, bilden sich wegen des geringen Energieunterschieds zuerst Ausscheidungen mit einer zum Matrixgitter kohärenten Struktur. Die kohärente Form ist jedoch in der Regel metastabil, so daß im Laufe der Auslagerung ein Übergang über die ebenfalls metastabile teilweise kohärente Zwischenform zur stabilen inkohärenten Ausscheidung erfolgt. Dieser Übergang setzt umso früher ein, je höher die Auslagerungstemperatur ist. Voraussetzung ist es, daß in den jeweiligen Legierungen die verschiedenen Entmischungsformen überhaupt entstehen können. Bei sehr unterschiedlichen Keimbildungsbedingungen kann sich auch bereits eine Gleichgewichtsphase an den Korngrenzen bilden und diskontinuierlich ausbreiten, bevor sich eine metastabile Zwischenphase in der Matrix ausscheiden kann.

Ausscheidungsgeschwindigkeit

Der zeitliche Ablauf der Ausscheidung entspricht grundsätzlich dem Ablauf diffusionsgesteuerter Umwandlungen, die über Keimbildung und Keimwachstum

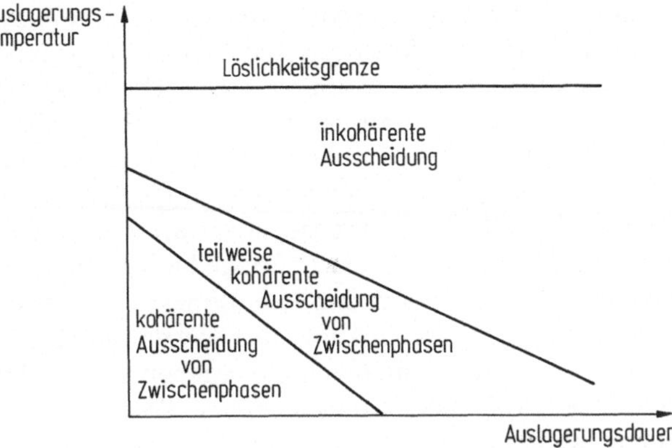

Bild 5.3.13. Schematische Zuordnung der verschiedenen Entmischungsstadien und -abläufe zur Auslagerungsdauer und -temperatur

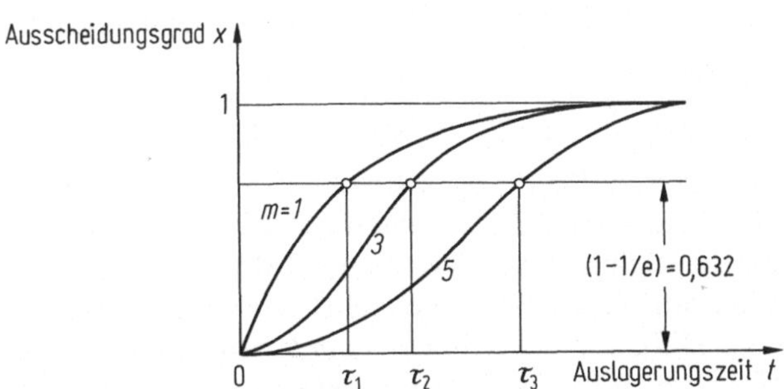

Bild 5.3.14. Verlauf des Ausscheidungsgrads in Abhängigkeit von der Zeit für verschiedene Exponenten m

ablaufen. Nach der Inkubationszeit folgt zunächst ein ungestörtes Wachstum, das sich dann verlangsamt, wenn die Einzugsbereiche der verschiedenen Teilchen sich überlappen und diese zu konkurrieren beginnen. Es resultiert aus diesem Wachstumsablauf die kennzeichnende S-Kurve (vgl. Bild 5.3.14). Der zeitliche Ablauf des Entmischungsgrads x läßt sich beschreiben mit

$$x = 1 - \exp[-(t/\tau)^m]. \tag{5.3.1}$$

Bei kontinuierlicher Ausscheidung ist der Entmischungsgrad x, dessen zeitlicher Ablauf mit (5.3.1) beschrieben wird, definiert als:

$$x = \frac{c_0 - c}{c_0 - c_E}. \tag{5.3.2}$$

Dabei geben c_0 und c_E die Ausgangs- bzw. die Endkonzentration des Mischkristalls an und c steht für die Konzentration des Mischkristalls bei dem jeweils erreichten Ausscheidungsstadium. In (5.3.1) ist τ eine Zeitkonstante, die ein Maß für die Geschwindigkeit der Ausscheidung ist. Zur Zeit $t = \tau$ gilt

$$x = 1 - e^{-1} = 0{,}632 \quad \text{(rd. 60\%)}. \tag{5.3.3}$$

Der Exponent m wird wesentlich von der Form der sich ausscheidenden Teilchen mitbestimmt. Diese Konstante ergibt sich daraus, daß durch die treibende Kraft des energetisch günstigeren Volumens des Teilchens gegenüber der instabilen

Umgebung ein Stoffstrom durch die Grenzfläche bewirkt werden muß, um den Ausscheidungsbereich zu vergrößern. Bei kugelförmigen Teilchen ist bei gegebenem Volumen die Berührungsfläche mit der Matrix am kleinsten. Die an Legierungselementen verarmte Diffusionszone wird somit bei Wachstum des Teilchens immer größer, so daß die Diffusionswege schnell zunehmen. Bei platten- und stäbchenförmigen Teilchen ist das Verhältnis Oberfläche:Volumen größer, so daß diese schneller wachsen können als kugelförmige. Insbesondere an den Spitzen von Nadeln und an den Rändern von Platten werden nur geringe Diffusionszonen aufgebaut, die eine Verarmung der sich ausscheidenden Komponente aufweisen. Solche Teilchen können naturgemäß in ihrer in Richtung der Spitze oder Kante liegenden Vorzugsrichtung schneller wachsen. Entsprechend ergeben sich in Abhängigkeit von der Morphologie der Teilchen unterschiedliche Werte für den Exponenten m. Bei kugelförmigen Teilchen ist dieser Wert $m = 3/2$, bei nadelförmigen Teilchen ist $m = 4/2$ und bei plattenförmigen ist m mit 5/2 anzunehmen.

Für verschiedene Exponenten m ergeben sich entsprechend unterschiedliche zeitliche Verläufe des Ausscheidungsgrads (Bild 5.3.13).

Es wird beobachtet, daß bei Beginn der Ausscheidungsreaktion mit einem größeren Diffusionskoeffizienten zu rechnen ist, als beim weiteren Ablauf des Vorgangs. Dies ist damit zu erklären, daß im abgeschreckten Mischkristall zunächst ein hoher Leerstellenüberschuß für die Volumendiffusion zur Verfügung steht. Im Verlaufe der Auslagerung vermindert sich dann die Zahl der Leerstellen im Bestreben, sich dem thermodynamischen Gleichgewicht anzunähern. Die damit verbundene Verringerung der Diffusionswege in der Zeiteinheit drückt sich in abnehmenden Diffusionskoeffizienten aus. Der Diffusionskoeffizient D ist eine Funktion der Geschwindigkeit v_L und der Konzentration c_L der Leerstellen

$$D \sim c_L v_L . \tag{5.3.4}$$

Wie bei der Betrachtung der Diffusionsvorgänge gezeigt werden konnte (Band I, Abschn. 8.1.2), sind c_L und v_L nach einer e-Funktion von der Temperatur T abhängig:

$$c_L \sim \exp\left(\frac{-E_B}{kT}\right), \tag{5.3.5}$$

$$v_L \sim \exp\left(\frac{-E_W}{kT}\right), \tag{5.3.6}$$

wobei k Boltzmann-Konstante, E_B Bildungsenergie der Leerstellen und E_W Wanderungsenergie der Leerstellen ist.

Für die ersten Minuten der Auslagerung liegt im abgeschreckten Mischkristall eine Leerstellenkonzentration vor, die weit höher ist, als sie der Auslagerungstemperatur T_A entspricht. Die Konzentration der Leerstellen entspricht etwa der Konzentration, wie sie bei Löseglühtemperatur T_L vorliegt. Somit gilt bei Beginn der Auslagerung ein Diffusionskoeffizient von

$$D \sim \exp\left(\frac{-E_B}{kT_L}\right) \exp\left(\frac{-E_W}{kT_A}\right). \tag{5.3.7}$$

Nach Ausheilung der überschüssigen Leerstellen stellt sich ein Diffusionskoeffizient ein mit

$$D \sim \exp\left(-\frac{E_B + E_W}{k\,T_A}\right). \tag{5.3.8}$$

Entsprechend diesem niedrigeren Diffusionskoeffizienten nach (5.3.8) läuft die Ausscheidung dann nach der ersten Anlaufphase mit verminderter Geschwindigkeit ab. In den Ausdrücken wird gleichzeitig deutlich, daß die Entmischungsvorgänge mit steigender Auslagertemperatur schneller ablaufen.

Wird eine Legierung vor der Auslagerung verformt, so erhöht dies nicht nur die Anzahl der Keimstellen, sondern auch die Anzahl der Diffusionswege durch die zunehmende Fehlstellendichte im Gitter. Dies bedeutet, daß eine Verformung zumindest im Anfangsstadium der Entmischung eine Beschleunigung der Vorgänge mit sich bringt, soweit nicht andere Einflüsse überlagert werden (vgl. Abschn. 5.3.4.2).

5.3.4 Festigkeitsänderungen durch Ausscheidungen

5.3.4.1 Mechanismus der Festigkeitssteigerung

Dem Wortinhalt gemäß ist es das fast ausschließliche Ziel einer Aushärtungsbehandlung, eine Erhöhung des Formänderungswiderstands zu erreichen. Diese Erhöhung der dafür maßgebenden Kenngrößen resultiert notwendigerweise aus Behinderungen der Beweglichkeit von Versetzungen.

Wird der aus der Löseglühtemperatur abgeschreckte Mischkristall betrachtet, der eine Zweitkomponente in übersättigter Zwangslösung enthält, so bewirkt bereits dieser Zwangszustand eine gewisse Festigkeitssteigerung gegenüber einem Mischkristall im thermodynamischen Gleichgewicht. Bei der Auslagerung, also der schrittweisen Entmischung, nimmt mit abnehmender Übersättigung auch der Zwangszustand des Mischkristalls ab und entsprechend verringert sich die Mischkristallhärte aufgrund der Mischkristallverarmung. Um eine Ausscheidungshärtung zu erzielen, muß dieser Festigkeitsverlust durch andere Mechanismen weit überkompensiert werden. Solche mit der Entmischung verbundene festigkeitssteigernde Wirkungen können sich durch Aufbau örtlicher Kohärenzspannungsfelder bei beginnender Ausscheidung ergeben. Bei weiter fortgeschrittenen Ausscheidungsstufen wird die Versetzungsbewegung durch die zunehmende Blockierung der Gleitebenen erzielt, wie sie sich durch die Grenzflächen ausgeschiedener Teilchen ergeben. Bei langen Auslagerungszeiten wird hingegen wieder ein Festigkeitsabfall beobachtet (Bild 5.3.15).

Entscheidend für das Festigkeitsverhalten von ausgehärteten Legierungen ist der jeweils auftretende Härtungsmechanismus. Je nach der Form und der Größe der Ausscheidungen können diese von den Versetzungen entweder geschnitten oder umgangen werden. In beiden Fällen sind im Vergleich zu einem ungestörten Gitterzusammenhang für die Bewegung einer Versetzungslinie, also zur Erzeugung eines Gleitschritts, zusätzliche Kräfte gegenüber dem Versetzungsablauf in einer ungestörten Gleitebene aufzubringen. Für die Deutung dieser Erhöhung des

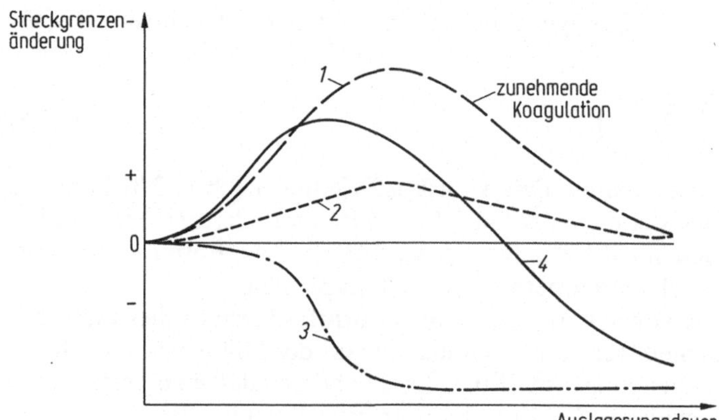

Bild 5.3.15. Einfluß von *1* Ausscheidungen, *2* Kohärenzspannungen und *3* Mischkristallverarmung auf die Streckgrenze *4* während der Auslagerung

Formänderungswiderstands durch Entmischung werden entsprechend zwei unterschiedliche Theorien herangezogen.

Nach der Theorie von Kelly und Fine durchschneiden die Versetzungen das Hindernis. Dabei ist gegenüber dem Ablauf der Versetzung in einer ungestörten Gleitebene zusätzlich Energie aufzubringen zur Bildung neuer Grenzflächen, zur Änderung der Atomanordnung und zur Überwindung von Spannungsfeldern. Diese Deutung der Erhöhung des Formänderungswiderstands durch Entmischung kann vorzugsweise bei kohärenten Ausscheidungen angewandt werden (Bild 5.3.16). Für die sich daraus ergebende Erhöhung ist vor allem der Teilchendurchmesser d maßgebend nach der Beziehung

$$\Delta\sigma \sim \sqrt{d}\,.$$

Nach der Theorie von Orowan umgehen die Versetzungen die für sie undurchdringlichen Ausscheidungspartikel. Die dabei aufzubringende Energie entspricht der erforderlichen Verlängerung der Versetzungslinie beim Umgehen des Teilchens und bei der Erzeugung eines Versetzungsrings (Bild 5.3.17). Für die sich daraus ergebende Erhöhung der Streckgrenze R_p ist der Abstand der Teilchen maßgebend nach der Beziehung

$$R_p = R_0 + \alpha \frac{Gb}{D - d}\,. \tag{5.3.9}$$

R_0 und α sind Konstanten, wobei R_0 von der „Reibung" in der ungestörten Gleitebene abhängt und α von der Teilchenhärte. D ist der mittlere Abstand der Teilchen, d bedeutet den Teilchendurchmesser. G steht für den Schubmodul und b für den Burgers-Vektor.

Wird der Durchmesser der Teilchen d im Vergleich zu ihrem Abstand D vernachlässigt, so vereinfacht sich (5.3.9)

$$R_p = R_0 + \alpha \frac{Gb}{D}\,. \tag{5.3.10}$$

Bild 5.3.16. Verfestigungsmechanismus nach Kelly und Fine durch das Schneiden von Teilchen durch Versetzungen

Bild 5.3.17. Verfestigung nach dem Umgehungsmechanismus von Orowan

Die Theorie von Orowan kann hauptsächlich bei inkohärenten und teilkohärenten Ausscheidungen angewandt werden.

Es zeigt sich, daß die Härte bzw. der Formänderungswiderstand des Werkstoffs nicht nur von der Art der Ausscheidungen, sondern sehr wesentlich auch von ihrer Größe, Verteilung bzw. Dichte abhängt. Der Einfluß von Form und Verteilung der Ausscheidungen nimmt dabei nicht nur Einfluß auf den Formänderungswiderstand bei Raumtemperatur, sondern kann bei geeigneten Legierungen (z. B. Nickelbasislegierung) zu einer bedeutsamen Erhöhung der Warmfestigkeit bzw. des Widerstands gegen Kriechen führen (vgl. Band I, Abschn. 8.2.3.3).

Im Hinblick auf die Temperaturabhängigkeit der Streckgrenze zeigt sich, daß bei kohärenten Ausscheidungen ein stärkerer Streckgrenzenabfall als bei inkohärenten Ausscheidungen zu erwarten ist. Dies ist erklärbar mit dem vergleichsweise starken Abfall der Kohärenzspannungen mit der Temperatur. Zur Gewährleistung der Warmfestigkeit ist jedoch zusätzlich eine ausreichende Stabilität der inkohärenten Ausscheidungen gegen Überalterung, also gegen eine Koagulation zu fordern. Dies ist dann gegeben, wenn es sich bei den Ausscheidungen um eine möglichst stabile Phase nahe der Gleichgewichtsphase handelt.

5.3.4.2 Zeit-Temperaturverlauf der Festigkeitsänderungen

Aus dem Verständnis der Verfestigungsmechanismen durch die Entmischung des übersättigten Mischkristalls leitet sich sinngemäß die Veränderung von Härte, Streckgrenze und Festigkeit im Verlauf der Auslagerung ab. Die Vorgänge lassen sich anschaulich mit den Härteisothermen darstellen, d. h. durch den Verlauf der Härte in Abhängigkeit von der Auslagerzeit bei verschiedenen jeweils konstant gehaltenen Lagertemperaturen. Der Verlauf dieser Härteisothermen ist dabei eine Summenkurve aus den verschiedenen Einflüssen auf die Härte bzw. Festigkeit (vgl. Bild 5.3.15).

- Insbesondere durch kohärente und teilkohärente Ausscheidungen bauen sich Spannungen auf, die bei längeren Lagerzeiten infolge der Abnahme der Kohärenz wieder zurückgehen.

- Vorzugsweise durch inkohärente Ausscheidungen werden im Gefüge zusätzliche Grenzflächen gebildet, die jedoch bei längeren Lagerzeiten durch Koagulation der Teilchen wieder abnehmen.
- Die Abnahme der Übersättigung des Mischkristalls führt mit zunehmender Auslagerzeit zu einer Abnahme der Mischkristallhärtung.

Die Geschwindigkeit, mit der die dargestellten diffusionsgesteuerten Vorgänge ablaufen, ist wesentlich durch die Temperatur bestimmt. Technisch aushärtbare Legierungen zeigen bei unterschiedlichen Temperaturen entsprechend verschiedene Härteverläufe über der Zeit (Bild 5.3.18). Wird angenommen, daß die Temperaturen von T_1 bis T_4 steigen, so läßt sich bei der niedersten Temperatur ein Ansteigen bis zu einem Endwert feststellen, ohne daß ein Abfall beobachtet wird. Bei Temperaturerhöhung läuft der Festigkeitsanstieg schneller ab und kann zu noch höheren Festigkeiten führen, deren Anstieg über der Auslagerzeit bei langen Zeiten abflacht. Bei sehr langen Zeiten kann sich auch bereits ein Rückgang der Festigkeit ergeben.

Bei der Temperatur T_1 ist der Festigkeitsanstieg auf die Spannungsfelder kohärenter Ausscheidungen zurückzuführen. Bei T_2 können neben kohärenten auch schon teilkohärente Ausscheidungen auftreten.

Sehr viel kürzere Zeiten bis zum Erreichen maximaler Härte ergibt die Temperatur T_3. Die Überschreitung des Härtemaximums ist vielfach verursacht durch eine Abnahme der Dichte von teilkohärenten Ausscheidungen und durch koagulierende inkohärente Teilchen. Bei einer noch höheren Temperatur T_4 wird das Maximum der Härte von T_3 nicht mehr erreicht. Es bilden sich hier sehr frühzeitig inkohärente Ausscheidungen, deren Dichte durch Koagulation schnell abnimmt. Bei sehr hohen Temperaturen, die noch im heterogenen Bereich, jedoch nahe der Grenzlinie zum homogenen Mischkristall liegen, beginnt sich der Mischkristall entsprechend nahe der Gleichgewichtsphase zu entmischen, so daß kaum noch Festigkeitszunahmen zu beobachten sind.

Bei hohen Auslagertemperaturen und/oder sehr langen Auslagerzeiten nähert sich das Gefüge durch sog. Überalterung der Gleichgewichtsphase an. Die Festigkeit des heterogenen Gefüges liegt dann unter der des übersättigten Mischkristalls (vgl. Bild 5.3.15).

In Abhängigkeit von der Teilchengröße, der Teilchenform und dem Härtungsmechanismus läßt sich der Härteverlauf bei einer Auslagerungstemperatur wie

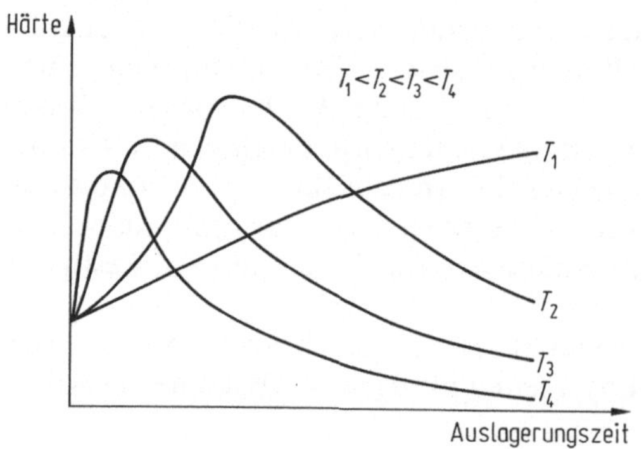

Bild 5.3.18. Verlauf der Härte in Abhängigkeit von der Auslagerungszeit bei verschiedenen Temperaturen (Härteisothermen)

folgt erklären: Zu Beginn der Auslagerung scheidet sich aus dem abgeschreckten, übersättigten Mischkristall die kohärente, metastabile Phase in Form kleiner Teilchen aus. Mit zunehmender Auslagerungszeit beginnen die Teilchen zu wachsen. Dies erfolgt durch die Umlagerung von Atomen, wobei sich die größeren Teilchen auf Kosten der kleineren vergrößern und letztere sich allmählich auflösen. Der mittlere Teilchendurchmesser und -abstand nehmen dabei zu. Damit verbunden ist eine zunehmende Behinderung der Versetzungen, die in diesem Bereich die Teilchen durch Schneiden überwinden, und entsprechend ein Anstieg der Härte. Bei Erreichen des Härtemaximums ist der Übergang in die teilkohärente, metastabile Zwischenphase bereits abgeschlossen und neben dem Schneidprozeß findet auch der Orowanprozeß statt. Rechts vom Maximum liegt dann die inkohärente, stabile Phase vor. Mit zunehmendem mittlerem Teilchenabstand können die Versetzungen die Teilchen immer leichter umgehen und es kommt zu einem starken Härteabfall, der Überalterung.

Bei vielen Leichtmetallegierungen und einigen Schwermetallegierungen liegen die Auslagertemperaturen, die den Härteisothermen nach Bild 5.3.15 zuzuordnen sind, etwa zwischen Raumtemperatur und 300 °C. Der Einfluß der Auslagerzeit auf die Form der Ausscheidungen und auf die sich daraus ergebenden Härten läßt sich durch die Aufnahme der Härteisothermen einer AlCu-Legierung mit verschiedenen Cu-Gehalten und bei einer Lagertemperatur von 130 °C darstellen (Bild 5.3.19a). Wird bei den gleichen Legierungen die Auslagertemperatur auf 190 °C erhöht, so drückt sich der geänderte Ablauf der Ausscheidungsmechanismen deutlich in den Härteisothermen aus, d.h. das Härtemaximum verschiebt sich zu kürzeren Auslagerungszeiten (Bild 5.3.19b).

Insbesondere bei Leichtmetallegierungen wird oft zwischen Kalt- und Warmaushärtung unterschieden. Dabei werden unter Kaltaushärtung Temperaturbereiche verstanden, bei denen sich nur kohärente Ausscheidungen bilden. Die Warmaushärtung wird der Bildung teilkohärenter und inkohärenter Ausscheidungen zugeordnet. Um im betrieblichen Einsatz eine ausreichende Stabilität der durch den Ausscheidungszustand erzielten Festigkeitswerte zu gewährleisten, gilt insbesondere für Al-Legierungen, daß die Auslagertemperatur etwa 100 °C höher liegen sollte als die später zu erwartenden Betriebstemperaturen.

Für den Fall, daß sich durch Auslagerung nur kohärente Ausscheidungen gebildet haben, wird bei einigen Legierungen als Besonderheit die sog. Rückbildung beobachtet. Durch kurzzeitige Temperaturerhöhung, die jedoch den Heterogenitätsbereich nicht überschreitet, werden Entmischungszonen wieder aufgelöst. Wird ein solcher Werkstoff mit den durch Rückbildung aufgelösten Entmischungszonen bei der ursprünglich niedrigeren Temperatur weiter ausgelagert, so findet eine erneute aber verlangsamte Festigkeitssteigerung durch Aushärtung statt (Bild 5.3.20). Diese Erscheinung kann bei thermischem Fügen von Legierungen, die durch kohärente Ausscheidungen ausgehärtet sind, bedeutsam sein.

Einfluß der Konzentration

Mit steigender Konzentration der Legierungsbestandteile nimmt der Übersättigungsgrad des aus der Löseglühtemperatur abgeschreckten Mischkristalls zu. Mit zunehmender Übersättigung werden die verschiedenen Aushärtungsstadien nach

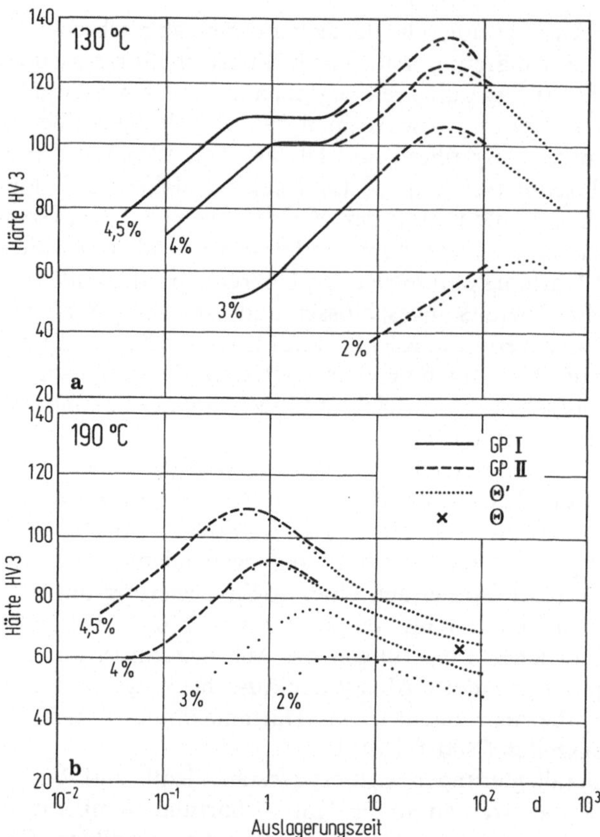

Bild 5.3.19. Verlauf der Aushärtung in Abhängigkeit von der Zeit bei AlCu-Legierungen mit verschiedenen Cu-Gehalten. **a** Auslagertemperatur 130 °C; **b** Auslagertemperatur 190 °C

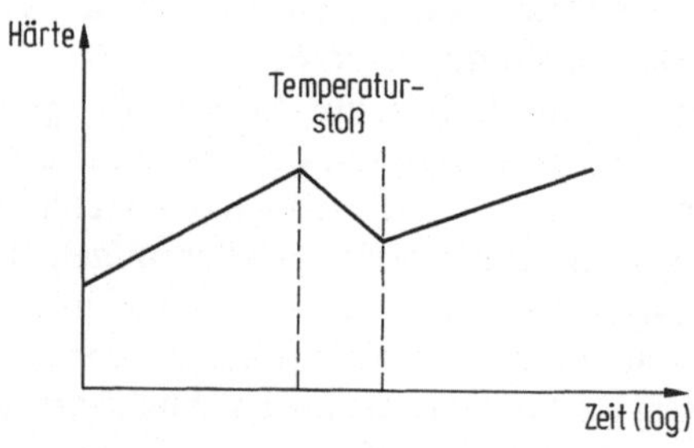

Bild 5.3.20. Rückbildung kohärenter Ausscheidungen durch Temperaturstoß und erneute Härtung

kürzeren Zeiten verschoben. Dabei wirkt sich die Übersättigung auf die Zeit, die für das Erreichen der verschiedenen Aushärtungsstadien benötigt wird, unterschiedlich aus. Deutlich wird dies beim Aushärtungsverhalten von AlCu-Legierungen verschiedener Zusammensetzung (Bild 5.3.19). Art und Größe der den Härteisothermen zuzuordnenden Ausscheidungsformen sind dem Verlauf der Härtewerte zugeordnet.

Einfluß der Löseglühtemperatur

Die Höhe der Temperatur im Bereich des homogenen Mischkristalls, aus der abgeschreckt wird, läßt insofern einen Einfluß erwarten, als mit zunehmender Temperatur die Zahl der „eingeschreckten" Leerstellen zunimmt. Diese würde bei Beginn der Auslagerung eine Beschleunigung der Vorgänge erwarten lassen (vgl. Abschn. 5.3.3.2). Tatsächlich stellt sich diese erwartete Wirkung nicht immer ein. Oft wird sogar eine Verlangsamung der Vorgänge zu Beginn der Auslagerung beobachtet, wenn von höheren Löseglühtemperaturen abgeschreckt wird. Dies wird damit in Zusammenhang gebracht, daß bei zunehmender Abschreckwirkung auch die Zahl anderer Fehlstellen, wie Leerstellenagglomerate und Versetzungsringe zunimmt. Diese aber wirken als Leerstellensenken und können die Lebensdauer der diffusionsfördernden Leerstellen vermindern.

Einfluß der Vorverformung

Eine zwischen Abschrecken und Auslagern eingeschaltete Kaltverformung erzeugt zusätzlich Leerstellen, Versetzungen und bei höheren Verformungsgraden auch Zwischengitteratome.

Neben einer Verkürzung der Lebensdauer eingeschreckter Leerstellen durch die durch die Verformung zusätzlich eingebrachten Leerstellensenken werden auch verformungsbedingt neue Leerstellen geschaffen. Der Einfluß der Kaltverformung auf den Diffusionskoeffizienten ist daher nicht ganz einheitlich und teilweise recht komplex. Vorzugsweise wirkt die Kaltverformung beschleunigend auf die Bildung teilkohärenter Ausscheidungen, weil für diese durch Erhöhung der Versetzungsdichte eine erhöhte Keimbildungswahrscheinlichkeit geschaffen wird. Es können somit nach Kaltverformungen teilkohärente Ausscheidungen bei Temperaturen auftreten, die sonst nur zur Bildung von GP I-Zonen und kohärenten Θ''-Phasen führen (unterdrückte Zonenbildung).

Bei höheren Lagertemperaturen kann gegenüber dem kaltverfestigten Ausgangszustand der Ausscheidungshärtung eine Entfestigung durch Erholung und Rekristallisation überlagert sein.

5.3.5 Elektrische Leitfähigkeit

Der Verlauf der elektrischen Leitfähigkeit bzw. des elektrischen Widerstands während der Auslagerung des übersättigten Mischkristalls unterscheidet sich signifikant vom Verlauf der Härteisothermen. Bei den Leitfähigkeitswerten ist durch die Entmischung im wesentlichen eine stetige Verbesserung der Leitfähigkeit vom abgeschreckten bis zum ausscheidungsgehärteten und schließlich überalterten Zustand zu beobachten. Der übersättigte Mischkristall weist eine erhebliche Störung der Leitfähigkeitsbänder auf und hat damit eine deutlich geringere Leitfähigkeit als der heterogene Zustand. Mit der Entmischung nimmt der elektrische Widerstand ab, wobei die Abnahme bei der Bildung teilkohärenter oder inkohärenter Phasen eine starke Beschleunigung erfährt (Bild 5.3.21).

Bei Präzisionsmessungen kann zuweilen beim ersten Beginn der Zonenbildung, also der örtlichen Anreicherung der zwangsgelösten Komponente ein sehr

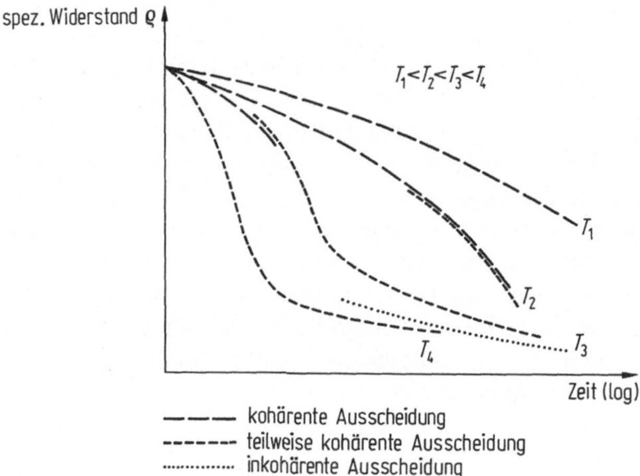

Bild 5.3.21. Verlauf des elektrischen Widerstands in Abhängigkeit von der Zeit für verschiedene Temperaturen (Widerstandsisothermen)

kurzzeitiges Maximum des elektrischen Widerstands über der Auslagerzeit festgestellt werden.

Als sehr empfindliche Messungen, die kontinuierlich auch während einer Wärmebehandlung durchführbar sind, eignen sich die elektrischen Widerstandsmessungen sehr gut, um den Ablauf der Ausscheidungshärtung zu verfolgen. Auch andere Vorgänge, die in Abhängigkeit von Temperatur und Zeit Änderungen von Struktur und Gefüge bedingen, können durch die Messung des elektrischen Widerstands gut verfolgt werden. Damit sind diese Messungen ein wichtiges metallkundliches Untersuchungsverfahren.

5.3.6 Korrosionsbeständigkeit

Der heterogene Zustand weist gegenüber dem homogenen Zustand eine deutlich verminderte Korrosionsbeständigkeit auf. Dies resultiert daraus, daß verschiedene Gefügebestandteile gegenüber einer Normalwasserstoffelektrode unterschiedliches Elektropotential aufweisen (vgl. Abschn. 6.1). Durch solche Unterschiede im Potential bilden sich Mikrolokalelemente, die zum Korrosionsangriff, insbesondere bei elektrolytischer Korrosion führen.

Im technischen Einsatz, besonders bei Leichtmetallegierungen, müssen aus diesem Grund Korrosionsschutzmaßnahmen getroffen werden, um den korrosiven Angriff auf heterogene, wie z. B. ausgehärtete Gefüge zu vermeiden. Die Korrosionsschutzmaßnahmen bestehen in Oberflächenbehandlungen, die mit dem Werkstoff abgestimmt sind. Bei Aluminiumlegierungen wird allgemein die Bildung von Eigendeckschichten mit Hilfe des Eloxalverfahrens angewendet. Auch Plattieren, z. B. mit Reinaluminium, bietet wirksamen und technisch verwirklichten Korrosionsschutz.

5.4 Dispersionshärtung

Als Dispersion in einem Festkörper gelten feinverteilte Fremdphasen in einer Matrix. Der Mechanismus der Festigkeitssteigerung bei der Dispersionshärtung ist ähnlich zu verstehen wie die Wirkung inkohärent ausgeschiedener Phasen. Die inkohärenten harten Partikel eines dispergierten Feststoffs behindern Gleitvorgänge in der Matrix nach dem Orowan-Mechanismus.

Bei der Dispersionshärtung sollen die harten festigkeitssteigernden Partikel in der Matrix nicht oder fast nicht löslich sein. Die Dispersion kann z. B. in der Schmelze, mit pulvermetallurgischen Verfahren oder durch innere Oxidation erfolgen. Durch ein solches Dispergieren wird meist keine gleichartige Feinverteilung erzielt, wie sie bei Ausscheidungsvorgängen zu erreichen ist. Damit ist auch die festigkeitssteigernde Wirkung bei Raumtemperatur geringer als bei der feinverteilten inkohärenten Ausscheidung.

Der Vorteil der dispersionsgehärteten Werkstoffe liegt in ihrer thermischen Stabilität durch die Unlöslichkeit der dispergierten Phase in der Matrix. Damit ist bei dispersionsgehärteten Werkstoffen der Abfall der Festigkeit über der Temperatur weitaus geringer als bei ausscheidungsverfestigten Metallen. Die dispergierten Partikel koagulieren nicht in der Weise wie das bei dem diffusionsgesteuerten Wachstum von inkohärent ausgeschiedenen Phasen der Fall ist. Eine Überalterung (Ostwald-Reifung) tritt entsprechend nicht oder zumindest nicht in dem Maße wie bei ausscheidungsgehärteten Legierungen ein (Bild 5.4.1).

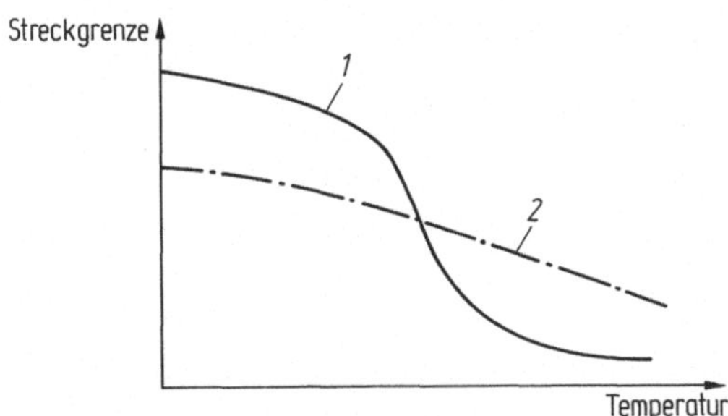

Bild 5.4.1. Temperaturabhängigkeit der Streckgrenze bei *1* ausscheidungs- und *2* dispersionsgehärteten Werkstoffen

Anwendung findet die Dispersionshärtung z. B. bei Aluminium. Dabei wird im Sinterprozeß oxidisches Aluminiumpulver Al_2O_3 unter Zugabe anderer Oxide verpreßt. Auch Werkstoffe auf der Basis Ni oder NiCr werden durch feinverteilte Oxide wie ThO_2 oder Y_2O_3 dispersionsgehärtet.

6 Korrosion

Die Ausgangsstoffe der technischen Gebrauchsmetalle kommen in der Erdrinde nahezu ausschließlich als Oxide, z.T. auch als andere, manchmal komplexe, Verbindungen vor. Um diese Rohstoffe in den metallischen Zustand zu bringen, ist Energie aufzuwenden. Der Aufwand zur Erzeugung der Metalle ist abhängig von ihrer Oxidationsneigung, die in Beziehung steht zu der Stellung der Metalle in der elektrochemischen Spannungsreihe (vgl. Band I, Bild 2.1). Zur Herstellung 1 t verschiedener Konstruktionswerkstoffe wird der Heizwert einer Ölmenge benötigt, die ein Mehrfaches der erzeugten Werkstoffmenge beträgt (Tabelle/Bild 6.1).

Werkstoff	Erforderliche Energie in GJ/t	Äquivalente Ölmenge in t
unlegierter Stahl	58	1,5
korrosionsbeständiger Stahl	115	2,8
Messing	97	2,5
Aluminium	290	7,5
Magnesium	415	10,7
Titan	560	14,5

Bild 6.1. Zur Herstellung 1 t verschiedener Gebrauchsmetalle erforderliche Energiemengen

Entsprechend dem Energieaufwand zur Herstellung des metallischen Zustands befindet sich dieser auf einem höheren Energieniveau als der oxidische. Der metallische Zustand hat somit eine dem Energieaufwand bei seiner Herstellung entsprechende Neigung unter Erniedrigung der Gibbsschen freien Energie um ΔG wieder in eine thermodynamisch stabilere Verbindung überzugehen. Dieses Bestreben der Metalle ist die treibende Kraft zum Ablauf der Korrosionsprozesse. Der Begriff der Korrosion wird nach DIN 50900 definiert als Reaktion eines metallischen Werkstoffs mit seiner Umgebung, die eine meßbare Veränderung des Werkstoffs bewirkt und zu einer Beeinträchtigung der Funktion eines metallischen Bauteils oder eines ganzen Systems führen kann.

Die Tatsache, daß Korrosion als eine Reaktion an der Phasengrenzfläche Metall/umgebendes Medium stattfindet, läßt es verstehen, daß der Grad der Beeinträchtigung eines Bauteils nicht parallel läuft mit der ursprünglich zur Erzeugung des metallischen Zustands aufgebrachten Energie. Unter einer solchen Maßgabe müßte unlegierter Stahl unter den Konstruktionswerkstoffen nach Bild 6.1 am beständigsten sein. Daß dies jedoch nicht mit der Wirklichkeit übereinstimmt, zeigt die große Bedeutung der beim Korrosionsprozeß entstehenden

Reaktionsprodukte. Bei Korrosion in sauerstoffhaltigen wäßrigen Medien werden z. B. auf korrosionsbeständigen Stählen und auf Leichtmetallen schützende Deckschichten gebildet, die die Kinetik der Metallauflösung im Medium hemmen.

Die Reaktionen des Werkstoffs, die zu dessen Veränderung unter Erniedrigung der Gibbsschen freien Energie führen, können elektrochemischer oder auch rein chemischer Natur sein. Die bei den Prozessen freiwerdende Energie ist somit einer elektromotorischen Kraft und/oder einer freigesetzten Wärmemenge äquivalent. Überwiegend laufen Korrosionsprozesse insbesondere bei niedrigen Temperaturen und bei Anwesenheit von Feuchtigkeit als elektrochemische Prozesse ab. Die Reaktionen finden an der Phasengrenzfläche flüssig/fest statt. Im Bereich hoher Temperaturen läuft der primäre Werkstoffangriff an der Phasengrenzfläche gasförmig/fest unter unmittelbarer chemischer Umsetzung ab.

Zur Einleitung und Aufrechterhaltung der Korrosionsprozesse müssen das angreifende Medium an die Werkstoffoberfläche herangeführt und Korrosionsprodukte gegebenenfalls abtransportiert werden. Es gehen somit Stoff- und Elektronentransportvorgänge vor sich nach den Mechanismen des Ionentransports, der Diffusion und der metallischen Leitung.

6.1 Elektrochemische Korrosion

Die elektrochemische Korrosion setzt ein wäßriges Medium und einen Potentialunterschied zwischen dem Metall und dem Medium voraus. Das auf diese Weise in makroskopischer oder mikroskopischer Dimension gebildete galvanische Element hat einen, zwischen der unedleren Elektrode (Anode) und der edleren Elektrode (Kathode) fließenden, Strom zur Folge, der dem Masseverlust äquivalent ist. Der über das Faradaysche Gesetz mit dem Strom verknüpfte Masseverlust führt bei gleichmäßiger Flächenkorrosion zu einer definierten Korrosionsrate. Einer Korrosionsstromdichte von 1 mA/cm^2 entspricht z. B. bei Eisen eine Abtragung von etwa 12 mm/a.

6.1.1 Grundlagen

6.1.1.1 Auflösung von Metallen

Wasser bzw. wäßrige Lösungen von Salzen spielen beim Ablauf elektrochemischer Vorgänge eine bedeutsame Rolle. Durch seine polaren Eigenschaften bildet Wasser bei der Auflösung von Salzen Ionen aus und hält diese in Lösung, so daß es zum Leiter zweiter Klasse, also zum Ionenleiter (Elektrolyten) wird. Wird z. B. $ZnSO_4$ in Wasser gelöst, so ist dieses in Form von Zn^{2+}- und SO_4^{2-}-Ionen in der Lösung enthalten. Wird ein reines Metall, z. B. Zn in die wäßrige Lösung getaucht, so kann nur das Zn^{2+}-Ion in Lösung gehen. Die korrespondierenden freien Elektronen bleiben im Metallgitter zurück. Die zur Abtrennung aus dem Gitter benötigte Energie stammt im wesentlichen aus dem Energiegewinn bei der Lösung des Metallions im Elektrolyten.

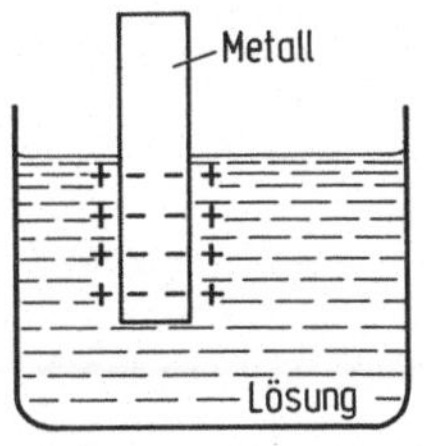

Bild 6.1.1

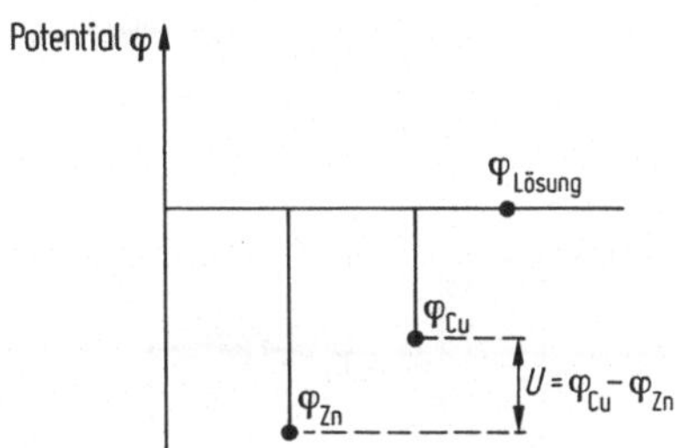

Bild 6.1.2

Bild 6.1.1. Elektrische Doppelschicht an der Grenzfläche Metall/Elektrolyt

Bild 6.1.2. Potential (-differenz) von Kupfer und Zink gegenüber dem Elektrolyten bzw. der Normalwasserstoffelektrode. U ist die gemessene Spannung zwischen einer Kupfer- und einer Zinkelektrode

Durch die Trennung der gelösten Metallionen von den im Gitter zurückbleibenden freien Elektronen bildet sich eine Doppelschicht (Bild 6.1.1), die den Lösungsvorgang schließlich zum Stillstand bringt, wenn an der Phasengrenze Metall/Elektrolyt das elektrische Feld so stark geworden ist, daß die Energiedifferenz zwischen Hydratationsenergie und Gitterenergie nicht mehr ausreicht, um die Metallionen das Feld in der Doppelschicht durchqueren zu lassen.

6.1.1.2 Elektrochemische Spannungsreihe

Die Spannung, die sich zwischen dem Elektrolyten und dem Metall einstellt, ist kennzeichnend für bestimmte Kombinationen Metall/Elektrolyt (Bild 6.1.2). Die sich einstellende Spannung bzw. Potentialdifferenz zwischen dem Elektrolyten und dem Metall ist einer unmittelbaren Messung nicht zugänglich. Um die Metalle nach ihrem Auflösungsbestreben ordnen zu können, muß ein willkürlicher Bezugspunkt angegeben werden, mit dessen Hilfe es möglich ist, Potentialdifferenzen anzugeben. Definitionsgemäß wird die Potentialdifferenz einer platinierten Platinelektrode gegen eine wäßrige Lösung mit der Wasserstoffionenaktivität von 1 und einem Wasserstoffdruck von 0,1 MPa gleich Null gesetzt. Diese Elektrodenanordnung wird als Normal- oder Standardwasserstoffelektrode bezeichnet. Die Potentialdifferenzen der Metalle gegenüber einer einmolaren Elektrolytenlösung, die jeweils das gleiche Metallion enthält, werden in Bezug zur Normalwasserstoffelektrode angegeben. Entsprechend ist eine Spannung zwischen den verschiedenen Metallen meßbar, die aus den jeweiligen Differenzen ihres Potentialunterschieds zu der Normalwasserstoffelektrode resultiert.

6.1.1.3 Galvanisches Element

Wird zwischen zwei Elektroden mit unterschiedlicher Lösungstension, die von Elektrolyt umgeben sind, eine metallisch leitende Verbindung hergestellt, so beginnt ein Strom zu fließen (Bild 6.1.3).

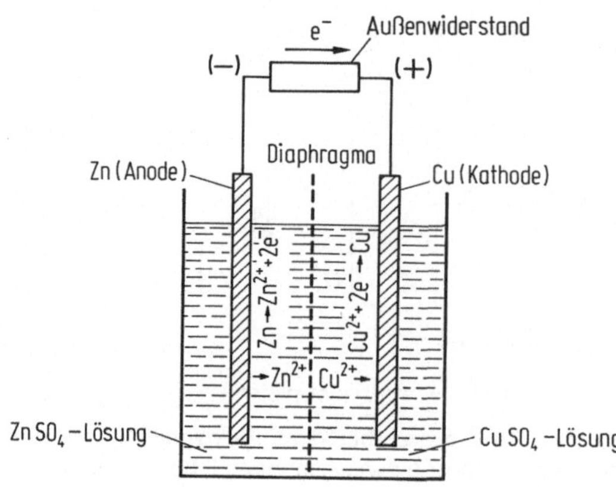

Bild 6.1.3. Galvanisches Element mit Zink- und Kupferelektrode (Daniell-Element)

Die Spannung zwischen den Elektroden des auf diese Weise gebildeten galvanischen Elements wird durch den Stromfluß gegenüber dem stromlosen Element herabgesetzt. Ein wesentlicher Teil des Spannungsabfalls zwischen den Elektroden liegt im Elektrolyten. Es entsteht dadurch ein elektrisches Feld, das eine Wanderung der Metallionen von der Anode (höhere Lösungstension) zur Kathode (niedrigere Lösungstension) bewirkt. Hinsichtlich der Bezeichnung muß bei Korrosionsbetrachtungen grundsätzlich zwischen dem äußeren und inneren Stromkreis des galvanischen Elements unterschieden werden. Wird das Verhalten im äußeren Stromkreis beschrieben, so ist die positive Elektrode (Cu-Stab) die Anode und die negative Elektrode (Zn-Stab) die Kathode. Im Gegensatz dazu ist bei Korrosionsuntersuchungen der innere Stromkreis des galvanischen Elements für das Verhalten der Elektrodenwerkstoffe bestimmend. In diesem Fall wird die Elektrode, an der ein Gleichstrom in die ionenleitende Phase austritt, als Anode (z. B. Zn) und die Elektrode, an der ein Gleichstrom aus der ionenleitenden Phase eintritt, als Kathode (z. B. Cu) bezeichnet.

Umfassende Erläuterungen zu Begriffen und Definitionen der Korrosionskunde sind in der DIN 50900 zu finden.

Ein galvanisches Element stellt einen Stromkreis dar, bei dem der Ladungstransport durch Ionenwanderung im Elektrolyten dem Ladungstransport durch die Leitungselektronen in der metallischen Verbindung zwischen den Elektroden entspricht.

Der Strom des galvanischen Elements hängt von der Elektrodenspannung und von der Beweglichkeit der Ionen im Elektrolyten ab. Alle Einflußgrößen auf diese beiden Parameter bestimmen den maximal nutzbaren Strom (Grenzstrom) des galvanischen Elements. Der bei diesem Vorgang eintretende Materialverlust an der elektronegativen Elektrode – der Anode – ist ein elektrochemischer Korrosionsvorgang. Die Differenz zwischen der Gibbsschen freien Energie ΔG an der Anode (höheres G) und an der Kathode (niedrigeres G) ist die treibende Kraft der Metallauflösung. Die bei der Metallauflösung in der Anode zurückbleibenden freien Leitungselektronen fließen zur Kathode. Unter Stromfluß kommt die Metallauflösung nicht mehr zum Stillstand, da sich eine Doppelschicht an der Anode nicht mehr aufbauen kann (vgl. Bild 6.1.1).

Um den Stromfluß in der metallisch leitenden Verbindung zwischen der Anode und der Kathode aufrecht zu erhalten, müssen die durch die Reaktionen entstehenden Ladungen verbraucht werden. Die Metallionen bzw. Elektronen entstehen an der Anode nach der Gleichung

$$Me \rightarrow Me^{z+} + z\,e^- . \qquad (6.1.1)$$

Die anodische Teilreaktion erfolgt unter Abgabe von Elektronen und wird als Oxidation bezeichnet. Die über den metallischen Leiter zur Kathode geführten Leitungselektronen werden dort in Form einer Reduktion verbraucht nach der Gleichung

$$O_2 + 2\,H_2O + 4\,e^- \rightarrow 4\,OH^- \quad \text{(Sauerstoffkorrosion, pH} \geqq 7\text{)}, \qquad (6.1.2\,a)$$

$$O_2 + 4\,H^+ + 4\,e^- \rightarrow 2\,H_2O \quad \text{(Sauerstoffkorrosion, pH} < 7\text{)}. \qquad (6.1.2\,b)$$

In sauren Lösungen erfolgt die Reduktion an der Kathode nach der Beziehung

$$2\,H^+ + 2\,e^- \rightarrow H_2 \quad \text{(Säurekorrosion)}. \qquad (6.1.3)$$

Der kathodische Teilschritt der Korrosionsreaktion entspricht nach (6.1.2) der Sauerstoffkorrosion, nach (6.1.3) der Säurekorrosion. Die Säurekorrosion tritt ohne Sauerstoffverbrauch in Säuren mit pH < 5 auf.

Im Falle der Sauerstoffkorrosion bildet sich ein Korrosionsprodukt, das eine kinetische Hemmung im Fortgang des Korrosionsprozesses darstellen kann. Anodischer und kathodischer Teilschritt lassen sich in einer Summenreaktion zusammenfassen nach

$$\begin{array}{rl} Me \rightarrow Me^{2+} + 2\,e^- & \text{(anodisch)} \\ 1/2\,O_2 + H_2O + 2\,e^- \rightarrow 2\,OH^- & \text{(kathodisch).} \\ \hline Me + 1/2\,O_2 + H_2O \rightarrow Me^{2+} + 2\,OH^- & \end{array} \qquad (6.1.4)$$

Aus dem Reaktionsprodukt $Me(OH)_2$ bildet sich bei Austreiben des Wassers das wasserfreie Metalloxid. Bei der Korrosion von Eisen entstehen auf diese Weise zwei Oxide. Bei begrenzter Sauerstoffzufuhr ist dies das Eisen(II)-Hydroxid $Fe(OH)_2$. Bei verstärkter Sauerstoffzufuhr ergibt sich das Eisen(III)-Hydroxid $Fe(OH)_3$ oder $Fe_2O_3 \cdot 3\,H_2O$. Aus dem Fe(II)-Hydroxid bildet sich als Trockensubstanz der Magnetit Fe_3O_4. Aus dem Fe(III)-Hydroxid entsteht als Trockensubstanz Hämatit Fe_2O_3, der in der atmosphärischen Korrosion als Eisenrost bekannt ist.

Die Beziehung zwischen der Differenz der freien Energie von Anode und Kathode ΔG und dem Materietransport über Ionenwanderung im Elektrolyten wird durch das Faradaysche Gesetz hergestellt.

$$\Delta G = U_{rev}\, z\, F, \qquad \text{mit } F = e_0 L . \qquad (6.1.5)$$

U_{rev} ist die reversible Zellspannung des galvanischen Elements oder die elektromotorische Kraft. Mit z ist die Zahl der Elektronen bzw. der Ladungen angegeben, die an der Reaktion teilnehmen. e_0 ist die Elementarladung und L die Loschmidtsche Zahl ($L = 6{,}0222 \cdot 10^{23}$). Die Loschmidtsche Zahl ist die Anzahl von Ionen in einem Grammatom, das ist das Gewicht in Gramm, das dem Atomgewicht entspricht. ze_0L ist damit die Anzahl der Ladungen, die ein Grammatom enthält.

Der Ausdruck M/z (M Atom- bzw. Molekulargewicht) wird als Äquivalentgewicht A bezeichnet und ergibt sich somit als Grammatom/z. Aus diesem Zusammenhang läßt sich erkennen, daß zur Lösung eines Grammäquivalents immer die gleiche Ladung benötigt wird, die sich ergibt mit $F = Le_0 = 96\,500$ C/Grammäquivalent. Bei F handelt es sich um die Faradaysche Konstante.

Bei einem zweiwertigen Ion wird somit nur 1/2 Grammatom im Vergleich mit einem einwertigen Ion an der Anode in Lösung gebracht. Der dabei auftretende Massenverlust m ist dabei proportional der durchgegangenen Ladung Q, d. h. dem Strom I und der Zeit t

$$Q = It\,. \tag{6.1.6}$$

Damit läßt sich für den Masseverlust m angeben

$$m = \frac{AIt}{F}\,. \tag{6.1.7}$$

In (6.1.6) und (6.1.7) ist $I \sim U$.

Die Verknüpfung der Spannung U gegen die Normalwasserstoffelektrode mit der Änderung der freien Energie ΔG, der Temperatur T und den Aktivitäten bzw. der Ionenkonzentration a^{z+} an der Anode erfolgt durch die Nernst-Beziehung

$$U = U^0 + \frac{RT}{zF} \ln \frac{a_{Me}^{z+}}{a_{Me}}\,. \tag{6.1.8}$$

R ist die universelle Gaskonstante mit $R = 8{,}3166$ Ws/Mol K. Die Aktivität a^{z+} bezieht sich auf die effektiv wirksame Ionenkonzentration in mol/l bzw. gr.Ion/l ($a_{Me} = 1$ für die feste Phase).

Mit der Nernst-Beziehung läßt sich die Normalspannung gegen die Wasserstoffelektrode eines Elements in einer einmolaren Elektrolytlösung unter Standardbedingungen umrechnen auf geänderte Bedingungen. So ist es für praktische Korrosionsbetrachtungen von geringem Interesse die Spannung unter Standardbedingungen mit $a_{Me}^{z+} = a_H^+ = 1$ mol/l zu kennen, da es sich üblicherweise um Lösungen handelt, die quasi frei von den Ionen des betrachteten Metalls sind, d. h. $a_{Me}^{z+} \to 0$. Aufgrund praktischer Abschätzung (vgl. auch Berechnung von Potential-pH-Diagrammen nach Pourbaix) wählt man deshalb die endliche, aber unerheblich kleine Konzentration von $a_{Me}^{z+} = 10^{-6}$ mol/l. Wird z. B. die Spannung für die Eisenauflösung Fe/Fe^{2+} in der Spannungsreihe für die einmolare Lösung mit 0,44 V angegeben, so ergibt sich nach der Nernst-Beziehung für die 10^{-6}-molare Lösung bei 20 °C die Spannung U mit

$$U = -0{,}44 + 1{,}98 \cdot 10^{-4} \cdot \frac{293}{2} (-6) = -0{,}614\,\text{V}\,. \tag{6.1.9}$$

Die mit der Umrechnung nach (6.1.9) erhaltenen Werte für 10^{-6}-molare Lösungen im Vergleich mit der einmolaren Lösung gegen die Wasserstoffelektrode sind für einige ausgewählte Metalle in Bild 6.1.4 enthalten.

Me/Me^{z+}	Standardelektrodenpotential U^0 für $a = 1$ mol/l	Potential U für $a = 10^{-6}$ mol/l
Na/Na^+	– 2,713	– 3,061
Mg/Mg^{2+}	– 2,375	– 2,549
Al/Al^{3+}	– 1,662	– 1,778
Ti/Ti^{2+}	– 1,630	– 1,804
Mn/Mn^{2+}	– 1,190	– 1,364
Cr/Cr^{3+}	– 0,744	– 0,860
Fe/Fe^{2+}	– 0,440	– 0,614
Ni/Ni^{2+}	– 0,230	– 0,404
Sn/Sn^{2+}	– 0,136	– 0,310
Fe/Fe^{3+}	– 0,036	– 0,152
H/H^+	0,000	0,000
Cu/Cu^{2+}	+ 0,337	+ 0,163
Cu/Cu^+	+ 0,522	+ 0,174
Ag/Ag^+	+ 0,799	+ 0,451
Au/Au^{3+}	+ 1,498	+ 1,382

Bild 6.1.4. Normalpotentiale ausgewählter Metalle bei 25 °C und 1 bar Druck in einmolarer Lösung ihres Salzes gegen die Wasserstoffelektrode. Vergleich mit dem Potential in 10^{-6}-molarer Lösung bei 20 °C.

Im technischen Sprachgebrauch wird aus Gründen der Vereinheitlichung die in Form einer Spannung gemessene Potentialdifferenz einer Metallelektrode gegen eine Bezugselektrode als „Potential" bezeichnet. Der numerische Wert der gemessenen Spannung ändert sich durch diese Umbenennung nicht. Im weiteren wird daher – wenn nicht ausdrücklich erwähnt – die Spannung als Potential und die Spannungsdifferenz als Potentialdifferenz bezeichnet.

Wird das Elektrodenpotential bei 25 °C in Abhängigkeit von dem Negativlogarithmus der Wasserstoffionenaktivität (pH-Wert) aufgetragen, so läßt sich ein Schaubild angeben, das Informationen über das Korrosionsverhalten eines Metall-Lösungssystems vermittelt. So werden mit einem solchen Schaubild, das auch als Pourbaix-Diagramm bezeichnet wird, für die Metalle die Bedingungen abgegrenzt, für die für den jeweiligen Werkstoff Korrosion, Korrosionsbeständigkeit und Passivierung (d. h. Deckschichtbildung) gegeben sind. Nach Bild 6.1.5 wird Eisen in einem Elektrolyten von 10^{-6} mol/l Ionenkonzentration dann in Lösung gehen, wenn das Potential $> -0{,}614$ V ist. Bei Potentialen von $< -0{,}614$ V, ist für Eisen Korrosionsbeständigkeit gegeben. Bei einem pH-Wert $> 9{,}5$ ist die $(OH)^-$-Konzentration so groß geworden, daß durch die feste Phase $Fe(OH)_2$ eine schützende Deckschicht gebildet wird. Im Bereich sehr großer pH-Werte tritt schließlich Korrosion unter Ferratbildung $(HFeO_2)^-$ auf.

Durch Verschieben des Potentials U mit Hilfe unedleren Anodenmaterials oder durch von außen wirkenden Fremdstrom kann das System, z. B. Stahl/Elektrolyt, in den Bereich der Korrosionsbeständigkeit gebracht werden (s. Abschn. 6.1.4). In gleicher Weise wie für Eisen lassen sich im Pourbaix-Diagramm die Bereiche Korrosion, Immunität und Passivität auch für andere Metalle, z. B. Aluminium darstellen (Bild 6.1.6).

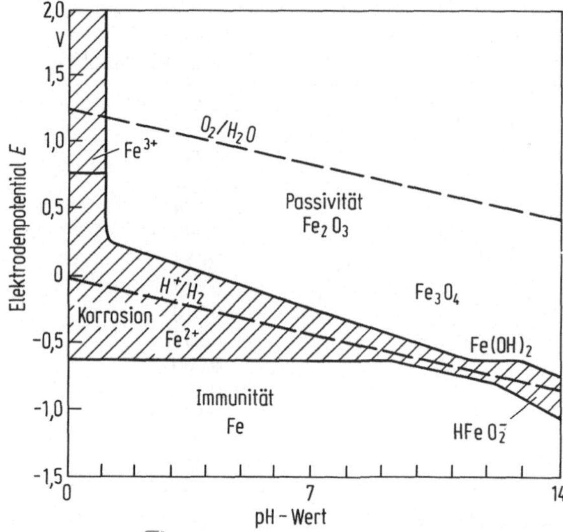

Bild 6.1.5. Zusammenhang zwischen Elektrodenpotential, pH-Wert und dem Korrosionsverhalten von Eisen im Pourbaix-Diagramm. (Nach Wranglén)

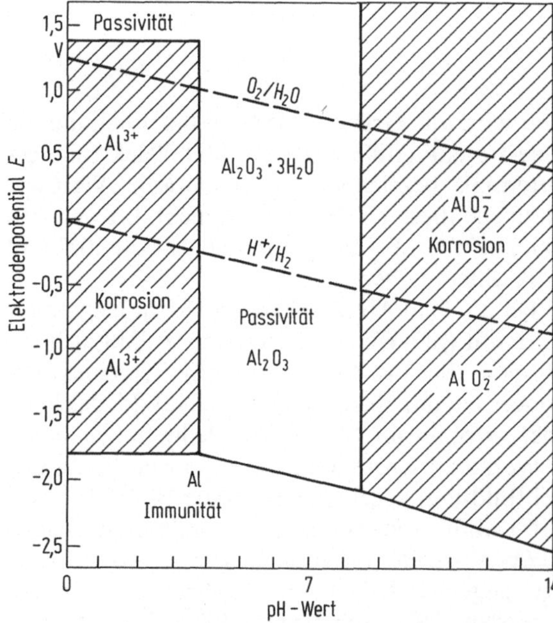

Bild 6.1.6. Potential-pH-Diagramm von Aluminium. (Nach Wranglén)

6.1.1.4 Arten von Korrosionselementen

Unter der Maßgabe, daß zu einem korrosiven Abtrag durch elektrochemische Reaktionen verschiedene Voraussetzungen gegeben sein müssen, die unterschiedlich erfüllt werden können, ergeben sich unterschiedliche Möglichkeiten, um Korrosionselemente, d. h. elektrochemische Potentialunterschiede zwischen verschiedenen Werkstoffbereichen herzustellen. Voraussetzungen sind stets das Bestehen eines Potentialgefälles, das Vorhandensein eines Elektrolyten und die metallisch leitende Verbindung zwischen Bereichen unterschiedlicher Potentiale.

Aus den dargelegten Bedingungen läßt sich ableiten, daß es verschiedene Wege zum Aufbau von Korrosionselementen gibt. Die wichtigsten Kombinationen sind:

Ungleiche Werkstoffe (Kontaktkorrosion)

Werkstoffe unterschiedlichen Lösungsbestrebens bilden in diesem Fall die Elektroden, d. h. die anodischen und kathodischen Bereiche. Es wird ein Stromfluß bewirkt und an der Anode stellt sich ein äquivalenter Materialabtrag ein, der im einzelnen aufgezeigt wurde (vgl. Abschn. 6.1.1.3). Diese Art einer Korrosionselementbildung tritt vielfältig in der technischen Praxis auf. Bereits eine makroskopisch gleichmäßige Metalloberfläche bildet eine Vielzahl von Mikroelektroden, die Potentialunterschiede untereinander aufweisen. Dies kommt bei homogenem Material allein durch die unterschiedlichen Gitterorientierungen in den einzelnen Körnern zustande. In der metallographischen Präparationstechnik kommt der unterschiedliche Angriff bei der Kornflächenätzung zum Ausdruck (Bild 6.1.7, vgl. auch Band I, Bild 5.1.2).

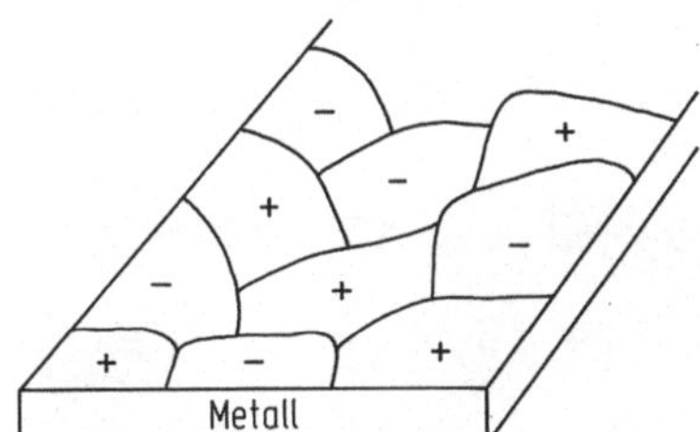

Bild 6.1.7. Anodische(−) und kathodische(+) Bereiche auf einer Metalloberfläche

Auch zwischen den Korngrenzen und den Kornflächen bildet sich ein Potentialunterschied aus, wobei das Lösungsbestreben der Korngrenzen i. allg. größer ist, als das der Kornflächen. Die Korngrenzen werden so zu eng begrenzten, anodischen Bereichen.

Bei mehrphasigen Werkstoffen oder bei Verunreinigungen im Werkstoff bilden sich oft sehr große Potentialunterschiede und damit ausgeprägte Korrosionselemente, die zu einer drastischen Herabsetzung der Korrosionsbeständigkeit im Vergleich zu einem homogenen Werkstoff führen. Unter solchen Bedingungen bilden sich auf einer Werkstoffoberfläche mehr oder weniger starke anodische und kathodische Bereiche aus, an denen in der im Abschn. 6.1.1.3 beschriebenen Weise Oxidationsvorgänge und Reduktionsvorgänge durch Abgabe und Aufnahme von Elektronen ablaufen. Dabei kann je nach Art des kathodischen Teilschritts der Reaktion sowohl der Sauerstoffkorrosionstyp als auch der Säurekorrosionstyp vorliegen. (Bild 6.1.8).

Der Umfang der anodischen und kathodischen Bereiche kann bei entsprechend unterschiedlichen Werkstoffkombinationen makroskopische Dimensionen annehmen. Beispiele für solche Lokalelementbildungen sind vielfältig vorhanden und oft die Ursache für ausgeprägte Korrosionsschäden. Es gehören zu solchen korrosionsgefährdeten Komponenten die Verbindung von unterschiedlichen

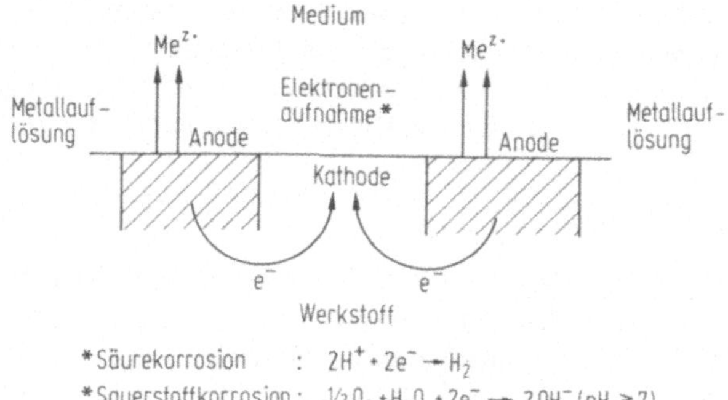

Bild 6.1.8. Reaktionen an anodischen und kathodischen Bereichen auf einer Metalloberfläche

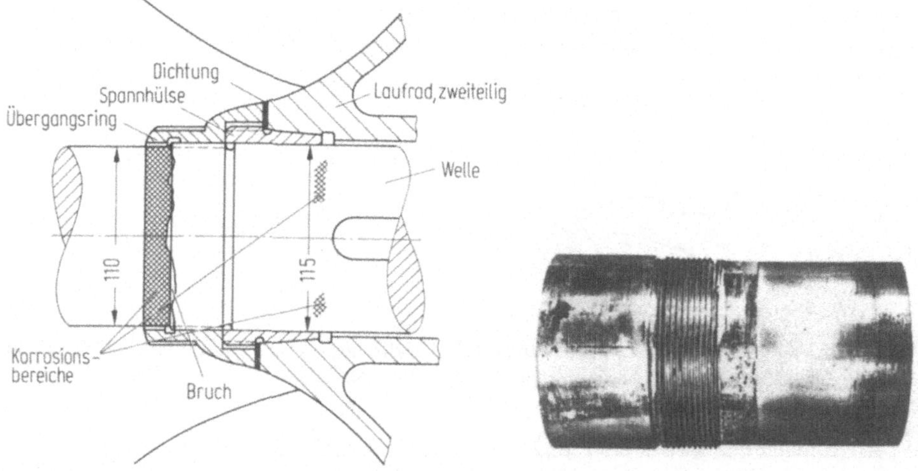

Bild 6.1.9. Korrosion an einer Pumpenwelle durch ungeeignete Werkstoffkombination im Bereich der Berührung mit dem Elektrolyten

Werkstoffen in Rohrleitungssystemen, wie z. B. Kupfer und Stahl, insbesondere wenn in Strömungsrichtung das unedlere Material (Stahl) dem edleren (Kupfer) folgt. Die metallisch leitende Verbindung von Bronzebauteilen mit Stahl, wie z. B. eine Bronzebüchse auf einer Stahlwelle, führen zu erheblicher Korrosionsgefährdung, wenn diese wie bei Pumpen oder auch bei einer Schiffsantriebswelle aus Stahl mit Bronzepropeller dem Zugang eines Elektrolyten ausgesetzt sind (Bild 6.1.9).

Der Umfang der Zerstörungen hängt in solchen Fällen nicht nur von der Potentialdifferenz zwischen den unterschiedlichen Werkstoffen, sondern auch vom Verhältnis der anodischen Verlustfläche zur kathodischen Reduktionsfläche ab. Wird z. B. eine Stahlschraube in einem Messingblech betrachtet, so geht an der anodischen Stahlschraube Metall in Lösung, das Messingblech ist dabei die Kathode. Im Gleichgewicht ist die Stromdichte an der kleinen anodischen Schraubenfläche wesentlich höher als an der großen Kathodenfläche des Blechs. Die

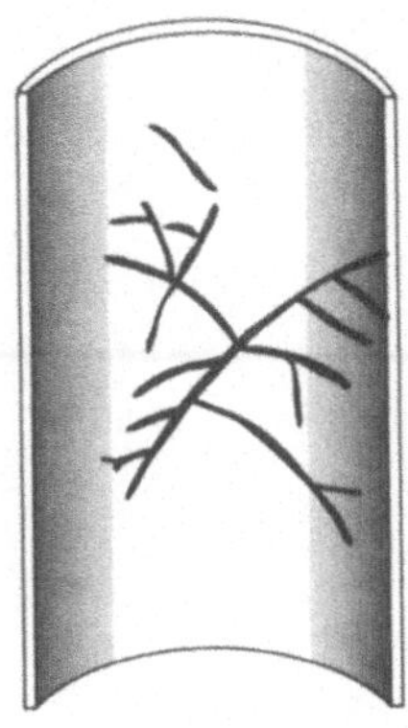

Bild 6.1.10. Bevorzugte Korrosion an den Fließlinien kaltgereckter Rohre

Schraube wird sich in diesem Fall sehr schnell durch Korrosion auflösen. Umgekehrt verhält es sich bei einer Messingschraube in einem Stahlblech. Hier liegt einer großen anodischen Verlustfläche nur eine kleine Kathodenfläche gegenüber. Die Auflösung des Stahlblechs wird in diesem Fall nur verhältnismäßig langsam erfolgen. Unter Umständen kann sogar ein Schutz bewirkt werden, wenn durch die Polarisierung entsprechende Bereiche des Pourbaix-Diagramms eingestellt werden.

Verformte Bereiche in einem Bauteil werden ebenfalls gegenüber unverformten zur Anode (vgl. Band I, Bild 8.3.5). Kleine, stark kaltverformte, anodische Bereiche in einer großflächigen unverformten Umgebung, die als Kathode wirkt, sind hier wieder besonders gefährdet. Dieser Fall ist z. B. gegeben bei Scharffalzen in Blechen. Bei inhomogenen Verformungen, d. h. bei der Bildung von Fließlinien, wie sie z. B. beim Kaltrecken von Rohren auftreten können, stellen solche Fließlinien die bevorzugten Stellen des korrosiven Angriffs dar (Bild 6.1.10) (vgl. Band I, Abschn. 8.2.4.2).

Konzentrationselement

Entsprechend der in der Nernst-Beziehung enthaltenen Abhängigkeit zwischen Potential und Ionenaktivität ergibt sich bei gleichen Elektroden ein Potentialunterschied, wenn sich diese in gleichartigen Salzlösungen, jedoch mit unterschiedlichen Konzentrationen befinden. Wird eine Kupferelektrode in konzentrierte Kupfersulfatlösung gebracht, die Gegenelektrode aus Kupfer dagegen in verdünnte Kupfersulfatlösung, so wird die Elektrode in der verdünnten Lösung zur Anode. Die Korrosionsreaktion läuft dabei immer unter dem Bestreben des Systems ab, in beiden Lösungen einen Konzentrationsausgleich zu bewirken (Bild 6.1.11).

Belüftungselement (Spaltkorrosion)

Auch beim Belüftungselement handelt es sich im Grunde um ein Konzentrationselement, das gerade für die in der Praxis auftretenden Korrosionsvorgänge besonders bedeutsam ist. Werden zwei gleiche Materialien als Elektroden in den

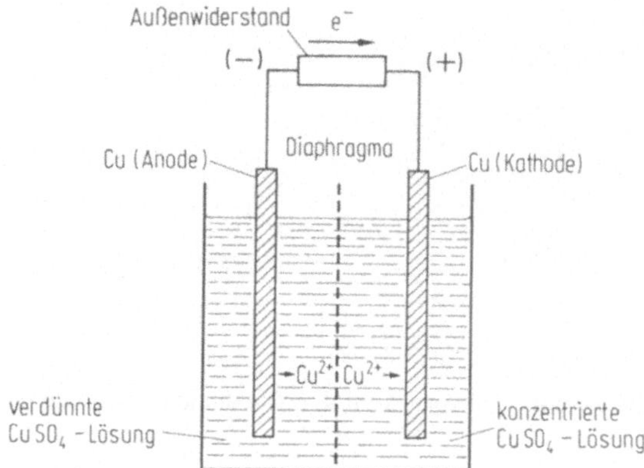

Bild 6.1.11. Bildung eines Konzentrationselements

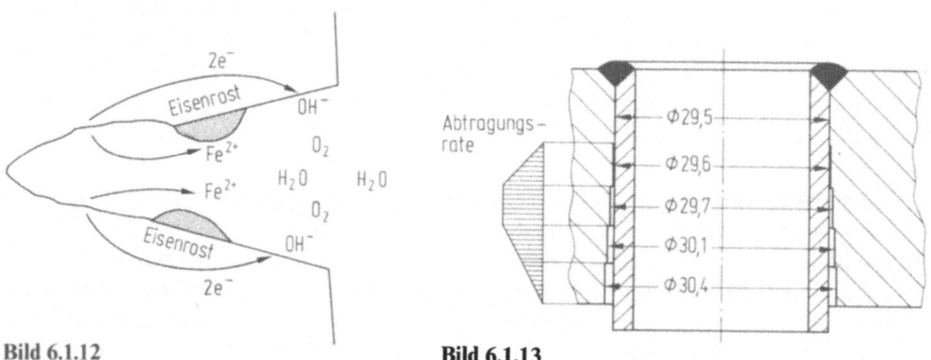

Bild 6.1.12 **Bild 6.1.13**

Bild 6.1.12. Schematische Darstellung der Korrosionsvorgänge in einem Spalt durch Bildung von Belüftungselementen

Bild 6.1.13. Korrosiver Abtrag im Spalt einer Verbindung zwischen Rohr und Rohrboden

gleichen Elektrolyten gebracht, so wird die Elektrode zur Kathode, die durch ausreichendes Sauerstoffangebot einer Belüftung unterzogen wird. Wird die andere Elektrode zur Verdrängung des Sauerstoffs in der Lösung mit Stickstoff umspült, so wird diese Elektrode als Anode einem Auflösungsvorgang unterworfen. In vielen Konstruktionen sind Spalten durch Stoß- und Überlappungsstellen enthalten, die zu einer Elementbildung durch unterschiedliche Belüftung führen. So bildet sich im Grund eines Spalts durch Sauerstoffmangel der anodische Bereich mit der Metallauflösung aus. An der Spaltmündung mit ausreichend starkem Sauerstoffangebot bilden sich die kathodischen Bereiche aus, an denen durch den Reduktionsvorgang OH^--Ionen gebildet werden. Im Grund des Spalts ergibt sich durch die Hydrolyse von Korrosionsprodukten eine pH-Wertabsenkung (Bild 6.1.12).

Der Einfluß von Weite und Tiefe eines Spalts auf den korrosiven Abtrag läßt sich durch Messungen darstellen, die an der Steckverbindung zwischen einem Rohr und einem Rohrboden durchgeführt wurden (Bild 6.1.13).

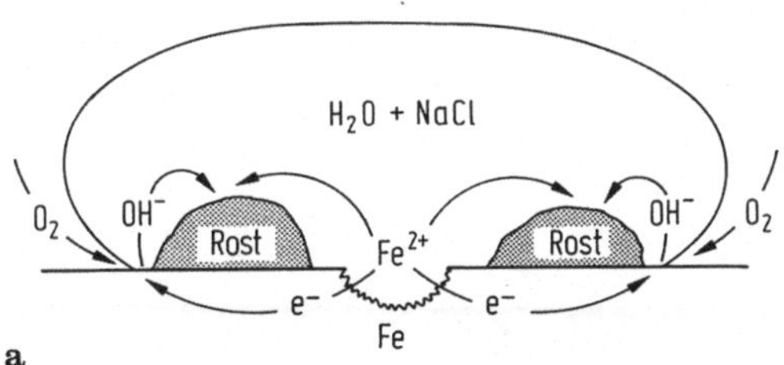

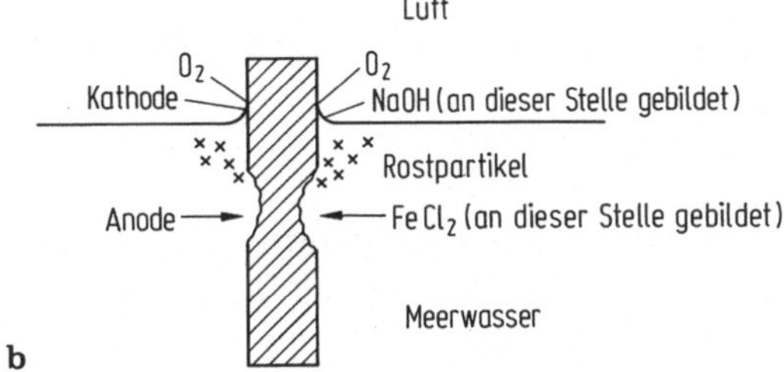

Bild 6.1.14. a Ablauf der Korrosionsreaktionen in den verschiedenen Bereichen unter einem Wassertropfen; **b** Ablauf der Wasserlinienkorrosion durch unterschiedliche Belüftung ähnlich wie unter einem Wassertropfen. (Nach Wranglén)

In gleicher Weise können sich Belüftungselemente auch unter Ablagerungen, z. B. durch Schmutz oder unter einem Wassertropfen ebenso wie im Bereich einer Wasserlinie bilden. Stets findet in der wässrigen Lösung die Kathodenreaktion im belüfteten Bereich durch die Sauerstoffreduktion (vgl. (6.1.2)) statt. Im Bereich behinderten Luftzutritts bzw. Sauerstoffmangels geht an der Anode das Metall in Lösung. Zwischen Anode und Kathode lagert sich i. allg. das Korrosionsprodukt aus der Reaktion des Fe^{2+}-Ions mit $2\,OH^-$-Ionen ab nach der Reaktionsgleichung (6.1.4). Der Ladungstransport und die ablaufenden Reaktionen lassen sich bei der Beobachtung der Korrosion unter einem Wassertropfen beispielhaft darstellen (Tropfenversuch nach Evans). Der Stromfluß bei der Wassertropfenkorrosion kann auch dadurch eindrucksvoll deutlich gemacht werden, daß ein solcher Wassertropfen, in dem Korrosionsvorgänge ablaufen, in einem Magnetfeld zu rotieren beginnt. In analoger Weise wie beim Wassertropfen läuft der Korrosionsvorgang auch bei der Wasserlinienkorrosion ab, wobei der Metallverlust unterhalb der Wasserlinie im anodischen Bereich zu beobachten ist (Bild 6.1.14a und b).

Temperaturelement

Gleiche Elektroden in einem Elektrolyten einheitlicher Ausgangszusammensetzung können ein Korrosionselement bilden, wenn die Elektroden auf unterschiedliche Temperaturen gebracht werden. Solche Elemente entstehen u. a. in Wärmeübergangsflächen von Wärmetauschern und Kesseln. Über die Mechanismen der durch Temperaturunterschiede hervorgerufenen Korrosion ist weniger bekannt als über die im vorangegangenen betrachteten Korrosionselemente. Die sich unter Temperaturunterschieden bildenden anodischen und kathodischen Bereiche sind erheblich durch den Werkstoff und den Elektrolyten bestimmt. Im Fall von Kupferelektroden in $CuSO_4$-Lösung wird die Elektrode mit der höheren Temperatur

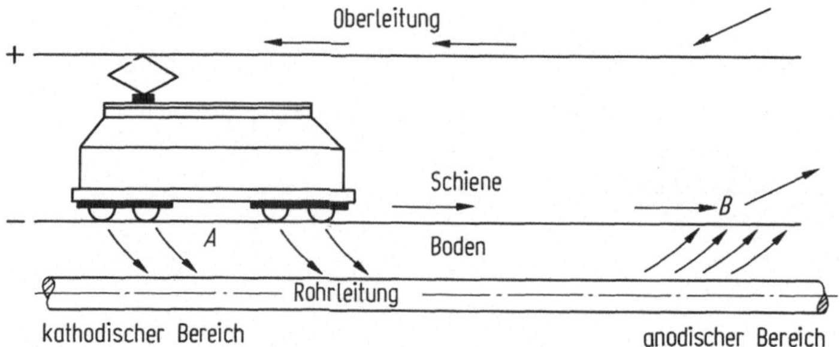

Bild 6.1.15. Streustromkorrosion an einer erdverlegten Rohrleitung im Bereich einer elektrischen Bahn. (Nach Wranglén)

zur Kathode. Der anodische Bereich ist auf der tieferen Temperatur. Bei Eisen in NaCl-Lösung wird der Bereich mit der höheren Temperatur zur Anode. Je nach den Bedingungen kann sich nach einer gewissen Korrosionszeit die Polarität jedoch auch umkehren. Aus diesem Verhalten geht hervor, daß die Nernstsche Beziehung nur unter ungestörten Bedingungen, also ohne kinetische Hemmungen und im Gleichgewichtszustand geeignet ist, das Potential zu bestimmen.

Streustromkorrosion

In der Umgebung elektrischer Anlagen, insbesondere im Bereich elektrischer Bahnen, von Galvanisierbetrieben, Aluminiumhütten aber auch bei Elektroschweißanlagen können über den Boden oder über andere Elektrolyten Streuströme fließen, die rasch fortschreitende anodische Metallauflösungen zur Folge haben. Das Prinzip der Streustromkorrosion wird am Beispiel einer gleichstrombetriebenen Bahn deutlich (Bild 6.1.15).

Bei *A* verlassen Streuströme die nicht ausreichend isolierte Schiene und werden von einer erdverlegten Rohrleitung aufgenommen. An dieser Stelle bildet sich eine Kathode aus. Um den Stromkreis zu schließen, fließt bei *B* der Strom über die anodischen Bereiche zurück zur Schiene und führt dabei zu Materialabtragungen. Solche Streustromkorrosionen bilden sich nicht nur unter Gleichstromeinwirkung, sondern sind auch bei Wechselstrom möglich, da der Materialverlust in einer Halbperiode irreversibel ist. Im Falle von Passivschichten können diese unter Wechselströmen reduziert werden, womit die Schutzwirkung solcher Oxidschichten aufgehoben wird.

6.1.2 Korrosionsarten

Die dargelegten Möglichkeiten der Bildung von Korrosionselementen und die damit gegebenen Korrosionsmechanismen führen zu verschiedenen Erscheinungsformen der Korrosion. Diese sind wesentlich abhängig von den sich einstellenden Potentialen, den Flächenverhältnissen der anodischen und kathodischen Bereiche und dem einwirkenden Medium.

Bild 6.1.16. Schematische Darstellung der gleichmäßigen Flächenkorrosion. (Nach Wranglén)

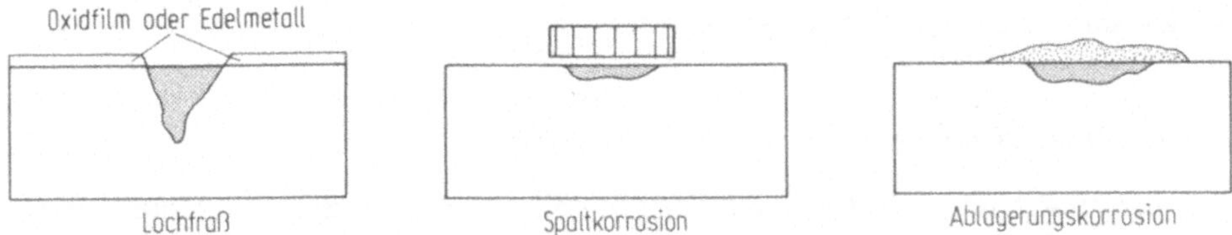

Bild 6.1.17. Schematische Darstellung verschiedener Formen und Mechanismen lokaler Korrosion. (Nach Wranglén)

6.1.2.1 Gleichmäßige Flächenkorrosion

Die gleichmäßige Flächenkorrosion tritt auf bei einer homogenen Verteilung anodischer und kathodischer Bereiche nach Ort und Größe über eine Metalloberfläche (Bild 6.1.16).

Der Abtrag kann dann zum Stillstand kommen, wenn unter den gegebenen Bedingungen (vgl. Pourbaix-Diagramm) das Metall eine schützende Deckschicht ausbildet, die den weiteren Zutritt des korrosiven Mediums zur Metalloberfläche verhindert.

6.1.2.2 Lokale Korrosion

Bei der Ausbildung vergleichsweise kleiner anodischer Flächenbereiche in einer kathodischen Umgebung sind die Voraussetzungen zu korrosivem Abtrag unter hohen Stromdichten, d.h. mit vergleichsweise großen Abtragungsraten gegeben. Solche Bedingungen können sich in vielfältiger Weise einstellen. Es gehören dazu lokale Verletzungen einer schützenden oxidischen Deckschicht oder von Beschichtungen aus einem edleren Metall als der Grundwerkstoff. Ablagerungen auf Metalloberflächen und konstruktiv bedingte lokale Bedeckungen führen ebenso zu lokaler Korrosion, wie die Bildung von Korrosionselementen durch die leitende Verbindung von Werkstoffen unterschiedlichen Potentials unter Elektrolyteinwirkung (Bild 6.1.17).

Schließlich entsteht in Form von Lochfraß sehr ausgeprägte Lokalkorrosion, wenn durch den halogenidhaltigen Elektrolyten örtlich die Deckschicht durchbrochen wird, wie das besonders bei der Anwesenheit von Chloriden der Fall sein kann. Eine andere Form lokaler Korrosion ist die linienförmige Korrosion, die sich unter bestimmten Umständen in der Wärmeeinflußzone entlang von Schweißnähten zeigt.

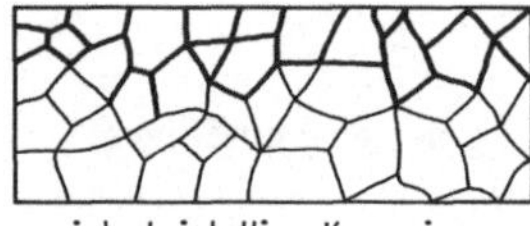

Bild 6.1.18

Bild 6.1.19

Bild 6.1.18. Schematische Darstellung der interkristallinen Korrosion. (Nach Wranglén)

Bild 6.1.19. Schematische Darstellung von Anrissen durch Korrosionsermüdung bzw. Schwingungsrißkorrosion (SwRK). (Nach Wranglén)

6.1.2.3 Interkristalline Korrosion

Bei dieser Art der selektiven Korrosion stellen die Korngrenzen scharf ausgeprägte anodische Bereiche dar, die sehr stark angegriffen werden. Durch diese Form des Angriffs wird der Kornverband des Werkstoffs entlang der Korngrenzen aufgelöst (Bild 6.1.18).

Die Gefährdung durch interkristallinen Angriff ist z. B. bei korrosionsbeständigen Stählen dann gegeben, wenn durch falsche Wärmebehandlung oder durch Temperatureinflüsse, z. B. beim Schweißen, die Korngrenzen an einem passivierenden Element, wie z. B. Cr, verarmen und damit die Voraussetzungen für den selektiven Angriff der so sensibilisierten Korngrenzen vorliegen (vgl. Abschn. 1.4.1.1).

6.1.2.4 Spannungsriß-, Schwingungsrißkorrosion

Diese Korrosionsarten bedingen das gleichzeitige Einwirken mechanischer und korrosiver Beanspruchung. Ausgangspunkt der Rißbildung sind vielfach Anrisse oder lokale Korrosionsstellen in der Deckschicht unter gleichzeitiger mechanischer Beanspruchung. Im Falle der Schwingungsrißkorrosion (SwRK), d. h. einer Korrosion bei gleichzeitiger dynamischer Beanspruchung, wird durch die Ermüdungsgleitbänder die Deckschicht durchbrochen (Intrusionen und Extrusionen) (vgl. Band I, Abschn. 5.2.2.2 und 8.2.6.2). Die in Bewegung befindlichen Gleitbänder stellen hochaktive Bereiche dar, die zu Materialauflösungen führen. Unter den Bedingungen der Schwingungsrißkorrosion stellt sich i. allg. keine definierte Dauerfestigkeit mehr ein (Band I, Bild 4.2.2). Schwingungsrißkorrosionsbrüche sind meist durch zahlreiche Anrisse in verschiedenen Ebenen gekennzeichnet (Bild 6.1.19). Sowohl bei SwRK wie auch bei SpRK können Chloride wesentlich zur Schadeninitiierung beitragen.

Bei der Spannungsrißkorrosion (SpRK) liegt eine statische Belastung vor, wobei sich nach der lokalen Zerstörung der Deckschicht und einem lokalen Anriß eine hohe Sensibilisierung durch die plastische Zone am Rißgrund ergibt. Durch die elektrochemischen Reaktionen im Riß wird die Aggressivität des korrosiven Mediums im Rißgrund zusätzlich durch pH-Werterniedrigung stark erhöht (Bild 6.1.20 und 6.1.21).

Bei der Spannungsrißkorrosion wird ähnlich wie bei Kriechvorgängen von einer Zeitstandsfestigkeit bis zum Bruch gesprochen (vgl. Band I, Abschn. 4.1.3). Mit Rücksicht auf die lokal ablaufenden plastischen Vorgänge, die entscheidend

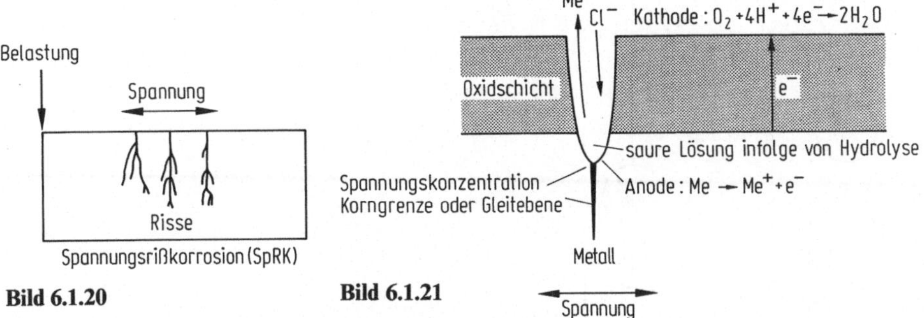

Bild 6.1.20. Schematische Darstellung der Spannungsrißkorrosion (SpRK) (nach Wranglén)

Bild 6.1.21. Ablauf der Spannungsrißkorrosion an einem Metall mit oxidischer Deckschicht (z. B. korrosionsbeständiger Stahl). (Nach Wranglén)

Auslösung und Fortschritt der Spannungsrißkorrosion bestimmen, wird vielfach die Prüfung auf Spannungsrißkorrosionsempfindlichkeit unter konstanten Dehnungsgeschwindigkeiten vorgenommen.

6.1.2.5 Wasserstoffversprödung

Bei den Korrosionsreaktionen in wässrigen Lösungen entsteht durch Dissoziationsvorgänge, oder die Korrosionsreaktion selbst, auch atomarer Wasserstoff. Insbesondere bei Korrosion nach dem Säuretyp, bei der sich an der Metalloberfläche die Wasserstoffionen entladen, kann vom Werkstoff Wasserstoff in atomarer Form aufgenommen werden. Solche Bedingungen sind z. B. bei Beizprozessen gegeben. Bei hochfesten Stählen und in Gegenwart von sog. Promotoren, wie Schwefelwasserstoff oder Arsenwasserstoff, ist die Gefahr der Schädigung des Werkstoffs durch die Wasserstoffaufnahme besonders ausgeprägt. Die Schädigung durch Wasserstoff erfolgt dabei unter der Diffusion des Wasserstoffs in atomarer Form entlang der Korngrenzen in das Werkstoffvolumen. Nach dem Eindringen findet eine Rekombination zu H_2 statt, wobei extrem hohe Drücke aufgebaut werden, die den Werkstoff entlang der Korngrenzen sprengen (vgl. Band I, Bild 5.2.12).

6.1.3 Elektrochemische Korrosionsmessungen

Das Verhalten eines Werkstoffs in einem bestimmten Elektrolyten läßt sich durch die Abhängigkeit der resultierenden Stromstärke von dem am Werkstoff anliegenden Potential kennzeichnen. Die Beziehung ergibt sich aus den Teilreaktionen an Anode und Kathode, die in Form einer Summenstromdichte-Potentialkurve dargestellt werden. Eine solche Kurve läßt Rückschlüsse zu auf das Korrosionsverhalten verschiedener Metalle unter sich ändernden Umgebungsbedingungen in Abhängigkeit vom Potential.

Zur Aufnahme von Stromdichte/Potentialkurven ist eine Anordnung nach Bild 6.1.22 geeignet.

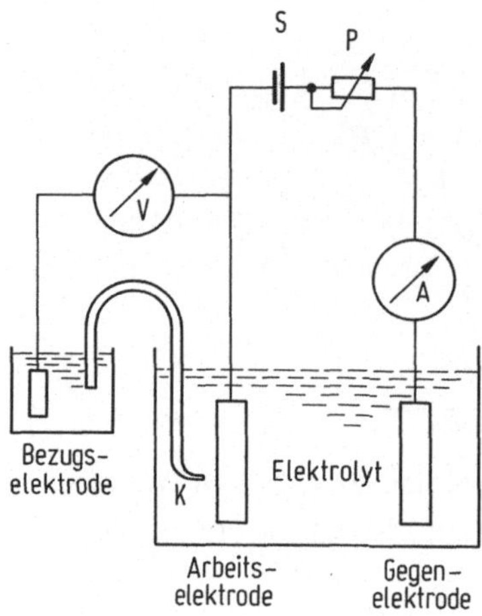

Bild 6.1.22. Experimenteller Aufbau zur Messung des freien Korrosionspotentials und/oder zur Aufnahme von Stromdichtepotentialkurven

In einem Elektrolyten tauchen Arbeits- und Gegenelektrode ein. Sie sind über ein Potentiometer P mit einer Spannungsquelle S verbunden. Das Potential der Arbeitselektrode wird gegenüber einer Bezugselektrode mit einem hochohmigen Voltmeter aufgenommen. Die Verbindung zwischen Arbeits- und Bezugselektrode erfolgt über eine Haber-Lugginkapillare. Mit dem Amperemeter A wird der zwischen Arbeits- und Gegenelektrode fließende Strom gemessen.

Die Aufnahme der Summenstromdichte-Potentialkurve, kurz auch Stromspannungskurve genannt, geschieht durch Aufprägen eines definierten Stroms bzw. durch kontinuierliches Erhöhen oder Senken des an der Arbeitselektrode anliegenden Potentials. Beide Meßgrößen, Potential und Strom(-dichte), werden simultan auf einem xy-Plot dargestellt. Die separate Aufnahme der anodischen bzw. kathodischen Teilstromspannungskurve ist nur bedingt möglich.

Die Ermittlung des freien Korrosionspotentials U_K erfolgt durch direktes Messen des Potentials der Arbeitselektrode gegen die Bezugselektrode. Die einstellbare Spannungsquelle sowie die Gegenelektrode sind in diesem Fall vom Meßkreis getrennt. Bedingungsgemäß sind anodischer und kathodischer Teilstrom gleich groß, d.h. der Summenstrom ist Null. Das Potential U_K ist somit ein Mischpotential aus Anoden- und Kathodenreaktion.

Bild 6.1.23 zeigt die Lage des freien Korrosionspotentials U_K von Eisen in einer Säure mit einem pH-Wert von 1 (Säurekorrosion). Neben der anodischen und kathodischen Teilstromspannungskurve ist die aus der Addition beider Kurven resultierende Summenstromspannungskurve für pH = 1 eingezeichnet. Zum Vergleich sind das Korrosionspotential U_K und die Teilstromspannungskurve für einen pH-Wert von 4 aufgetragen (Bild 6.1.23).

Im stromlosen Zustand ist sowohl an der Anode als auch an der Kathode der Gleichgewichtszustand für die Fe- bzw. H-Ionenkonzentration mit dem zugeordneten Potential der Teilstromspannungskurven nach der Nernst-Beziehung erreicht. Die Anoden- und Kathodenreaktionen sind an den Teilstromspannungskurven in Bild 6.1.23 angegeben.

Deutlich unterschiedlich stellt sich die kathodische Teilstromspannungskurve für den Fall der Sauerstoffkorrosion dar (Bild 6.1.24). Bei der Sauerstoffkorrosion

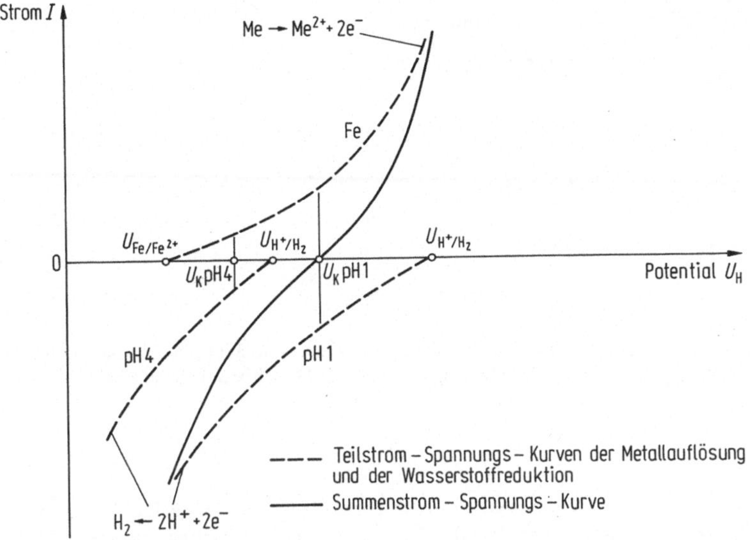

Bild 6.1.23. Schematische Darstellung von Stromspannungskurven bei Säurekorrosion

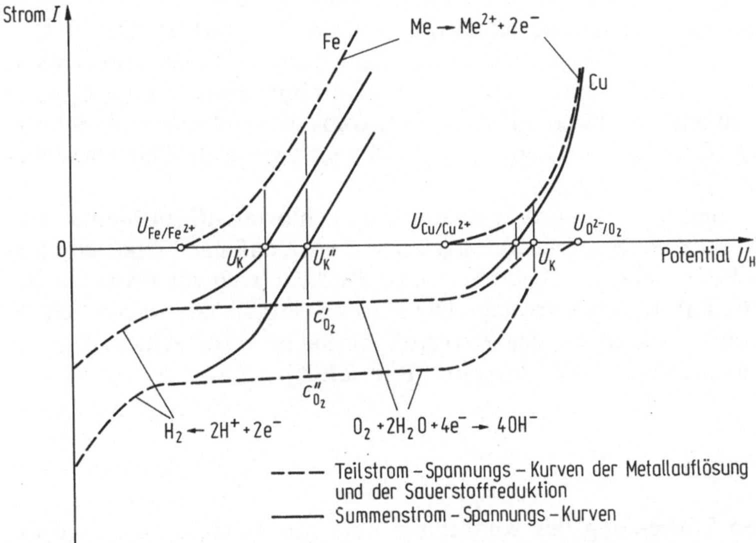

Bild 6.1.24. Schematische Darstellung von Stromspannungskurven bei Sauerstoffkorrosion

kommt ein Diffusionsgrenzstrom zustande durch die Diffusionssteuerung der kathodischen Teilreaktion. Bei Erreichen des Diffusionsgrenzstroms wird der gesamte an die Elektrode gelieferte Sauerstoff sofort reduziert. Bei zusätzlicher Sauerstoffeinleitung läßt sich der Diffusionsgrenzstrom erhöhen. Bild 6.1.24 zeigt im Fall der Sauerstoffkorrosion die kathodischen Teilstromspannungskurven der Sauerstoffreduktion für verschiedene Sauerstoffkonzentrationen sowie die für Ei-

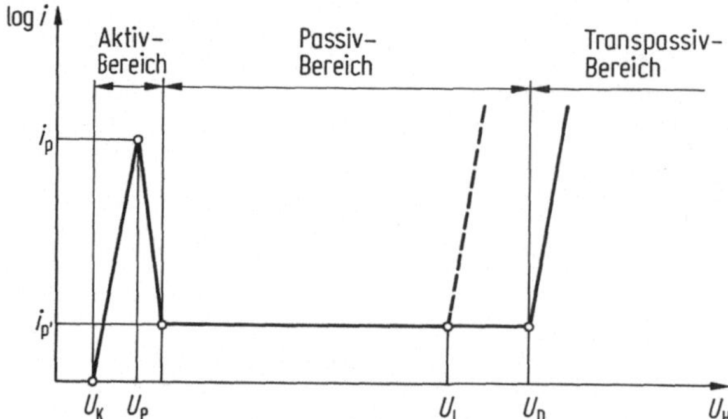

Bild 6.1.25. Schematische Stromspannungskurve eines passivierbaren Metalls. U_K Korrosionspotential, U_p Passivierungspotential, U_L Lochfraßpotential, U_D Durchbruchspotential, i_p Passivierungsstromdichte, $i_{p'}$ passive Reststromdichte

sen und Kupfer resultierenden freien Korrosionspotentiale, wobei jeweils die Teil- und Summenstromspannungskurven für die Fe- und Cu-Auflösung eingezeichnet sind.

Die Stromspannungskurven sind geeignet, die Fähigkeit von Metallen zur Bildung passivitätserzeugender Deckschichten zu kennzeichnen. Wird eine solche Schutzschicht aufgebaut, so fällt die Korrosionsstromdichte stark ab. Die Beständigkeit dieser Schutzschichten erstreckt sich je nach Werkstoff über unterschiedlich große Potentialbereiche. Nach Erreichen des Durchbruchspotentials U_D wird durch das Wiederansteigen des anodischen Teilstroms die Auflösung der Schutzschicht angezeigt (Bild 6.1.25). Dieser Potentialbereich wird als Transpassivbereich bezeichnet.

Unter bestimmten Bedingungen, insbesondere in chloridhaltigen Medien verändert sich der Verlauf der Stromspannungskurve derart, daß nach Überschreiten eines definierten Potentialwerts U_L der Strom im Passivbereich vor Erreichen des Durchbruchspotentials U_D stark ansteigt. Der starke Stromanstieg wird durch die Bildung von Lochfraßstellen auf der Werkstoffoberfläche verursacht und ist typisch für das Auftreten von Lochkorrosion (Bild 6.1.25)

6.1.4 Korrosionsschutz

Aus der gezielten Umsetzung der Kenntnisse über die Mechanismen und die Korrosionsarten ergeben sich verschiedene Möglichkeiten des Korrosionsschutzes. Zunächst läßt sich das zu schützende Bauteil im korrosiven Umfeld in der Weise polarisieren, daß die Voraussetzungen zur Korrosion nicht mehr gegeben sind. Überzüge und Beschichtungen von Bauteilen können durch hermetischen Abschluß der Oberfläche vom Korrosionsmedium die für die Korrosion erforderliche Grenzflächenreaktion unterbinden.

Überzüge, die gegenüber dem Grundmaterial als Anode wirken, sind in der Lage, ebenfalls im Sinne einer Polarisation zu wirken und dadurch den Grundwerkstoff kathodisch zu schützen.

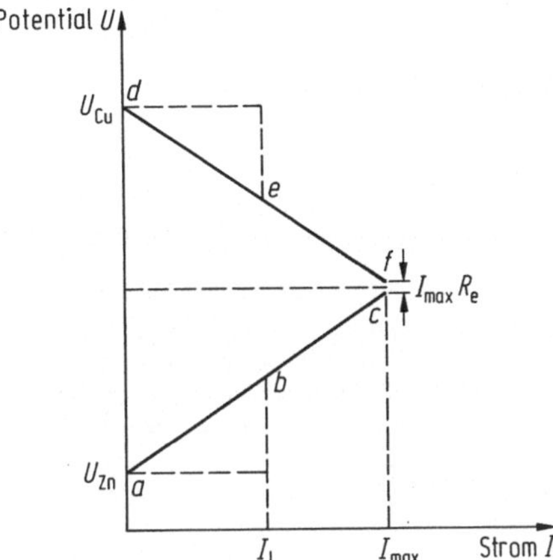

Bild 6.1.26. Polarisierung eines Daniell-Elements durch Stromentnahme

Schließlich können durch Werkstoffwahl und konstruktive Maßnahmen wesentliche Ursachen für die verschiedenen Korrosionsarten beseitigt werden.

6.1.4.1 Polarisierung

Wird in einer galvanischen Zelle aus Zn in $ZnSO_4$ und Cu in $CuSO_4$ (Daniell-Element, vgl. Bild 6.1.3) eine metallisch leitende Verbindung zwischen den Elektroden hergestellt, so fließt zwischen diesen ein elektrischer Strom. Entsprechend dem Stromfluß vermindert sich die Spannung zwischen den Elektroden. Gegenüber dem offenen Stromkreis wird die Cu-Kathode in kathodischer Richtung, d.h. zu negativeren Potentialwerten, die Zn-Anode in anodischer Richtung, d.h. zu positiveren Potentialwerten polarisiert (Bild 6.1.26). Die Potentiale nähern sich auf ein Minimum, das durch den Elektrolytwiderstand R_e bestimmt ist. Dem sich einstellenden Korrosionspotential U_K entspricht ein maximaler Strom I_{max}. Der diesem Strom zugeordnete Materialverlust an der Zn-Anode ergibt sich aus dem Faradayschen Gesetz (vgl. Abschn. 6.1.1.3).

Wird nun durch einen von außen aufgeprägten Strom die Polarisierung der Cu-Kathode soweit fortgesetzt, bis diese das Potential des Zn erreicht hat, so kann zwischen den beiden Elektroden kein Strom mehr fließen. Wird die Kathode durch den Außenstrom nicht ganz bis auf die Höhe des Potentials der Anode polarisiert, so verbleibt ein Reststrom, z.B. bei einer Polarisierung auf *e* beträgt der Restkorrosionsstrom $\overline{ab}$ (Bild 6.1.27).

Wird angenommen, daß auf einem unedleren Grundmaterial eine edlere Deckschicht eine Beschädigung aufweise, so würde sich eine lokale Korrosion nach Bild 6.1.17a ergeben. Wird auf diese Lokalelementkorrosion der kathodische Schutz angewendet, so bedeutet das, daß der Strom aus einer Fremdgleichstromquelle die Hilfsanode verläßt und sowohl über die kathodischen wie die anodischen Bereiche zur Fremdstromquelle zurückkehrt. Die Korrosion durch Lokalelementbildung auf der zu schützenden Fläche kommt dann zum Stillstand, wenn die kathodischen Bereiche durch den Fremdstrom bis auf das Potential der Anode im offenen Stromkreis polarisiert sind (Bild 6.1.28).

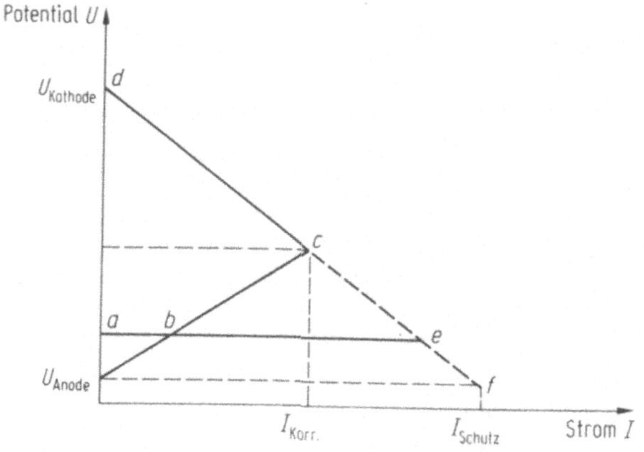

Bild 6.1.27. Kathodischer Schutz durch Polarisierung der Kathode auf das Potential der Anode und damit durch Unterbindung eines Korrosionsstroms

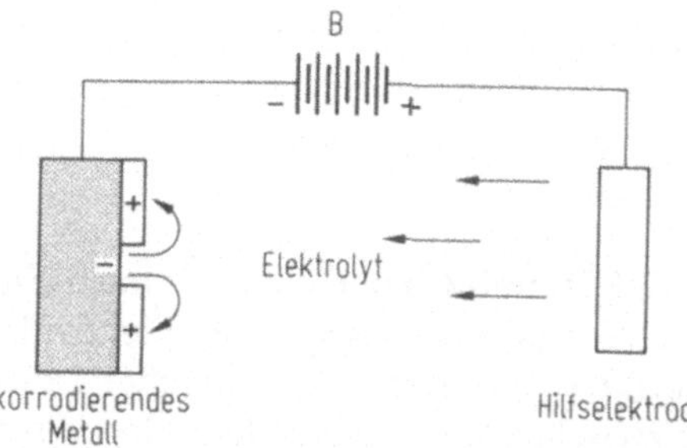

Bild 6.1.28. Anwendung des kathodischen Schutzes durch Außenstrompolarisierung auf Lokalelementkorrosion

In der Praxis wird der Strom zur Polarisierung so eingestellt, daß er nahe dem theoretischen Korrosionsminimum, also nahe dem Anodenpotential liegt. Eine Überkompensation des Korrosionsstroms kann ebenfalls zu Schäden führen.

Statt einer Außenstromquelle kann zur Polarisierung auch eine Opferanode aus einem unedleren Werkstoff als der zu schützende in Anwendung kommen, die durch ihr Auflösungsbestreben den zum Schutz erforderlichen Polarisierungsstrom liefert. Solche Opferanoden aus Al, Mg oder Zn sind zum Schutz von Schiffskörpern, Tanks und Rohrleitungen in Gebrauch. Die Ausführung eines kathodischen Schutzes durch Fremdstromaufprägung und durch Opferanoden ist am Beispiel des Schutzes eines Tanks oder einer Rohrleitung dargestellt (Bild 6.1.29).

Wird das Pourbaix-Diagramm (Bild 6.1.5 und 6.1.6) betrachtet, so läßt sich verstehen, daß beim Schutz von Metallen auch die Einstellung von Bedingungen zur Bildung von Passivschichten mit in Betracht gezogen werden muß. Unter solchen Bedingungen kann nicht mehr der Stromfluß betrachtet werden, der sich ohne kinetische Hemmungen ergibt. Im Pourbaix-Diagramm wird deutlich, daß sowohl durch anodische als auch durch kathodische Polarisierungen, z. B. im Falle des Eisens (Bild 6.1.5) der Werkstoff vom Gebiet der Korrosion in das Gebiet der Passivität oder der Immunität verschoben werden kann.

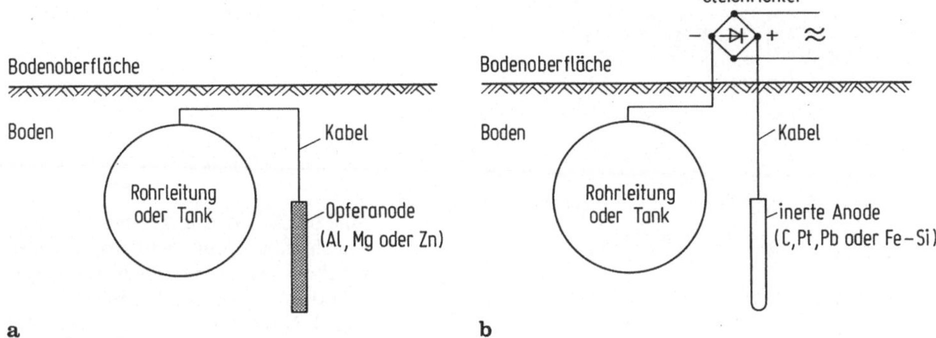

Bild 6.1.29. Kathodischer Schutz **a** durch Opferanode; **b** durch aufgeprägten Außenstrom. (Nach Wranglén)

6.1.4.2 Überzüge und Beschichtungen

Bei den Beschichtungen ist im wesentlichen zu unterscheiden zwischen Schichten, die eine Phasengrenzreaktion durch hermetischen Abschluß der Oberfläche verhindern und Beschichtungen, die auch bei Beschädigungen den Grundwerkstoff durch ihre Wirkung als Opferanode kathodisch schützen.

Unter den Schichten, die durch vollständig isolierende Bedeckung einen Korrosionsschutz herbeiführen, sind die organischen Überzüge die bei weitem wichtigsten. Die gute Haftung solcher Überzüge wird vielfach durch geeignete Untergrundvorbereitung, wie das Phosphatieren gewährleistet. Für den Schutz ist es außerordentlich bedeutsam, daß die Schichten poren- und kratzerfrei sind. Gerade in Poren und bei Unterwanderung der Beschichtung, wie z. B. einem Lack, kann ein Elektrolyt bei Absenkung des pH-Werts zu lokalen starken Korrosionsangriffen führen.

Emaillierungen sind anorganisch-nichtmetallische Überzüge, die in grundsätzlich gleicher Weise wie organische Schichten wirken, indem sie den Zutritt des Korrosionsmediums vollständig unterbinden.

Unter den metallischen Überzügen sind im wesentlichen Schichten mit einem edleren Potential und Schichten mit unedlerem Potential als das jeweilige Grundmetall zu unterscheiden.

Die Metallisierungen, die ein edleres Potential als das Grundmetall aufweisen, können nur dann eine Schutzwirkung ausüben, wenn sie vollständig dicht sind. Zu solchen Überzügen gehören z. B. Cu, Ni und Sn auf Stahl. Bei der Beschädigung solcher Überzüge wird im Falle des Stahls dieser zur Anode und löst sich unter der Schicht, die dann als Kathode wirkt, verstärkt auf (Bild 6.1.30). Die Schutzwirkung und damit die Lage des freien Korrosionspotentials der Schichten hängt allerdings sehr stark von den Korrosionsbedingungen ab. So müssen z. B. elektrolytisch verzinnte Verpackungsbleche zum Versand sorgfältig gefettet werden, um eine atmosphärische Korrosion des Stahls unter der sehr dünnen und damit nicht porenfreien Zinnschicht zu verhindern. In Konservendosen jedoch unter Sauerstoffabschluß ergeben sich mit dem Porenelektrolyten Polarisationsumkehrungen, so daß das Zinn schützend für das Eisen wirkt. Metallisierungen

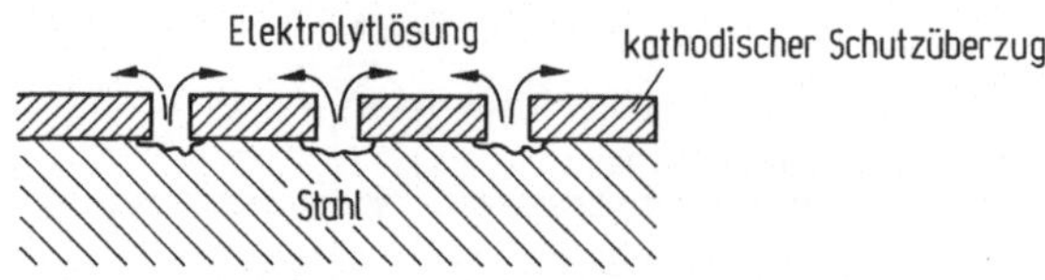

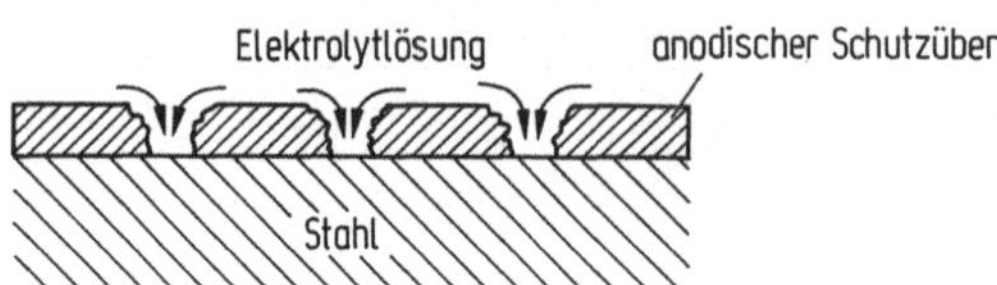

Bild 6.1.30. Wirkung einer im Vergleich zum Grundwerkstoff edleren (kathodischen) und einer unedleren (anodischen) Beschichtung. (Nach Wranglén)

mit unedlerem Potential als das Grundmaterial wirken – wie dargelegt – als Anode und schützen unter Verbrauch des Schichtmaterials bei Beschädigungen das darunterliegende Grundmaterial (Bild 6.1.30).

Zum Schutz für Stahl wird vorzugsweise Zink verwendet, das bis zum Aufbrauchen der Schicht als Korrosionsschutz wirksam ist. Wird Zink bei höheren Temperaturen eingesetzt, so verliert es durch Potentialumkehr seine Schutzwirkung. In sauerstoffhaltigem heißen Wasser bildet sich oberhalb 60 °C aus dem porösen, isolierenden Zinkhydroxid an der Oberfläche die Halbleiterverbindung Zinkoxid. Dadurch entsteht eine Sauerstoffelektrode, deren Potential oberhalb des Eisenpotentials liegt. Bei Beschädigungen der Schicht wird das darunterbefindliche Material dann zur Anode und lokal abgetragen. Verzinkte Bleche dürfen daher in sauerstoffhaltigen Wässern oberhalb 60 °C nicht eingesetzt werden.

6.1.4.3 Konstruktive Maßnahmen

Die konstruktiven Maßnahmen gehen davon aus, daß die durch Konstruktion möglichen Formen der Korrosionselementbildung vermieden werden. Dazu gehören ungeeignete Werkstoffpaarungen in leitender Verbindung, Spalten und Hohlräume sowie stark unterschiedlich kaltverformte Bereiche an einem Bauteil. Weiterhin sollte die konstruktive Gestaltung berücksichtigen, daß die vorgesehenen Beschichtungsmaßnahmen zum Korrosionsschutz technisch einwandfrei durchführbar sind.

Wenn sich in einer Komponente die Verbindung zwischen edlerem und unedlerem Metall nicht vermeiden läßt, ist darauf zu achten, daß eine metallisch leitende Verbindung zwischen den Komponenten durch Isolierungen vermieden wird (Bild 6.1.31).

Werden in einem Rohrleitungssystem verschiedene Werkstoffe eingesetzt, so ist darauf zu achten, daß in Strömungsrichtung das edlere Material dem unedleren folgt (Bild 6.1.31). Folgt das Stahlrohr dem Aluminiumrohr, so bewirkt die Abscheidung von mitgeführtem Aluminium auf der Stahloberfläche einen Schutz, wobei das Aluminium als Anode wirkt. Scheiden sich im umgekehrten Fall Fe-Ionen auf Al ab, so führt dies zu ausgeprägter Lokalkorrosion, da sich unter dem Eisen das Aluminium verbraucht.

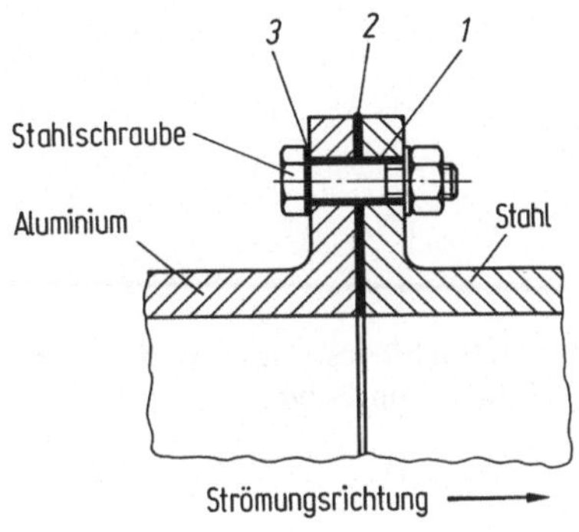

Bild 6.1.31. Flanschverbindung zwischen Stahl- und Aluminiumrohr unter Verwendung von Stahlschrauben mit vorschriftsmäßiger Isolierung. *1* Isolierpaste oder -hülse, *2* isolierende Packung, *3* Kunststoffscheibe

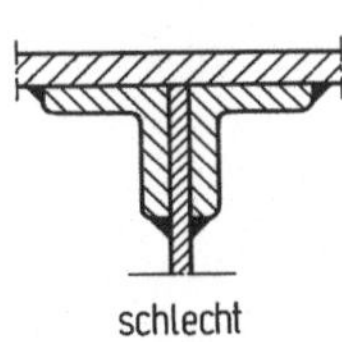

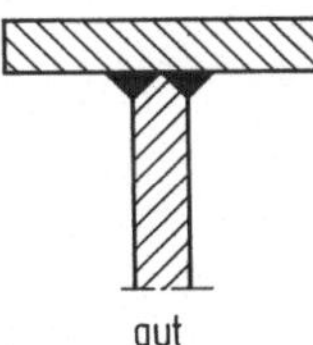

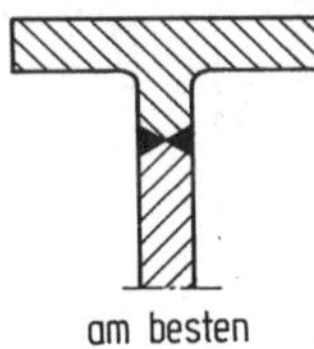

Bild 6.1.32. Eignung konstruktiver Ausführungen von Schweißverbindungen für korrosive Beanspruchung. (Nach Wranglén)

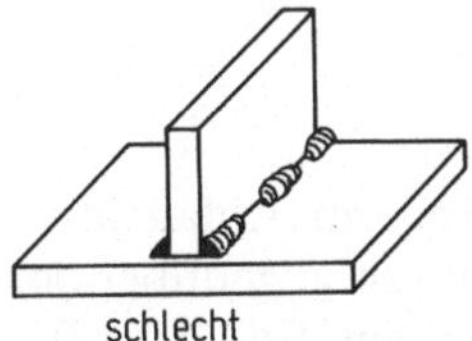

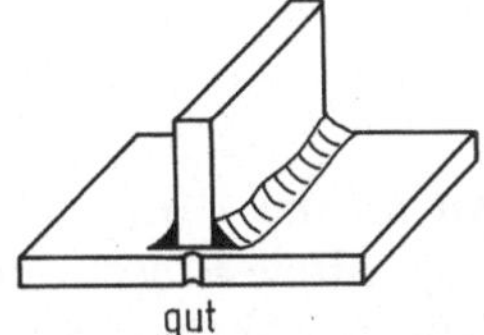

Bild 6.1.33. Durchgehend geschweißte Nähte sind bei Korrosionsbeanspruchung unterbrochenen Nähten vorzuziehen. (Nach Wranglén)

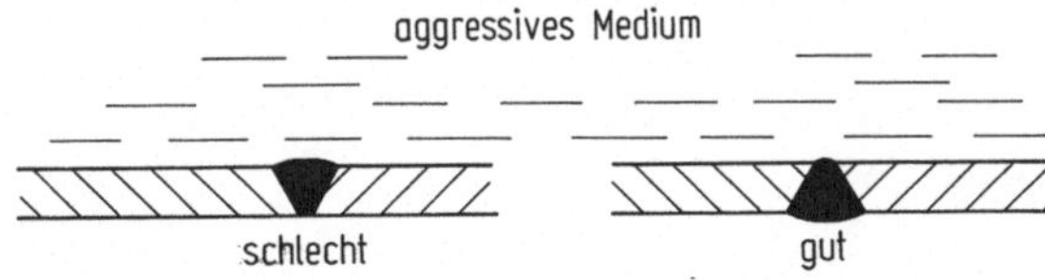

Bild 6.1.34. Geeignete Lage einer V-Naht zum korrosiven Medium. (Nach Wranglén)

Bei Schweißkonstruktionen ist darauf zu achten, daß keine Spalten zwischen den Bauteilen entstehen. Grundsätzlich sind im Stumpf stoßgeschweißte Bauteile günstiger als Ausführungen mit Kehlnähten (Bild 6.1.32).

Kontinuierlich durchgeführte Schweißungen sind in jedem Fall unterbrochenen Schweißungen vorzuziehen (Bild 6.1.33). Bei V-Nähten ist es vorteilhaft, die Wurzelseite auf die Seite des korrosiven Mediums zu legen und nicht die breite Decklage (Bild 6.1.34).

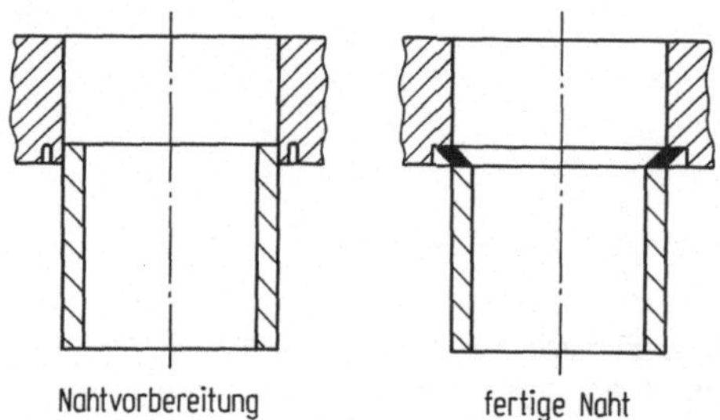

Bild 6.1.35. Spaltfreies Einschweißen eines Rohres in den Rohrboden

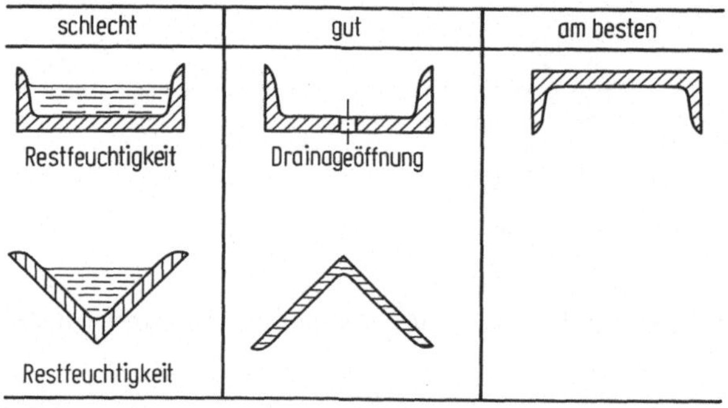

schlecht	gut	am besten
Restfeuchtigkeit	Drainageöffnung	
Restfeuchtigkeit		

Bild 6.1.36. Geeignete und ungeeignete Anordnung von Profilen im Hinblick auf Korrosionsbeanspruchung. (Nach Wranglén)

Bei hohen Anforderungen an die Korrosionsbeständigkeit im Anlagenbau bietet sich das aufwendigere, spaltfreie Einschweißen von Rohren gegenüber der konventionellen Verbindung Rohr/Rohrboden an (Bild 6.1.35, vgl. Bild 6.1.13).

Wenn sich in Konstruktionen Hohlräume nicht vermeiden lassen, sind in jedem Fall an den tiefsten Stellen Bohrungen zur einwandfreien Drainage vorzusehen. Selbstverständlich ist bei der Anordnung von Profilen darauf zu achten, daß sich keine Feuchtigkeit ansammeln kann (Bild 6.1.36).

6.2 Hochtemperaturkorrosion

Chemische Reaktionen, wie der initiale Oxidationsvorgang an einer Grenzfläche gasförmig/fest, laufen bei einer Temperaturerhöhung von etwa 10 °C mit mindestens einer Verdoppelung ihrer Geschwindigkeit ab. Bei 100 °C verläuft somit eine chemische Reaktion mindestens $2^{10} \cong 1\,000$mal schneller als bei 0 °C.

Hohe Temperaturen bewirken eine Lösung der Atome aus ihrem Gitterverband, d.h. unter der thermischen Energie entstehen aus reaktionsträgen elektroneutralen Verbindungen, z.B. Molekülen, reaktionsfreudige Ionen. Bei der „nassen“ Korrosion wird die erforderliche Dissoziation der Reaktionspartner durch die Hydratation und die Potentialdifferenz verschiedener Werkstoffe oder Werkstoffbereiche erzielt. Bei höheren Temperaturen können durch die thermisch

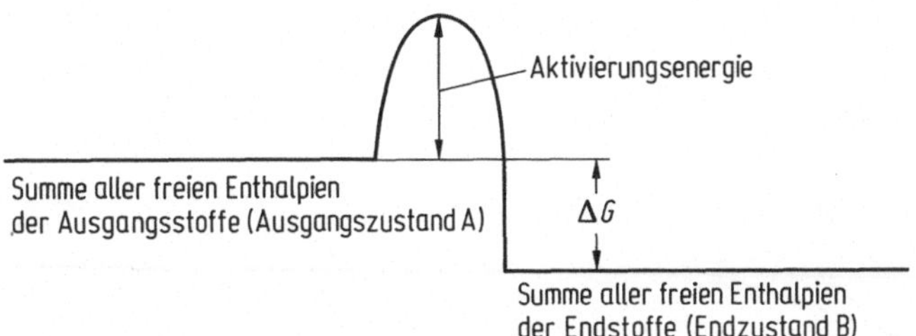

Bild 6.2.1. Auslösung einer chemischen Reaktion durch Zufuhr der Aktivierungsenergie. Bei Ablauf der Reaktion vermindert sich die freie Enthalpie um ΔG

zugeführte Aktivierungsenergie und die damit entsprechend verstärkte Reaktion ohne die Mitwirkung eines Elektrolyten unmittelbar an der Grenzfläche eines trockenen gasförmigen Mediums mit dem Metall Korrosionsvorgänge ablaufen (Bild 6.2.1).

Diese unmittelbaren chemischen Reaktionen des Werkstoffs mit oxidierenden Gasen stellen die Anfangsreaktionen für Verzunderungsvorgänge dar nach der Beziehung

$$\mathrm{Me} + 1/2\,\mathrm{O_2} \rightarrow \mathrm{MeO}\,. \qquad (6.2.1)$$

Solche Korrosionsreaktionen bei höheren Temperaturen, also die sog. „trockene" Korrosion, finden u. a. auch bei der Einwirkung von anderen Medien statt, denen der oxidative Schritt zugeordnet werden kann. Es gehören dazu insbesondere schwefelhaltige und chlorhaltige Gase wie auch die Einwirkung von stickstoffhaltigen und kohlenstoffhaltigen Gasatmosphären. Die Reaktion in reduzierender Atmosphäre wie z. B. unter Druckwasserstoff ist ebenfalls als trockene Korrosion einzuordnen.

6.2.1 Schichtbildungsgesetze

Die Gas-Metall-Reaktion und der in Abhängigkeit von der Zeit fortschreitende Verzunderungsvorgang hängt entscheidend vom Charakter der sich auf der Metalloberfläche bildenden Schicht ab. Die Zeitabhängigkeit des Oxidationsfortschritts wurde erstmals von Tammann und unabhängig davon von Pilling und Bedworth angegeben. Als Maß für die Verzunderung wird z. B. die Gewichtsänderung gemessen (Gravimetrie) oder die Dicke der Schicht erfaßt. Insbesondere bei kontinuierlichen Messungen ist die Gewichtsänderung leichter zu verfolgen als die Vermessung der Schichtdicke.

Bei der Zunderbildung reagiert der an der Oberfläche adsorbierte Sauerstoff mit dem Werkstoff unter Oxidbildung. Die Art der Bedeckung der Metalloberfläche mit Oxiden, ihr Molvolumen die thermodynamische Stabilität des Oxids, der Gittertyp der Zunderschicht und des Metalls und zahlreiche andere Teilvorgänge bestimmen den weiteren Fortschritt des Schicht- bzw. des Zunderwachstums.

Bei porösen oder abblätternden Schichten wird die Metalloberfläche nicht vor dem Angriff des oxidierenden Gases geschützt. Die Bedingungen der Verzunde-

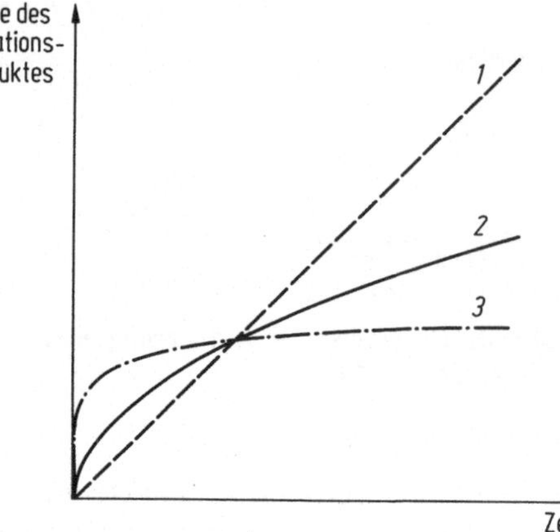

Bild 6.2.2. Zeitlicher Verlauf der Bildung von Oxidschichten (Zundergesetze). *1* linear, *2* parabolisch, *3* logarithmisch

rung der Metalloberfläche in Abhängigkeit von der Zeit erfahren somit keine Änderung. Der Fortschritt der Oxidation folgt einem linearen Gesetz (Bild 6.2.2):

$$y = kt + \text{const}, \tag{6.2.2}$$

mit y Zunderdicke bzw. der Betrag des Vordringens der Oxidation, t Zeit und k Konstante, vielfach auch als Tammannsche Zunderkonstante bezeichnet.

Wenn sich eine dichte, festhaftende Zunderschicht bildet, so ist das weitere Wachstum von Diffusionsvorgängen durch die Schicht bestimmt. Es stellt sich überwiegend eine parabolische Abhängigkeit zwischen dem Fortschritt der Oxidation und der Zeit ein nach dem Zusammenhang

$$y = k' \sqrt{t} + \text{const}. \tag{6.2.3}$$

Das parabolische Zundergesetz ergibt sich in Analogie zu den Mechanismen des Materietransports durch Diffusion aus den dort dargelegten Betrachtungen (vgl. Bd. I, Abschn. 8.1.2.3). Die Konstante k' entspricht der Diffusionskonstanten D (Bild 6.2.2).

Es gibt Fälle, bei denen nach einer gewissen Anfangsoxidationszeit der weitere Schichtbildungsvorgang weitgehend zum Stillstand kommt, daß somit die Diffusionsgeschwindigkeit gegen 0 geht. Diese Fälle werden mit einem logarithmischen Wachstumsgesetz beschrieben nach

$$y = k'' \ln\left(\frac{t}{\text{const}} + 1\right). \tag{6.2.4}$$

Das logarithmische Gesetz (Bild 6.2.2) wird i.allg. nur bei niedrigen Temperaturen und sehr dünnen, auch als Anlaufschichten oder Filmen bezeichneten Bedeckungen beobachtet, wie sie sich z. B. auf Kontakten bilden können.

6.2.2 Schichtbildungsmechanismen

Nach der Initialphase einer Anfangsschichtbildung durch unmittelbare chemische Reaktionen an der Grenzfläche Gas/Metall wird das weitere Schichtwachstum

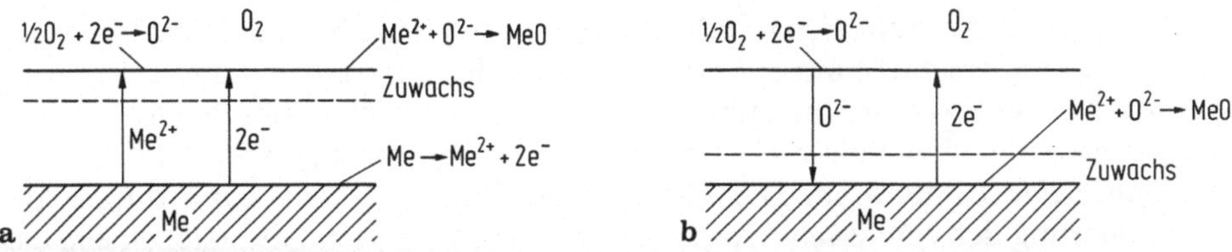

Bild 6.2.3. **a** Schichtwachstum durch Metalldiffusion an die Schichtoberfläche; **b** Schichtwachstum durch Sauerstoffdiffusion an die Grenzfläche zwischen Schicht und Grundmetall

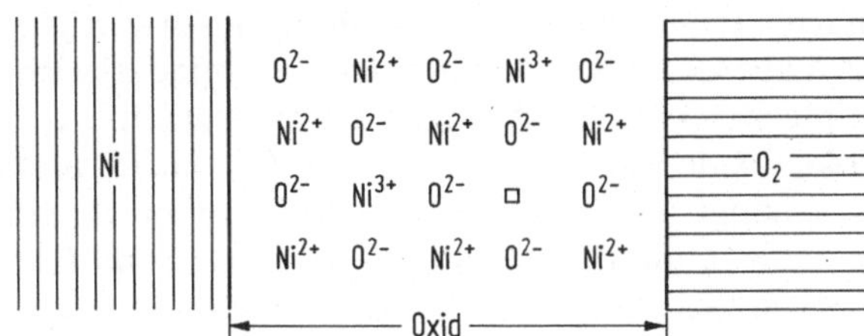

Bild 6.2.4. Nickeloxid als Metalldefizitzunder. Zur Aufrechterhaltung der Elektroneutralität ist für je zwei Ni^{3+}-Ionen ein Ni^{2+}-Platz unbesetzt (Leerstelle)

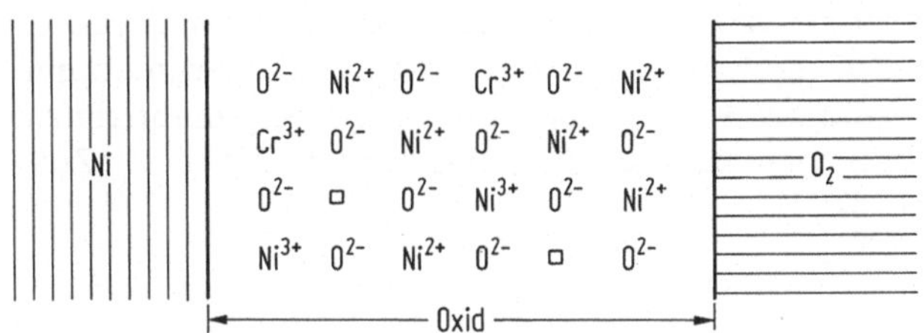

Bild 6.2.5. Erhöhung der Kationenleerstellenkonzentration durch Zudotieren von Cr^{3+} zu NiO

durch Diffusionsmechanismen bestimmt. Dabei kann das Schichtwachstum abhängen von der Diffusion von Sauerstoff durch die Oxidschicht zum Metall oder der Diffusion des Metalls an die Oberfläche der Schicht (Bild 6.2.3).

In technischen Legierungen mit ausreichender Korrosionsbeständigkeit ist die Geschwindigkeit der Metalldiffusion größer als die der Sauerstoffdiffusion, so daß die Metalldiffusion der bestimmende Schritt ist.

Da die Wanderung der Ionen durch eine intakte Schicht über Fehlstellen erfolgen muß, ist die Zunderkonstante k wesentlich von Art und Menge der Fehlstellen in der Schicht abhängig (vgl. Bd. I, Abschn. 8.1.2). Eine Nickeloxidschicht kann zwei- und dreiwertige Nickelionen enthalten. Da insgesamt die Oxidschicht elektroneutral sein muß, sind die durch dreiwertiges Nickel gegenüber dem Sauerstoff bestehenden Überschußladungen dadurch abzubauen, daß jeweils für zwei dreiwertige Nickelionen anstelle eines zweiwertigen Nickelions ein unbesetzter Platz vorhanden ist. Es entsteht ein Metalldefizitzunder (Bild 6.2.4).

Wird der Nickeloxidschicht in Spuren das dreiwertige Chrom zugegeben, so müssen die Überschußladungen durch weitere Leerstellen, also durch ein höheres Metalldefizit ausgeglichen werden (Bild 6.2.5).

Entsprechend erhöht sich durch solche geringen Zugaben die Nickeldiffusion durch die Zunderschicht mit der erhöhten Zahl der Leerstellen. Umgekehrt wird die erhöhte Diffusionsgeschwindigkeit und damit das Schichtwachstum vermindert, wenn der Nickeloxidschicht ein niedrigerwertiges Ion zudotiert wird wie z. B. das einwertige Lithiumion. Die Elektroneutralität stellt sich dann durch eine Verminderung der vom zweiwertigen Nickelion unbesetzten Gitterstellen ein, das Metalldefizit wird verringert.

Auch Metallüberschußzunder ist z. B. bei Zink bekannt. Die Zn-Ionen befinden sich in diesem Fall auf Zwischengitterplätzen, wobei der Diffusionsprozeß dann über diese Zwischengitterplätze abläuft. In diesem Fall können die Fehlstellen in Form der Zwischengitterplätze vermindert werden, wenn ein höherwertiges Ion zudotiert wird. Durch die Zugabe des höherwertigen Ions vermindert sich dann die Diffusionsrate und entsprechend die Oxidationsgeschwindigkeit.

Manche Metalle bilden mehrere Oxide wie z. B. Eisen mit Fe_2O_3, Fe_3O_4 und FeO. Die sich bildende Oxidform hängt jeweils vom Sauerstoffangebot ab. In diesem Fall folgt jede einzelne Schicht ihrem eigenen Wachstumsgesetz. Die Schichten sind dabei deutlich voneinander abgegrenzt, wobei die oberste Schicht die sauerstoffreichste, die unterste dagegen die sauerstoffärmste Schicht ist (Bild 6.2.6).

Die Betrachtungen über die Wirkung zudotierter Elemente auf die Schichtbildung und die Schichtstruktur gelten nur für sehr kleine Mengen von Elementzugaben, wodurch Art und Zusammensetzung der Schicht nicht grundlegend verändert werden. Im Gegensatz dazu stehen bewußte Legierungsmaßnahmen zur gezielten Veränderung der Schichteigenschaften und zur Erhöhung der Zunderbeständigkeit (vgl. Abschn. 6.2.4).

6.2.3 Schichteigenschaften

Um eine dichte und nach dem parabolischen Wachstumsgesetz schützende Schicht zu erhalten, ist zu fordern, daß das spezifische Volumen des Reaktionsprodukts V_R größer als das Volumen des Metalls ist. Nach Pilling-Bedworth wird diese Regel formuliert mit:

$$V_R = \frac{M d}{n m D} > 1 , \qquad (6.2.5)$$

wobei M Molekulargewicht des Zunders, D Dichte des Zunders, m Atommasse des Metalls, d Dichte des Metalls und n Zahl der Metallatome im Molekül der Zundersubstanz ist.

Unter der Maßgabe von (6.2.5) werden beim Aufbau der Schicht Zugspannungen vermieden, die zu Rissen in den allgemein sehr spröden Oxidschichten führen würden. Ein bedeutsamer Einfluß auf die Schichteigenschaften geht von der Schichtdicke aus. Aufgrund der Spannungsverhältnisse verhalten sich dünne Schichten vergleichsweise elastisch. Mit zunehmender Dicke wird das Verhalten der Schichten spröder, und es können Risse und Abplatzungen entstehen (Bild 6.2.7).

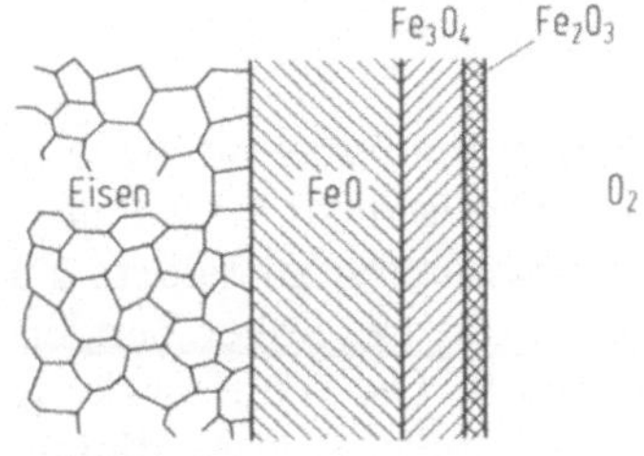

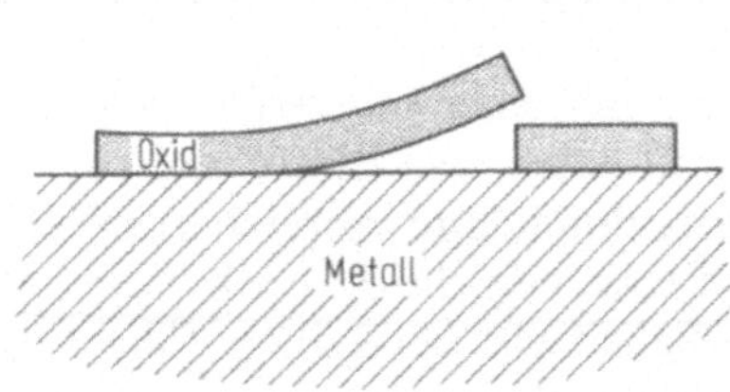

Bild 6.2.6

Bild 6.2.7

Bild 6.2.6. Mehrschichtiger Aufbau der Zunderschicht (Eisenoxidschicht) auf Eisen bei Oxidation über 570 °C

Bild 6.2.7. Reißen und Ablösen einer Oxidschicht unter Mitwirkung von Zugspannungen auf der Schichtoberseite

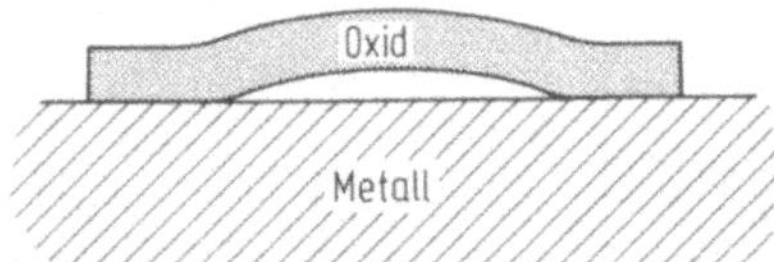

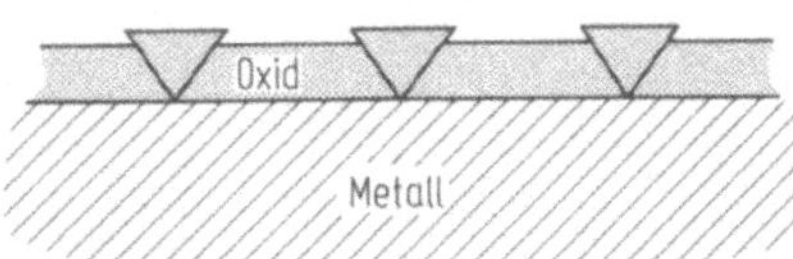

Bild 6.2.8

Bild 6.2.9

Bild 6.2.8. Aufwölbung einer lokal schlecht haftenden Oxidschicht unter Relativdehnungen zwischen Grundwerkstoff und Schicht bei thermischer Wechselbeanspruchung (Blistering)

Bild 6.2.9. Bildung von Scherrissen in einer gut haftenden Oxidschicht bei Relativdehnungen zwischen Grundmetall und Schicht

Durch solche Schäden in der dadurch nicht mehr vollständig abdeckenden Oxidschicht läßt sich daher in Abweichung vom parabolischen Wachstum ein beschleunigtes Zunderwachstum auch auf vergleichsweise oxidationsbeständigen Werkstoffen beobachten (vgl. Abschn. 6.2.4).

Eine weitere wichtige Einflußgröße für die Oxidationsbeständigkeit ist die Haftung des Zunders auf dem Metall. Besonders unter wechselnden Temperaturen und damit unter wechselnden Dehnungen zwischen Zunder und Grundwerkstoff können lokale Ablösungen entstehen, wobei Aufwölbungen (Blistering) und Anrisse zu erwarten sind (Bild 6.2.8).

Die Geometrie der Grenzfläche zwischen Oxidschicht und Metall beeinflußt ebenfalls das Verhalten des Zunders, insbesondere wieder bei Relativbewegungen durch unterschiedliche thermische Ausdehnung. Bei völlig ebener Grenzfläche können dabei Scherrisse entstehen (Bild 6.2.9).

Eine Verbesserung bringt die Verhakung des Zunders an den Korngrenzen durch ein geringfügiges Voreilen der Oxidation an den Korngrenzen. Ein solcher Effekt ist durch die Zugabe seltener Erdmetalle zu zunderbeständigen Werkstoffen erzielbar.

6.2.4 Einfluß der Legierungselemente

Elemente mit einer im Vergleich zum Basismetall hohen Bindungsenergie zum Sauerstoff haben das Bestreben, aus der Matrix in die Oxidschicht zu wandern und dort durch ihre Anreicherung stabile und dichte Schichten zu bilden. Zu diesen Elementen, die durch ihre dichte und stabile Oxidschicht zu hoher Zunderbeständigkeit z. B. bei Stählen führen, gehören Cr, Al und Si. Die Schutzwirkung dieser Elemente ergibt sich bereits nach der Bildung vergleichsweise dünner Schichten, die auch eine gute mechanische Beständigkeit besitzen (vgl. Abschn. 6.2.3).

Die Wirkung von Cr im Ni-Mischkristall einer hochwarmfesten Legierung wird deutlich, wenn die Gewichtszunahme des Zunders bei reinem Nickel mit der Zunderbildung auf einer NiCr-Legierung in oxidierender Atmosphäre verglichen wird (Bild 6.2.10).

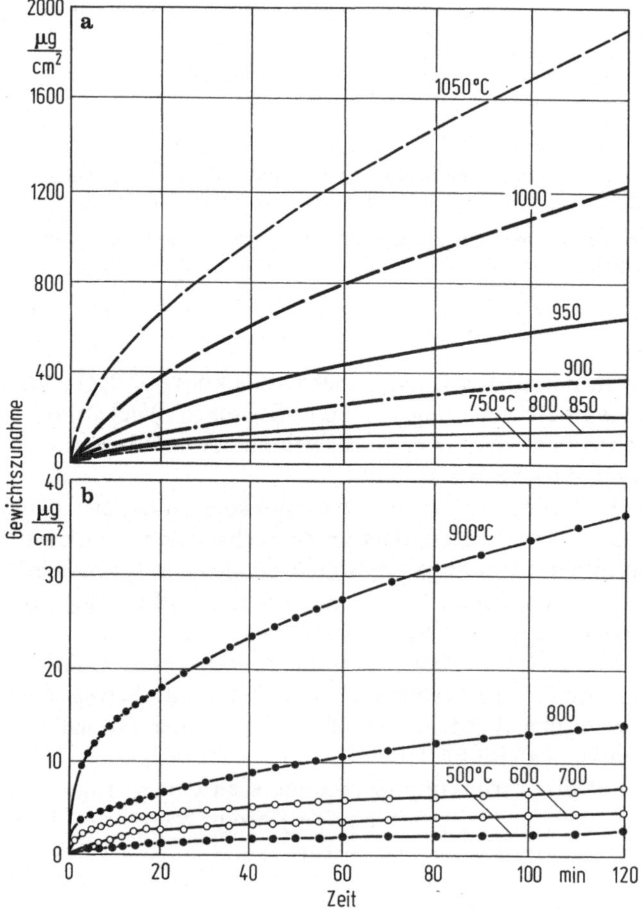

Bild 6.2.10. Oxidationsgeschwindigkeit bei Nickel **(a)**; einer Nickel-Chrom-Legierung **(b)**

Bei hochwarmfestem Nickel-Basis-Werkstoff wird mit Legierungszugaben von 20 bis 30% Cr eine mindestens um das 10fache verbesserte Oxidationsbeständigkeit erreicht. Sowohl die Schicht auf Ni als auch auf einer NiCr-Legierung folgen dem parabolischen Wachstumsgesetz.

Der Einfluß von Cr im Stahl ergibt sich aus einem Vergleich der Oxidationsrate von unlegiertem Stahl mit Cr-Stahl verschiedenen Cr-Gehalts (Bild 6.2.11).

Die sich auf den chromlegierten Stählen bildende Schicht besteht überwiegend aus Chromoxid und einem chromreichen Spinell der Form $Fe(Fe_{2-x}Cr_x)O_4$, $0 \leqq x \leqq 2$. Gegenüber dem unlegierten Stahl führt die Cr-Zugabe zu einem drastischen Rückgang der Verzunderungsrate bis zu einem Plateau, das die korrosionsbeständigen Stähle kennzeichnet. Oberhalb 15% Cr ergibt sich eine weitere Verminderung der Verzunderungsneigung bis zu den oxidationsbeständigen Stählen mit etwa 25% Cr.

Die Zugabe der ebenfalls zur Zunderbeständigkeit führenden Elemente Al und Si ist im Stahl auf geringere Mengen beschränkt, da diese Legierungsbestandteile nachteilige Wirkungen auf die mechanischen Werte haben können. So ist eine kennzeichnende Zusammensetzung eines zunderbeständigen „Sicromal"-Stahls gegeben mit 1% Al, 1% Si und 18% Cr. Das Gefüge dieses Stahls mit 0,1% C ist ferritisch. Mit Bild 6.2.12 wird die Wirkung von Cr und Al auf die Verminderung der Oxidation veranschaulicht.

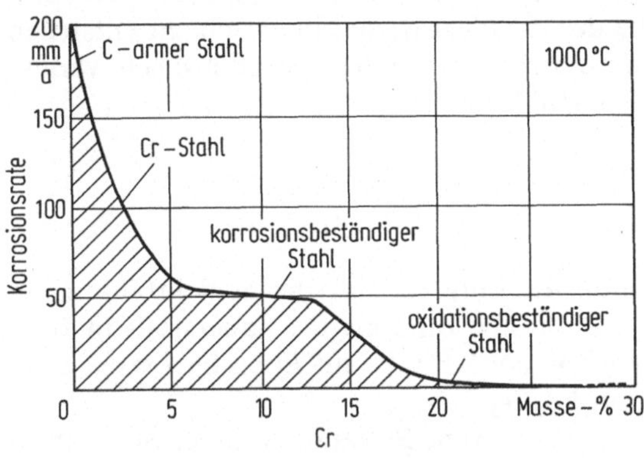

Bild 6.2.11. Einfluß des Chromgehalts auf die Oxidationsbeständigkeit von Stahl bei 1 000 °C

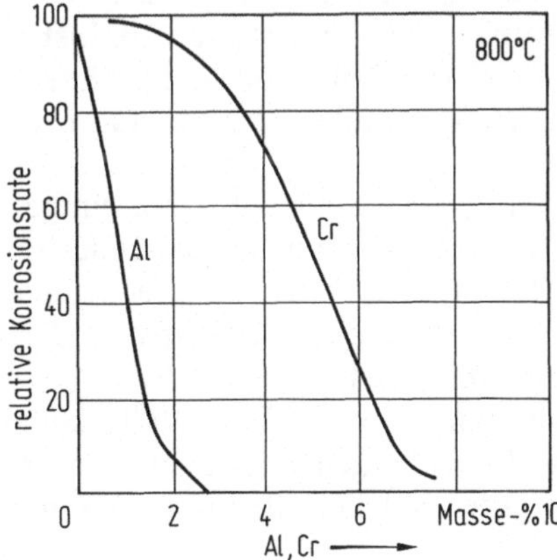

Bild 6.2.12. Einfluß von Chrom und Aluminium in Stahl auf die Oxidationsbeständigkeit bei 800 °C

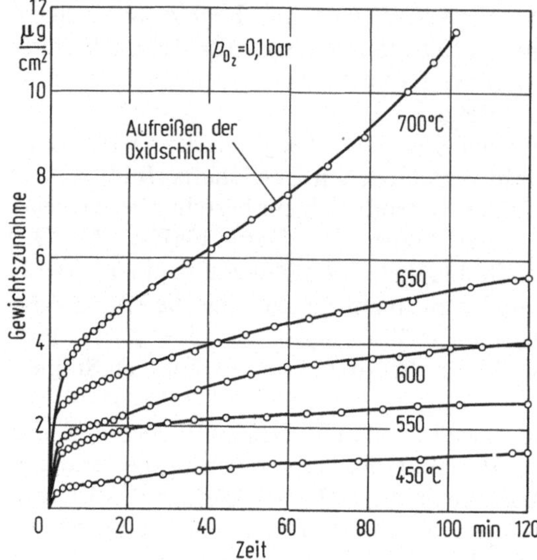

Bild 6.2.13. Einfluß der Temperatur auf die Oxidation eines korrosionsbeständigen Cr—Ni-Stahls

Am Beispiel eines CrNi-Stahls wird der Einfluß der Temperatur auf die Zunahme des Zunders deutlich. Es zeigt sich, daß bei hohen Temperaturen entsprechend einer großen Dickenzunahme des Zunders Risse in der Schicht entstehen und daher eine schnellere Oxidation eintritt, als sie dem parabolischen Verlauf entsprechen würde (vgl. Abschn. 6.2.3) (Bild 6.2.13).

6.2.5 Einfluß des Mediums

In ähnlicher Weise wie die Oxidation an Luft verläuft die Schichtbildung in Wasserdampf bzw. in überhitztem Dampf. Die Bindung des Sauerstoffs in H_2O vermindert jedoch das Sauerstoffangebot, so daß z. B. auf Eisen bevorzugt FeO gebildet wird und weniger Fe_3O_4 und Fe_2O_3.

Bei Anwesenheit von Schwefel als oxidativem Bestandteil findet Sulfidation statt. Die sich dabei ausbildenden Sulfidschichten sind weitaus weniger schützend als Oxidschichten, sie haben eine schlechte Haftung, reißen und platzen ab. Insbesondere bei Einwirkung von H_2S ohne Anwesenheit von Sauerstoff sind praktisch alle Stähle unbeständig (Bild 6.2.14). NiCr-Legierungen sind in gewissen Grenzen dagegen relativ beständig.

In den Werkstoff eindringendes, schwefelhaltiges Medium führt bei einigen Metallen wie z. B. Nickel zu einer katastrophalen Verminderung der Warmfestigkeit durch Bildung niedrigschmelzender Sulfideutektika. Bei entsprechenden Brenngaszusammensetzungen kann auf diese Weise die Warmfestigkeit von Gasturbinenkomponenten völlig zusammenbrechen (Bild 6.2.15).

In Stickstoff können sich bei Abwesenheit von Sauerstoff ebenfalls keine Schutzschichten ausbilden, so daß ein zumindest vorübergehender Schutz insbesondere von korrosionsbeständigen Stählen unter solchen Bedingungen nur durch Voroxidation zu erzielen ist.

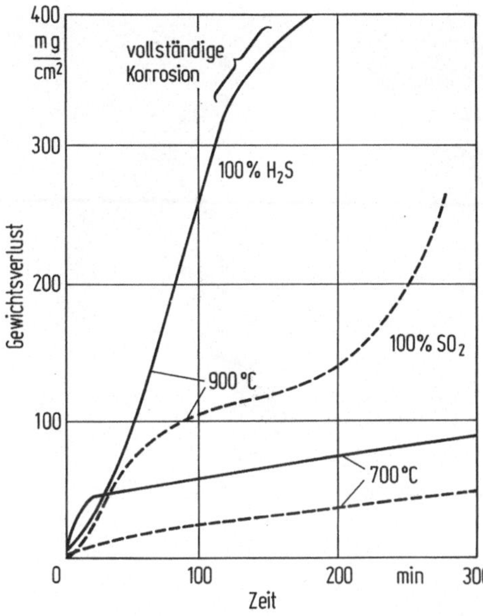

Bild 6.2.14. Korrosion einer Nickel-Chrom-Legierung in sauerstoffhaltigem und sauerstofffreiem schwefelhaltigem Gas bei 700 und 900 °C

	Metall in °C	Metallsulfideutektikum in °C
Co	1495	877
Cr	1850	1350
Cu	1083	1070
Fe	1539	985
Mn	1136	1240
Ni	1455	645

Bild 6.2.15. Schmelzpunkte ausgewählter Metalle und ihrer Sulfideutektika

Eine besondere Versagensform von Schutzschichten tritt in halogenhaltigen Gasen auf. Die Metallhalogenide, die sich auf der Oberfläche bilden, haben einen so hohen Dampfdruck, daß sich die Schichten oberhalb bestimmter kritischer Temperaturen verflüchtigen.

Die Karburierung von Stählen in kohlenstoffhaltiger Atmosphäre stellt sich bei entsprechenden Bedingungen des Boudouard-Gleichgewichts ein (vgl. Abschn. 5.1.3). Hierbei kann die Zunderbeständigkeit von oxidationsbeständigen Stählen stark vermindert werden, da Cr zu Cr-Karbid gebunden wird und nicht mehr zur Schichtbildung zur Verfügung steht. Nickel vermindert die Kohlenstofflöslichkeit in Stahl und verbessert dessen Beständigkeit gegen Karburierung.

Zu einer besonderen Art der Hochtemperaturkorrosion in reduzierender Atmosphäre gehört die Entkohlung und die Bildung von Rissen in Stahl unter der Einwirkung von Druckwasserstoff. Der bei hoher Temperatur dissoziierte Wasserstoff dringt bei diesem Vorgang in den Stahl ein und entzieht diesem den Kohlenstoff unter Bildung von Methan (CH_4). Die nicht mehr diffusiblen Methanmoleküle bauen im Werkstoff außerordentlich hohe Spannungen auf und

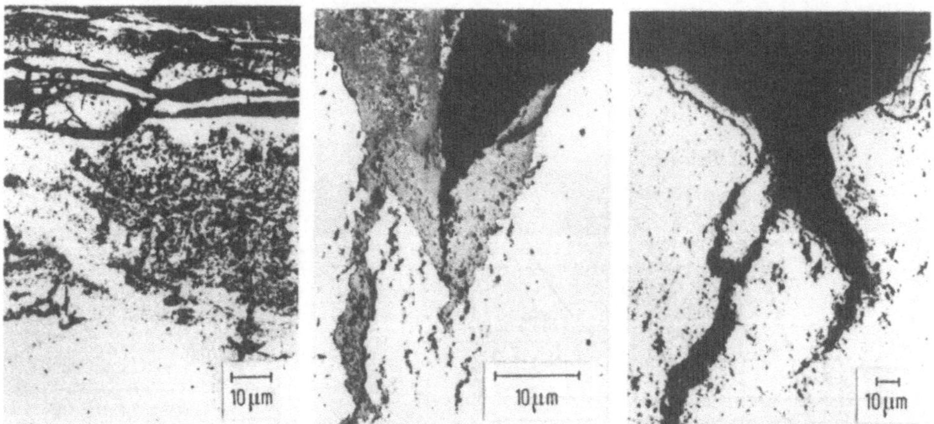

Bild 6.2.16. Selektives Voreilen der Oxidation an Korngrenzen bei warmfestem Stahl

können zum Bersten des Bauteils führen. Elemente mit starker Neigung zur Karbidbildung können die Methanbildung und damit die Einleitung von Trennungen verhindern. Zu solchen Elementen gehören Cr, Mo, W und V.

6.2.6 Innere Oxidation

Die innere Oxidation entspricht einem selektiven Angriff des Werkstoffs, der eintritt, wenn eine Legierungskomponente aufgrund ihrer hohen Sauerstoffaffinität bevorzugt oxidiert wird, wobei die Basiskomponente ein deutlich geringeres Oxidationsbestreben besitzt und unter gleichen Bedingungen nicht oxidiert wird. Beispiele dafür sind Cr in Ni oder Si in Cu.

Wenn z. B. bei einer Legierung mit 90% Ni und 10% Cr der Sauerstoffpartialdruck so eingestellt ist, daß er selektiv zur Oxidation des Cr führt, kann sich keine zusammenhängende Oxidschicht bilden, und die Oxidation schreitet nach innen fort. In diesem speziellen Fall könnte ein Sauerstoffgetter wie Ti an der Oberfläche Abhilfe schaffen, wobei dann auch für Cr keine Oxidationsbedingungen mehr gegeben wären (Bild 6.2.16).

7 Normen

Um in einheitlicher und klar definierter Weise eine Verständigung zwischen Hersteller und Anwender sowie Prüf- und Untersuchungseinrichtungen zu ermöglichen, bedarf es Festlegungen, die in Normen und Richtlinien erfolgen. Die Normungsarbeit läuft dabei auf verschiedenen Ebenen ab. Es sind dies im wesentlichen internationale Normungsarbeiten, wie Euro-Norm, ISO-Norm (International Standardisation Organisation), nationale Ebenen, wie ASTM (American Society for Testing and Materials), AFNOR (Association Francaise de Normalisation), DIN-Norm (Deutsches Institut für Normung e.V.), TGL-Norm (Technische Normen, Gütevorschriften und Lieferbedingungen), verbands- und fachspezifische Normen, wie SEW-Blätter (Stahl Eisen Werkstoffblätter), MIL-Standards (Military-Standards), Luftfahrtnormen und VDI-Richtlinien.

Im allgemeinen sind die Normen in Gütenormen, Prüfnormen und Begriffsnormen zu untergliedern.

7.1 Gütenormen

Durch Gütenormen wird sichergestellt, daß Werkstoffe, unabhängig vom Zeitpunkt und vom Ort der Herstellung, immer die gleichen Eigenschaften besitzen. Ein Großteil der Normungsarbeit wird von eigens gegründeten internationalen und nationalen Organisationen geleistet. Daneben stellen auch technisch-wissenschaftliche Verbände und Vereine, Organisationen der Wirtschaft sowie Behörden Gütenormen auf, die meist Vorschriften, Richtlinien oder Blätter genannt werden. Auch Werknormen und Vereinbarungen zwischen Hersteller und Anwender haben den Zweck, bestimmte Eigenschaften zu spezifizieren.

7.1.1 Werkstoffnormung durch Zahlen und Buchstaben

Die Bezeichnung der Stähle (Eisen-Knetlegierungen) sowie der Eisen-Gußwerkstoffe erfolgt im wesentlichen nach den Regeln des zurückgezogenen Normblatts DIN 17006. Eine ausführliche Werkstoffbezeichnung umfaßt Angaben zur Herstellung (Erschmelzungsart, besondere Eigenschaften), zur chemischen Zusammensetzung und zur Behandlung (Gewährleistungsumfang, Behandlungszustand und erreichte Festigkeit). Die Bezeichnung der Nichteisenmetalle erfolgt nach den Regeln des Normblatts DIN 1 700.

7.1.1.1 Bezeichnung der Stähle

Die Einteilung der Stähle kann nach ihrem Reinheitsgrad sowie nach ihrem Verwendungszweck erfolgen. Die Einteilung nach dem Reinheitsgrad unterscheidet Massen-, Qualitäts- und Edelstähle.

Qualitäts- und Edelstähle werden in der Regel einer auf bestimmte Festigkeitswerte ausgerichteten Wärmebehandlung (Härten, Vergüten) unterzogen. Die Edelstähle wiederum unterscheiden sich von Qualitätsstählen durch ein zusätzliches Qualitätsmerkmal (geringerer Schwefel- und Phosphorgehalt).

Nach ihrem Verwendungszweck erfolgt die Einteilung in Baustähle und Werkzeugstähle. Die Baustähle wiederum werden in Allgemeine Baustähle, Stähle für Wärmebehandlungsverfahren, Automatenstähle, Federstähle, Ventilstähle, Wälzlagerstähle, Schraubenwerkstoffe, korrosionsbeständige Stähle, alterungsbeständige Stähle, Bleche (Tiefziehgüten, Abkantgüten, Stanzgüten) usw. gegliedert. Bei den Werkzeugstählen erfolgt die Einteilung in unlegierte, legierte, hochlegierte Werkzeugstähle, Kaltarbeitsstähle, Warmarbeitsstähle, Schnellarbeitsstähle und Hartmetalle. Die Bezeichnung der Stähle erfolgt in den drei Hauptgruppen unlegierte, legierte und hochlegierte Stähle.

Unlegierte Stähle

Zu den unlegierten Stählen werden alle Stähle gerechnet, bei denen die Gehalte der Eisenbegleiter folgende festgelegte Höchstgrenzen nicht überschreiten.

Al: 0,10%	Cr: 0,25%	Cu: 0,25%
Mn: 0,80%	Ni: 0,25%	P: 0,09%
S: 0,06%	Si: 0,50%	Ti: 0,10%

Unlegierter Baustahl (*Massenbaustahl*). Unlegierte Baustähle werden nach der Mindestzugfestigkeit eingeteilt.

Kennzeichnung:

```
┌──── Werkstoffgruppe
┌┐
St YY-Z
|  |   |
|  |   Gütegruppe
|  |   -1: keine besondere Prüfung
|  |   -2: ISO Kerbschlagzähigkeit 35 J/cm² bei     0 °C
|  |   -3: ISO Kerbschlagzähigkeit 35 J/cm² bei  – 20 °C
|  |
|  Mindestzugfestigkeit in kp/mm² ¹
|  (multipliziert mit 9,81 ergibt N/mm²)
Hinweis: unlegierter Baustahl
```

[1] Die immer noch bestehende Bezeichnung in der Norm

Beispiel:

St 33 – 2
Gütegruppe 2
Mindestzugfestigkeit 33 kp/mm^2 = 324 N/mm^2
unlegierter Baustahl

Bei Feinkornbaustählen erfolgt die Einteilung nach der Mindeststreckgrenze. Die Kennzeichnung von Feinkornbaustählen erfolgt durch Einfügen eines Buchstabens „E" hinter das Kürzel „St".

Kennzeichnung:

Werkstoffgruppe
StE YYY–Z
Gütegruppe
Mindeststreckgrenze in N/mm^2
Hinweis: Feinkornbaustahl

Beispiel:

StE 255
Mindeststreckgrenze 255 N/mm^2
Feinkornbaustahl

Stähle für Sonderzwecke wie Dynamo- und Transformatorenstähle, Thermobimetalle (TB), Dauermagnetlegierungen und Relaiswerkstoffe (R) werden speziell gekennzeichnet.

Unlegierter Qualitätsstahl. Die unlegierten Qualitätsstähle zeichnen sich durch besondere Eigenschaften wie Tiefziehfähigkeit, Eignung zur Automatenbearbeitung oder Sprödbruchunempfindlichkeit aus.

Kennzeichnung:

Werkstoffgruppe
C XX
Kohlenstoffgehalt in % × 100
Hinweis: Unlegierter Qualitätsstahl

Beispiel:

C 35
Kohlenstoffgehalt: 0,35 %
unlegierter Qualitätsstahl

Unlegierte Werkzeugstähle werden durch ein angehängtes W mit nachfolgendem 1/2/3 oder S gekennzeichnet.

Kennzeichnung:

```
Werkstoffgruppe
┌┴┐
C XX Wz
|  |  |
|  |  Güteklassen
|  |  1 (1. Güte) für spanende Werkzeuge
|  |  2 (2. Güte) für einfache Schneid- und Umformwerkzeuge
|  |  3 (3. Güte) für Meißel und Hämmer
|  |  S (Sonderzwecke) für Messer, Äxte usw.
|  |
|  Kennzeichen: Werkzeugstahl
Kohlenstoffgehalt in % × 100
unlegierter Qualitätsstahl
```

Beispiel:

C 80 W1

Für Sondereinsatzbereiche existieren von der Systematik abweichende Kennzeichnungen. Bei Drähten wird beispielsweise C durch ein D ersetzt, Kesselbleche werden mit HI bis HIV bezeichnet.

Unlegierter Edelstahl. Diese Stähle zeichnen sich gegenüber den Qualitätsstählen durch höhere „Reinheit“ aus. Besondere Qualitätsmerkmale werden durch Kleinbuchstaben hinter dem Kennzeichen C ausgedrückt.

Kennzeichnung:

```
┌──────── Werkstoffgruppe
┌┴┐
Cz XX
|| |
|| Kohlenstoffgehalt in % × 100
|Qualitätsmerkmal
|   f: flamm- und induktionshärtbar
|   k: kleiner Phosphor- und Schwefelgehalt
|   q: zum Kaltstauchen geeignet
unlegierter Stahl
```

Beispiel:

```
Ck 45
|| |
|| 0,45 % C
|kleiner Phosphor- und Schwefelgehalt
unlegierter Stahl
```

Legierte Stähle

Als legierte Stähle werden Stähle bezeichnet, bei denen der Gesamtlegierungsgehalt $\leq 5\%$ beträgt:

Kennzeichnung:

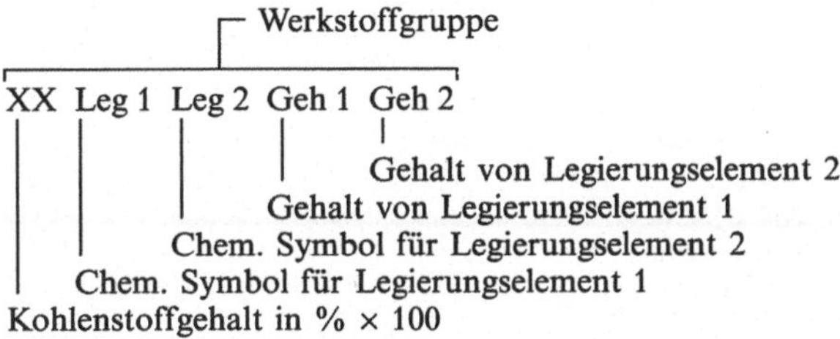

Das chemische Symbol für Kohlenstoff entfällt. Die chemischen Symbole der aufgeführten Legierungselemente stehen in der Reihenfolge ihres Gehalts (bei gleichem Gehalt in alphabetischer Reihenfolge). Zur Benennung des Stahls sind nur die Elemente und Kennzahlen angeführt, die zur eindeutigen Kennzeichnung bzw. zur Unterscheidung von anderen Stählen notwendig sind. Die jeweils *n*-te Kennzahl für den Gehalt von Legierungselementen bezieht sich auf das jeweils *n*-te Legierungselement. Fehlt eine zugeordnete Kennzahl, so ist der Gehalt des Legierungselements gering. Zur Ermittlung des Gehalts an Legierungselementen in Gew.-% wird die Kennzahl mit bestimmten Faktoren multipliziert.

Legierungselement	Faktor	Merksatz der wichtigsten Elemente
Co, Cr, Mn, Ni, Si, W	1/4	Chrom (Cr) konnte (Co) man (Mn) nicht (Ni) sicher (Si) wahrnehmen (W)
Al, Be, Cu, Mo, Nb, Ta, Ti, V, Zr, Pb, B	1/10	AlCuMoTaTiV
P, S, N, C, Ce	1/100	

Beispiel:

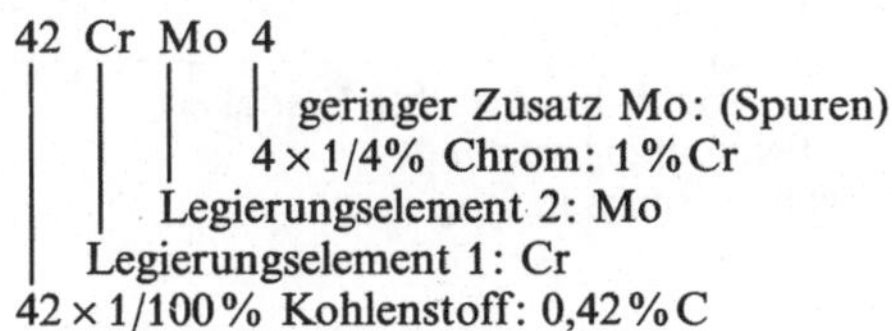

Hochlegierte Stähle

Als hochlegierte Stähle werden Stähle bezeichnet, bei denen der Gesamtlegierungsgehalt > 5% beträgt.

Die Kennzeichnung erfolgt analog der Kennzeichnung bei legierten Stählen mit der einen Ausnahme, daß außer bei Kohlenstoff alle Legierungselemente mit ihrem tatsächlichen Gehalt angegeben werden. Um Verwechslungen zu vermeiden, wird der Kennzeichnung ein X vorangestellt.

Beispiel:

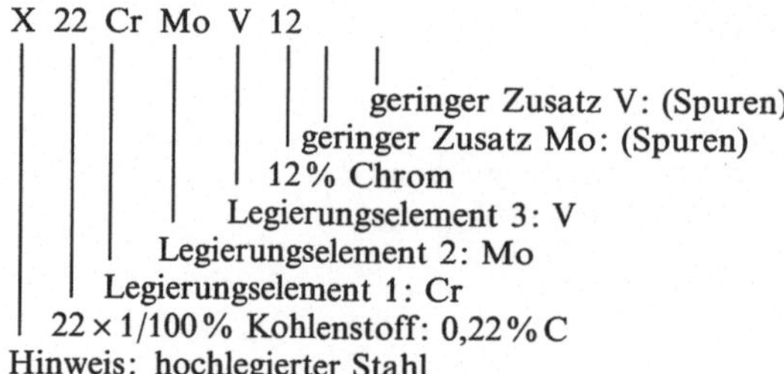

Schnellarbeitsstähle werden gesondert gekennzeichnet. Dem Buchstaben S (Schnellarbeitsstahl) werden in der Reihenfolge Wolfram, Molybdän, Vanadium und Kobalt die Gewichtsprozente dieser Legierungsmetalle angehängt. Die Trennung der Zahlen erfolgt durch einen Bindestrich.

Beispiel:

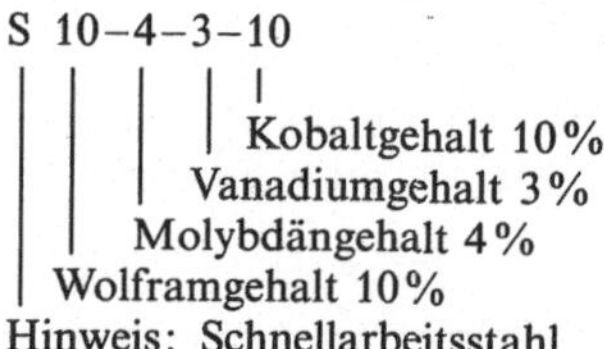

Zusätzliche Kennzeichnung für Stähle

Den Angaben zur chemischen Zusammensetzung und zur Festigkeit kann ein Herstellungsteil vorangestellt und ein Behandlungsteil nachgestellt werden.

Kennzeichnung:

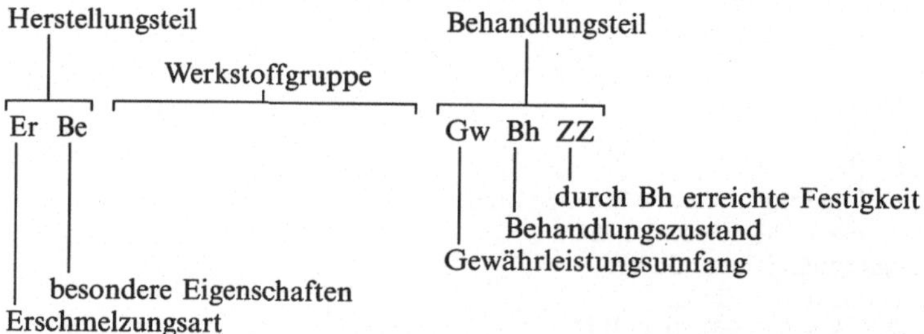

Der Herstellungsteil kann Angaben über die Erschmelzungsart sowie über sich daraus ergebende Eigenschaften enthalten. In der modernen Stahlerzeugung kommen praktisch nur noch Sauerstoffblasverfahren und die Erzeugung im Elektro-Ofen (überwiegend Lichtbogen) in Frage. Die im Sauerstoffaufblasverfahren (LD-Verfahren) und Sauerstoffdurchblasverfahren (OBM-Verfahren) hergestellten Stähle entsprechen der SM-Güte mit der Bezeichnung M. Besondere Bezeichnungen über den Stahl werden i. allg. nur noch für den Elektrostahl (E) und Vakuumstahl (V) in Anwendung gebracht. Der Vollständigkeit halber werden die in der Norm noch enthaltenen zusätzlichen Bezeichnungen erwähnt, obwohl diese

z. T. sehr veraltet sind, wie z. B. Puddelstahl und Schweißstahl, die praktisch seit dem vorigen Jahrhundert nicht mehr in Anwendung kommen.

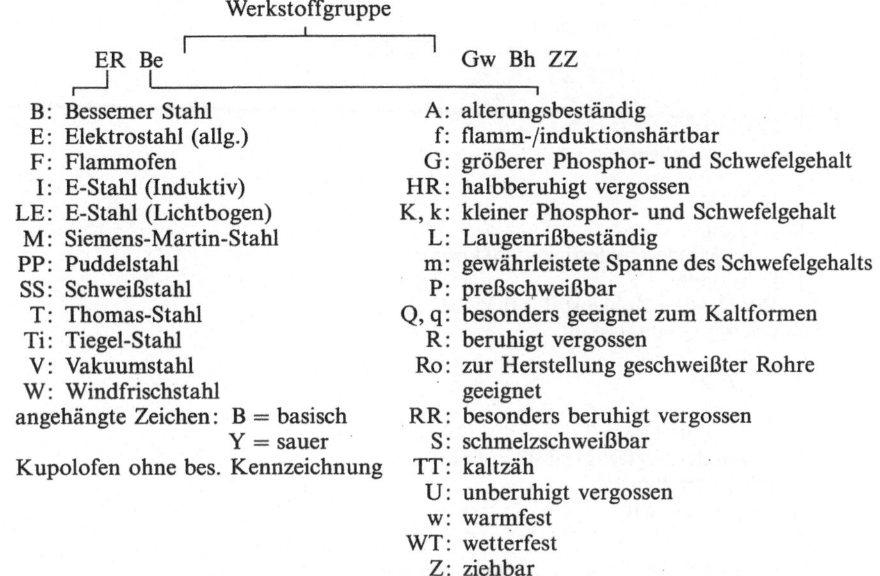

Der Behandlungsteil umfaßt den Gewährleistungsumfang, der vom Hersteller garantiert wird, den Behandlungszustand sowie die dabei erreichte Festigkeit. Soll dabei der Mindestwert der Festigkeit angegeben werden, ohne daß ein bestimmter Behandlungszustand genannt wird, so wird vor die Festigkeit der Buchstabe F gesetzt.

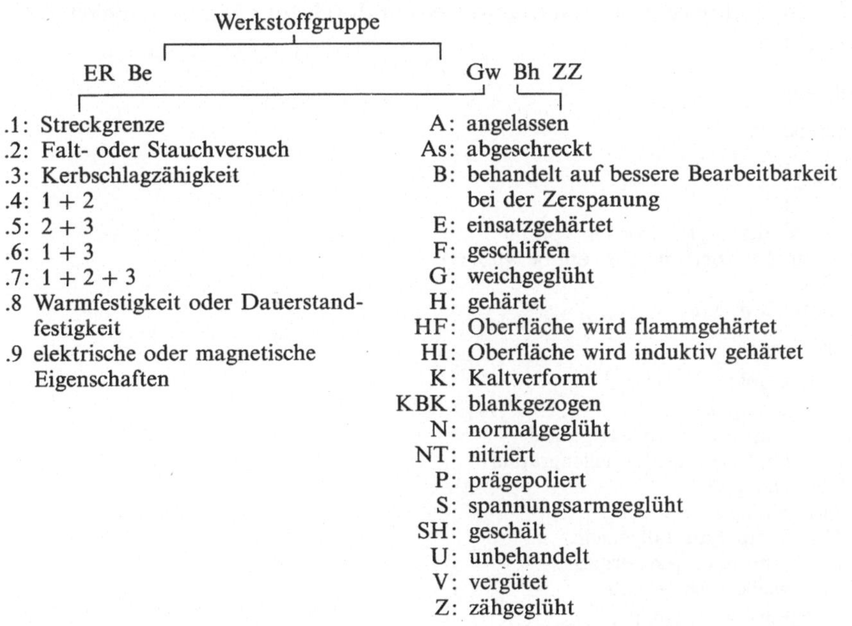

Beispiele:

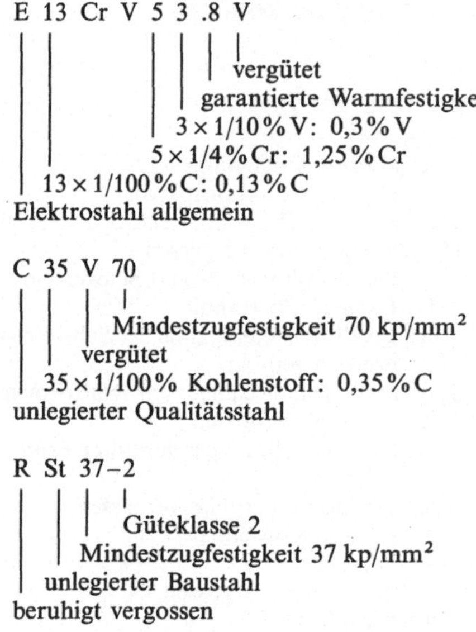

7.1.1.2 Bezeichnung der Eisengußwerkstoffe

Bei Eisengußwerkstoffen erfolgt die Kennzeichnung durch das Gußzeichen G, das in der Regel mit Angaben über die Gußart gekoppelt ist. Das einfache Zeichen G findet nur in Sonderfällen (z. B. bei Magnetlegierungen, hochlegierten Werkstoffen, usw.) Verwendung. Alle weiteren Angaben sind mittels Bindestrich an das Gußzeichen angehängt.

Gußeisen, Temperguß und Stahlguß werden durch ihre Mindestzugfestigkeit gekennzeichnet.

Kennzeichnung:

Gußzeichen
GX–ZZ
Mindestzugfestigkeit in kp/mm^2
(multipliziert mit 9,81 ergibt N/mm^2)
Gußart
Kennzeichen: Guß

Gußzeichen

G: gegossen
GG: Grauguß
GGG: Gußeisen mit Kugelgraphit
GGL: Gußeisen mit Lamellengraphit
GH: Hartguß
GS: Stahlguß
GT: Temperguß (allgemein)
GTS: schwarzer Temperguß
GTW: weißer Temperguß

Angehängt: K = Kokillenguß (GGK)
Z = Schleuderguß (GGZ)

Bei Hartguß geben die Zahlen 0 bis 50 hinter dem Gußzeichen GH die Dicke der harten Außenschicht in mm und die Zahlen 51 bis 99 die Rückprallhärte nach Shore an. Bei warmfestem Stahlguß folgt nach dem Gußzeichen die Angabe der Zusammensetzung wie bei den Stählen.

Beispiele:

```
GS – 60
|    |
|    Mindestzugfestigkeit 60 kp/mm²
Stahlguß

GS – 22  Mo  4
|    |       |
|    |       4 × 1/10 % Molybdän = 0,4 % Mo
|    22 × 1/100 % Kohlenstoff = 0,22 % C
Stahlguß

GH – 40
|    |
|    Dicke der Außenschicht: 40 mm
Hartguß

GS–E  55  Cr  6  G
└──┘  |       |  |
  |   |       |  weichgeglüht
  |   |       6 × 1/4 % Cr = 1,5 % Cr
  |   55 × 1/100 % Kohlenstoff = 0,55 % C
Elektrostahlguß
```

7.1.1.3 Bezeichnung der Nichteisenmetalle

Als Nichteisenmetalle werden alle reinen Metalle mit Ausnahme des Eisens sowie alle Legierungen, bei denen Eisen nicht als das Element mit dem größten Einzelgehalt vorliegt, bezeichnet. Nichteisenmetalle mit einer Dichte $\geqq 4{,}5$ g/cm^3 werden den Schwermetallen, Nichteisenmetalle mit einer Dichte $< 4{,}5$ g/cm^3 werden den Leichtmetallen zugeordnet.

Reine Metalle

Die reinen Metalle werden mit ihrem chemischen Kurzzeichen sowie dem geforderten Mindestreinheitsgrad benannt.

Kennzeichnung:

```
X  YY.YY
|  ──┬──
|    geforderter Mindestreinheitsgrad
chem. Symbol
```

Entsprechend ihrem Reinheitsgrad kann bei Nichteisenmetallen eine Kennzeichnung in Hütten- (Kennbuchstabe H), Rein- (keine Kennzeichnung) und Reinstmetall (Kennbuchstabe R) erfolgen. Die Kennbuchstaben werden teils voran- (Mg, Ni), teils nachgestellt (Al).

Die Metalle Kupfer und Titan weichen von dieser Einteilung ab. Bei Titan werden die Zahlen 1 bis 6 an das chemische Symbol ohne Bindestrich angehängt (z. B. Ti 1), wobei 1 reiner als 6 gilt. Bei Kupfer wird der Reinheitsgrad durch einen mit einem Bindestrich dem chemischen Symbol vorangestellten Buchstaben A bis F gekennzeichnet (z. B. F – Cu), wobei F reiner als A gilt. Bei Elektrolytkupfer (E – Cu) ist nur die elektrische Leitfähigkeit ausschlaggebend (E – Cu 58: elektrische Leitfähigkeit im weichen Zustand mindestens 58,0 m/(Ω mm^2). Sauerstofffreies Kupfer wird durch ein vorangestelltes O (desoxidationsmittelfrei) oder S (mit Phosphor desoxidiert, SW – Cu: niederer Restphosphorgehalt, SF – Cu: hoher Restphosphorgehalt) gekennzeichnet, Kathodenkupfer mit KE – Cu.

Beispiel:

Zn 99.99
Mindestreinheitsgrad 99,99 %
Zink

SF-Cu
Kupfer
Sauerstofffrei mit hohem P-Gehalt
(99,90 % Reinheitsgrad)

H-Mg 99.95
Reinheitsgrad 99,95 %
Hüttenmagnesium

NE-Metallegierungen

Bei NE-Metallegierungen erfolgt die Benennung nach dem Metall mit dem höchsten Legierungsanteil (Grundmetall) mit dem Zusatz Guß- oder Knetlegierung.

Ausnahme bildet das Kupfer, hier erfolgt die Kennzeichnung nach dem Grundmaterial und ein oder zwei Legierungsmetallen.

Kennzeichnung:

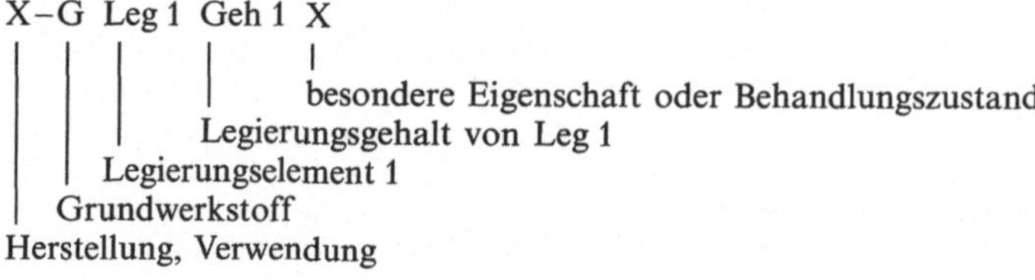

Herstellung, Verwendung		Eigenschaften – Behandlungszustand	
E:	gewährleistete Leitfähigkeit	a:	ausgehärtet
G:	Guß	F:	Mindestzugfestigkeit
GB:	Blockmaterial gegossen	g:	geglüht
GBD:	Blockmaterial für Druckguß	ka:	kalt ausgehärtet
GC:	Strangguß	kf:	korngefeint
GD:	Druckguß	L:	elektrische Leitfähigkeit in $m/(\Omega\, mm^2)$
GK:	Kokillenguß	Na:	Natriumvorbehandelt
Gl:	Gleitmetall	P:	Phosphorbehandelt
GZ:	Schleuderguß	Sr:	Strontiumveredelt
L:	Lot	ta:	teilausgehärtet
LG:	Lagermetall	w:	weich
V:	Vorlegierung	wh:	gewalzt (walzhart)
VR:	Vorlegierung hoher Reinheit	zh:	gezogen (ziehhart)

Bei den meisten Metallegierungen steht das chemische Symbol des Grundmetalls meist ohne Angabe des Prozentgehalts, gefolgt von den chemischen Symbolen der Legierungszusätze. Die Legierungsbestandteile werden in vollen Prozenten angegeben. Bei den Knetlegierungen entfallen die Kennbuchstaben für Herstellung und Verwendung.

Beispiel:

GK–Cu Zn 15 Si 4
Silizium 4%
Zink 15%
Grundwerkstoff Kupfer
Kokillenguß

G–Cu Cr F 35
Mindestzugfestigkeit (350 N/mm²)
Legierungselement Cr
Grundwerkstoff Kupfer
Guß

7.1.2 Werkstoffnormung durch Werkstoffnummern

Die metallischen Werkstoffe werden durch eine siebenstellige Zahl gekennzeichnet und dadurch eindeutig bestimmt. Es werden alle Werkstoffgruppen (auch nichtmetallische) erfaßt.

Kennzeichnung:

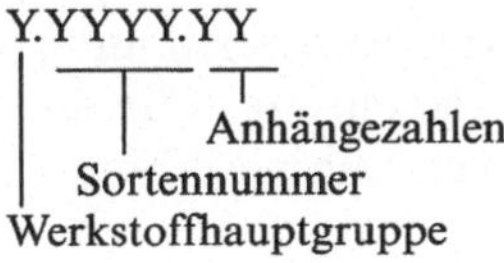

Werkstoffhauptgruppe

Die Werkstoffhauptgruppe wird in einzelne Werkstoffgruppen von 0 bis 9 untergliedert.

Eisen und Stahl	0: Roh-, Gußeisen, Ferrolegierungen 1: Stahl
Nichteisenmetalle	2: Schwermetalle (außer Eisen) 3: Leichtmetalle
Nichtmetallische Werkstoffe	4 5 6 7 8
Interne Nutzung	9: z. B. Versuchslegierungen

Sortennummer

Bei der Sortennummer handelt es sich um eine vierstellige Zahl, bei der die ersten beiden Ziffern bei der Werkstoffhauptgruppe 0 und 1 den Werkstoff bestimmten Sortenklassen zuordnen. Die letzten beiden Ziffern sind reine Zählnummern. Bei den NE-Legierungen erfolgt die Einteilung nach den Grundmetallen.

0.0000–0.2999	Roheisen
0.3000–0.4999	Vorlegierungen
0.5000–0.5999	Reserve
0.6000–0.6999	GGL
0.7000–0.7999	GGG
0.8000–0.8999	GT
0.9000–0.9999	Sonderguß
1.0000–1.0999	Massen- und Qualitätsstähle
1.1000–1.1999	unlegierte Edelstähle
1.2000–1.2999	Werkzeugstähle
1.3000–1.3999	verschiedene Sorten
1.4000–1.4999	chemisch beständige Stähle
1.5000–1.8999	Baustähle
2.0000–2.1799	Kupfer und -legierungen
2.2000–2.2499	Zink, Cadmium und -legierungen
2.3000–2.3499	Blei und -legierungen
2.3500–2.3999	Zinn und -legierungen
2.4000–2.4999	Nickel, Kobalt und -legierungen
3.0000–3.4999	Aluminium und -legierungen
3.5000–3.5999	Magnesium und -legierungen

Anhängezahlen

Die Stelle 6 und 7 der Werkstoffnummer bilden die Anhängezahlen. Bei der Werkstoffhauptgruppe 0 haben sie wegen der grundlegenden Unterschiede in der Herstellung und in der Verwendung je nach Sortennummernbereich unterschiedliche, für die jeweilige Stoffgruppe aber einheitliche Bedeutung. Für die Werkstoffhauptgruppe 1 werden an Stelle 6 das Stahlgewinnungsverfahren und an Stelle 7 der Behandlungszustand festgelegt.

Y.YYYY.YY

0: unbestimmt (ohne Bedeutung)	0: keine (beliebige) Bedeutung
1: unberuhigter Thomasstahl	1: normalgeglüht
2: beruhigter Thomasstahl	2: weichgeglüht
3: unberuhigter Stahl anderer Erschmelzungsart	3: wärmebehandelt auf gute Zerspanbarkeit
4: beruhigter Stahl anderer Erschmelzungsart	4: zähvergütet
5: unberuhigter Siemens-Martin-Stahl	5: vergütet
6: beruhigter Siemens-Martin-Stahl	6: hartvergütet
7: unberuhigter Sauerstoffaufblas-Stahl	7: kaltverformt
8: beruhigter Sauerstoffaufblas-Stahl	8: federhart/kaltverformt
9: Elektrostahl	9: behandelt nach besonderen Angaben

Für NE-Legierungen sind die Anhängezahlen einheitlich in 10 Dekaden zusammengefaßt und geben Auskunft über den jeweiligen Werkstoffzustand.

Y.YYYY.YY

.00–.09	unbehandelt
.10–.19	weich
.20–.29	kaltverfestigt
.30–.39	kaltverfestigt („hart" und darüber)
.40–.49	lösungsgeglüht (ohne mech. Nacharbeit)
.50–.59	lösungsgeglüht (kalt nachgearbeitet)
.60–.69	warm ausgehärtet (ohne mech. Nacharbeit)
.70–.79	warm ausgehärtet (kalt nachgearbeitet)
.80–.09	entspannt (keine vorherige Kaltverfestigung)
.90–.99	Sonderbehandlungen

7.2 Prüfnormen

Mit den Prüfnormen werden einheitliche Prüfbedingungen festgelegt, um reproduzierbare und vergleichbare Ergebnisse zu ermöglichen. Die Vereinbarung von Prüfnormen ist erforderlich, da beispielsweise die Festigkeit metallischer Bauteile sehr stark von Zustand des Werkstoffs (Werkstoffcharge, Lage im Bauteil, Lage zur Prüfrichtung, Kerbwirkung, Probenform, Wärmebehandlungszustand usw.) sowie von der äußeren Beanspruchung (Beanspruchungsgeschwindigkeit, Beanspruchungstemperatur, Umgebungsmedium, Spannungszustand, usw.) abhängt. Die Prüfnormen umfassen dabei nicht nur die Ermittlung mechanischer Kennwerte (s. Band I, Kap. 4), sondern erstrecken sich über alle reproduzierbar anwendbaren Prüfverfahren, wie zum Beispiel die Korrosionsprüfungen.

Aufbau der Prüfnormen

Aufgrund der einheitlichen Darstellung orientiert sich der Aufbau von Prüfnormen in der Regel an folgendem Muster.

Zweck. Es wird die Zielsetzung des genormten Versuchs festgelegt. Dabei erfolgen Verweise auf bereits festgelegte Normen sowie Parameter, die zur Beeinflussung des Versuchs beitragen können (z. B. Einfluß der Wanddicke bei Gußstücken).

Anwendungsbereich (Geltungsbereich). Hier wird der Anwendungsbereich sowie der Geltungsbereich der aufgeführten Prüfnorm festgelegt. Bei abweichender Probenform, Prüfbedingung usw. wird auf die zuständige Norm verwiesen.

Begriffe und Zeichen. Es werden die im Rahmen des durchzuführenden Versuchs benötigten Begriffe und Kürzel erläutert. Bei mechanischen Kennwerten werden deren Dimensionen sowie die formelmäßige Herleitung aufgeführt.

Probenform und Probenherstellung. Die Probenherstellung kann bereits das Erschmelzen des Grundmaterials (Vakuumerschmolzen/Lufterschmolzen) festlegen und damit dessen metallurgischen Reinheitsgrad. Mit dem Bearbeitungsverfahren (z. B.: längs oder quer zur Walzrichtung geschliffen) wird gleichzeitig auch die Oberflächenqualität (Rauhtiefe) vorgegeben. Sollen die Proben einer thermomechanischen Behandlung unterzogen werden, so sind die Behandlungsparameter (z. B. Kohlungstemperatur, Härtetemperatur, Abschreckmittel, Anlassen, Einsatzhärtetiefe, Randkohlenstoffgehalt, Randhärte, usw.) vorgeschrieben. Letztendlich sind die Probenform sowie die Probengröße mit den jeweils zulässigen Toleranzen und die Art der Probennahmen aufgeführt.

Prüfgerät. Hier werden der Versuchsaufbau sowie bei mechanischen Prüfverfahren die zulässigen Bauarten und konstruktiven Ausführungen der erforderlichen Prüfmaschine niedergelegt. Sollte es erforderlich sein, so werden Probenhalterung, Belastungsprinzip, die Erzeugung und das Messen der Beanspruchung beschrieben.

Versuchsdurchführung. In der Versuchsdurchführung werden alle für die jeweilige Prüfung erforderlichen Randparameter wie z. B. Prüftemperatur, Prüfkraft, Versuchsdauer, Belastungsart, Verformungsgeschwindigkeit oder Belastungsgeschwindigkeit beschrieben. Es werden die Ermittlung der Meßgrößen sowie die Durchführung der Messungen aufgeführt, vor allem, wenn Untersuchungen in einem speziellen Medium (z. B. Korrosionsuntersuchungen) erforderlich sind.

Versuchsauswertung. In der Versuchsauswertung wird die einheitliche Art der Dokumentation (z. B.: Schaubilder) festgelegt.

Prüfbericht. Der Prüfbericht enthält unter Hinweis auf die jeweilige Norm eine Zusammenstellung der gesamten Prüfergebnisse. Neben den Ergebnissen sind alle für die Prüfung erforderlichen bisher in den Abschnitten Probenform und Probenherstellung, Prüfgerät, Versuchsdurchführung und Versuchsauswertung genannten Prüfparameter aufgeführt. Ausnahmsweise angewandte von dieser Norm abweichende Prüfbedingungen werden im Prüfbericht ausdrücklich angeben.

7.3 Begriffsnormen

Die Notwendigkeit Ergebnisse zu dokumentieren, um Erfahrungen verschiedener Untersuchungsstellen systematisch auszuwerten und zugänglich zu machen, zwingt zu Vereinheitlichungen. Dies führt zur Forderung nach einer Vereinbarung über Begriffe und Begriffsinhalte. Aufgrund der Vielzahl der vorhandenen Begriffsnormen sei hier stellvertretend auf die DIN 50900 sowie auf die VDI-Richtlinie 3822 verwiesen. In der DIN 50900 (Teil 1 bis 3) sind die Begriffe zur Korrosion der Metalle niedergelegt. Teil 1 befaßt sich mit allgemeinen Begriffen zur Korrosion der Metalle. Teil 2 erläutert die elektrochemischen Begriffe zur Korrosion und Teil 3 die Begriffe der Korrosionsuntersuchungen.

Die VDI-Richtlinie 3822 (Blatt 1) definiert die Begriffe und Definitionen zur Schadensanalyse.

Literatur

(vgl. auch Literatur zu Band I)

Literatur zu Kapitel 1

Altenpohl D u.a. (1965) Aluminium and Aluminiumlegierungen. Springer, Berlin Heidelberg New York

Ashby MF, Jones DRH (1986) Engineering Materials 2 – An Introduction to Microstructures, Processing and Design. Pergamon Press, Oxford New York Beijing Frankfurt Sao Paolo Sidney Tokyo Toronto

Berns H, Scheer L (1980) Was ist Stahl (15 Aufl.). Springer, Berlin Heidelberg New York

Brinkmeyer W u.a. (1974) Lernprogramm – Das Eisen-Kohlenstoff-Diagramm. Girardet, Essen.

Domke W (1977) Werkstoffkunde und Werkstoffprüfung. Girardet, Essen

Easterling K (1988) Tomorrows Materials. The Institute of Metals, London

Elliot RP (1965) Constitution of Binary Alloys, First Supplement. McGraw-Hill, New York

Frohberg GM (1980) Thermodynamik für Metallurgen und Werkstofftechniker – Eine Einführung. VEB Verlag für Grundstoffindustrie, Leipzig

Gocht W (1985) Handbuch der Metallmärkte (2. Aufl.). Springer, Berlin Heidelberg New York Tokyo

Guertler W (1956) Konstitution der ternären metallischen Systeme. Verlag für Wirtschaft und Kultur Ernst Jaster, Berlin

Hansen M, Anderko K (1958) Constitution of Binary Alloys. McGraw-Hill, New York

Hansen J, Beiner F (1974) Heterogene Gleichgewichte. de Gruyter, Berlin

Hornbogen E (Hrsg.) (1974) Hochfeste Werkstoffe. Stahleisen, Düsseldorf

Horstmann D (1985) Das Zustandsschaubild Eisen-Kohlenstoff und die Grundlagen der Wärmebehandlung der Eisen-Kohlenstoff-Legierungen. Stahleisen, Düsseldorf

Houdremont E (1956) Handbuch der Sonderstahlkunde. Springer, Berlin Göttingen Heidelberg

Kubaschewski O (1986) Iron-binary Phase Diagrams. Springer, Berlin Heidelberg New York

Massalski TB (Hrsg.) (1986) Binary Alloy Phase Diagrams. American Society for Metals, Metals Park Ohio

Predel B (1982) Heterogene Gleichgewichte – Grundlagen und Anwendungen. Steinkopff, Darmstadt

Prince A (1966) Alloy Phase Equilibria. Elsevier, Amsterdam

Rapatz F (1962) Die Edelstähle. Springer, Berlin Göttingen Heidelberg

Roll F (Hrsg.) (1959) Handbuch der Gießerei-Technik. Springer, Berlin Göttingen Heidelberg

Schatt W (Hrsg.) (1987) Werkstoffe des Maschinen-, Anlagen- und Apparatebaues (3. Aufl.). Hüthig, Heidelberg

Schmalzried H, Navrotsky A (1975) Festkörperthermodynamik. Verlag Chemie, Weinheim/Bergstr.

Shunk FA (1969) Constitution of Binary Alloys, Second Supplement. McGraw-Hill, New York

Sims CT, Hagel WC (1972) The Superalloys. Wiley, New York

Stephan K, Mayinger F (1988) Thermodynamik – Grundlagen und technische Anwendungen (2 Bde). Springer, Berlin Heidelberg New York London Paris Tokyo

Steudel H (1960) Werkstoffhandbuch Nichteisenmetalle. VDI, Düsseldorf

Verein Deutscher Eisenhüttenleute (Hrsg.) (1984) Werkstoffkunde Stahl (2 Bde). Springer, Berlin Heidelberg New York Tokyo

Wagner C (1952) Thermodynamics of Alloys. Addison Wesley, London

Literatur zu Kapitel 2

Burke J (1965) The Kinetics of Phase Transformations in Metals. Pergamon Press, Oxford
Chalmers B (1967) Principles of Solidification. Wiley, New York
Christian JW (1965) The Theory of Transformations in Metals and Alloys. Pergamon Press, Oxford
Matz G (1969) Kristallisation. Springer, Berlin Heidelberg New York
Shewmon PG (1969) Transformations in Metals. McGraw-Hill, New York
Winegard WC (1964) An Introduction to the Solidification of Metals. The Institute of Metals, London
Zettlemoyer AC (Hrsg.) (1969) Nucleation. Dekker, New York

Literatur zu Kapitel 3

Bolbrinker AK (1980) Stahlfibel. Stahleisen, Düsseldorf
Dahl W, Lange K, Papamantellos D (1972) Kinetik metallurgischer Vorgänge bei der Stahlherstellung. Stahleisen, Düsseldorf
Fürstenau H (1954) Vom Erz zum Eisen und zum Stahl. Degener, Hannover
Knüppel H (1970) Desoxydation und Vakuumbehandlung von Stahlschmelzen. Stahleisen, Düsseldorf
Pawlow MA (1952) Metallurgie des Roheisens (3 Bde.). Verlag Technik, Berlin
Verein Deutscher Eisenhüttenleute (Hrsg.) (1967) Gießen und Erstarren von Stahl. Stahleisen, Düsseldorf
Verein Deutscher Eisenhüttenleute (Hrsg.) (1964) Physikalische Chemie der Eisen- und Stahlerzeugung. Stahleisen, Düsseldorf

Literatur zu Kapitel 4

Brinkmeyer W u. a. (1978) Härten, Anlassen, Glühen. Girardet, Essen
Daeves K (1965) Werkstoffhandbuch Stahl und Eisen. Stahleisen, Düsseldorf
Eckstein HJ (Hrsg.) (1977) Technologie der Wärmebehandlung von Stahl. VEB Verlag für Grundstoffindustrie, Leipzig
Eckstein HJ (1971) Wärmebehandlung von Stahl. VEB Verlag für Grundstoffindustrie, Leipzig
Max-Planck-Institut für Eisenforschung (Hrsg.) (1954–1973) Atlas zur Wärmebehandlung der Stähle. Band 1–3. Stahleisen, Düsseldorf
Pitsch W (Hrsg.) (1976) Grundlagen der Wärmebehandlung von Stahl. Stahleisen, Düsseldorf
Thelning KE (1975) Steel and its Heat Treatment. Bofors Handbook. Butterworths, London

Literatur zu Kapitel 5

Chatterjee-Fischer R u. a. (1986) Wärmebehandlung von Eisenwerkstoffen – Nitrieren und Nitrocarburieren. Expert, Sindelfingen
Deutsches Institut für Normung e.V. (Hrsg.) (1986) Wärmebehandlung metallischer Werkstoffe – Normen (DIN-Taschenbuch 218). Beuth, Berlin Köln
Honeycombe RWK (1981) Steels – Microstructure and Properties. Arnold, London
Hougardy H (1975 u. 1982) Die Umwandlung der Stähle. Teil I u. II. Stahleisen, Düsseldorf
Institut für Fachschulwesen der Deutschen Demokratischen Republik (Hrsg.) (1987) Stähle und ihre Wärmebehandlung, Werkstoffprüfung. VEB Verlag für Grundstoffindustrie, Leipzig
Kelly A, Nicholson RB (1963) Precipitation Hardening. Pergamon Press, Oxford

Schumann H (1979) Kristallgeometrie – Einführung in die Theorie der Gittertransformationen metallischer Werkstoffe. VEB Verlag für Grundstoffindustrie, Leipzig
Stöckel D u. a. (1988) Legierungen mit Formgedächtnis – Industrielle Nutzung des Shape-Memory-Effektes, Grundlagen, Werkstoffe, Anwendungen. Expert, Sindelfingen
Wayman CM (1964) Introduction to the Crystallography of Martensitic Transformations. McMillan, New York

Literatur zu Kapitel 6

Deutsches Institut für Normung e.V. (Hrsg.) (1987) Korrosion und Korrosionsschutz (DIN Taschenbuch 219). Beuth, Berlin Köln
Evans UR (1965) Einführung in die Korrosion der Metalle. Verlag Chemie, Weinheim/Bergstr.
Evans UR (1960) The Corrosion and Oxidation of Metals. Arnold, London
Gellings PJ (1981) Korrosion und Korrosionsschutz von Metallen – Eine Einführung. Hanser, München Wien
Hamann CH, Vielstich W (1985) Elektrochemie I + II. Verlag Chemie, Weinheim/Bergstr.
Hauffe K (1956) Oxydation von Metallen und Legierungen. Springer, Berlin Göttingen Heidelberg
Heitz E, Henkhaus R, Rahmel A (1983) Korrosionskunde im Experiment – Untersuchungsverfahren, Meßtechnik, Aussagen. Verlag Chemie, Weinheim/Bergstr.
Kaesche H (1979) Die Korrosion der Metalle. Springer, Berlin Heidelberg New York
Kuron D (Hrsg.) (1986) Wasserstoff und Korrosion. Kuron, Bonn
National Association of Corrosion Engineers (Hrsg.) (1971) NACE Basic Corrosion Course. NACE, Houston/Texas
Pfeiffer H, Thomas H (1963) Zunderfeste Legierungen. Springer, Berlin Göttingen Heidelberg
Rahmel A, Schwenk W (1977) Korrosion und Korrosionsschutz von Stählen. Verlag Chemie, Weinheim/Bergstr.
Uhlig HH (1963) Corrosion and Corrosion Control – An Introduction to Corrosion Science and Engineering. Wiley, New York London
Wranglén G (1985) Korrosion und Korrosionsschutz – Grundlagen, Vorgänge, Schutzmaßnahmen, Prüfung. Springer, Berlin Heidelberg New York Tokyo

Literatur zu Kapitel 7

American Society for Metals (Hrsg.) (1983) Metals Reference Book. American Society for Metals, Metals Park Ohio
Deutsches Institut für Normung e.V. (Hrsg.) (1983) DIN-Normenheft 3 – Kurznamen und Werkstoffnummern der Eisenwerkstoffe in DIN-Normen und Stahl-Eisen Werkstoffblättern. Beuth, Berlin Köln
Deutsches Institut für Normung e.V. (Hrsg.) (1984) Werkstoff-Kurzzeichen und Werkstoffnummern für Nichteisenmetalle (DIN-Normenheft 4). Beuth, Berlin Köln
Deutsches Institut für Normung e.V. (Hrsg.) (1985) Stahl und Eisen – Gütenormen 1 (DIN-Taschenbuch 4). Beuth, Berlin Köln
Deutsches Institut für Normung e.V. (Hrsg.) (1985) Stahl und Eisen – Gütenormen 2 (DIN-Taschenbuch 155). Beuth, Berlin Köln
Deutsches Institut für Normung e.V. (Hrsg.) (1984) Nichteisenmetalle 1 (DIN-Taschenbuch 26). Beuth, Berlin Köln
Deutsches Institut für Normung e.V. (Hrsg.) (1987) Nichteisenmetalle 2 (DIN-Taschenbuch 27). Beuth, Berlin Köln
Deutsches Institut für Normung e.V. (Hrsg.) (1983) Nichteisenmetalle 3 (DIN-Taschenbuch 54). Beuth, Berlin Köln

Deutsches Institut für Normung e.V. (Hrsg.) (1986) Metallische Gußwerkstoffe (DIN Taschenbuch 53). Beuth, Berlin Köln

Europäische Gemeinschaft für Kohle und Stahl (Hrsg.) (1974) Euronorm 20–74 Begriffsbestimmungen und Einteilung der Stahlsorten. Amt für amtliche Veröffentlichungen der Europäischen Gemeinschaften, Luxembourg

Fellcht K (Hrsg.) (1980) Tabellenbuch für Stahlverbraucher. VEB Verlag für Grundstoffindustrie, Leipzig

Otto W, Schäning K (1985) Internationaler Vergleich von Standard-Werkstoffen – Stahl und Gußeisen. Beuth, Berlin Köln

Verein Deutscher Eisenhüttenleute (Hrsg.) (1988) Taschenbuch der Stahl-Eisen-Werkstoffblätter. Stahleisen, Düsseldorf

Verein Deutscher Eisenhüttenleute (Hrsg.) (1977) Stahl-Eisen-Liste. Stahleisen, Düsseldorf

Wegst CW (1989) Stahlschlüssel (15. Aufl.). Stahlschlüssel Wegst, Marbach

Sachverzeichnis